高职高专计算机类专业系列教材

思科、华为、华三版

网络设备安装与调试技术

秦燊　劳翠金　编著

西安电子科技大学出版社

内 容 简 介

本书对照讲解了思科、华为、华三等厂商设备的路由与交换技术及其网络系统的建设与运维技术。全书共 12 章，包括网段内的互联、网段间的互联、局域网和虚拟局域网、虚拟局域网间的互联、网络地址规划和远程管理、网络可靠性技术、广域网技术、动态路由协议、网络间的访问控制、私有地址与公有地址间的转换、组建无线局域网、IPv6 技术等内容。另外，本书附录还给出了一些与思科命令有区别的锐捷命令。

本书以循序渐进、螺旋上升的方式对各厂商设备进行讲解，既可用作“路由与交换技术”或“网络设备安装与调试技术”的教材，也可用作“华为认证”或“华三认证”的辅导教材。

图书在版编目(CIP)数据

网络设备安装与调试技术 / 秦燊，劳翠金编著. --西安：西安电子科技大学出版社，2024.3
ISBN 978-7-5606-7206-9

Ⅰ. ①网… Ⅱ. ①秦… ②劳… Ⅲ. ①计算机网络—通信设备—设备安装②计算机网络—通信设备—调试方法 Ⅳ. ①TN915.05

中国国家版本馆 CIP 数据核字(2024)第 044312 号

策　　划　李惠萍
责任编辑　李惠萍
出版发行　西安电子科技大学出版社(西安市太白南路 2 号)
电　　话　(029)88202421　88201467　　邮　　编　710071
网　　址　www.xduph.com　　电子邮箱　xdupfxb001@163.com
经　　销　新华书店
印刷单位　陕西天意印务有限责任公司
版　　次　2024 年 3 月第 1 版　2024 年 3 月第 1 次印刷
开　　本　787 毫米×1092 毫米　1/16　印张 22
字　　数　520 千字
定　　价　56.00 元
ISBN 978-7-5606-7206-9 / TN
XDUP　7508001-1

前言

本书从初学者的视角，打破知识的固有框架，以由浅入深、循序渐进、螺旋上升的方式，对照讲解了数据通信技术和思科、华为、华三等厂商设备的配置技术。大部分的思科命令都可用于锐捷设备的配置，对于两者有区别的常见命令，本书在附录中列表进行对照。本书既适合作为网络工程师的入门教材，也适合作为网络工程师的技术提升教材。作为入门教材，读者可以选择只学习思科设备部分的内容，通过直观形象的思科模拟器和深入浅出的讲解和实验，能够快速入门，迅速掌握路由与交换技术的知识体系和操作技能；作为提升教材，读者可深入学习华为或华三数据通信技术的知识和技能，为参加“华为认证”或“华三认证”打下基础。

书中所讲的不同厂商设备的实验可在同一台主机上模拟实现。思科(锐捷)实验的基础部分采用 Packet Tracer，拓展部分采用 EVE-NG(注：由于书中有些实验需要 Packet Tracer6.2 版本，有些需要 Packet Tracer8 版本，两者不能完全兼容，所以这里就不写版本号了，具体版本在实验中有提及)。华为实验采用 eNSP1.3(eNSP 的桌面图标属性设置为兼容 Windows Vista SP1，勾选“以管理员身份运行”选项)，华三实验采用 HCL5.3(HCL 的桌面图标属性设置为兼容 Windows7，勾选“以管理员身份运行”选项)，华为、华三模拟器所基于的 VirtualBox 采用 5.2.44 版本(其桌面图标属性设置为兼容 Windows7，勾选“以管理员身份运行”选项)。

本书各章内容安排如下：

第 1 章第 1 节首先以两台电脑互连的实验为例，介绍了网线连接和无线连接两种网络连接方式；接着通过引入交换机，介绍了多台电脑互连的方式。为了让物理互连的电脑能互相通信，本章第 2 节先从十进制的角度引导学生配置 IP 地址和子网掩码，引出网络号和主机号、网络地址和广播地址等概念，再通过 IP 地址不变、子网掩码改变导致原来互通的网络变得不通的现象，引导学生作探究，进一步引入二进制、有类地址与无类地址等概念。本章的目的是让学生学会如何使相同网段的电脑互通。

第 2 章在第 1 章的基础上，通过不同网段的电脑不能互通的现象，引入路由器、网关等概念；通过一台路由器的拓扑指导学生以路由器的接口为边界，进行网段规划、配置，实现全网互通；通过两台路由器的拓扑指导学生探究全网互通的方法，引导学生学会利用互联网进行自主学习和探究，学会静态路由的配置方法；通过三台路由器的拓扑启发学生观察有些路由器上多条静态路由存在共同点，尝试减少静态路由数量，改用默认路由实现全网互通；最后让学生思考两台路由器搭建的拓扑，如果两台路由器都配置了默认路由，在实现全网互通的同时，也会导致路由环路的产生，以此拓展学生的思路。

第 3 章首先让学生通过抓包实验验证交换机和集线器的冲突域和广播域，引导学生探求隔离广播域的方法，学会除了通过引入路由器进行物理隔离广播域，还可以通过在交换机上划分 VLAN 的方式实现逻辑隔离广播域；随后以不同楼层交换机上同一 VLAN 的电脑间的互联为例，探讨交换机间连接端口的类型：先从常规思维出发，若交换机间连接的端口用之前学过的 Access 类型，那么有几个 VLAN 跨越交换机就需要几根连线，再进一步引导学生思考只用一根连线允许多个 VLAN 通过的方法，即让经过这根连线的数据帧带着 VLAN 标签通过，从而引出 Trunk 类型的端口；接着介绍了交换机间 VLAN 同步及动态注册的协议、Hybird 端口类型、Private VLAN 技术、交换机端口类型自动协商的协议、设备间互相发现的协议等。

第 4 章首先通过不同网段如何互联的讨论，回顾还没有划分 VLAN 前，以路由器作为网关实现不同网段互联的方法。接着探讨划分 VLAN 后，以路由器作为网关时不同 VLAN 间互联如何实现。学生直接想到的是多臂路由，即有多少个 VLAN 需要互连，交换机与路由器间就连接多少根网线。此时，路由器必须根据连线数提供相应的接口数，VLAN 数量稍多，路由器的接口数量就会不足，就算有足够的接口，连线太多也不现实，从而引导学生探求更好的方法。学生会想到将交换机的端口配成 Trunk 类型，让多个 VLAN 共用一根连线。但连线的另一端是路由器的接口，一个接口如何识别多个 VLAN 呢？由此引入路由器子接口的概念以及子接口的 802.1q 封装模式，从而引出单臂路由。再与学生探讨单臂路由的缺点，单臂路由虽解决了路由器接口数量有限的问题，但当 VLAN 数量较多时，构成单臂路由的链路将面临带宽不足的问题，由此引入三层交换机。三层交换机将“二层交换机”和“路由器”的功能融合在一起，只需在三层交换机上为各 VLAN 的虚接口配置地址，充当各 VLAN 的网关，即可实现逻辑隔离的 VLAN 间的互通，克服单臂链路面临的带宽不足的问题。

第 5 章先从十进制的角度让学生了解子网划分的原理，再从二进制的角度进行推广，让学生能对子网进行更细致的划分；然后引入可变长子网掩码，使一个大的网络可根据需要划分成多个大小不同的子网；随后引入 IP 地址汇总的概念，解决子网划分导致的路由条目增多、路由表过大、路由寻址延时等问题；进而引出超网的概念(即将多个有类地址汇总成一个无类地址，将多个网络汇总成一个更大的网络)，并将超网用于IP路由汇总(即将具有相似网络前缀的多个网络的多条路由条目组合成一条路由条目，减小路由表的大小以及路由协议交换的路由更新的大小)。规划好地址后，为避免手动配置烦琐且容易出错等问题，介绍了不同厂商设备搭建DHCP服务，为客户端自动分配地址的方法；为了解决亲临现场配置设备效率低下的问题，介绍了通过Telnet远程连接配置各厂商设备的方法；为了对不同种类、不同厂商设备进行统一管理，介绍了SNMP的原理和配置方法。

第6章探讨了增强网络可靠性的方法。方法一是采用链路冗余，链路冗余可增强网络可靠性，但会导致环路的产生。避免出现环路的一种方法是引入STP，但STP收敛速度较慢，为此引入RSTP，但STP虽加快了收敛速度，但它和STP一样，让所有VLAN共用一棵生成树，VLAN无法实现负载均衡；为此引入MSTP以实现VLAN数据转发时的负载均衡。避免环路的另一种方法是采用以太通道或称链路聚合，它将多条以太链路捆绑成一条逻辑链路，增加了带宽，避免产生环路。方法二是采用网关冗余，介绍了思科的HSRP、华为和华三的VRRP是如何实现网关冗余的，进一步通过练习让学生探讨如何将网关冗余与STP的VLAN间流量负载均衡相结合。方法三是采用堆叠技术，该技术将多台交换机通过堆叠线缆连接在一起，使之从逻辑上变成一台交换设备，作为一个整体参与数据转发，实现了比网关冗余与STP结合更高的可靠性。

第7章介绍了广域网技术。本章从广域网的物理层和数据链路层讲起，进一步分析比较了广域网的专线方式、电路交换方式、分组交换方式和VPN方式；讲解了广域网的HDLC封装协议和PPP协议，重点讲解了PPP协议的PAP验证和CHAP验证的原理、过程和配置方法；还讲解了将“PPP所具备的良好访问控制及计费功能”和“以太网技术提供的多台主机经济快捷接入功能”结合在一起的“PPPoE技术”及其配置和实现方法。

第8章从路由表的作用和路由表的形成入手，介绍了直连路由、静态路由和动态路由，以及动态路由的分类；讲解了距离矢量路由协议RIP的原理及其避免环路的措施；分析了RIPv1和RIPv2的异同以及其配置的方法；讲解了链路状态路由协议OSPF的实现原理，分析了OSPF的邻居列表、链路状态数据库和路由表；讲解了Router ID、度量值、OSPF的四种网络类型、DR和BDR、链路状态通告等概念；分析了OSPF的普通区域和Stub、Totally Stub、NSSA等特殊区域及其配置和实现的方法。

第9章以一家已经实现各部门间、公司总部与公司分部间互联互访的公司为例，探讨了如何考虑网络安全的需求，为各网络间的互访增加访问控制，为此引入了标准ACL(基础ACL)和扩展ACL(高级ACL)，并详细介绍了各类ACL的原理和应用场合，以及配置和实现方法。

第10章基于网络规模扩大、IPv4地址不足的场景和保护内部网络安全、隐藏内部网络地址的需求，讲解了 NAT(网络地址转换)技术的原理与配置方法，既介绍了能让内网的私有地址与外网的公有地址作一对一的转换，实现内网服务器为外网提供服务的静态 NAT 技术，也介绍了将多个私有地址转换成一个共用的公有地址，仅以不同端口号标识转换前的私有地址的基于端口的 NAT 技术，基于端口的 NAT 技术在节省 IPv4 公有地址的同时，内网多台电脑可共用一个公有地址对外网访问。

第 11 章将有线网络拓展到了无线网络。本章介绍了无线工作站 STA、无线接入点 AP、无线控制器 AC、天线等常见的 WLAN 组网设备；讲解了保护无线网络安全的 WEP、WPA、WPA2、WPA3 等数据加密技术，并比较了它们的优缺点及应用场合；介绍了 AC 与 AP 间隧道建立、CAPWAP 数据封装和传输的过程；讲解了各厂商设备实现 WLAN 的配置方法。

第 12 章从 IPv4 的可用地址日益缺乏、IPv6 地址空间充足出发，介绍了 IPv6 地址的表示和构成、IPv6 地址的分类、IPv6 邻居发现协议；讲解了 IPv6 地址、IPv6 静态路由、RIPng 动态路由协议、OSPFv3 动态路由协议、IPv6-over-IPv4 隧道的配置和实现方法。

本书由柳州城市职业学院秦桑、劳翠金担任主编，并负责全书的审稿、定稿工作。其中，秦桑负责编写第 1～6 章，劳翠金负责编写第 7～12 章。

由于作者水平有限，书中难免有不妥之处，恳请广大读者批评指正。

作　者

2024 年 2 月

目　录

第 1 章　网段内的互联

计算机网络技术是计算机技术和数据通信技术的结合。数据通信是按照一定的通信协议，利用数据传输技术在两个终端间传递数据信息的一种通信方式和通信业务，是继电报、电话业务后的第三种通信业务。

用通信设备和线路将不同位置、相对独立的多台计算机连接起来，并配置相应系统和软件，在原来独立的计算机之间实现软硬件共享和信息传递的系统就是计算机网络。电脑、手机、打印机、服务器等通过计算机网络可实现物理互连、逻辑互联和资源共享。物理互连是基础，逻辑互联和资源共享是目的。互联的方式可分为有线和无线。

1.1　物 理 互 连

1.1.1　两台电脑间的有线互连

1. 探究两台电脑互连用直通线还是交叉线

(1) 如图 1-1 所示，打开模拟器 Packet Tracer8，分别用直通线和交叉线连接两台电脑。

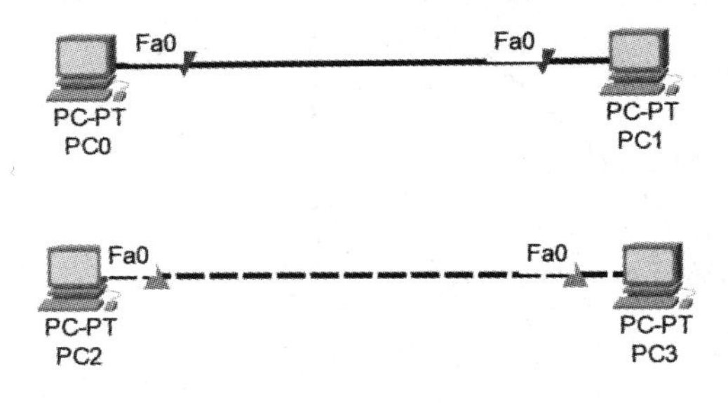

图 1-1　两台电脑间的有线互连

(2) 观察到直通线两端指示为红色，交叉线两端指示为绿色。

(3) 得出结论：两台电脑直接相连应该用交叉线。

2. 对直通线与交叉线的分析

直通线与交叉线都属于双绞线，双绞线由八根不同颜色的细线缆组成。直通线与交叉线的区别在于：直通线两端细线缆的线序排列相同，而交叉线两端细线缆的线序排列不同。在 100 MB/s 的快速以太网中，1、2 号细线缆用于发送数据，3、6 号细线缆用于接收数据。直通线两端的线序都是 1、2、3、4、5、6、7、8。交叉线一端的 1、2 号线连到对端的 3、

6 号线，即另一端的线序变成 3、6、1、4、5、2、7、8(即交叉线一端的线序颜色为橙白、橙、绿白、蓝、蓝白、绿、棕白、棕，另一端的线序颜色为绿白、绿、橙白、蓝、蓝白、橙、棕白、棕)。两台电脑采用交叉线相连符合快速以太网数据收发的规定，即一端 1、2 号位发送的数据，另一端在 3、6 号位接收。

1.1.2　多台电脑间的有线互连

多台电脑互连时要借助交换机，各电脑都要先连到交换机上。数据信息先由各电脑发至交换机，再由交换机转发。

1. 探究电脑与交换机间互连用直通线还是交叉线

(1) 如图 1-2 所示，打开 Packet Tracer8，用直通线将三台电脑连接到交换机。为了能在网络拓扑图中显示出交换机各端口的标识，可以点击菜单“Options”的“Preferences...”选项。在弹出的对话框中勾选“Always Show Port Labels in Logical Workspace”复选框。

(2) 可以看到，网线两端显示为绿色，说明电脑与交换机间需要用直通线连接。

(3) 请读者尝试用交叉线连接，观察效果。

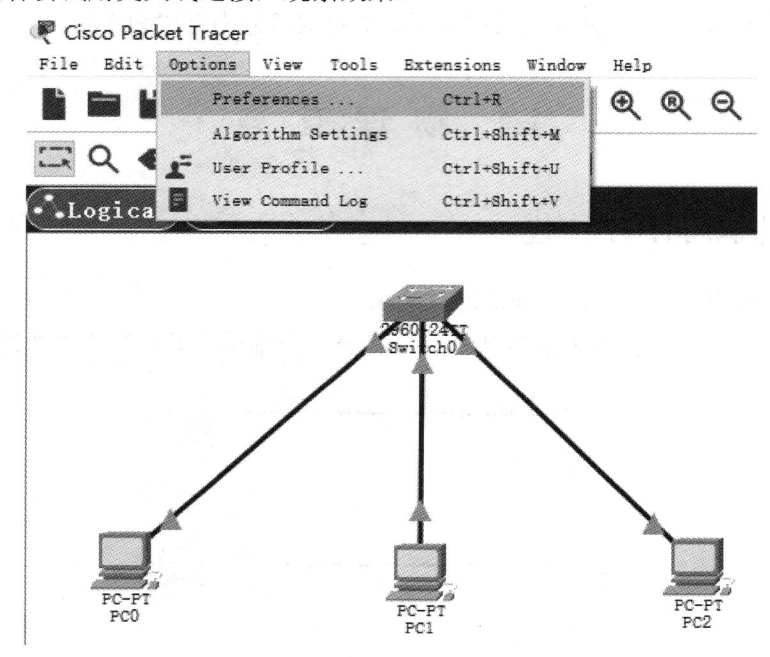

图 1-2　三台电脑通过交换机相连

2. 探究交换机与交换机互连用直通线还是交叉线

在组建更大规模的网络时，需要将多台交换机互连到一起，请读者参照之前的实验，用类似的方法探究交换机与交换机互连用直通线还是交叉线。

提示：交换机的端口可分为普通端口和级联端口。级联端口一般标有“UPLINK”或“MDI”等标志。在进行交换机间的互连时，可使用直通线将一台交换机的级联端口与另一台交换机的普通端口连接，也可使用交叉线将两台交换机的普通端口互连。

3. 端口类型分析

端口类型可分为 MDI 和 MDIX。MDI 端口不对输入信号的线序进行调整，MDIX 端口则会将接收到的 1、2 号位输入信号调整到 3、6 号位。电脑网卡端口的类型为 MDI，交换机普通端口的类型为 MDIX，交换机级连端口的类型为 MDI。同类端口互连时，需要使用交叉线；异类端口互连时，需要使用直通线。

1.1.3　电脑间的无线互连

1. 探究电脑与家用无线路由器互连的方法

(1) 在 Packet Tracer8 中拖出两台电脑和一台家用无线路由器。

(2) 如图 1-3 所示，为两台电脑添加无线网卡。方法是：关闭电脑电源，将有线网卡从电脑移走，将无线网卡从备件区拖入电脑中，最后打开电脑电源。

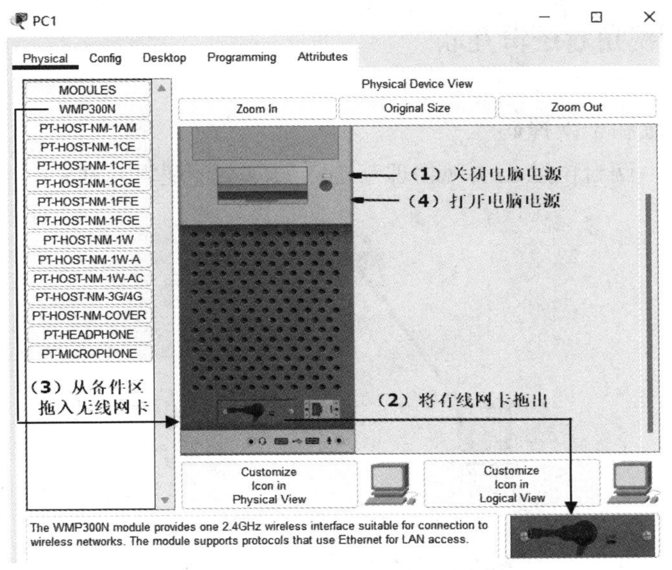

图 1-3　PC1 的 Physical 选项夹

如图 1-4 所示，可以看到两台电脑自动连接到了家用无线路由器上。

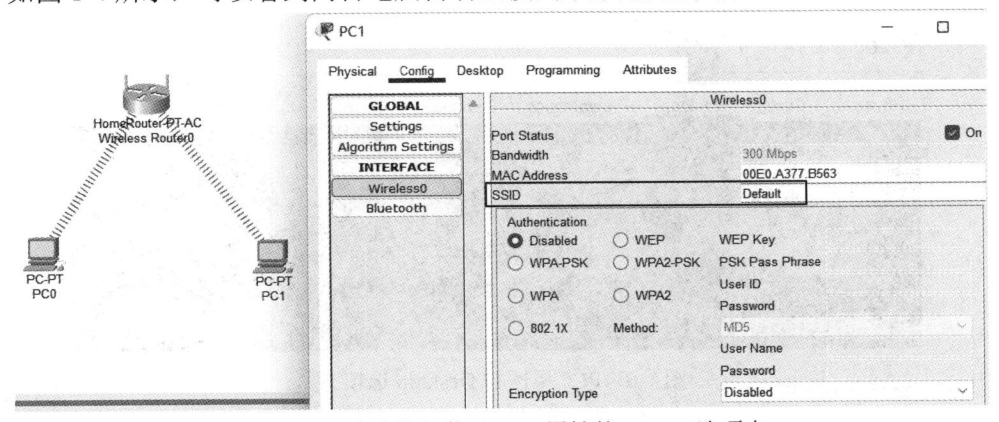

图 1-4　无线连接拓扑及 PC1 属性的 Config 选项夹

2. 无线连接的分析

如图 1-4 所示，分别点击两台电脑，查看电脑 Config 选项夹的 Wireless0 属性。可以看到两台电脑添加无线网卡后，都自动连接到了 SSID 为“Default”的无线网络上，说明该用户无线路由器默认以“Default”为 SSID 名开启了对外的无线接入服务。

1.2　逻辑互联

就像寄信要写收件人地址和收件人姓名一样，电脑间通过有线或无线的方式实现物理互连后，还需要为各电脑配置 IP 地址和子网掩码，才能实现电脑间逻辑上的互联互通。

1.2.1　从十进制视角看逻辑互联

1. 探究 IP 地址和子网掩码

如图 1-5 所示，两台电脑已实现物理互连，如何实现逻辑互联？

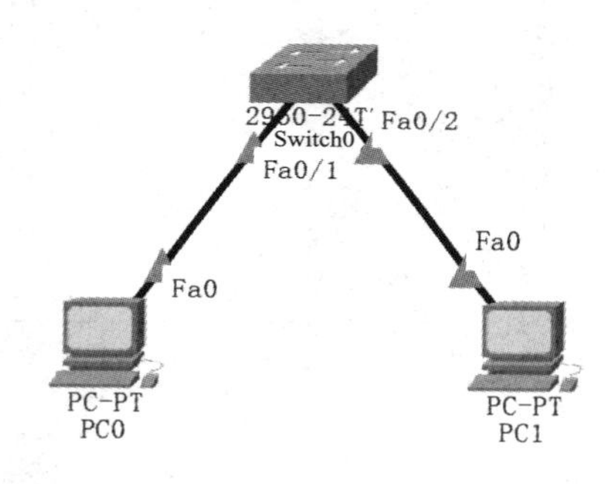

图 1-5　两台电脑通过交换机互联

(1) 如图 1-6 所示，点击 PC0 后，在 Desktop 选项夹中点击“IP Configuration”。

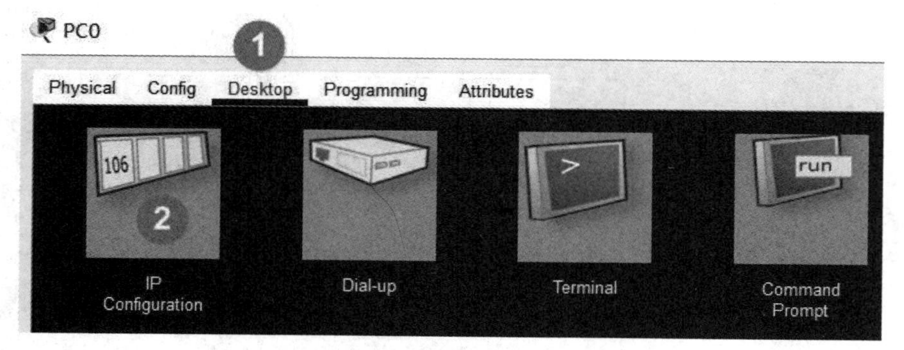

图 1-6　PC0 属性的 Desktop 选项夹

(2) 如图 1-7 所示，为 PC0 配置 IP 地址 192.168.1.1，子网掩码 255.255.255.0。

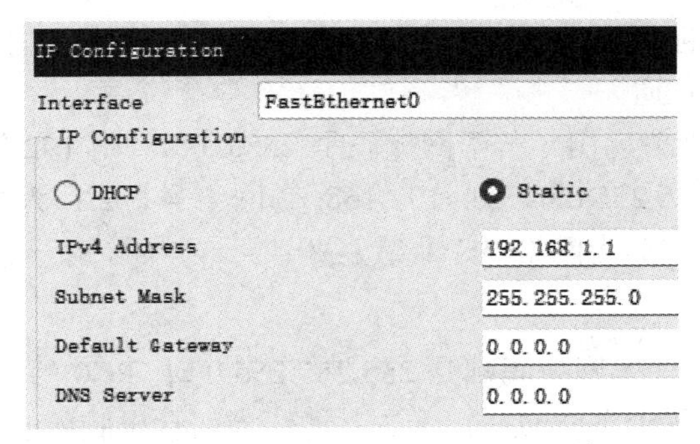

图 1-7　PC0 的 IP Configuration 对话框

(3) 用同样方法为 PC1 配置 IP 地址 192.168.2.2，子网掩码 255.255.255.0。

(4) 如图 1-8 所示，点击“Command Prompt”进入电脑的命令框。

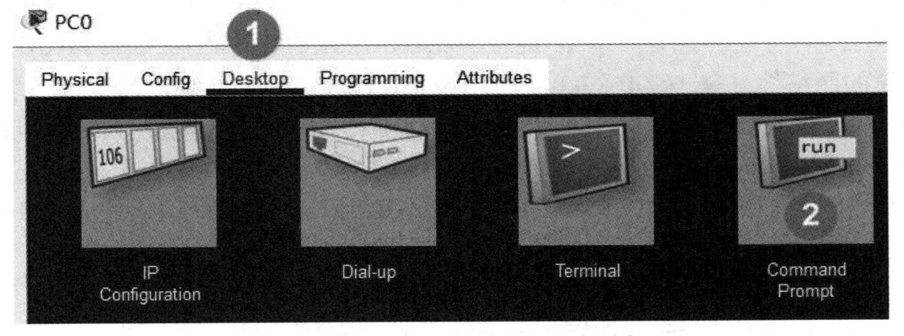

图 1-8　PC0 属性的 Desktop 选项夹

(5) 分别查看 PC0 和 PC1 的 IP 地址和子网掩码。以 PC0 为例，命令如下：

C:\>**ipconfig**

IPv4 Address....................: 192.168.1.1

Subnet Mask....................: 255.255.255.0

(6) 测试两台电脑能否互通。以 PC0 ping PC1 为例，命令如下：

C:\>**ping 192.168.2.2**

Request timed out.

可以看到，两台电脑无法互通。

(7) 将两台电脑的子网掩码都改为 255.255.0.0，再次测试。命令如下：

C:\>**ping 192.168.2.2**

Reply from 192.168.2.2: bytes=32 time<1ms TTL=128

可以看到两台电脑可以互相 ping 通了。

2. IP 地址和子网掩码

十进制视角下，IPv4 地址由四段组成，每段的取值范围是 0～255，段与段之间用小数点间隔开。子网掩码也由四段组成，有三种取值，分别是 255.0.0.0、255.255.0.0 和 255.255.255.0。两台电脑能否互通，取决于它们的 IP 地址和子网掩码的组合。

3. 网络号和主机号

子网掩码可以将一个 IP 地址划分为网络号和主机号两部分。网络号用来标识电脑属于哪个网络，主机号用来标识电脑在这个网络中的编号。只有它们的网络号相同且主机号不同时才能实现逻辑上的互通。

以 IP 地址 192.168.2.1 为例。若子网掩码是 255.0.0.0，则 192 为网络号，168.2.1 为主机号；若子网掩码是 255.255.0.0，则 192.168 为网络号，2.1 为主机号；若子网掩码是 255.255.255.0，则 192.168.2 为网络号，1 为主机号。

4. 实验结果分析

实验中，当两台电脑的子网掩码都是 255.255.255.0 时，PC0 的网络号是 192.168.1，PC1 的网络号是 192.168.2，属于不同网络，无法互通；当两台电脑的子网掩码都为 255.255.0.0 时，它们的网络号都是 192.168，属于同一个网络，可以互通。

5. 网络地址和广播地址

一个网络中最小的地址称为网络地址，最大的地址称为广播地址，介于最小值和最大值之间的地址是可分配的地址。以 IP 地址 192.168.1.2(子网掩码为 255.255.0.0)为例，这个 IP 地址所属的网络地址是 192.168.0.0，192.168.0.0 代表了整个网络，标识该网络所属的网段。该网络的后两组数是主机位，可容纳 256 × 256(即 65 536) 个地址。具体来说，网络地址 192.168.0.0(子网掩码为 255.255.0.0) 包含了 192.168.0.0～192.168.255.255 共 65 536 个地址，其中 192.168.0.1～192.168.255.254 是可分配的地址。该网络的最大地址 192.168.255.255 是广播地址。

1.2.2　从二进制视角看逻辑互联

(1) 如图 1-5 所示，将 PC0 的 IP 地址设为 192.168.1.1，子网掩码设为 255.255.255.0。将 PC1 的 IP 地址设为 192.168.1.200，子网掩码设为 255.255.255.0。此时进行 PC0 ping PC1 测试，可以观察到两台电脑能互通。这是因为它们的网络地址都是 192.168.1.0，属于同一网段。

(2) 保持 PC0 和 PC1 的 IP 地址不变，将它们的子网掩码都改为 255.255.255.128。此时进行 PC0 ping PC1 测试，可以观察到两台电脑不能互通了。下面将从二进制的角度进行原因分析。

(3) 用二进制分别表示 PC0 和 PC1 的 IP 地址、子网掩码，将 IP 地址与子网掩码各位数码的位置对齐，用来求网络地址。子网掩码为 1 的位置，将对应的 IP 地址部分的值直接抄写到网络地址部分；子网掩码为 0 的位置，直接将网络地址部分该位的值置 0。下面是 PC0 和 PC1 的网络地址求解过程：

PC0 的 IP 地址　　11000000.10101000.00000001.00000001
子网掩码　　11111111.11111111.11111111.10000000
网络地址　　11000000.10101000.00000001.00000000，用十进制表示是 192.168.1.0
PC1 的 IP 地址　　11000000.10101000.00000001.11001000
子网掩码　　11111111.11111111.11111111.10000000
网络地址　　11000000.10101000.00000001.10000000，用十进制表示是 192.168.1.128

可见，子网掩码变成 255.255.255.128 后，PC0 和 PC1 的网络地址就会变得不同，互相之间也就无法 ping 通了。

1.2.3　有类地址与无类地址

1. 有类地址

IPv4 设计之初，将 IP 地址划分为 A、B、C、D、E 五类，称为有类地址，其中 A、B、C 类用于单播，D 类用于组播，E 类保留。按规定，A 类地址的子网掩码为 255.0.0.0，B 类地址的子网掩码为 255.255.0.0，C 类地址的子网掩码为 255.255.255.0。

A 类地址的首字节以 0 开头(00000000～011111111)，子网掩码为 255.0.0.0，地址范围是 0.0.0.0～127.255.255.255，可指派范围是 1.0.0.0～126.255.255.255，首字节 0 用来代表“本网络”，127 被保留用作环回地址。

B 类地址的首字节位以 10 开头(10000000～101111111)，子网掩码为 255.255.0.0，地址范围是 128.0.0.0～191.255.255.255。

C 类地址的首字节位以 110 开头(11000000～11011111)，子网掩码为 255.255.255.0，地址范围是 192.0.0.0～223.255.255.255。

D 类地址的首字节位以 1110 开头(11100000～11101111)，地址范围是十进制的 224.0.0.0～239.255.255.255，用作组播地址。

E 类地址的首字节位以 1111 开头(11110000～11111111)，地址范围是十进制的 240.0.0.0～255.255.255.255，除了 255.255.255.255 用于受限广播地址，其他地址被保留用于研究。

2. 无类地址

有类地址的子网掩码长度固定，造成了地址的浪费。为了灵活、有效、充分地利用 IP 地址，引入了无类地址。无类地址不再对地址进行分类，子网掩码可根据需要进行规划。

练 习 与 思 考

1. 查看自己电脑的 IP 地址和子网掩码，并将其告诉同桌，与同桌的电脑进行互 ping 测试，验证怎样的 IP 地址和子网掩码才能使两台电脑互通。

2. 在互联网上搜索双绞线跳线的制作与测试方法的视频，参考视频介绍的方法，亲手制作直通线和交叉线，并分别用这两种连线连接两台电脑，为两台电脑规划和配置 IP 地址及子网掩码，用 ping 命令测试两台电脑能否互通。

3. 查看家用无线路由器的配置，尝试动手修改 SSID 及密码，验证手机如何才能接入无线网络并上网。

4. 尝试找出两个 IP 地址，当子网掩码是 255.255.0.0 时，它们之间能互通，当把子网掩码改为 255.255.255.0 时，它们之间就无法互通了，并说明原因。

5. 尝试找出两个 IP 地址，当子网掩码是 255.192.0.0 时，它们之间能互通，当把子网掩码改为 255.255.0.0 时，它们之间就无法互通了，并说明原因。

6. 二进制 01111111 对应的十进制除了通过 64 + 32 + 16 + 8 + 4 + 2 + 1 = 127 的方法计算外，还有其他方法吗？

第2章　网段间的互联

已经实现物理互连的两台电脑，只有当它们的 IP 地址属于同一网段，即两台电脑的地址有相同的网络号和不同的主机号时，才能实现逻辑上的互通。若不同部门的电脑划分到了不同的网段，它们之间逻辑上的互通就需要借助网关了。网关的作用与现实生活中的火车站的作用类似，火车站实现了不同城市间的互通，网关则实现了不同网段的互通。

人们若要乘火车去往别的城市，只需知道自己所在城市的火车站在哪即可，并不需要知道火车应该往哪开、途经哪些地方。同样地，电脑的数据若要发往别的网段，电脑不需要知道为了到达目的地沿途应该怎么走，只需要知道自己所在网段的网关地址就可以了。

2.1　路由器的接口充当网关

路由器的不同接口可以充当各网段的网关。其方法是：在路由器连接本网段的接口上，配置一个属于本网段的 IP 地址，用这个地址充当该网段的网关地址，并在电脑上将该地址配置为自己的缺省网关。当电脑有数据发往别的网段时，会将数据发给缺省网关，由缺省网关自己想办法转发。具体如何转发，电脑并不需要知道。

2.1.1　思科设备充当网关

在 Packet Tracer8 中搭建如图 2-1 所示的拓扑。

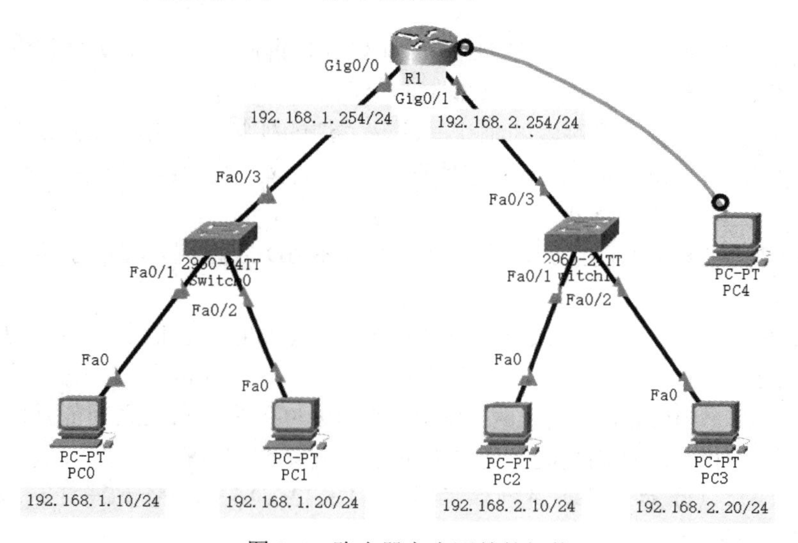

图 2-1　路由器充当网关的拓扑

拓扑中路由器可看成被切为两段，路由器的两个接口地址分别属于各自所在的网段、充当各自网段的网关。各电脑则需要配置一个本网段的 IP 地址和一个指向路由器本段接口的网关。

(1) 为各网段规划的地址如下：

① 左边网段规划为 192.168.1.0/24。路由器左边接口 G0/0 充当左边网段的网关，地址为 192.168.1.254、子网掩码为 255.255.255.0；PC0 的地址为 192.168.1.10、子网掩码为 255.255.255.0、缺省网关为 192.168.1.254；PC1 的地址为 192.168.1.20、子网掩码为 255.255.255.0、缺省网关为 192.168.1.254。

② 右边网段规划为 192.168.2.0/24。路由器右边接口 G0/1 充当右边的网关，地址为 192.168.2.254、子网掩码为 255.255.255.0；PC2 的地址为 192.168.2.10、子网掩码为 255.255.255.0、缺省网关为 192.168.2.254；PC3 的地址为 192.168.2.20、子网掩码为 255.255.255.0、缺省网关为 192.168.2.254。

(2) 根据规划，为各电脑配置地址和网关。以 PC0 为例，配置如图 2-2 所示。

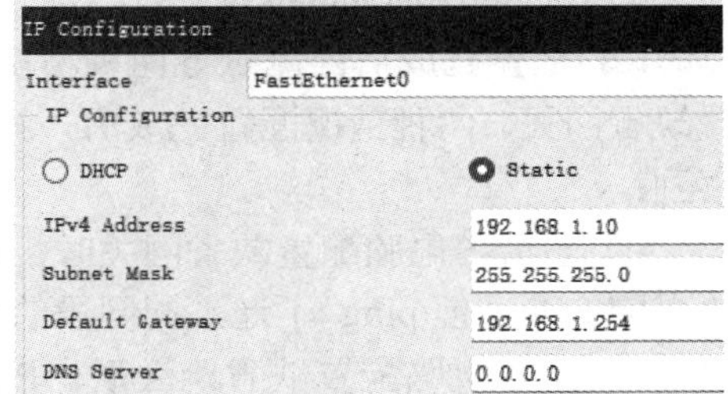

图 2-2　PC0 的 IP Configuration 对话框

(3) 路由器本身不带显示器和键盘，需要借助电脑的显示器和键盘进行配置。方法如下：

① 将配置线的一端连接到电脑 PC4 的 RS232 口(COM1 或 COM2) 上；

② 将配置线的另一段连接到路由器 R1 的 Console 口上；

③ 如图 2-3 所示，在 PC4 的 Desktop 选项夹上点击“Terminal”，进入超级终端界面。

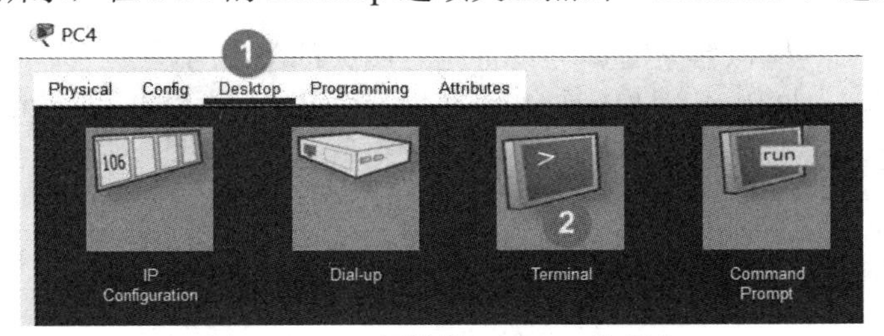

图 2-3　PC4 属性的 Desktop 选项夹

(4) 如图 2-4 所示，在弹出的对话框中点击“OK”按钮进入 R1 的配置界面。

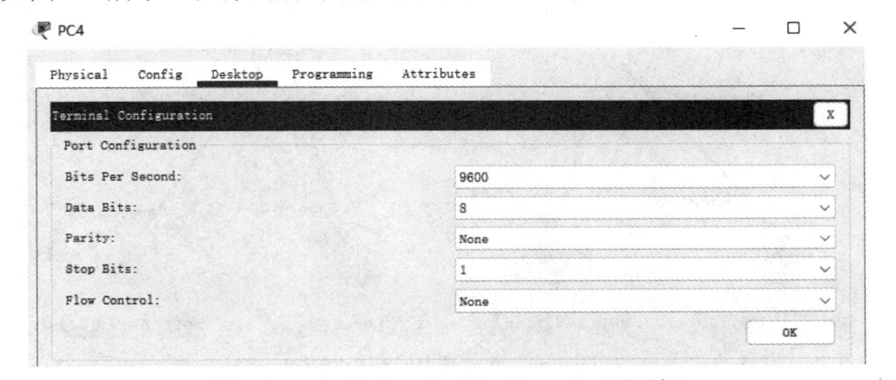

图 2-4　PC4 的 Terminal Configuration 对话框

(5) 在 R1 的配置界面中，输入以下命令进行配置：

```
Would you like to enter the initial configuration dialog? [yes/no]: no    //选 no
Router>enable    //进入特权模式
Router#configure terminal    //进入全局配置模式
Router(config)#hostname R1    //将路由器重新命名为 R1
R1(config)#interface GigabitEthernet 0/0    //进入 G0/0 接口配置模式
R1(config-if)#ip address 192.168.1.254 255.255.255.0    //为接口 G0/0 配置地址
R1(config-if)#no shutdown    //通过取消当前接口的关闭状态，使之开启
R1(config-if)#exit    //返回上一层
R1(config)#interface GigabitEthernet 0/1
R1(config-if)#ip address 192.168.2.254 255.255.255.0
R1(config-if)#no shutdown
```

(6) 配置完成后的测试分两种情况：一是不给各电脑配置缺省网关，二是给各电脑配置缺省网关。两种情况配置完成后，都在 PC0 上 ping 各自的网关和其他三台电脑，可以观察到：

① 不给各电脑配置缺省网关时，PC0 可以 ping 通自己的网关，也能 ping 通同一网段的电脑 PC1；但 ping 不通不同网段的电脑 PC2 和 PC3。

② 给各电脑配置缺省网关后，PC0 不仅可以 ping 通自己的网关和同一网段的电脑 PC1，还能 ping 通不同网段的电脑 PC2 和 PC3，实现了不同网段电脑间的互联。

2.1.2　华为设备充当网关

下面，通过 eNSP 模拟器学习华为设备充当网关的配置方法。

(1) 在 eNSP 中，拖出一台路由器 AR2220，拖出两台交换机 S3700，拖出四台电脑。地址规划如图 2-5 所示。

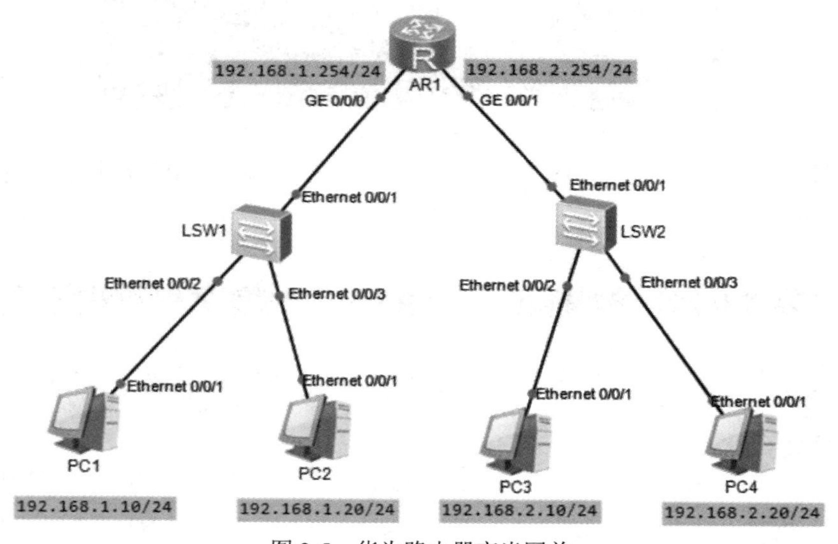

图 2-5　华为路由器充当网关

(2) PC1 的配置如图 2-6 所示，其他 PC 也按规划进行配置。

PC1

基础配置　命令行　组播　UDP发包工具　串口

主机名：PC1

MAC 地址：54-89-98-50-47-24

IPv4 配置

静态　DHCP　自动获取 DNS 服务器地址

IP 地址：192 . 168 . 1 . 10　DNS1：0 . 0 . 0 . 0

子网掩码：255 . 255 . 255 . 0　DNS2：0 . 0 . 0 . 0

网关：192 . 168 . 1 . 254

IPv6 配置

静态　DHCPv6

IPv6 地址：::

前缀长度：128

IPv6 网关：::

应用

图 2-6　PC1 的基础配置界面

(3) 为路由器 AR1 各接口配置地址，充当网关，命令如下：

```
<Huawei>system-view    //进入系统视图
[Huawei]sysname AR1    //将路由器命名为 AR1
[AR1]interface GigabitEthernet 0/0/0    //进入接口配置视图
[AR1-GigabitEthernet0/0/0]ip address 192.168.1.254 24    //配置 IP 地址
[AR1-GigabitEthernet0/0/0]quit    //返回上一层
[AR1]interface GigabitEthernet 0/0/1
[AR1-GigabitEthernet0/0/1]ip address 192.168.2.254 24
[AR1-GigabitEthernet0/0/1]quit
[AR1]display ip interface brief    //查看接口信息
```

(4) 比较给各电脑配置缺省网关和不配置缺省网关时的 ping 测试结果，可以发现配置网关后电脑可以 ping 通不同网段的地址。

2.1.3　华三设备充当网关

下面，通过 HCL 模拟器学习华三设备充当网关的配置方法。

(1) 在 HCL 中，拖出一台路由器 MSR36，拖出两台交换机 S5820，拖出四台电脑。地址规划如图 2-7 所示。

(2) PC4 的地址配置如图 2-8 所示，分别启用接口和启用静态 IPv4 配置。其他 PC 也按规划进行类似配置。

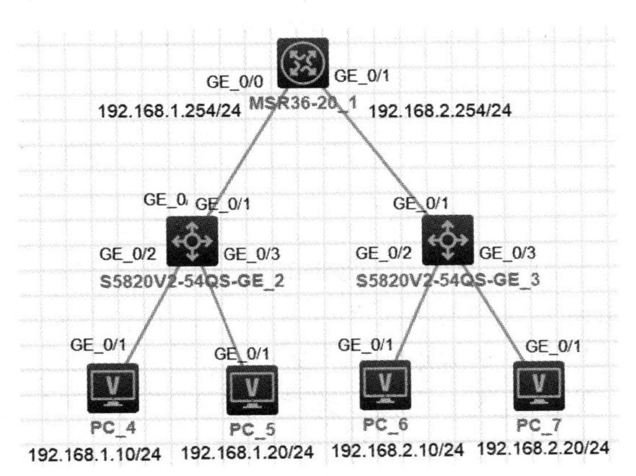

图 2-7　华三路由器充当网关

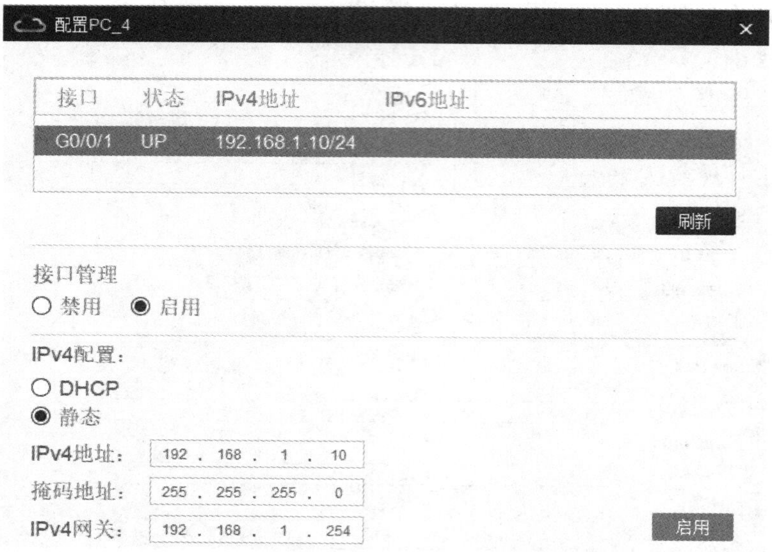

配置PC_4

接口	状态	IPv4地址	IPv6地址
G0/0/1	UP	192.168.1.10/24	

刷新

接口管理
○ 禁用 ◉ 启用

IPv4配置：
○ DHCP
◉ 静态
IPv4地址：192.168.1.10
掩码地址：255.255.255.0
IPv4网关：192.168.1.254
启用

图 2-8 PC4 的配置界面

(3) 为路由器 R1 各接口配置地址充当网关，命令如下：

```
Automatic configuration is running, press CTRL_C or CTRL_D to break.    //按下 Ctrl+C 键
Press ENTER to get started.    //按下回车键
<H3C>system-view   //进入系统视图
[H3C]sysname R1   //将路由器命名为 R1
[R1]interface GigabitEthernet 0/0   //进入接口视图
[R1-GigabitEthernet0/0]ip address 192.168.1.254 24   //给接口配置 IP 地址
[R1-GigabitEthernet0/0]quit
[R1]interface GigabitEthernet 0/1
[R1-GigabitEthernet0/1]ip address 192.168.2.254 24
[R1-GigabitEthernet0/1]quit
[R1]display ip interface brief   //查看接口信息
```

(4) 比较给各电脑配置缺省网关和不配置缺省网关时的 ping 测试结果，可以发现配置网关后电脑可以 ping 通不同网段的地址。

2.2 静 态 路 由

路由器是通过查询路由表来实现不同网段间数据的转发的。路由表由路由条目组成，路由条目包含两项主要内容，一是目的网络地址；二是如何去往该目的网络地址(如指定接口或指定下一跳地址)。

路由器的每个接口连接的是不同的网段，我们把与路由器各接口直接连接的网段称为路由器的直连网段，把没有与路由器接口直接连接的网段称为非直连网段。直连网段的路由信息会自动加到路由表中；非直连网段的路由信息不会自动加到路由表中，需要通过配

置静态路由或动态路由来实现。静态路由的配置方法如下：

(1) 确定哪些网段是这台路由器的非直连网段。

(2) 通过命令将各非直连网段及去往该非直连网段的下一跳地址配置到这台路由器的路由表中(点到点网络可直接配出接口)。

配置完成后，一旦路由器接收到需要转发的数据，就可以通过查询路由表获得去往目标网段的下一跳地址或出接口了。

2.2.1 思科设备配置静态路由

如图 2-9 所示，在 Packet Tracer8 中搭建拓扑并按以下规划进行配置。

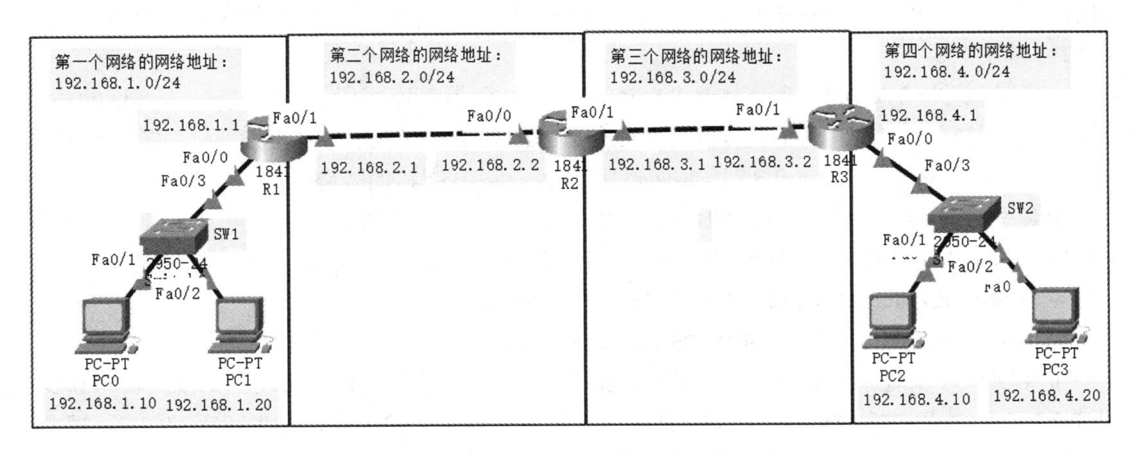

图 2-9　思科路由器配置静态路由的拓扑

1. 网段的规划

拓扑中三台路由器分隔了四个网段，四个网段的网络地址分别是 192.168.1.0/24、192.168.2.0/24、192.168.3.0/24、192.168.4.0/24。

网段 1 中的交换机 SW1 只起中转连接作用，不需要进行配置。需要配置的有：电脑 PC0、PC1 和路由器 R1 的 F0/0 接口。它们的地址分别是 192.168.1.10/24、192.168.1.20/24 和 192.168.1.1/24。其中，路由器 R1 的 F0/0 接口充当网段 1 的网关，PC0 和 PC1 都需要将缺省网关配置为 192.168.1.1，指向这个接口。

网段 2 包含路由器 R1 的 F0/1 接口和路由器 R2 的 F0/0 接口，它们的地址分别是 192.168.2.1/24 和 192.168.2.2/24。

网段 3 包含路由器 R2 的 F0/1 接口和路由器 R3 的 F0/1 接口，它们的地址分别是 192.168.3.1/24 和 192.168.3.2/24。

网段 4 中的交换机 SW2 只起连接作用，不需要进行配置。需要配置的包括电脑 PC2、电脑 PC3 和路由器 R3 的 F0/0 接口，它们的地址分别是 192.168.4.10/24、192.168.4.20/24 和 192.168.4.1/24。其中，路由器 R3 的 F0/0 接口充当网段 4 的网关，PC2 和 PC3 都需要将缺省网关配置为 192.168.4.1，指向这个接口。

2. 静态路由原理分析

按以上规划配置后，测试发现 PC0 可以 ping 通 PC1、R1 的 F0/0 接口、R1 的 F0/1 接口；无法 ping 通 R2 的 F0/0 接口及其他非直连网段的地址。如何让 PC0 能 ping 通 PC2 呢？

分析：电脑 PC0 若有数据发往电脑 PC2，PC0 首先会比较目标地址 192.168.4.10 与自己的地址 192.168.1.10 是否属于同一个网段，若是，则直接送达；若不是，则查看自己是否配有缺省网关，若有，则将数据发给缺省网关，由缺省网关转发；若没有，则认为目标不可达，将数据丢弃。

由于 PC0 的网络地址是 192.168.1.0，而目标主机的网络地址是 192.168.4.0，这两个地址属于不同网段，于是 PC0 查看是否配置了缺省网关，发现配有，于是 PC0 将数据发送给缺省网关 192.168.1.1。网关和沿途路由器将进一步查看自身的路由表来确定能否转发以及是如何转发的。

案例拓扑中有 4 个网段。对于 R1 来说，有 2 个是直连网段，有 2 个是非直连网段。其中，直连网段 192.168.1.0/24 和 192.168.2.0/24 会自动加到路由表中；非直连网段 192.168.3.0/24 和 192.168.4.0/24 需要通过配置静态路由让其加入路由表。

R1 去往这两个非直连网段的出接口都是 F0/1、去往这两个非直连网段的下一跳都是 R2 的 F0/0 接口的地址 192.168.2.2。据此，R1 的两条静态路由可用以下命令配置：

```
R1(config)#ip route 192.168.3.0 255.255.255.0 192.168.2.2
R1(config)#ip route 192.168.4.0 255.255.255.0 192.168.2.2
```

同样地，可以观察到 R2 的非直连网段也有 2 个，分别是 192.168.1.0/24 和 192.168.4.0/24，从 R2 出发，去往这两个非直连网段的下一跳地址分别是 192.168.2.1 和 192.168.3.2。据此，R2 的两条静态路由可用以下命令配置：

```
R2(config)#ip route 192.168.1.0 255.255.255.0 192.168.2.1
R2(config)#ip route 192.168.4.0 255.255.255.0 192.168.3.2
```

我们同样可以观察到 R3 的非直连网段也是 2 个，可通过配置两条静态路由将它们加到路由表中，命令如下：

```
R3(config)#ip route 192.168.1.0 255.255.255.0 192.168.3.1
R3(config)#ip route 192.168.2.0 255.255.255.0 192.168.3.1
```

3. 完整的配置命令

(1) R1 的配置命令如下：

```
Router>enable
Router#configure terminal
Router(config)#hostname R1
R1(config)#interface FastEthernet 0/0
R1(config-if)#ip address 192.168.1.1 255.255.255.0
R1(config-if)#no shutdown
R1(config-if)#exit
R1(config)#interface FastEthernet 0/1
```

R1(config-if)#**ip add 192.168.2.1 255.255.255.0**

R1(config-if)#**no shutdown**

R1(config-if)#**exit**

R1(config)#**ip route 192.168.3.0 255.255.255.0 192.168.2.2**

R1(config)#**ip route 192.168.4.0 255.255.255.0 192.168.2.2**

R1(config)#**exit**

(2) 查看 R1 路由表的命令如下：

R1#**show ip route**

C　　192.168.1.0/24 is directly connected, FastEthernet0/0

C　　192.168.2.0/24 is directly connected, FastEthernet0/1

S　　192.168.3.0/24 [1/0] via 192.168.2.2

S　　192.168.4.0/24 [1/0] via 192.168.2.2

可以看到，直连网段 192.168.1.0/24 的出接口是 F0/0；直连网段 192.168.2.0/24 的出接口是 F0/1；去往 192.168.3.0/24 的下一跳地址是 192.168.2.2，去往 192.168.4.0/24 的下一跳地址是 192.168.2.2。

(3) R2 的配置命令如下：

Router>**enable**

Router#**configure terminal**

Router(config)#**hostname R2**

R2(config)#**interface FastEthernet 0/0**

R2(config-if)#**ip address 192.168.2.2 255.255.255.0**

R2(config-if)#**no shutdown**

R2(config-if)#**exit**

R2(config)#**int FastEthernet 0/1**

R2(config-if)#**ip address 192.168.3.1 255.255.255.0**

R2(config-if)#**no shutdown**

R2(config-if)#**exit**

R2(config)#**ip route 192.168.1.0 255.255.255.0 192.168.2.1**

R2(config)#**ip route 192.168.4.0 255.255.255.0 192.168.3.2**

R2(config)#**exit**

(4) 通过“show ip route”命令可以查看 R2 的路由表。

(5) R3 的配置如下：

Router>**enable**

Router#**configure terminal**

Router(config)#**hostname R3**

R3(config)#**interface FastEthernet 0/1**

R3(config-if)#**ip address 192.168.3.2 255.255.255.0**

R3(config-if)#**no shutdown**

```
R3(config-if)#exit
R3(config)#interface FastEthernet 0/0
R3(config-if)#ip address 192.168.4.1 255.255.255.0
R3(config-if)#no shutdown
R3(config-if)#exit
R3(config)#ip route 192.168.1.0 255.255.255.0 192.168.3.1
R3(config)#ip route 192.168.2.0 255.255.255.0 192.168.3.1
R3(config)#exit
```

(6) 通过“show ip route”命令可以查看 R3 的路由表。

(7) 测试 PC0 与 PC2 互通性的命令如下：

```
C:\>ping 192.168.4.10
```

测试时可以看到前三个数据包不通，第四个数据包 ping 通了。再次运行 ping 命令时，所有从 PC0 发出的数据包都能与 PC2 互通了。前三个数据包不通是因为 PC0 到 PC2 沿途的电脑或设备需要通过 ARP 协议学习相关 IP 地址对应的 MAC 地址。

2.2.2 华为设备配置静态路由

在 eNSP 中，拖出三台 AR2220 路由器，拖出两台 S3700 交换机，拖出四台电脑，规划如图 2-10 所示。

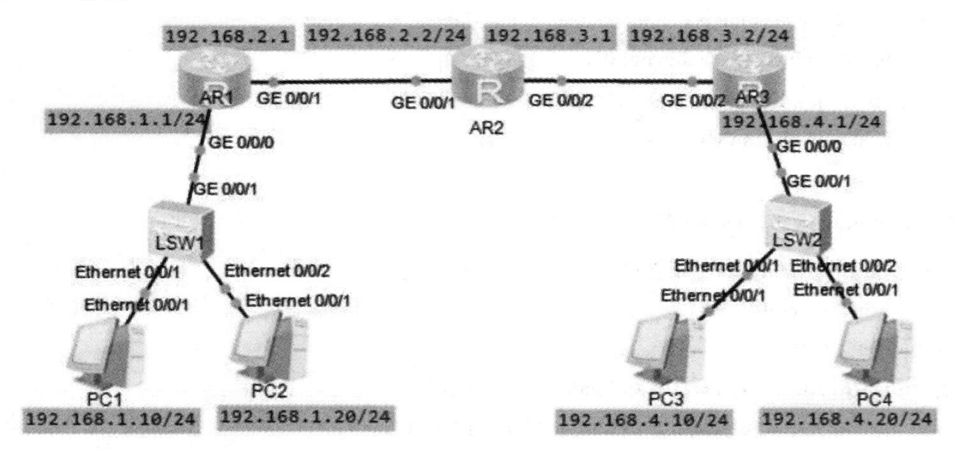

图 2-10 华为路由器配置静态路由的拓扑

(1) R1 的配置命令如下：

```
<Huawei>system-view
[Huawei]sysname R1
[R1]interface GigabitEthernet 0/0/0
[R1-GigabitEthernet0/0/0]ip address 192.168.1.1 24
[R1-GigabitEthernet0/0/0]quit
[R1]interface GigabitEthernet 0/0/1
[R1-GigabitEthernet0/0/1]ip address 192.168.2.1 24
```

```
[R1-GigabitEthernet0/0/1]quit
[R1]ip route-static 192.168.3.0 24 192.168.2.2
[R1]ip route-static 192.168.4.0 24 192.168.2.2
```

(2) R2 的配置命令如下：

```
<Huawei>system-view
[Huawei]sysname R2
[R2]interface GigabitEthernet 0/0/1
[R2-GigabitEthernet0/0/1]ip address 192.168.2.2 24
[R2-GigabitEthernet0/0/1]quit
[R2]interface GigabitEthernet 0/0/2
[R2-GigabitEthernet0/0/2]ip address 192.168.3.1 24
[R2-GigabitEthernet0/0/2]quit
[R2]ip route-static 192.168.1.0 24 192.168.2.1
[R2]ip route-static 192.168.4.0 24 192.168.3.2
```

(3) R3 的配置命令如下：

```
<Huawei>system-view
[Huawei]sysname R3
[R3]interface GigabitEthernet 0/0/0
[R3-GigabitEthernet0/0/0]ip address 192.168.4.1 24
[R3-GigabitEthernet0/0/0]quit
[R3]interface GigabitEthernet 0/0/2
[R3-GigabitEthernet0/0/2]ip address 192.168.3.2 24
[R3-GigabitEthernet0/0/2]quit
[R3]ip route-static 192.168.1.0 24 192.168.3.1
[R3]ip route-static 192.168.2.0 24 192.168.3.1
```

(4) 各 PC 按拓扑上的规划进行配置即可。其中，PC1 和 PC2 的缺省网关是 192.168.1.1，PC3 和 PC4 的缺省网关是 192.168.4.1。

(5) 配置好后，可在各路由器上查看路由表。以 R1 为例，命令如下：

```
[R1]display ip routing-table
```

(6) 在各电脑上可查看各自的 IP 地址和缺省网关。以 PC1 为例，命令如下：

```
PC>ipconfig
```

(7) 在各电脑上可以进行 ping 测试。以 PC1 测试与 PC4 的互通性为例，命令如下：

```
PC>ping 192.168.4.10
```

2.2.3　华三设备配置静态路由

在 HCL 中，拖出三台 MSR36-20 路由器，拖出两台 S5820V2 交换机，拖出四台电脑，规划如图 2-11 所示。

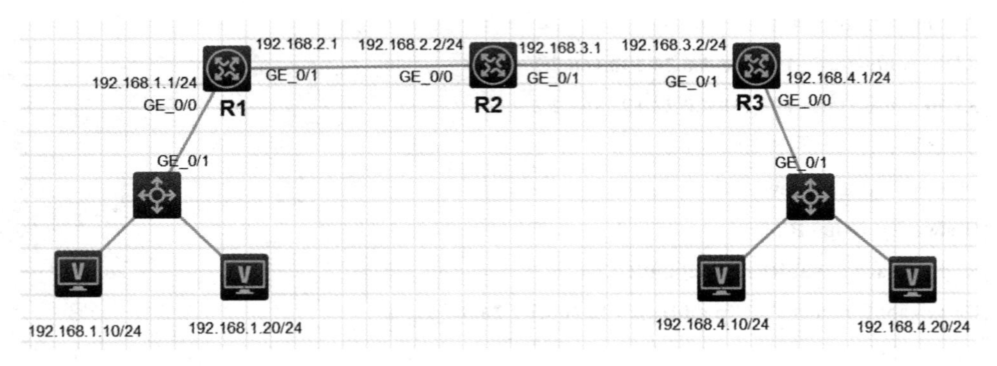

图 2-11　华三路由器配置静态路由的拓扑

(1) R1 的配置命令如下：

```
<H3C>system-view
[H3C]sysname R1
[R1]interface GigabitEthernet 0/0
[R1-GigabitEthernet0/0]ip address 192.168.1.1 24
[R1-GigabitEthernet0/0]quit
[R1]interface GigabitEthernet 0/1
[R1-GigabitEthernet0/1]ip address 192.168.2.1 24
[R1-GigabitEthernet0/1]quit
[R1]ip route-static 192.168.3.0 24 192.168.2.2
[R1]ip route-static 192.168.4.0 24 192.168.2.2
```

(2) R2 的配置命令如下：

```
<H3C>system-view
[H3C]sysname R2
[R2]interface GigabitEthernet 0/0
[R2-GigabitEthernet0/0]ip address 192.168.2.2 24
[R2-GigabitEthernet0/0]quit
[R2]interface GigabitEthernet 0/1
[R2-GigabitEthernet0/1]ip address 192.168.3.1 24
[R2-GigabitEthernet0/1]quit
[R2]ip route-static 192.168.1.0 24 192.168.2.1
[R2]ip route-static 192.168.4.0 24 192.168.3.2
```

(3) R3 的配置命令如下：

```
<H3C>system-view
[H3C]sysname R3
[R3]interface GigabitEthernet 0/1
[R3-GigabitEthernet0/1]ip address 192.168.3.2 24
[R3-GigabitEthernet0/1]quit
[R3]interface g0/0
```

```
[R3-GigabitEthernet0/0]ip address 192.168.4.1 24
[R3-GigabitEthernet0/0]quit
[R3]ip route-static 192.168.1.0 24 192.168.3.1
[R3]ip route-static 192.168.2.0 24 192.168.3.1
```

(4) 各 PC 的规划配置、测试方法与 2.2.2 小节“华为设备配置静态路由”实验相同。

2.3　默 认 路 由

在如图 2-9 所示的网络拓扑中，R1 作为左边网络的出口路由器，去往所有其他网段的下一跳都是 R2 的 F0/0 接口，所以 R1 上只需配置一条默认路由，将默认路由的下一跳指向 R2 的 F0/0 接口，就可以取代 R1 上所有去往其他网段的静态路由了。

同理，R3 作为右边网络的出口路由器，也只需配置一条默认路由，将默认路由的下一跳指向 R2 的 F0/1 接口，就可以取代 R3 上所有去往其他网段的静态路由了。

配置命令中，默认路由的目的地址和子网掩码用“0.0.0.0 0.0.0.0”表示。

2.3.1　思科设备配置默认路由

在原来实验的基础上，先取消相应路由器上原来已配置的静态路由，再添加一条新的默认路由即可。

(1) R1 的配置命令如下：

```
R1>enable
R1#show running-config | section ip route    //查看已配静态路由
ip route 192.168.4.0 255.255.255.0 192.168.2.2
ip route 192.168.3.0 255.255.255.0 192.168.2.2
R1#configure terminal
R1(config)#no ip route 192.168.4.0 255.255.255.0 192.168.2.2      //删除已配静态路由
R1(config)#no ip route 192.168.3.0 255.255.255.0 192.168.2.2      //删除已配静态路由
R1(config)#ip route 0.0.0.0 0.0.0.0 192.168.2.2                   //配置默认路由
R1(config)#do show run | section ip route                          //查看配置好的默认路由
ip route 0.0.0.0 0.0.0.0 192.168.2.2                               //查看到的结果
```

(2) R2 保留原来配置的静态路由不变。

(3) R3 的配置命令如下：

```
R3>enable
R3#show running-config | section ip route          //查看已配静态路由
ip route 192.168.1.0 255.255.255.0 192.168.3.1     //查看到的结果
ip route 192.168.2.0 255.255.255.0 192.168.3.1
R3#configure terminal
R3(config)#no ip route 192.168.1.0 255.255.255.0 192.168.3.1     //删除已配静态路由
```

```
R3(config)#no ip route 192.168.2.0 255.255.255.0 192.168.3.1        //删除已配静态路由
R3(config)#ip route 0.0.0.0 0.0.0.0 192.168.3.1                     //配置默认路由
R3(config)#do show running-config | section ip route                //查看配置好的默认路由
ip route 0.0.0.0 0.0.0.0 192.168.3.1                                //查看到的结果
```

(4) 配置完成后通过 ping 命令测试。可以看到，将 R1 和 R3 的静态路由改为默认路由后，仍然可以全网互通。

2.3.2 华为设备配置默认路由

在 2.2.2 小节“华为设备配置静态路由”案例的基础上继续实现默认路由的配置。

(1) 删除 R1 的静态路由，改为默认路由，命令如下：

```
<R1>system-view
[R1]display current-configuration | include route                   //查看已配静态路由
ip route-static 192.168.3.0 255.255.255.0 192.168.2.2               //查看到的结果
ip route-static 192.168.4.0 255.255.255.0 192.168.2.2
[R1]undo ip route-static 192.168.3.0 255.255.255.0 192.168.2.2      //删除已配静态路由
[R1]undo ip route-static 192.168.4.0 255.255.255.0 192.168.2.2
[R1]ip route-static 0.0.0.0 0 192.168.2.2                           //改配默认路由
```

(2) R2 的静态路由保持不变。

(3) 删除 R3 的静态路由，改为默认路由，命令如下：

```
[R3]display current-configuration | include route
ip route-static 192.168.1.0 255.255.255.0 192.168.3.1               //查看到的结果
ip route-static 192.168.2.0 255.255.255.0 192.168.3.1
[R3]undo ip route-static 192.168.1.0 255.255.255.0 192.168.3.1
[R3]undo ip route-static 192.168.2.0 255.255.255.0 192.168.3.1
[R3]ip route-static 0.0.0.0 0 192.168.3.1
```

(4) R3 查看路由表的命令如下：

```
[R3]disp ip routing-table
Destination/Mask   Proto   Pre   Cost   Flags   NextHop       Interface
    0.0.0.0/0      Static  60    0      RD      192.168.3.1   GigabitEthernet 0/0/2
```

(5) PC1 ping PC3 测试联通性的命令如下：

```
PC>ipconfig            //查看自身 IP 地址
PC>ping 192.168.4.10   //ping 对方，可以成功 ping 通对方
```

2.3.3 华三设备配置默认路由

在 2.2.3 小节“华三设备配置静态路由”案例的基础上继续实现默认路由的配置。

(1) 删除 R1 的静态路由，改为默认路由，命令如下：

```
[R1]undo ip route-static 192.168.3.0 255.255.255.0 192.168.2.2      //删除已配静态路由
[R1]undo ip route-static 192.168.4.0 255.255.255.0 192.168.2.2
```

```
[R1]ip route-static 0.0.0.0 0 192.168.2.2        //改配默认路由
```

(2) R2 的静态路由保持不变。

(3) 删除 R3 的静态路由，改为默认路由，命令如下：

```
[R3]undo ip route-static 192.168.1.0 255.255.255.0 192.168.3.1
[R3]undo ip route-static 192.168.2.0 255.255.255.0 192.168.3.1
[R3]ip route-static 0.0.0.0 0 192.168.3.1
```

(4) 查看 R3 的路由表，命令如下：

```
[R3]display ip routing-table
```

(5) PC1 ping PC3 测试联通性，命令如下：

```
PC>ping 192.168.4.10
```

练习与思考

1. 同一台路由器的两个接口可以规划为同一个网段吗？请通过实验验证，并说明原因。

2. 两台不同网段的电脑如何实现互通？请进行地址规划，并用模拟器搭建拓扑进行配置和测试。

3. 静态路由和默认路由有什么关系？它们有什么区别？什么情况下既可以使用静态路由又可以使用默认路由？什么情况下使用默认路由比使用静态路由好？

4. 3 台直连的路由器可以划分成 4 个网段，请以 172.16 开头规划这 4 个网段，并通过配置两条静态路由加两条默认路由的方式让全网互通。最后用模拟器搭建拓扑进行配置和测试。

5. 两台路由器直连组成的网络可以划分成 3 个网段，当这两台路由器都配置默认路由后，可以使全网互通，但也会导致路由环路，这是为什么？请通过实验抓包观察验证。

第 3 章　局域网和虚拟局域网

同一楼层、同一建筑方圆几米到几千米范围之内的计算机通信网络通常称为局域网(LAN)。常见的局域网技术包括以太网(Ethernet)、令牌环(Token Ring)、光纤分布式数据接口(FDDI)等，以太网是一种基于 CSMA/CD 的共享通信介质的数据网络通信技术，传输速率从早期的 10 Mb/s 的标准以太网，发展到了 100 Mb/s 的快速以太网、1 Gb/s 的吉比特以太网和 10 Gb/s 的万兆以太网，成为局域网技术的主流。

以太网最初是使用同轴电缆组成总线型的网络，不久后有了由集线器 Hub 组成的星形网络，再后来出现了由交换机组成的星形网络。

3.1　冲突域和广播域

早期采用同轴电缆或集线器组成的网络属于共享式以太网，网络中的所有终端主机都处于同一冲突域中，网络的带宽是由接入的主机共享的，接入的主机越多，每台主机获得的带宽就越少，冲突发生的频率也越高。

采用交换机组成的网络则属于交换式以太网，各端口处于不同冲突域中，各端口可同时转发数据而不引发冲突，提高了转发效率和转发质量。

交换机和集线器的冲突域不同，但它们的广播域却类似。不论是交换机还是集线器，它们的端口都处在各自的同一个广播域中。

3.1.1　抓包探究冲突域

如图 3-1 所示，打开 Packet Tracer8，分别用交换机和集线器连接电脑组成两个不同的网络，即图中 5 号位的“交换机网络”和 8 号位的“集线器网络”。给同一网络中的电脑规划和配置同一网段的 IP 地址，此处两个网络都取 192.168.1.0/24 网段。下面，通过实验抓包验证 ICMP 单播包在集线器与交换机下转发时的异同。

(1) 在 Realtime 模式下(图中 1 号位)，清空并查看“交换机网络”中(图中 5 号位) 交换机的 MAC 地址表，命令如下；

```
Switch#clear mac-address-table
Switch#show mac-address-table
```

(2) 切换到 Simulation 模式(图中 2 号位)，然后在图中 3 号位处，先点击“Show All/None”按钮清空所有抓包选项，再点击“Edit Filters”按钮，选中“ICMP”抓包选项。

然后在“交换机网络”上(图中 5 号位)，点击“PC4”，在 PC4 的命令行界面 ping PC6，即在 PC4 上运行“ping 192.168.1.3”命令，构造形成和准备发送第一个 ICMP 包。

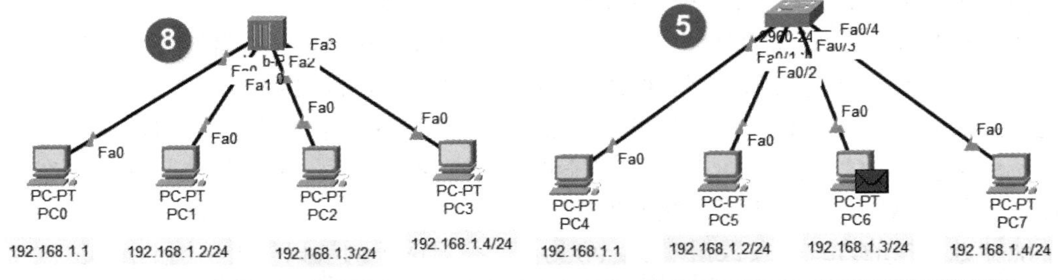

图 3-1　集线器网络和交换机网络的 ICMP 单播包

(3) 点击图中 4 号位的播放按钮，触发 ping 命令的执行和继续抓包。抓包结束后，通过点击图中 4 号位的前进和后退按钮定位到 ping 命令执行的不同阶段，查看 ping 的详细执行过程。可以看到，交换机转发第一个 ICMP 数据帧时，将数据帧广播给 PC5、PC6、PC7；PC6 接收到 PC4 发来的数据帧后，发现是发给自己的，随即向 PC4 回复 ICMP 单播帧；PC5 和 PC7 发现数据帧不是发给自己的，将其丢弃。原因分析如下：第一个 ICMP 数据帧之所以通过广播的形式转发，是因为交换机的 MAC 表最初为空，无法查到目标 PC6 所在的端口。随着交换机依次学到 PC4 和 PC6 的 MAC 地址并记录到 MAC 地址表中，从第 2 个 ICMP 数据帧开始，交换机都会根据 MAC 地址表选择出端口、以单播的方式转发。图中 7 号位记录的是 PC6 收到 PC4 发来的第 2 个 ICMP 单播帧的时刻，是点击图中 6 号位的眼睛所在行的文字或颜色块(或图中 5 号位 PC6 上的报文信封)后，显示 PC6 接收到 PC4 发来的 ICMP 单播帧的内容(图中 7 号位左边)以及回复给 PC4 的 ICMP 单播帧的内容(图中 7 号位右边)。

(4) 按照步骤(2)和步骤(3)的方法，对“集线器网络”(图中 8 号位)进行 PC0 ping PC2 的 ICMP 抓包实验。通过在 PC0 的命令行界面运行“ping 192.168.1.3”命令并进行抓包，可以看到，不论是第一个 ICMP 包，还是后续的 ICMP 包，所有阶段集线器都是以广播的方式转发的。这是因为集线器属于物理层设备，不认识 MAC 地址，也不具备 MAC 地址表。

以上实验结果验证了：由于集线器属于物理层设备，不能识别 MAC 地址，只能通过广播数据帧的方式转发数据，整个集线器处于同一个冲突域中；交换机属于数据链路层设备，能识别 MAC 地址，能在数据帧从某端口第一次进入交换机时，将该入端口与源 MAC 地址的对应关系记录到 MAC 地址表中；此时若出端口对应的 MAC 地址还未知，会先暂时通过广播的方式转发，等有数据返回时，原来的出端口变成了入端口，这时再记录下该端口与所连电脑 MAC 地址的对应关系，这条通路上的 MAC 地址与交换机端口的对应关系就都记录到了 MAC 地址表中了。交换机除了第一次需要通过广播的方式转发数据帧外，后续都能通过单播的方式转发数据帧了。可见，交换机的不同端口处于不同的冲突域中，各端口独占带宽，互不干扰。

3.1.2　抓包探究广播域

如图 3-2 所示，打开 Packet Tracer8，分别用集线器和交换机连接电脑组成两个不同的网络，包括 5 号位的“集线器网络”和 8 号位的“交换机网络”，给同一网络中的电脑规划和配置同一网段的 IP 地址(此处取 192.168.1.0/24 网段)。下面，通过实验抓包验证 ping 命令引发的 ARP 广播包在集线器与交换机下转发时的异同。

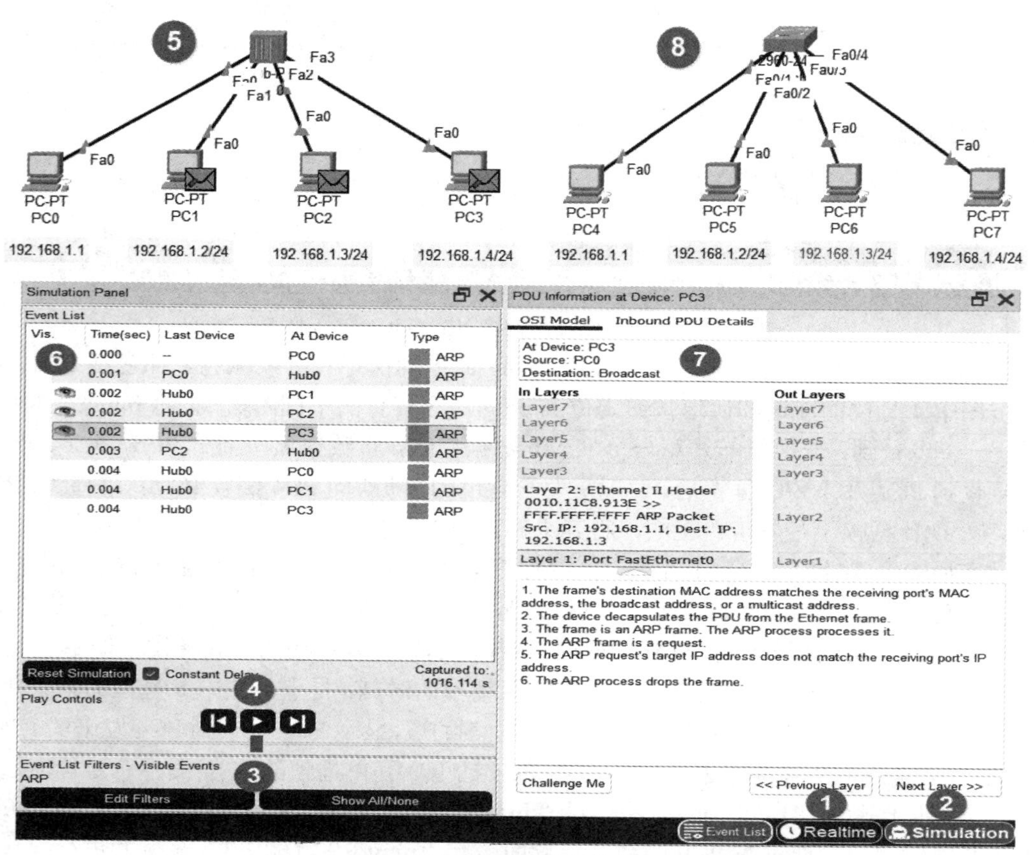

图 3-2　集线器网络和交换机网络的 ARP 广播包

(1) 在 Realtime 模式下(图中 1 号位)，清空并查看“集线器网络”中(图中 5 号位) PC0 的 ARP 缓存表。点击“PC0”，在 PC0 的命令行界面输入以下命令：

C:\>**arp -d**　　//清空 ARP 缓存表

C:\>**arp -a**　　//查看 ARP 缓存表

(2) 点击切换到 Simulation 模式(图中 2 号位)，然后在图中 3 号位处，先点击“Show All/None”按钮清空所有抓包选项，再点击“Edit Filters”按钮，选中“ARP”抓包选项。然后在 PC0 上 ping PC2，即在 PC0 上运行“ping 192.168.1.3”命令，封装形成和准备发送第一个 ICMP 包，一旦点击播放按钮(图中 4 号位)，将触发 ping 命令的继续执行，而 ping 命令将触发 ARP 协议的执行，即发出查询目标 IP 地址 192.168.1.3 对应的 MAC 地址的广播帧。Ping 命令触发广播的原因如下：ping 命令构造的 ICMP 包从 PC0 发出前，要先在第三层(网络层)套上内层信封，写上原始发件人的源 IP 地址和最终收件人的目的 IP 地址，再下放到第 2 层(数据链路层)，套上外层信封，写上当前发件人的源 MAC 地址和下一跳收件人的目的 MAC 地址。但封装第一个 ICMP 帧时，只知道目标 PC2 的 IP 地址，对应的 MAC 地址未知，所以会触发 ARP 协议发出广播，询问目标 IP 地址对应的 MAC 地址。可以看到，集线器收到广播帧后，将其从所有端口转发了出去。当然，集线器对于单播帧也会将其从所有端口转发出去，这在“冲突域”实验中已经验证过了。

(3) 点击图中 4 号位的播放按钮，触发 ping 命令的执行和继续抓包。抓包结束后，通过点击图中 4 号位的前进和后退按钮，定位到 ping 命令执行的不同阶段，查看和分析执行过程。图中 5 号位和 6 号位展示的是“PC1、PC2、PC3 同时收到广播帧”的时刻。可以看到，PC1 和 PC3 收到广播帧后将其丢弃，而 PC2 收到广播帧后发现广播帧的内容是在询问自己的 MAC 地址，于是将自己的 MAC 地址回复给 PC0。图中的 7 号位是点击图中 6 号位的第 3 个眼睛所在行的文字或颜色块(或图中 5 号位 PC2 上的报文信封)后，显示 PC3 收到的 ARP 广播帧的内容。因为询问的不是 PC3 的 IP 地址与 MAC 地址的对应关系，PC3 无需回复，所以看到的只有收包没有发包。

(4) 先在 PC4 上 ping PC6，让交换机学到 PC4 和 PC6 的 MAC 地址，再按照步骤(1)到步骤(3) (观察“集线器网络”广播域) 的方法，对图中 8 号位的“交换机网络”进行 ARP 广播帧的抓包和观察。可以看到，当交换机收到目的 MAC 地址是 FFFF-FFFF-FFFF 的广播帧时，会将其从除源端口之外的其余端口转发出去。可见，交换机和集线器的广播域一样，所有的端口都处于同一个广播域中。

一些不必要的广播帧不但占用网络资源，还影响到网络安全；当有网络设备发生故障，导致广播帧不停发送时，更会导致广播风暴，影响正常的网络通信。因此，有必要按网络规模和需求将广播隔离在必要的范围内。

隔离广播的一种方法是物理隔离，即将需要隔离广播的网络分别连接到不同的交换机，交换机再通过路由器连接到一起，实现不同网络的互联。这种情况下，当本地广播包经过路由器时，路由器会将其拦截，实现了对本地广播的隔离。但这种通过引入路由器隔离广播的方法增加了成本；而且中低端路由器采用的是软件转发，转发的性能不高，是高成本、低性能的方案，并不可取。

隔离广播的另一种方法是划分虚拟局域网(VLAN)。下面，我们详细学习 VLAN 的相关知识。

3.2 虚拟局域网

虚拟局域网(VLAN) 技术是从逻辑上将一个局域网(LAN) 划分为多个逻辑上独立的虚拟局域网(VLAN)，从而达到隔离广播的目的。

IEEE 802.1q 协议规定了 VLAN 的实现方法，即在传统的不带 VLAN 标签的数据帧上添加 4 个字节的 802.1Q 标签，其中的 12 比特用于存放 VLAN ID，标识不同的 VLAN。12 比特的取值范围是 0～4095，其中 0 和 4095 被保留，能分配给用户使用的 VLAN ID 范围是 1～4094。

VLAN 的类型有基于 MAC 地址的 VLAN、基于 IP 子网的 VLAN、基于协议的 VLAN 和基于端口的 VLAN 等。在还没创建新 VLAN 之前，交换机的所有端口都默认属于 VLAN 1，VLAN 1 是默认存在且不能被删除的。下面通过案例来分析 VLAN 的划分。

3.2.1 思科设备配置 VLAN

如图 3-3 所示，学校某栋楼一楼和二楼的交换机都连接了信工学院、机电学院和财务处的电脑，两台交换机的 F0/1～9 端口划分给信工学院、F0/10～19 端口划分给机电学院、F0/20～23 划分给财务处，楼层间两台交换机的 F0/24 端口通过交叉线连接。

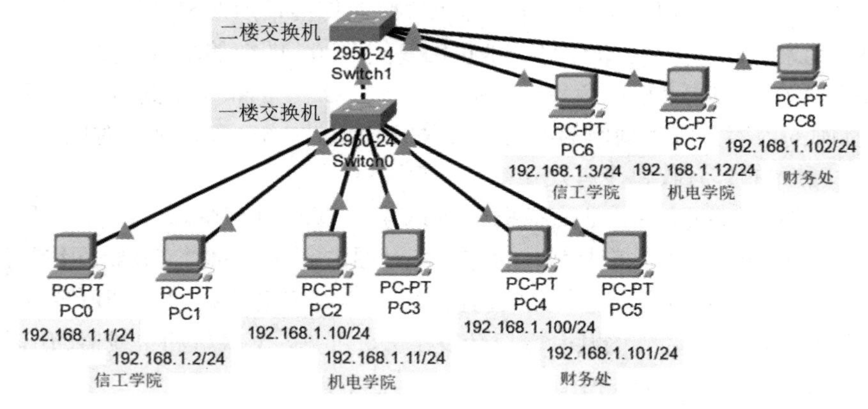

图 3-3 楼层间两台思科交换机相连的网络拓扑

(1) 各电脑的地址依图所示配置。划分 VLAN 前，所有电脑都连接到了 VLAN 1，测试所有电脑都能互相 ping 通。

(2) 为加强安全，避免部门间广播帧的干扰，决定将信工学院保留在 VLAN 1、机电学院划分到 VLAN 10、财务处划分到 VLAN 100。

① 为一楼交换机划分 VLAN，将各端口加入相应 VLAN 中，命令如下：

```
Switch>enable
Switch#configure terminal
Switch(config)#hostname SW1
```

```
SW1(config)#vlan 10　//创建 VLAN 10
SW1(config-vlan)#name jiDian　//将 VLAN 10 命名为 jiDian
SW1(config-vlan)#exit
SW1(config)#vlan 100　//创建 VLAN 100
SW1(config-vlan)#name caiWu //将 VLAN 100 命名为 caiWU
SW1(config-vlan)#exit
SW1(config)#interface range FastEthernet0/10 - 19　//进入端口配置模式
SW1(config-if-range)#switchport mode access　　//将端口 F0/10～19 设置为 Access 模式
SW1(config-if-range)#switchport access vlan 10　//将端口 F0/10～19 划分给 VLAN 10
SW1(config-if-range)#exit
SW1(config)#interface range FastEthernet0/20 - 23
SW1(config-if-range)#switchport mode access
SW1(config-if-range)#switchport access vlan 100
SW1(config-if-range)#end
SW1#show vlan brief　//查看 VLAN 信息
VLAN    Name      Status    Ports
---- --------- ---------    -------------------------------
1       default   active    Fa0/1, Fa0/2, Fa0/3, Fa0/4
                            Fa0/5, Fa0/6, Fa0/7, Fa0/8
                            Fa0/9, Fa0/24
10      jiDian    active    Fa0/10, Fa0/11, Fa0/12, Fa0/13
                            Fa0/14, Fa0/15, Fa0/16, Fa0/17
                            Fa0/18, Fa0/19
100     caiWu     active    Fa0/20, Fa0/21, Fa0/22, Fa0/23
```

可以看到，配置完成后，F0/1～9 保留在 VLAN 1，可用于连接信工学院的电脑，VLAN 1 的默认名称是 default，不能更改；

F0/24 也保留在了 VLAN 1，用于将一楼的交换机连接到二楼的交换机；

F0/10～19 被划分到 VLAN 10，命名为 jiDian(机电)，用于连接机电学院的电脑；

F0/20～23 被划分到 VLAN 20，命名为 caiWu(财务)，用于连接财务处的电脑。

通过 ping 测试，发现一楼同一部门的电脑可以互通，不同部门的电脑因为属于不同 VLAN，已无法互通。

② 以机电学院的两台电脑 PC2 和 PC3 互相通信为例进行 VLAN 流量分析。这两台电脑分别连接在交换机的 F0/10 和 F0/11 端口上。电脑上的数据帧是不带 VLAN 标签的，电脑 PC2 发给 PC3 的数据帧从 Access 类型的端口 F0/10 进入交换机时，会被打上该端口所属 VLAN 的标签 VLAN 10；交换机内带有 VLAN 10 标签的数据帧可以在端口 F0/10～19 范围内进出。带 VLAN 标签的数据帧从 Access 端口离开交换机时，VLAN 标签会被剥离，电脑是无法识别带有 VLAN 标签的数据帧的。PC2 发往 PC3 的数据帧从 F0/11 端口离开交换机去往 PC3 时，VLAN 10 的标签会被剥离，PC3 收到的是不带标签的数据帧。

③ 为二楼交换机划分 VLAN，按规划将相应端口加入相应 VLAN 中，命令如下：

```
Switch>enable
Switch#configure terminal
Switch(config)#hostname SW2
SW2(config)#vlan 10
SW2(config-vlan)#name jiDian
SW2(config-vlan)#exit
SW2(config)#vlan 100
SW2(config-vlan)#name caiWu
SW2(config-vlan)#exit
SW2(config)#interface range FastEthernet0/10 - 19
SW2(config-if-range)#switchport mode access
SW2(config-if-range)#switchport access vlan 10
SW2(config-if-range)#exit
SW2(config)#interface range FastEthernet0/20 - 23
SW2(config-if-range)#switchport mode access
SW2(config-if-range)#switchport access vlan 100
SW2(config-if-range)#end
```

(3) 查看交换机 SW2 的 VLAN 信息，命令如下：

```
SW2#show vlan brief
```

可以看到用于连接信工学院电脑的 F0/1～9 端口属于 VLAN 1、用于连接一楼交换机的 F0/24 端口也属于 VLAN 1 等信息。

(4) 通过在电脑上执行 ping 测试，检测一楼和二楼间只有属于 VLAN 1 的信工学院电脑能互通，一楼和二楼间机电学院的电脑不能互通，一楼和二楼间财务处的电脑也不能互通。这是因为连接一楼和二楼的两个交换机的端口都是 F0/24，都属于 VLAN 1，只有 VLAN 1 的流量能在一楼和二楼间传输。

3.2.2 华为设备配置 VLAN

如图 3-4 所示，学校一楼和二楼的交换机都连接了信工学院、机电学院和财务处的电脑，两台交换机的 E0/0/1～E0/0/9 端口划分给信工学院，E0/0/10～E0/0/19 端口划分给机电学院，E0/0/20～E0/0/22 划分给财务处，楼层间两台交换机的 G0/0/1 端口通过交叉线连接。

(1) 各电脑的地址依图所示配置。划分 VLAN 前，所有电脑都连接到了 VLAN 1，测试所有电脑都能互相 ping 通。

(2) 为加强安全，避免部门间广播帧的干扰，决定将信工学院保留在 VLAN 1、机电学院划分到 VLAN 10、财务处划分到 VLAN 100。

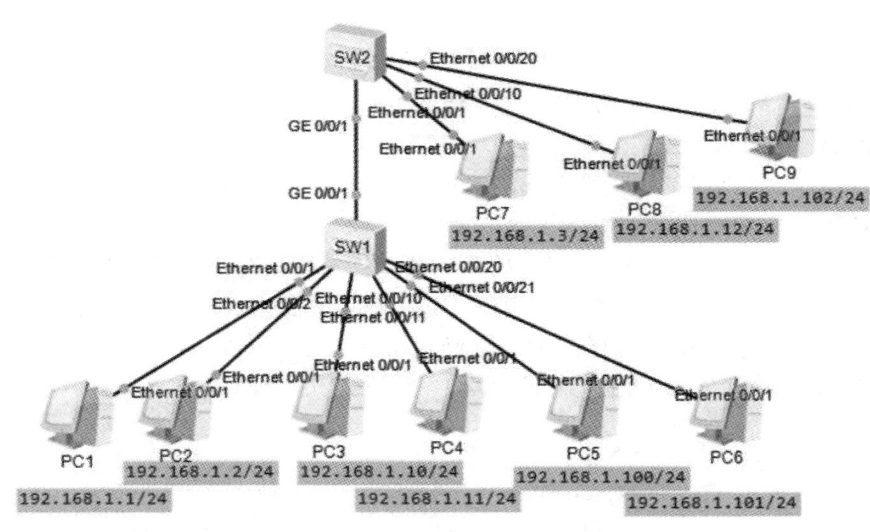

图 3-4　楼层间两台华为交换机相连的网络拓扑

(3) 为一楼交换机划分 VLAN，将各端口加入相应 VLAN 中，命令如下：

<Huawei>**system-view**

[Huawei]**sysname SW1**

[SW1]**vlan 1**　　//进入 VLAN 1 配置视图

[SW1-vlan1]**description xinGong**　　//描述 VLAN 1 为 xinGong

[SW1-vlan1]**quit**

[SW1]**vlan 10**　　//创建 VLAN 10

[SW1-vlan10]**description jiDian**　　//描述 VLAN 10 为 jiDian

[SW1-vlan10]**quit**

[SW1]**vlan 100**　　//创建 VLAN 100

[SW1-vlan100]**description caiWu**　　//描述 VLAN 100 为 caiWu

[SW1-vlan100]**quit**

[SW1]**port-group group-member Ethernet 0/0/1 to Ethernet 0/0/9**

//将端口 E0/0/1 ～ E0/0/9 组成端口组，以便进行统一配置

[SW1-port-group]**port link-type access**　　//统一将这些端口类型设置为 Access 模式

[SW1-port-group]**port default vlan 1**　　//设置端口 PVID 为 1，将这些端口划分到 VLAN 1

[SW1-port-group]**quit**

[SW1]**port-group group-member Ethernet 0/0/10 to Ethernet 0/0/19**

[SW1-port-group]**port link-type access**

[SW1-port-group]**port default vlan 10**

[SW1-port-group]**quit**

[SW1]**port-group group-member Ethernet 0/0/20 to Ethernet 0/0/22**

[SW1-port-group]**port link-type access**

[SW1-port-group]**port default vlan 100**

[SW1-port-group]**quit**

(4) 为二楼交换机划分 VLAN，按规划将相应端口加入相应 VLAN 中。配置命令与一楼交换机配置命令相同。

(5) 查看交换机 SW2 的 VLAN 信息，命令如下：

```
SW2#display vlan
```

可以看到，用于连接信工学院电脑的 E0/0/1～E0/0/9 端口属于 VLAN 1、用于连接一楼交换机的 G0/0/1 端口也属于 VLAN 1 等信息。

(6) 通过在电脑上执行 ping 测试，检测一楼和二楼间只有属于 VLAN 1 的信工学院电脑能互通，一楼和二楼间机电学院的电脑不能互通，一楼和二楼间财务处的电脑也不能互通。这是因为连接一楼和二楼的两个交换机的端口都是 G0/0/1，都属于 VLAN 1，只有 VLAN 1 的流量能在一楼和二楼间传输。

3.2.3 华三设备配置 VLAN

如图 3-5 所示，在 HCL 中拖出两台 S5820V2 交换机和 9 台 PC 搭建拓扑。学校一楼和二楼的交换机都连接了信工学院、机电学院和财务处的电脑，两台交换机的 G1/0/1～G1/0/9 端口划分给信工学院，G1/0/10～G1/0/19 端口划分给机电学院，G1/0/20～G1/0/29 划分给财务处，楼层间两台交换机的 FG1/0/53 端口通过交叉线连接。

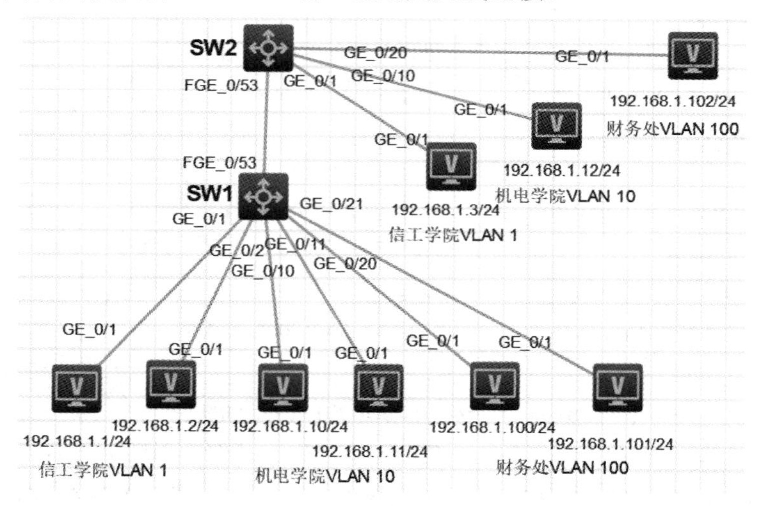

图 3-5　楼层间两台华三交换机相连的网络拓扑

(1) 各电脑的地址依图所示配置。划分 VLAN 前，所有电脑都连接到了 VLAN 1，测试所有电脑都能互相 ping 通。

(2) 为加强安全，避免部门间广播帧的干扰，决定将信工学院保留在 VLAN 1、机电学院划分到 VLAN 10、财务处划分到 VLAN 100。

(3) 为一楼交换机划分 VLAN，将各端口加入相应 VLAN 中，命令如下：

```
<H3C>system-view
[H3C]sysname SW1
[SW1]vlan 1      //进入 VLAN 1 配置视图，VLAN 1 是默认存在且不能被删除的，交换机的所有端口
                   都默认属于 VLAN 1
```

```
[SW1-vlan1]name xinGong            //将 VLAN 1 命名为 xinGong
[SW1-vlan1]quit                    //返回系统视图
[SW1]vlan 10                       //创建 VLAN 10
[SW1-vlan10]name jiDian            //将 VLAN 10 命名为 jiDian
[SW1-vlan10]quit
[SW1]vlan 100
[SW1-vlan100]name caiWu
[SW1-vlan100]quit
[SW1]interface range GigabitEthernet 1/0/1 to GigabitEthernet 1/0/9
                                   //进入批量端口 G1/0/1～g1/0/9 的端口配置视图
[SW1-if-range]port link-type access
                    //将端口 G1/0/1～G1/0/9 的类型配置为 Access，这些端口默认属于 VLAN 1
[SW1-if-range]quit
[SW1]interface range GigabitEthernet 1/0/10 to GigabitEthernet 1/0/19
                                   //进入批量端口 G1/0/10～g1/0/19 的端口配置视图
[SW1-if-range]port link-type access  //将端口 G1/0/10～G1/0/19 的类型配置为 Access
[SW1-if-range]port access vlan 10    //将端口 G1/0/10～G1/0/19 划分给 VLAN 10
[SW1-if-range]quit
[SW1]interface range GigabitEthernet 1/0/20 to GigabitEthernet 1/0/29
[SW1-if-range]port link-type access
[SW1-if-range]port access vlan 100
[SW1-if-range]quit
```

(4) 为二楼交换机划分 VLAN，按规划将相应端口加入相应 VLAN 中。配置命令与一楼交换机配置命令相同。

(5) 查看交换机 SW2 的 VLAN 信息，命令如下：

```
SW2#display vlan brief
```

可以看到，用于连接信工学院电脑的 G1/0/1～G1/0/9 端口属于 VLAN 1、用于连接一楼交换机的 FG1/0/53 端口也属于 VLAN 1 等信息。

(6) 通过在电脑上执行 ping 测试，检测一楼和二楼间只有属于 VLAN 1 的信工学院电脑能互通，一楼和二楼间机电学院的电脑不能互通，一楼和二楼间财务处的电脑也不能互通。

3.3　跨交换机的 VLAN 连接

在“划分 VLAN”的案例中，一楼和二楼交换机之间通过属于 VLAN 1 的 Access 类型的端口相连，只有 VLAN 1 的流量通过，其他 VLAN 的流量无法通过。若要使其他 VLAN 的流量也能跨越交换机在楼层间传输，需要为每个 VLAN 都增加一根网线，网线两端的端口都设为 Access 模式，并把相应端口划分给该 VLAN。这样的话，有几个 VLAN 要跨越交换机传输，交换机间就需要有几根连线。在 VLAN 量大的情况下，这种做法是不现实的。那么，交换机间的一根网线能否同时允许各 VLAN 通过呢？答案是肯定的。这就需要用到交换机端口的 Trunk 模式了。

之前介绍的 Access 模式的端口只能属于某一个 VLAN，只有该 VLAN 能通过该端口，其他 VLAN 是无法通过的，这种模式的端口通常用来连接电脑；Trunk 模式的端口则可设置成允许部分 VLAN 或所有 VLAN 都通过，这种模式的端口通常用于交换机间的互连。

3.3.1 思科设备配置 Trunk

1. Trunk 的配置

思科交换机 Trunk 模式的端口默认允许所有 VLAN 通过，也可使用命令精确指定只允许哪些 VLAN 通过。例如，在接口模式下执行命令“switchport trunk allowed vlan 10,100”，表示只允许 VLAN 10 和 VLAN 100 通过。为了实现跨越交换机的各楼层相同 VLAN 的电脑互通，一楼和二楼交换机间互连的端口 F0/24 除了要允许 VLAN 1 的流量通过，也要允许 VLAN 10 和 VLAN 100 的流量通过。具体方法是将交换机之间互连的端口 F0/24 改为 Trunk 模式。

(1) 一楼交换机 SW1 的配置命令如下：

```
SW1#configure terminal
SW1(config)#interface FastEthernet0/24
SW1(config-if)#switchport mode trunk          //将端口 F0/24 设置为 Trunk 模式
SW1(config-if-range)#end
SW1#show interfaces trunk                     //查看交换机的 Trunk 信息
```

(2) 二楼交换机 SW2 的配置命令如下：

```
SW2#configure terminal
SW2(config)#interface FastEthernet0/24
SW2(config-if)#switchport mode trunk
SW2(config-if-range)#end
SW2#show interfaces trunk
```

配置完成后，经 ping 测试，可以看到各部门内部的电脑都可以跨楼层互通了，说明两台交换机互连的端口的类型改为 Trunk 模式后各 VLAN 都能通过了。

2. 本征 VLAN

Trunk 链路中的缺省 VLAN 也叫作本征 VLAN(即 Native VLAN)，其 VLAN ID 也称为 PVID(Port-base VLAN ID)，PVID 默认为 1，可通过命令改变。例如，在接口模式下执行命令“switchport trunk native vlan 10”可将本征 VLAN 改为 VLAN 10。数据帧准备从 Trunk 类型的端口离开交换机时，若属于允许的 VLAN 范围，则除了本征 VLAN 外的所有数据帧都要带着 VLAN 标签离开，属于本征 VLAN 的数据帧则会被剥离 VLAN 标签后再离开。当数据帧从 Trunk 类型的端口进入交换机时，不带标签的数据帧会被打上该端口的本征 VLAN 标签，然后和已经带有 VLAN 标签的数据帧一起，接受其 VLAN ID 是否属于该端口允许通过范围的检查，若允许通过，则携带该标签进入，否则丢弃。

3. VLAN 数据帧的处理过程分析

以信工学院一楼电脑 PC0 与二楼电脑 PC6 通信为例，分析交换机对数据帧的处理过程：PC0 发给 PC6 的数据帧进入一楼交换机的 F0/1 端口时，会被打上 VLAN 1 的标签；从一楼交换机的 F0/24 端口出来时，由于 VLAN 1 属于本征 VLAN，数据帧的 VLAN 1 标签会被剥离。数据帧到达二楼交换机的 F0/24 端口时，会被打上该端口本征 VLAN 的标签 VLAN 1，再被检测是否属于允许通过的 VLAN 范围，确认后进入。进入后，交换机根据数据帧的目的 MAC 地址查询 MAC 地址表，找到出端口是 F0/1，于是将其从 F0/1 端口送出来，出来前先剥离数据帧的 VLAN 1 标签，再发送给二楼信工学院的电脑 PC6。

3.3.2　华为设备配置 Trunk

下面介绍华为设备配置 Trunk 的方法。

(1) 将一楼交换机 SW1 的端口 G0/0/1 设置为 Trunk 类型，命令如下：

```
<SW1>system-view
[SW1]interface GigabitEthernet0/0/1
[SW1-GigabitEthernet0/0/1]port link-type trunk        //将端口 G0/0/1 设置为 Trunk 类型
[SW1-GigabitEthernet0/0/1]port trunk allow-pass vlan 10 100
                              //允许 VLAN 10、VLAN 100 和默认的本征 VLAN 1 通过
[SW1-GigabitEthernet0/0/1]quit
[SW1]display port vlan                                //查看交换机各端口的信息
Port                        Link Type    PVID    Trunk VLAN List
GigabitEthernet0/0/1          trunk        1       1 10 100
```

可以看到，端口 G0/0/1 被设置成 Trunk 类型，VLAN 1 是本征 VLAN，允许通过的 VLAN 有 VLAN 1、VLAN 10 和 VLAN 100。

(2) 二楼交换机的配置和测试。与一楼交换机的配置和测试命令一样。

(3) 在电脑上进行 ping 测试，观察各部门内部的电脑可以跨楼层互通。

3.3.3　华三设备配置 Trunk

(1) 将一楼交换机 SW1 的端口 FG1/0/53 设置为 Trunk 类型，命令如下：

```
[SW1]interface FortyGigE 1/0/53                   //进入 FG1/0/53 端口配置视图
[SW1-FortyGigE1/0/53]port link-type trunk         //将端口 FG1/0/53 设置为 Trunk 类型
[SW1-FortyGigE1/0/53]port trunk permit vlan all   //允许所有 VLAN 通过
[SW1-FortyGigE1/0/53]quit
[SW1]display port trunk                           //查看 Trunk 类型的端口
Interface              PVID     VLAN Passing
FGE1/0/53               1         1, 10, 100
```

可以看到，端口 FG1/0/53 的类型为 Trunk，VLAN 1 是本征 VLAN，允许通过的 VLAN 有 VLAN 1、VLAN 10 和 VLAN 100。

(2) 二楼交换机的配置和测试与一楼交换机的配置和测试命令一样。

(3) 在电脑上进行 ping 测试，观察各部门内部的电脑可以跨楼层互通。

3.4 VLAN 同步及动态注册

在多台交换机需要配置相同 VLAN 信息的网络环境中，可采用 VTP、GVRP 或 MVRP 等协议进行交换机间 VLAN 的同步、简化操作。

VTP 协议(VLAN Trunk Protocol) 是思科的私有协议。需要共享和同步 VLAN 信息的思科交换机可组成一个 VTP 域(VTP Domain)，VTP 域中一台交换机上的 VLAN 创建或修改信息可自动同步到其他交换机上。VLAN 信息的同步需要借助 Trunk 链路传播 VTP 通告来实现，VTP 通告携带 32 位的修订号(Revision) 来代表修订级别，修订号的初始值是 0，它会不断增加，新修订号的 VLAN 信息会覆盖旧修订号的 VLAN 信息。

与思科 VTP 协议类似的有 IEEE 定义的国际标准协议 GVRP(GARP VLAN Registration Protocol，GARP VLAN 注册协议)、华为的私有协议 VCMP(VLAN Central Management Protocol，VLAN 集中管理协议)等。GVRP 是 GARP(Generic Attribute Registration Protocol，通用属性注册协议)的一个应用，GARP 是一个通用协议的模板，用于属性的动态注册和注销，GVRP 则用于 VLAN 信息的动态注册和注销。

与 GVRP 协议相比，VCMP 只能同步 VLAN 配置，而不能将端口动态地划分到 VLAN，即通过 VCMP 创建的 VLAN 是静态 VLAN，而通过 GVRP 创建的 VLAN 是动态 VLAN。

GARP 的升级版是 MRP(Multiple Registration Protocol，多属性注册协议)，相应地，GVRP 的升级版是 MVRP(Multiple VLAN Registration Protocol，多 VLAN 注册协议)。MVRP 可兼容 GVRP。

3.4.1 思科设备配置 VTP

如图 3-6 所示，在 Packet Tracer8 中搭建拓扑，进行配置和测试。

图 3-6 思科交换机配置 VTP 的网络拓扑

1. 配置 VTP Server

(1) 由于 VTP 是在 Trunk 链路上传输的，所以交换机之间要创建 Trunk 链路。配置命令如下：

```
SW1(config)#interface FastEthernet 0/1     //SW1 的配置
SW1(config-if)#switchport mode trunk
SW1(config-if)#end
SW2(config)#interface range FastEthernet 0/1-2     //SW2 的配置
SW2(config-if-range)#switchport mode trunk
SW2(config-if)#end
```

```
SW3(config)#interface FastEthernet 0/2      //SW3 的配置
SW3(config-if)#switchport mode trunk
SW3(config-if)#end
```

(2) 在 SW2 上查看 Trunk 链路是否正常，命令如下：

```
SW2#show interfaces trunk
```

(3) 在 SW1 上查看默认的 VTP 状况的命令如下：

```
SW1#show vtp status
VTP Domain Name :                //VTP 域名为空
VTP Operating Mode : Server      //VTP 模式为 Server
Configuration Revision : 0       //修订号为 0
```

可以看到，默认情况下，交换机处于 Server 模式。交换机在 VTP 域中的角色可以分为服务器模式(Server)、客户机模式(Client) 和透明模式(Transparent)。Server 模式的交换机上可创建、修改和删除 VLAN，并将这些 VLAN 信息通告给域中的其他交换机；Client 模式的交换机不能创建、修改和删除 VLAN，但能侦听、学习和转发 VTP 通告；Transparent 模式的交换机不参与 VTP，但可以转发 VTP 通告。

(4) 交换机加入相同的 VTP 域后，可以相互学习 VLAN 信息。在 VTP Server 上配置 VTP 域名的命令如下：

```
SW1#configure terminal
SW1(config)#vtp mode server    //将 VTP 模式配置为 Server，这是默认值，可以省略
SW1(config)#vtp domain VTP01    //将 VTP 域名配置为 VTP01。域名默认为空。其他交换机域名初始时 VTP 域名也为空。域名为空的其他交换机将会学习到这个域名并加入这个域
```

(5) 在 SW2 和 SW3 上查看 VTP 状态，观察 SW2 和 SW3 都学到 VLAN 信息并加入到 VTP01 域中。以 SW2 为例，命令如下：

```
SW2#show vtp status
VTP Domain Name : VTP01
Configuration Revision : 0
```

(6) 在 VTP Server 上创建 VLAN，观察其他交换机是否能学习到新建的 VLAN。

① 在 SW1 上配置创建 VLAN 2，命令如下：

```
SW1(config)#vlan 2
SW1(config-vlan)#end
SW1#show vlan
```

② 在 SW2 查看是否学到了 VLAN 2，命令如下：

```
SW2#show vlan b              //查看 SW2 学习到 VLAN 2
SW2#show vtp status
VTP Domain Name : VTP01
Configuration Revision : 1    //SW2 的修订号从 0 变成了 1
```

③ 在 SW3 查看是否学到了 VLAN 2，命令如下：

```
SW3#show vlan b              //查看 SW3 学习到 VLAN 2
SW3#show vtp status
```

```
VTP Domain Name : VTP01
Configuration Revision : 1   //SW2 的修订号从 0 变成了 1
```

2. 配置 VTP 密码

配置 VTP 密码，可以避免身份不明的交换机加入 VTP 域中，从而提高安全性。

(1) SW1 的配置命令如下：

```
SW1(config)#vtp password 123          //在 SW1 上配置 VTP，密码为 123
SW1(config)#exit
SW1#show vtp password
SW1(config)#vlan 3
SW1(config-vlan)#end
SW1#show vlan brief                   //查看 SW1 新增了 VLAN 3
SW1#show vtp status                   //查看 SW1 的 VTP 修订号从 1 变成了 2
```

(2) SW2 的配置命令如下：

```
SW2#show vlan brief                   //查看设置 VTP 密码前，SW2 并未学到新增的 VLAN
SW2#show vtp status                   //查看设置 VTP 密码前，SW2 的 VTP 修订号保持为 1
SW2#configure terminal
SW2(config)#vtp password 123          //将 SW2 的 VTP 密码配置为 123
SW2(config)#exit
SW2#show vlan brief                   //查看设置 VTP 密码后，SW2 学到了 VLAN 3
SW2#show vtp status                   //查看设置 VTP 密码后，SW2 的 VTP 修订号变成了 2
```

(3) SW3 的配置命令如下：

```
SW3#configure terminal
SW3(config)#vtp password 123
SW3(config)#exit
SW3#show vlan brief
SW3#show vtp status
```

3. 配置 VTP Transparent

Transparent 模式的交换机不参与 VTP，但可以转发 VTP 通告。

(1) 将 SW2 配置为 VTP Transparent，并创建 VLAN 4，命令如下：

```
SW2#configure terminal
SW2(config)#vtp mode transparent      //将 SW2 配置为 VTP Transparent
SW2(config)#do show vtp status
SW2(config)#do show vlan brief
SW2(config)#vlan 4                    //创建 VLAN 4
SW2(config-vlan)#end
SW2#show vlan brief
```

(2) 在 SW1 和 SW3 上查看是否学到 VLAN 4，命令如下：

```
SW1#show vlan brief                   //SW1 没学到 VLAN 4
```

```
SW3#show vlan brief               //SW3 也没有学习到 VLAN 4
```

(3) 在 SW3 上创建 VLAN 5，命令如下：

```
SW3(config)#vlan 5
SW3(config-vlan)#end
SW3#show vlan brief
```

(4) 在 SW2 和 SW1 上查看是否学到 VLAN 5，命令如下：

```
SW2#show vlan brief               //SW2 没学到 VLAN 5
SW1#show vlan brief               //SW1 学习到了 VLAN 5
```

4. 配置 VTP Client

VTP Client 模式的交换机不能创建、修改和删除 VLAN，但能侦听、学习和转发 VTP 通告。下面，配置 SW2 和 SW3 为 VTP Client 模式，并测试其作用。

(1) 将 SW2 设置为 VTP Client 模式，命令如下：

```
SW2#configure terminal
SW2(config)#vtp mode client
SW2(config)#end
```

(2) 将 SW3 设置为 VTP Client 模式，命令如下：

```
SW3#configure terminal
SW3(config)#vtp mode client
SW3(config)#end
```

(3) 在 SW2 上创建 VLAN 6，命令如下：

```
SW2#show vtp status
SW2#configure terminal
SW2(config)#vlan 6                //提示 SW2 是 Client 模式，无法创建 VLAN
```

(4) 在 SW1 上创建 VLAN 7，命令如下：

```
SW1#configure terminal
SW1(config)#vlan 7
SW1(config-vlan)#end
```

(5) 在 SW1、SW2、SW3 上查看 VLAN 信息，命令如下：

```
SW1#show vlan brief
SW2#show vlan brief               //SW2 学到了 VLAN 7
SW3#show vlan brief               //SW3 也都学到了 VLAN 7
```

可以看到，SW2 和 SW3 都学到了 VLAN 7。

5. 如何在已有的网络中添加交换机

在已有的网络中添加交换机时，为了避免新加入的交换机的修订号大于现网交换机的修订号，导致现网 VLAN 信息丢失，造成网络中断，一定要将准备加入的交换机的配置清除干净后再加入，即在准备加入的交换机上执行“delete flash:vlan.dat”和“erase startup-config”命令，重启后，再加入。

3.4.2 华为设备配置 GVRP

GVRP 可用于交换机间端口 VLAN 信息的动态注册和注销。GVRP 通过 Trunk 口交互。如图 3-7 所示，在 eNSP 中搭建拓扑。

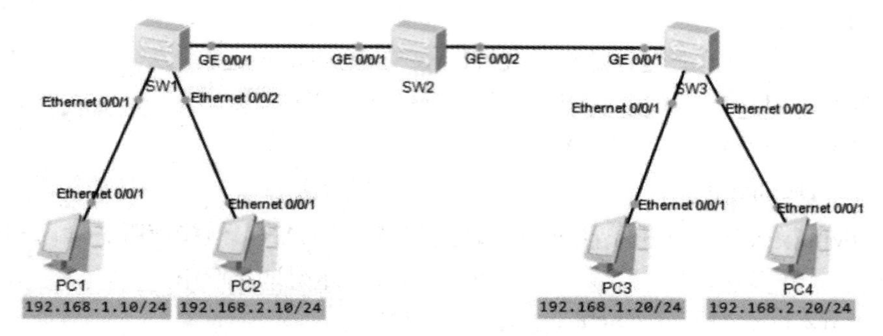

图 3-7 华为交换机配置 GVRP 的网络拓扑

1. 基本配置

(1) 各 PC 的地址按拓扑中的规划进行配置。

(2) 在 SW1 和 SW3 上创建 VLAN 10，将 G1/0/1 端口加入 VLAN 10；将交换机间的链路设置为 Trunk 链路，允许所有 VLAN 通过。

① 交换机的配置命令如下：

```
<Huawei>system-view        //SW1 的配置
[Huawei]sysname SW1
[SW1]vlan 10
[SW1-vlan10]quit
[SW1]interface Ethernet0/0/1
[SW1-Ethernet0/0/1]port link-type access
[SW1-Ethernet0/0/1]port default vlan 10
[SW1-Ethernet0/0/1]quit
[SW1]interface GigabitEthernet0/0/1
[SW1-GigabitEthernet0/0/1]port link-type trunk
[SW1-GigabitEthernet0/0/1]port trunk allow-pass vlan all
<Huawei>system-view        //SW2 的配置
[Huawei]sysname SW2
[SW2]port-group group-member GigabitEthernet 0/0/1 to GigabitEthernet 0/0/2
[SW2-port-group]port link-type trunk
[SW2-port-group]port trunk allow-pass vlan all
<Huawei>system-view        //SW3 的配置
[Huawei]sysname SW3
[SW3]vlan 10
[SW3-vlan10]quit
```

```
[SW3]interface Ethernet0/0/1
[SW3-Ethernet0/0/1]port link-type access
[SW3-Ethernet0/0/1]port default vlan 10
[SW3-Ethernet0/0/1]quit
[SW3]interface GigabitEthernet0/0/1
[SW3-GigabitEthernet0/0/1]port link-type trunk
[SW3-GigabitEthernet0/0/1]port trunk allow-pass vlan all
[SW3-GigabitEthernet0/0/1]quit
```

② 进行跨交换机的属于 VLAN 10 的 PC 互 ping 测试，在 PC1 上 ping 192.168.1.20，发现无法 ping 通。

③ 查看交换机的 VLAN 信息，命令如下：

```
[SW1]display vlan        //查看 SW1 的 VLAN 信息
The total number of vlans is : 2
VID   Type      Ports
1     common    UT:Eth0/0/2(U)     Eth0/0/3(D)     Eth0/0/4(D)     Eth0/0/5(D)
10    common    UT:Eth0/0/1(U)
                TG:GE0/0/1(U)
[SW2]display vlan       //查看 SW2 的 VLAN 信息
The total number of vlans is : 1
VID   Type      Ports
1     common    UT:Eth0/0/1(D)     Eth0/0/2(D)     Eth0/0/3(D)     Eth0/0/4(D)
[SW3]display vlan       //查看 SW3 的 VLAN 信息
The total number of vlans is : 2
VID   Type      Ports
1     common    UT:Eth0/0/2(U)     Eth0/0/3(D)     Eth0/0/4(D)     Eth0/0/5(D)
10    common    UT:Eth0/0/1(U)
                TG:GE0/0/1(U)
```

可以看到，SW1 和 SW3 都有 VLAN 10，但中间的 SW2 上没有 VLAN 10，SW2 收到 VLAN 10 的数据帧时，无法找到转发的出端口，故将其丢弃，导致两台 PC 无法 ping 通。解决方法是在 SW2 上增加 VLAN 10。

2. 开启 GVRP

(1) 在各交换机上开启 GVRP 功能，在 Trunk 端口上启用 GVRP 协议，命令如下：

```
[SW1]gvrp        //SW1 的配置
[SW1]interface GigabitEthernet0/0/1
[SW1-GigabitEthernet0/0/1]gvrp
[SW1-GigabitEthernet0/0/1]quit
[SW2]gvrp        //SW2 的配置
[SW2]port-group group-member GigabitEthernet0/0/1 to GigabitEthernet0/0/2
```

```
[SW2-port-group]gvrp
[SW2-port-group]quit
[SW3]gvrp        //SW3 的配置
[SW3]interface GigabitEthernet0/0/1
[SW3-GigabitEthernet0/0/1]gvrp
[SW3-GigabitEthernet0/0/1]quit
```

(2) 查看 SW2 上的 VLAN 信息，命令如下：

```
[SW2]display vlan
The total number of vlans is : 2
VID  Type   Ports    1
1    common  UT:Eth0/0/1(D)    Eth0/0/2(D)    Eth0/0/3(D)  Eth0/0/4(D)
10   dynamic TG:GE0/0/1(U)     GE0/0/2(U)
```

可以看到，SW2 学到了 VLAN 10，其上的 Trunk 端口 G0/0/1 和 G0/0/2 也都将 VLAN 10 列入了允许通行的列表。

(3) 在 PC1 上 ping 192.168.1.20，可以 ping 通了。原因是 SW2 学到了 VLAN 10，其上的 Trunk 端口 G0/0/1 和 G0/0/2 都可以对 VLAN 10 进行转发了。

3. GVRP 端口的 Normal 注册模式

GVRP 端口注册模式分为 Normal、Fixed 和 Forbidden 三种。其中 Normal 模式是缺省模式，Normal 模式允许该端口动态注册或注销 VLAN、传播动态 VLAN 和静态 VLAN 信息。下面观察 Normal 模式的注册过程。

(1) 查看 SW1 的 GVRP 注册模式，命令如下：

```
[SW1]display gvrp statistics
 GVRP statistics on port GigabitEthernet0/0/1
   GVRP status                   : Enabled
   GVRP registrations failed     : 0
   GVRP last PDU origin          : 4c1f-cc01-25c9
   GVRP registration type        : Normal
```

可以看到，默认情况下，SW1 的 G0/0/1 端口的 GVRP 注册模式是 Normal 模式。

(2) 在 SW1 上创建 VLAN 20，命令如下：

```
[SW1]vlan 20
[SW1-vlan20]quit
```

(3) 在各交换机上查看 VLAN 信息，命令如下：

```
[SW1]display vlan        //在 SW1 上查看 VLAN 信息
The total number of vlans is : 3
VID  Type    Ports
1    common  UT:Eth0/0/3(D)    Eth0/0/4(D)    Eth0/0/5(D)    Eth0/0/6(D)
10   common  UT:Eth0/0/1(U)
             TG:GE0/0/1(U)
```

```
20    common   UT:Eth0/0/2(U)
               TG:GE0/0/1(U)
[SW2]display vlan      //在 SW2 上查看 VLAN 信息
The total number of vlans is : 3
VID  Type      Ports
1    common   UT:Eth0/0/1(D)     Eth0/0/2(D)     Eth0/0/3(D)     Eth0/0/4(D)
10   dynamic  TG:GE0/0/1(U)      GE0/0/2(U)
20   dynamic  TG:GE0/0/1(U)
[SW3]display vlan      //在 SW3 上查看 VLAN 信息
The total number of vlans is : 3
VID  Type      Ports
1    common   UT:Eth0/0/2(U)     Eth0/0/3(D)     Eth0/0/4(D)     Eth0/0/5(D)
10   common   UT:Eth0/0/1(U)
              TG:GE0/0/1(U)
20   dynamic  TG:GE0/0/1(U)
```

可以看到：SW1 的 G0/0/1、SW2 的 G0/0/1，SW3 的 G0/0/1 都将 VLAN 20 列入了允许通行 VLAN；SW2 的 G0/0/2 没有将 VLAN 20 作为允许通行 VLAN。

分析：VLAN 属性的声明过程是单向传播的，沿途交换机的入端口对收到的 VLAN 进行注册，沿途交换机的出端口仅转发而不注册这些 VLAN。本案例中 SW2 的 G0/0/1、SW3 的 G0/0/1 都是 VLAN 20 声明路径上的交换机的入端口，都能学到和注册 VLAN 20 并将其加入该端口允许通行的 VLAN 列表中；SW2 的 G1/0/2 是声明路径上的交换机的出端口，只负责转发该 VLAN 声明，不注册也不将该 VLAN 加入该端口允许通行的 VLAN 列表中。

(4) 在 SW3 上创建 VLAN 20，SW2 的 G0/0/2 作为 VLAN 声明沿途交换机的入端口，将注册 VLAN 20，并将该 VLAN 加入该端口允许通行的 VLAN 列表中，下面加以验证。

① SW3 的配置如下：

```
[SW3]vlan 20      //在 SW3 上创建 VLAN 20
[SW3-vlan20]quit
[SW3]interface Ethernet0/0/2
[SW3-Ethernet0/0/2]port link-type access
[SW3-Ethernet0/0/2]port default vlan 20
```

② 在 SW3 和 SW2 上查看 VLAN 信息，命令如下：

```
[SW3]display vlan     //查看 SW3 的 VLAN 信息
The total number of vlans is : 3
VID  Type      Ports
1    common   UT:Eth0/0/3(D)     Eth0/0/4(D)     Eth0/0/5(D)     Eth0/0/6(D)
10   common   UT:Eth0/0/1(U)
              TG:GE0/0/1(U)
20   common   UT:Eth0/0/2(U)
              TG:GE0/0/1(U)
```

```
[SW2]display vlan    //查看 SW2 的 VLAN 信息
The total number of vlans is : 3
VID  Type      Ports
1    common    UT:Eth0/0/1(D)     Eth0/0/2(D)     Eth0/0/3(D)     Eth0/0/4(D)
10   dynamic   TG:GE0/0/1(U)      GE0/0/2(U)
20   dynamic   TG:GE0/0/1(U)      GE0/0/2(U)
```

可以看到，在 SW3 上创建 VLAN 20 后，SW2 的 G0/0/2 端口学到和注册了该 VLAN，并将其加入到了该端口允许通行的 VLAN 列表中。

4. GVRP 端口的 Fixed 注册模式

Fixed 模式禁止该端口动态注册或注销 VLAN，只传播静态 VLAN 信息，不传播动态 VLAN 信息，下面加以验证。

(1) 将 SW1 的 Trunk 端口 G0/0/1 修改为 Fixed 注册模式，命令如下：

```
[SW1]interface GigabitEthernet0/0/1
[SW1-GigabitEthernet0/0/1]gvrp registration fixed
[SW1-GigabitEthernet0/0/1]quit
```

(2) 在 SW3 上添加 VLAN 30，命令如下：

```
[SW3]vlan 30
[SW3-vlan30]quit
```

(3) 在 SW3、SW2、SW1 上查看 VLAN 信息，命令如下：

```
[SW3]display vlan      //在 SW3 上查看 VLAN 信息
The total number of vlans is : 4
VID  Type      Ports
1    common    UT:Eth0/0/3(D)     Eth0/0/4(D)     Eth0/0/5(D)     Eth0/0/6(D)
10   common    UT:Eth0/0/1(U)
               TG:GE0/0/1(U)
20   common    UT:Eth0/0/2(U)
               TG:GE0/0/1(U)
30   common    TG:GE0/0/1(U)
[SW2]display vlan      //在 SW2 上查看 VLAN 信息
The total number of vlans is : 4
VID  Type      Ports
1    common    UT:Eth0/0/1(D)     Eth0/0/2(D)     Eth0/0/3(D)     Eth0/0/4(D)
10   dynamic   TG:GE0/0/1(U)      GE0/0/2(U)
20   dynamic   TG:GE0/0/1(U)      GE0/0/2(U)
30   dynamic   TG:GE0/0/2(U)
[SW1]display vlan      //在 SW1 上查看 VLAN 信息
The total number of vlans is : 3
VID  Type      Ports
1    common    UT:Eth0/0/3(D)     Eth0/0/4(D)     Eth0/0/5(D)     Eth0/0/6(D)
```

```
                    GE0/0/1(U)         GE0/0/2(D)
10    common   UT:Eth0/0/1(U)
               TG:GE0/0/1(U)
20    common   UT:Eth0/0/2(U)
               TG:GE0/0/1(U)
```

可以看到，SW2 学到了 VLAN 30，SW1 没有学到 VLAN 30。这是因为 Fixed 模式只传播静态 VLAN，不传播动态 VLAN。

5. GVRP 端口的 Forbidden 注册模式

Forbidden 模式禁止该端口动态注册或注销 VLAN，不传播 VLAN 1 以外的任何 VLAN 信息，下面加以验证。

(1) 将 SW1 的 G0/0/1 改为 Forbidden 模式，命令如下：

```
[SW1]interface GigabitEthernet 0/0/1
[SW1-GigabitEthernet0/0/1]gvrp registration forbidden
[SW1-GigabitEthernet0/0/1]quit
```

(2) 查看 SW1、SW2 的 VLAN 信息，命令如下：

```
[SW1]display vlan        //查看 SW1 的 VLAN 信息
The total number of vlans is : 3
VID   Type      Ports
1     common   UT:Eth0/0/3(D)      Eth0/0/4(D)      Eth0/0/5(D)      Eth0/0/6(D)
                  GE0/0/1(U)       GE0/0/2(D)
10    common   UT:Eth0/0/1(U)
20    common   UT:Eth0/0/2(U)
[SW2]display vlan        //查看 SW2 的 VLAN 信息
The total number of vlans is : 4
VID   Type      Ports
----------------------------------------------------------------------------
1     common   UT:Eth0/0/1(D)      Eth0/0/2(D)      Eth0/0/3(D)      Eth0/0/4(D)
                  Eth0/0/21(D)     Eth0/0/22(D)     GE0/0/1(U)       GE0/0/2(U)
10    dynamic  TG:GE0/0/2(U)
20    dynamic  TG:GE0/0/2(U)
30    dynamic  TG:GE0/0/2(U)
```

可以看到，将 SW1 的 G0/0/1 改为 Forbidden 模式后，只有 VLAN 1 还允许 G0/0/1 通行，其他 VLAN 都将 G0/0/1 从允许通行列表中删除了。SW2 的 G0/0/1 端口也将之前学到的 VLAN 10 和 VLAN 20 注销了，只有 G0/0/2 端口还保留着从 SW3 学到和注册的 VLAN 10 和 VLAN 20。

3.4.3　华三设备配置 MVRP

GARP 的升级版是 MRP(Multiple Registration Protocol，多属性注册协议)，相应地，GVRP

的升级版是 MVRP(Multiple VLAN Registration Protocol，多 VLAN 注册协议)。MVRP 可兼容 GVRP。如图 3-8 所示，在 HCL 中搭建拓扑。

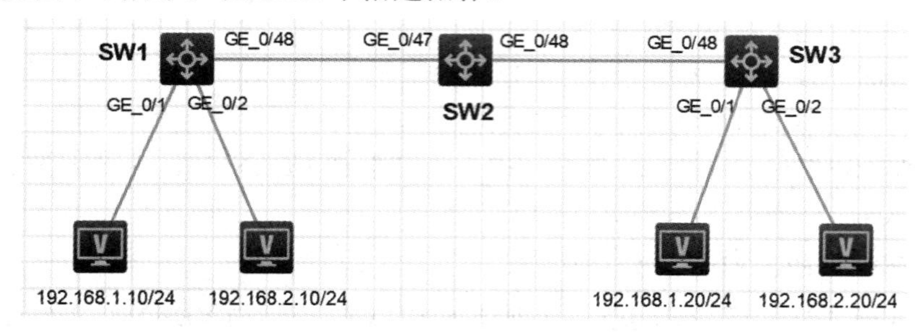

图 3-8 华三交换机配置 MVRP 的网络拓扑

1. 基本配置

(1) 各 PC 的地址按拓扑中的规划进行配置。

(2) 在 SW1 和 SW3 上创建 VLAN 10，将 G1/0/1 端口加入 VLAN 10；将交换机间的链路设置为 Trunk 链路，允许所有 VLAN 通过。命令如下：

```
<H3C>system-view      //SW1 的配置
[H3C]sysname SW1
[SW1]vlan 10
[SW1-vlan10]port GigabitEthernet1/0/1
[SW1-vlan10]quit
[SW1]interface GigabitEthernet1/0/48
[SW1-GigabitEthernet1/0/48]port link-type trunk
[SW1-GigabitEthernet1/0/48]port trunk permit vlan all
[SW1-GigabitEthernet1/0/48]quit
<H3C>system-view      //SW2 的配置
[H3C]sysname SW2
[SW2]interface GigabitEthernet1/0/47
[SW2-GigabitEthernet1/0/47]port link-type trunk
[SW2-GigabitEthernet1/0/47]port trunk permit vlan all
[SW2-GigabitEthernet1/0/47]quit
[SW2]interface GigabitEthernet1/0/48
[SW2-GigabitEthernet1/0/48]port link-type trunk
[SW2-GigabitEthernet1/0/48]port trunk permit vlan all
[SW2-GigabitEthernet1/0/48]quit
<H3C>system-view      //SW3 的配置
[H3C]sysname SW3
[SW3]vlan 10
[SW3-vlan10]port GigabitEthernet1/0/1
[SW3-vlan10]quit
```

```
[SW3]interface GigabitEthernet1/0/48
[SW3-GigabitEthernet1/0/48]port link-type trunk
[SW3-GigabitEthernet1/0/48]port trunk permit vlan all
[SW3-GigabitEthernet1/0/48]quit
```

(3) 进行跨交换机的属于 VLAN 10 的 PC 互 ping 测试，在 PC1 上 ping 192.168.1.20，发现无法 ping 通。

(4) 查看 SW1、SW2、SW3 的 VLAN 信息，命令如下：

```
[SW1]display vlan      //查看 SW1 的 VLAN 信息
 Total VLANs: 2
 The VLANs include:
 1(default), 10
[SW1]display vlan 10
Tagged ports:
    GigabitEthernet1/0/48
 Untagged ports:
    GigabitEthernet1/0/1
[SW2]display vlan      //查看 SW2 的 VLAN 信息
 Total VLANs: 1
 The VLANs include:
 1(default)
[SW3]display vlan      //查看 SW3 的 VLAN 信息
 Total VLANs: 2
 The VLANs include:
 1(default), 10
[SW3]display vlan 10
 Tagged ports:
    GigabitEthernet1/0/48
 Untagged ports:
GigabitEthernet1/0/1
```

可以看到，SW1 和 SW3 都有 VLAN 10，但中间的 SW2 上没有 VLAN 10，SW2 收到 VLAN 10 的数据帧时，无法找到转发的出端口，故将其丢弃，导致两台 PC 无法 ping 通。解决方法是在 SW2 上增加 VLAN 10。

2. 开启 MVRP

(1) 在各交换机上开启 MVRP 功能，在 Trunk 端口上启用 MVRP 协议，命令如下：

```
[SW1]mvrp global enable      //SW1 的配置
[SW1]interface GigabitEthernet1/0/48
[SW1-GigabitEthernet1/0/48]mvrp enable
[SW1-GigabitEthernet1/0/48]quit
```

```
[SW2]mvrp global enable        //SW2 的配置
[SW2]interface range GigabitEthernet1/0/47 GigabitEthernet1/0/48
[SW2-if-range]mvrp enable
[SW2-if-range]quit
[SW3]mvrp global enable        //SW3 的配置
[SW3]interface GigabitEthernet1/0/48
[SW3-GigabitEthernet1/0/48]mvrp enable
[SW3-GigabitEthernet1/0/48]quit
```

(2) 查看 SW2 上的 VLAN 信息，命令如下：

```
[SW2]display vlan
 Total VLANs: 2
 The VLANs include:
 1(default), 10
[SW2]display vlan dynamic
 Dynamic VLANs: 1
 The dynamic VLANs include:
 10
[SW2]display vlan 10
 Tagged ports:
     GigabitEthernet1/0/47              GigabitEthernet1/0/48
 Untagged ports: None
```

可以看到，SW2 学到了 VLAN 10，其上的 Trunk 端口 G1/0/47 和 G1/0/48 也都将 VLAN 10 列入了允许通行的列表。

(3) 在 PC1 上 ping 192.168.1.20，可以 ping 通了。原因是 SW2 学到了 VLAN 10，其上的 Trunk 端口 G1/0/47 和 G1/0/48 都可以对 VLAN 10 进行转发了。

3. MVRP 端口的 Normal 模式

与 GVRP 类似，MVRP 端口注册模式也分为 Normal、Fixed 和 Forbidden 三种。其中 Normal 模式是缺省模式，Normal 模式允许该端口动态注册或注销 VLAN、传播动态 VLAN 和静态 VLAN 信息。下面观察 Normal 模式的注册过程。

(1) 在 SW1 上创建 VLAN 20，在 SW1、SW2、SW3 上查看 VLAN 信息，命令如下：

```
[SW1]vlan 20   //在 SW1 上创建 VLAN 20
[SW1-vlan20]port GigabitEthernet1/0/2
[SW1]display vlan   //在 SW1 上查看 VLAN 信息
 Total VLANs: 3
 The VLANs include:
 1(default), 10, 20
[SW1]display vlan dynamic
 No dynamic VLAN exists.
```

```
[SW1]display port trunk
Interface              PVID      VLAN Passing
GE1/0/48                1         1, 10, 20
[SW2]display vlan    //在 SW2 上查看 VLAN 信息
 Total VLANs: 3
 The VLANs include:
 1(default), 10, 20
[SW2]display vlan dynamic
 Dynamic VLANs: 2
 The dynamic VLANs include:
 10, 20
[SW2]display port trunk
Interface              PVID      VLAN Passing
GE1/0/47                1         1, 10, 20
GE1/0/48                1         1, 10
[SW3]display vlan    //在 SW3 上查看 VLAN 信息
 Total VLANs: 3
 The VLANs include:
 1(default), 10, 20
[SW3]display vlan dynamic
 Dynamic VLANs: 1
 The dynamic VLANs include:
 20
[SW3]display port trunk
Interface              PVID      VLAN Passing
GE1/0/48                1         1, 10, 20
```

可以看到：SW1 的 G1/0/48、SW2 的 G1/0/47，SW3 的 G1/0/48 都将 VLAN 20 列入了允许通行 VLAN；SW2 的 G1/0/48 没有将 VLAN 20 作为允许通行 VLAN。

分析：VLAN 属性的声明过程是单向传播的，沿途交换机的入端口对收到的 VLAN 进行注册，沿途交换机的出端口仅转发而不注册这些 VLAN。本案例中 SW2 的 G1/0/47、SW3 的 G1/0/48 都是 VLAN 20 声明路径上的交换机的入端口，都能学到和注册 VLAN 20 并将其加入该端口允许通行的 VLAN 列表中；SW2 的 G1/0/48 是声明路径上的交换机的出端口，只负责转发该 VLAN 声明，不注册也不将该 VLAN 加入该端口允许通行的 VLAN 列表中。

(2) 在 SW3 上创建 VLAN 20，SW2 的 G1/0/48 作为 VLAN 声明沿途交换机的入端口，将注册 VLAN 20，并将该 VLAN 加入该端口允许通行的 VLAN 列表中，命令如下：

```
[SW3]vlan 20    //在 SW3 上创建 VLAN 20
[SW3-vlan20]port GigabitEthernet1/0/2
[SW3-vlan20]quit
[SW2]display port trunk    //在 SW2 上查看 Trunk 端口信息
```

```
Interface              PVID    VLAN Passing
GE1/0/47               1       1, 10, 20
GE1/0/48               1       1, 10, 20
```

可以看到，在 SW3 上创建 VLAN 20 后，SW2 的 G1/0/48 端口学到和注册了该 VLAN，并将其加入到了该端口允许通行的 VLAN 列表中。

4. MVRP 端口的 Fixed 注册模式

Fixed 模式禁止该端口动态注册或注销 VLAN，只传播静态 VLAN 信息，不传播动态 VLAN 信息，下面加以验证。

(1) 将 SW1 的 Trunk 端口 G1/0/48 修改为 Fixed 注册模式，命令如下：

```
[SW1]interface GigabitEthernet1/0/48
[SW1-GigabitEthernet1/0/48]mvrp registration fixed
[SW1-GigabitEthernet1/0/48]quit
```

(2) 在 SW3 上添加 VLAN 30，命令如下：

```
[SW3]vlan 30
[SW3-vlan30]quit
```

(3) 在 SW3、SW2、SW1 上查看 VLAN 信息，命令如下：

```
[SW3]display vlan    //在 SW3 上查看 VLAN 信息
 Total VLANs: 4
 The VLANs include:
 1(default), 10, 20, 30
[SW2]display vlan    //在 SW2 上查看 VLAN 信息
 Total VLANs: 4
 The VLANs include:
 1(default), 10, 20, 30
[SW2]display vlan dynamic
 Dynamic VLANs: 3
 The dynamic VLANs include:
 10, 20, 30
[SW1]display vlan    //在 SW1 上查看 VLAN 信息
 Total VLANs: 3
 The VLANs include:
 1(default), 10, 20
[SW1]display vlan dynamic
 No dynamic VLAN exists.
```

(4) 查看 SW1 的 MVRP 统计信息，命令如下：

```
[SW1]display mvrp running-status
 Registration Type                  : Fixed
```

(5) 查看 SW1 的 Trunk 信息，命令如下：

```
[SW1]display port trunk
Interface                  PVID      VLAN Passing
GE1/0/48                     1         1, 10, 20
```

可以看到，SW2 学到了 VLAN 30，SW1 没有学到 VLAN 30。这是因为 Fixed 模式只传播静态 VLAN，不传播动态 VLAN。

5. MVRP 端口的 Forbidden 注册模式

Forbidden 模式禁止该端口动态注册或注销 VLAN，不传播 VLAN 1 以外的任何的 VLAN 信息。将 SW1 的 G1/0/48 改为 Forbidden 模式的命令如下：

```
[SW1]interface GigabitEthernet 1/0/48
[SW1-GigabitEthernet1/0/48]mvrp registration forbidden
```

3.5　Hybrid 端口和 Private VLAN 技术

小区宽带采用 LAN 方式接入时，为了保障接入用户的隐私、安全和便于管理计费，可通过划分 VLAN 对各接入用户进行隔离，并为每个 VLAN 分配一个网段，但这样做 IP 地址消耗过大；另根据 IEEE 802.1q 协议，可用的 VLAN 数只有 4094 个，若为每个用户划分一个 VLAN，VLAN 的数量是远远不够的，所以需要有技术将一个 VLAN 再次细分成多个 VLAN，对上层屏蔽下层的 VLAN，让接入层的 VLAN 对运营商屏蔽，让运营商只看到汇聚层的 VLAN。同时，让上层主端口的 VLANif 地址和下层各从端口所连接电脑的地址处于同一网段，以节省地址空间。

Hybrid 端口技术、Private VLAN(PVLAN，专用虚拟局域网)技术、Multiplex VLAN(MUX，复合 VLAN)技术等，都能较好地实现相关功能。

3.5.1　华为交换机配置 Hybrid 端口

除了 Access 和 Trunk 类型，华为交换机还有一种叫作 Hybrid 的私有端口类型，它是华为交换机端口的默认类型。数据帧从 Hybrid 端口进入交换机和从 Hybrid 端口离开交换机时的处理方式如下：

数据帧从 Hybrid 端口进入交换机时的处理方式与从 Trunk 类型的端口进入时处理方式相同，即：若进入的是不带标签的数据帧，会打上该端口的本征 VLAN 标签，然后和已经带有 VLAN 标签的数据帧一起，接受其 VLAN ID 是否属于该端口允许通过范围的检查，若被允许通过，则携带该标签进入，否则丢弃。

而数据帧从 Hybrid 端口离开交换机时，则先检查该帧的 VLAN ID 是否属于允许通过的范围，若不允许则丢弃，若允许则根据已有配置，选择“带标签”或“不带标签”的方式离开交换机。

下面，在 eNSP 中搭建如图 3-9 所示的拓扑，通过配置华为交换机的 Hybrid 端口，实现 PC1 和 PC2 二层隔离的同时，让 PC1 和 PC2 都能访问 SW2。

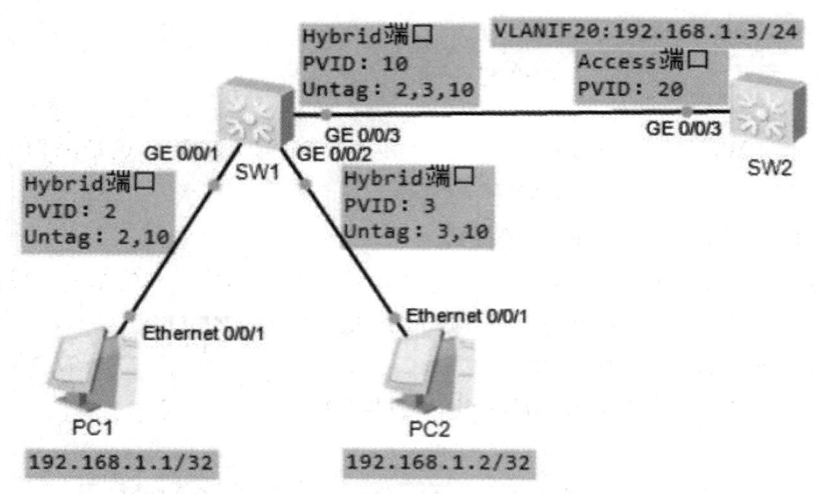

图 3-9　华为交换机配置 Hybrid 端口的网络拓扑

1. 配置 Hybrid

(1) 为实现 PC1 与 SW2 互通、PC2 与 SW2 互通，但 PC1 与 PC2 不能互通，规划如下：

① 将交换机 SW1 的 G0/0/1、G0/0/2 和 G0/0/3 端口都设置成 Hybrid 模式，并将 G0/0/1 端口的 PVID(即本征 VLAN 的 ID)设置为 2、将 G0/0/2 端口的 PVID 设置为 3、G0/0/3 端口的 PVID 设置为 10。这样设置后，从 PC1、PC2、SW2 出发，进入 SW1 的数据帧，会在进入前被分别打上 VLAN 2、VLAN 3 和 VLAN 10 的标签。

② 将 G0/0/1 端口的 Untagged VLAN 设为 2 和 10，作用是 VLAN 2 和 VLAN 10 被允许从 G0/0/1 端口不带标签离开交换机。因为 VLAN 2 是 G0/0/1 的本征 VLAN、VLAN 10 是 G0/0/3 的本征 VLAN，所以从 PC1 和 SW2 来的数据帧可以在去掉 VLAN 标签后，从 G0/0/1 离开交换机，前往 PC1。

③ 将 G0/0/2 端口的 Untagged VLAN 值设为 3 和 10，作用是 VLAN 3 和 VLAN 10 被允许从 G0/0/2 端口不带标签离开交换机。因为 VLAN 3 和 VLAN 10 分别是 G0/0/2 和 G0/0/3 的本征 VLAN，所以从 PC2 和 SW2 来的数据帧可以在去掉 VLAN 标签后，从 G0/0/2 离开交换机，前往 PC2。

④ 将 G0/0/3 端口的 Untagged VLAN 值设为 2、3 和 10，作用是 VLAN 2、VLAN 3 和 VLAN 10 被允许从 G0/0/3 端口不带标签离开交换机。因为 VLAN 2、VLAN 3 和 VLAN 10 分别是 G0/0/1、G0/0/2 和 G0/0/3 的本征 VLAN，所以从 PC1、PC2 和 SW2 来的数据帧可以在去掉 VLAN 标签后，从 G0/0/1 离开交换机，前往 SW2。

(2) 交换机 SW1 的配置命令如下：

<Huawei>**system-view**

[Huawei]**sysname SW1**

[SW1]**vlan batch 2 to 3 10**　//创建 VLAN 2、3、10

[SW1]**int G0/0/1**

[SW1-GigabitEthernet0/0/1]**port link-type hybrid**　//将端口都设置为 Hybrid 模式，Hybrid 是华为交换机端口的默认类型，所以该命令可省略

[SW1-GigabitEthernet0/0/1]**port hybrid pvid vlan 2**　//设置端口的本征 VLAN

[SW1-GigabitEthernet0/0/1]**port hybrid untagged vlan 2 10**　//允许 VLAN 2 和 10 不带标签从本端口离开交换机

[SW1-GigabitEthernet0/0/1]**undo port hybrid vlan 1**　//将 VLAN 1 从本 Hybrid 端口中删除。Hybrid 端口默认会将 VLAN 1 以 Untagged 的方式加入，本命令可将其删除

[SW1-GigabitEthernet0/0/1]**quit**

[SW1]**int G0/0/2**

[SW1-GigabitEthernet0/0/2]**port link-type hybrid**

[SW1-GigabitEthernet0/0/2]**port hybrid pvid vlan 3**

[SW1-GigabitEthernet0/0/2]**port hybrid untagged vlan 3 10**

[SW1-GigabitEthernet0/0/2]**undo port hybrid vlan 1**

[SW1-GigabitEthernet0/0/2]**quit**

[SW1]**int G0/0/3**

[SW1-GigabitEthernet0/0/3]**port link-type hybrid**

[SW1-GigabitEthernet0/0/3]**port hybrid pvid vlan 10**

[SW1-GigabitEthernet0/0/3]**port hybrid untagged vlan 2 3 10**

[SW1-GigabitEthernet0/0/3]**undo port hybrid vlan 1**

[SW1-GigabitEthernet0/0/3]**quit**

(3) 交换机 SW2 的配置命令如下：

<Huawei>**system-view**

[Huawei]**sysname SW2**

[SW2]**vlan 20**

[SW2-vlan20]**quit**

[SW2]**interface G0/0/3**

[SW2-GigabitEthernet0/0/3]**port link-type access**

[SW2-GigabitEthernet0/0/3]**port default vlan 20**　//设置端口的缺省 VLAN

[SW2-GigabitEthernet0/0/3]**quit**

[SW2]**int vlan 20**

[SW2-Vlanif20]**ip address 192.168.1.3 24**　//为 VLAN 20 的虚接口设置地址，因为 G0/0/3 属于 VLAN 20，所以这个地址可作为 SW2 的 G0/0/3 接口的地址

(4) ping 测试可以发现，SW2 能 ping 通 PC1 和 PC2，PC1 不能 ping 通 PC2。

2. 配置 ARP 代理

通过 VLAN 的划分和端口 Hybrid 属性的设置，实现了 PC1 和 PC2 的二层隔离。如果在此基础上需要实现它们的互通，可以通过配置 ARP 代理实现，原理如下：

案例中的 PC1 ping PC2 时，会触发 ARP 协议，ARP 协议通过携带 VLAN 2 标签的广播为 PC1 请求 PC2 的 MAC 地址，SW1 不允许该广播发给 PC2，但允许广播发给 SW2。SW2 的 VLANif 20 虚接口会接收到这个请求，然后以自己作为发件人代替 PC1 发送 ARP

广播，请求 PC2 的 MAC 地址，该广播进入 SW1 后会打上 VLAN 10 的标签，SW1 允许它去掉标签后发给 PC2，PC2 收到该请求后，将自己的 MAC 回复给 SW2 的 VLANif 20 虚接口，SW2 的 VLANif 20 虚接口收到回复后，用自己的 MAC 地址替换掉 PC2 的 MAC 地址回复给 PC1。PC1 收到回复后，会将 SW2 的 VLANif 20 虚接口的 MAC 地址看成是 PC2 的 MAC 地址，以后所有发给 PC2 的数据都会发给 SW2 的 VLANif 20 虚接口，SW2 的 VLANif 20 虚接口作为代理，收到这些数据后再转发给 PC2，从而实现了以 SW2 的 VLANif 20 虚接口作为转发的中介、PC1 与 PC2 的互通。

在 SW2 的 VLANif 20 开启 ARP 代理，命令如下：

```
[SW2-Vlanif20]arp-proxy inner-sub-vlan-proxy enable
```

命令中的参数使用 inner-sub-vlan-proxy(内部的)，而不使用 inter-sub-vlan-proxy(内外之间的)，是因为数据离开 SW1 发往 SW2 时，会先去除 VLAN 标签，进入 SW2 时，会打上 VLAN 20 的标签。SW2 收发的数据帧都属于 VLAN 20。所以要用 inner(内部的) 而不是 inter(内外之间的)。

在 SW2 的 VLANif 20 开启 ARP 代理后，PC1 能 ping 通 PC2。

3.5.2 华三交换机配置 Private VLAN

Hybrid 也是华三交换机的私有端口类型，通过 Private VLAN 技术可对华三交换机的端口执行 Hybrid 批处理。

在 HCL 中搭建如图 3-10 所示的拓扑，通过 Private VLAN 技术实现既让 PC1 和 PC2 二层隔离，又让 PC1 和 PC2 都能访问 SW2。配置完成后可查看配置文件，观察华三 Private VLAN 技术与端口 Hybrid 批处理的关系。图中标注的 Hybrid 端口信息是 Private VLAN 执行批处理的结果。

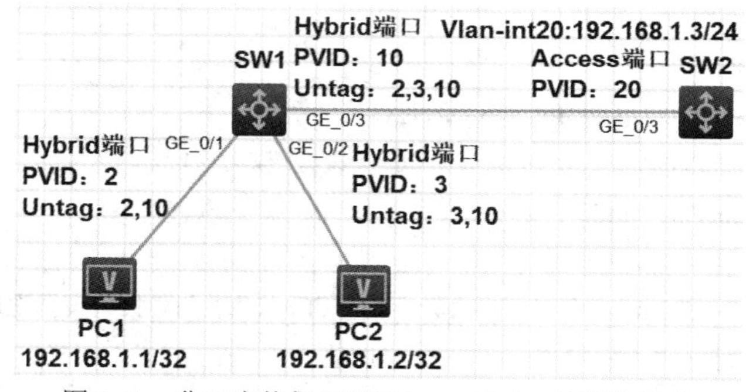

图 3-10 华三交换机配置 Private VLAN 的网络拓扑

(1) 在 SW1 上配置 Private VLAN，命令如下：

```
<H3C>system-view
[H3C]sysname SW1
[SW1]vlan 2 to 3
[SW1]vlan 10
[SW1-vlan10]private-vlan primary    //将 VLAN 10 的类型配置为 Primary
[SW1-vlan10]private-vlan secondary 2 3    //将 VLAN 2 和 VLAN 3 的类型配置为 Secondary。完成以
```

上配置后，“Secondary VLAN 2 和 3”与“Primary VLAN 10”建立了映射关系。Secondary VLAN 与 Primary VLAN 能互访，Secondary VLAN 之间互相隔离、不能互访

[SW1-vlan10]**quit**

[SW1]**interface GigabitEthernet 1/0/3**

[SW1-GigabitEthernet1/0/3]**port private-vlan 10 promiscuous**　//参数 promiscuous 的作用是将端口配置成上行端口(位于上层)。本命令执行的批处理是将本端口设置为 Hybrid 端口，端口的本征 VLAN 设置为 VLAN 10。允许通过的 VLAN 包括 VLAN 10、VLAN 2 和 VLAN 3，并且是去掉标签后不带标签通过。即 Primary VLAN 10 和 Secondary VLAN 2、VLAN 3 都作为 Hybrid 端口 G1/0/3 的 Untagged VLAN。当上行端口只对应一个 Primary VLAN 时使用 promiscuous 模式，当上行端口对应多个 Primary VLAN 时使用 Trunk promiscuous 模式。此处 G1/0/3 只对应一个 Primary VLAN，所以使用 promiscuous 模式

[SW1-GigabitEthernet1/0/3]**quit**

[SW1]**int GigabitEthernet 1/0/1**

[SW1-GigabitEthernet1/0/1]**port access vlan 2**

[SW1-GigabitEthernet1/0/1]**port private-vlan host**　//参数 host 的作用是将端口配置成下行端口(位于下层)。本命令执行的批处理是将本端口设置为 Hybrid 端口，端口的本征 VLAN 设置为 VLAN 2。允许通过的 VLAN 包括 VLAN 10 和 VLAN 2，并且是去掉标签后不带标签通过，即 Secondary VLAN 2 和对应的 Primary VLAN 10 作为 Hybrid 端口 G1/0/1 的 Untagged VLAN。当下行端口只对应一个 Secondary VLAN 时使用 host 模式，当下行端口对应多个 Secondary VLAN 时使用 trunk host 模式。此处 G1/0/1 只对应一个 Secondary VLAN，所以使用 host 模式

[SW1-GigabitEthernet1/0/1]**quit**

[SW1]**int GigabitEthernet 1/0/2**

[SW1-GigabitEthernet1/0/2]**port access vlan 3**

[SW1-GigabitEthernet1/0/2]**port private-vlan host**　//参数 host 的作用是将端口配置成下行端口(位于下层)。本命令执行的批处理是将本端口设置为 Hybrid 端口，端口的本征 VLAN 设置为 VLAN 3。允许通过的 VLAN 包括 VLAN 10 和 VLAN 3，并且是去掉标签后不带标签通过，即 Secondary VLAN 3 和对应的 Primary VLAN 10 作为 Hybrid 端口 G1/0/1 的 Untagged VLAN

[SW1-GigabitEthernet1/0/2]**quit**

(2) 查看配置完 Private VLAN 后交换机自动执行的批处理结果，命令如下:

[SW1]**disp current-configuration**

```
interface GigabitEthernet1/0/1
port link-type hybrid
 undo port hybrid vlan 1
 port hybrid vlan 2 10 untagged
 port hybrid pvid vlan 2
 port private-vlan host
interface GigabitEthernet1/0/2
port link-type hybrid
 undo port hybrid vlan 1
```

```
  port hybrid vlan 3 10 untagged
  port hybrid pvid vlan 3
  port private-vlan host
interface GigabitEthernet1/0/3
port link-type hybrid
  undo port hybrid vlan 1
  port hybrid vlan 2 to 3 10 untagged
  port hybrid pvid vlan 10
  port private-vlan 10 promiscuous
```

(3) 查看 Primary VLAN 和 Secondary VLAN 的映射关系，命令如下：

```
[SW1]display private-vlan
```

(4) 为 SW2 创建 VLAN 和配置地址，命令如下：

```
<H3C>system-view
[H3C]sysname SW2
[SW2]vlan 20
[SW2-vlan20]port GigabitEthernet 1/0/3
[SW2-vlan20]quit
[SW2]interface vlan-interface 20
[SW2-Vlan-interface20]ip address 192.168.1.3 24
```

(5) 通过测试可以看到，PC1 不能 ping 通 PC2，说明不同 Secondary VLAN 间不能互通；SW2 能 ping 通 PC1 和 PC2，说明 Primary VLAN 与 Secondary VLAN 间能互通。

(6) 在 SW2 的 VLANif 20 开启 ARP 代理，命令如下：

```
[SW2]int vlan-interface 20
[SW2-Vlan-interface20]local-proxy-arp enable
```

配置 ARP 代理后，PC1 能 ping 通 PC2 了。

3.5.3 思科交换机配置 Private VLAN

在 EVE-NG 中搭建如图 3-11 所示的实验拓扑(Packet Tracer 不支持 Private VLAN)。需求如下：VLAN 10 与 VLAN 100 能互访，VLAN 20 与 VLAN 100 能互访，但 VLAN 10 与 VLAN 20 之间不能互访。VLAN 10 内部不能互访；VLAN 20 内部能互访。

思科的 Private VLAN 包含主 VLAN(Primary VLAN) 和辅助 VLAN(Secondary VLAN)。辅助 VLAN 又分为团体 VLAN(Community VLAN) 和隔离 VLAN(Isolated VLAN)，一个主 VLAN 可以映射多个团体 VLAN，但只能映射一个隔离 VLAN。隶属于主 VLAN 的端口称为混杂端口(Promiscuous Port)，隶属于辅助 VLAN 的端口称为主机端口(Host Port)。主机端口根据所属辅助 VLAN 的属性，又分为团体端口和隔离端口。辅助 VLAN 与主 VLAN 的主机能互访，团体 VLAN 中的主机可以互访，隔离 VLAN 中的主机不能互访。

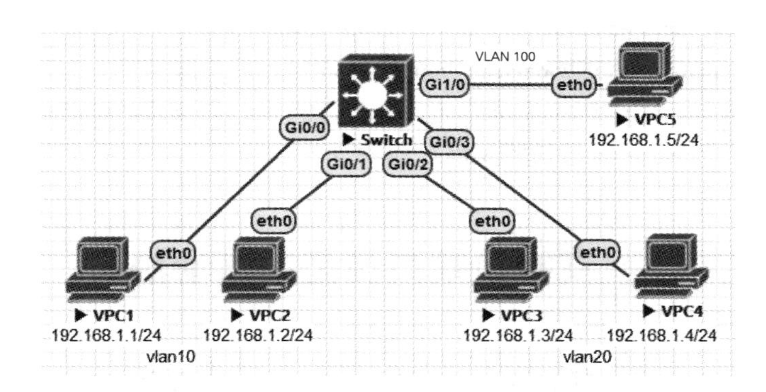

图 3-11　思科交换机配置 Private VLAN 的网络拓扑

(1) 思科的 Private VLAN 要求交换机的 VTP 模式必须设置成透明模式，命令如下：

```
Switch>enable
Switch#configure terminal
Switch(config)#vtp mode transparent
```

(2) 将 VLAN 10 和 VLAN 20 设置成辅助 VLAN，其中 VLAN 10 设为隔离 VLAN，VLAN 20 设为团体 VLAN，命令如下：

```
Switch(config)#vlan 10
Switch(config-vlan)#private-vlan isolated   //设置 VLAN 10 为隔离 VLAN
Switch(config-vlan)#exit
Switch(config)#vlan 20
Switch(config-vlan)#private-vlan community   //设置 VLAN 20 为团体 VLAN
Switch(config-vlan)#exit
```

(3) 设置 VLAN 100 为主 VLAN，命令如下：

```
Switch(config)#vlan 100
Switch(config-vlan)#private-vlan primary
Switch(config-vlan)#private-vlan association 10,20
Switch(config-vlan)#exit
```

(4) 设置属于辅助 VLAN 的主机端口。其中，G0/0 和 G0/1 设置为属于隔离 VLAN 10 的隔离端口，G0/2 和 G0/3 设置为属于团体 VLAN 20 的团体端口，命令如下：

```
Switch(config)#int range G0/0 - 1 //将 G0/0-1 设置为属于 VLAN 10 的隔离端口
Switch(config-if-range)#switchport mode private-vlan host
Switch(config-if-range)#switchport private-vlan host-association 100 10
Switch(config-if-range)#exit
Switch(config)#int range G0/2 - 3 //将 G0/2-3 设置为属于 VLAN 20 的团体端口
Switch(config-if-range)#switchport mode private-vlan host
Switch(config-if-range)#switchport private-vlan host-association 100 20
Switch(config-if-range)#exit
```

(5) 将 G1/0 设置为属于主 VLAN 100 的混杂端口，可以和辅助 VLAN 通信，命令如下：

```
Switch(config)#int G1/0
```

```
Switch(config-if)#switchport mode private-vlan promiscuous
Switch(config-if)#switchport private-vlan mapping 100 10,20
```

(6) 测试可以看到，VPC1 可以 ping 通 VPC5，但 ping 不通其他 VPC。VPC3 可以 ping 通 VPC4 和 VPC5，但 ping 不通其他 VPC。

3.6 交换机端口类型的自动协商

除了可以手动指定交换机的端口类型外，还可以通过思科的 DTP(Dynamic Trunk Protocol，动态 Trunk 协议) 或华为的 LNP(Link-type Negotiation Protocol，链路类型协商协议) 进行动态协商。DTP 是思科的专有协议，端口处于协商状态时，配置了 DTP 的端口通过发送 DTP 协商包与邻接端口进行协商，协商它们之间的链路是否形成 Trunk。

华为的 LNP 协议也支持交换机端口类型的自动协商。华为交换机支持的以太网端口的链路类型有 Access、Hybrid、Trunk 等，LNP 在这些类型的基础上，新增了 Negotiation-desirable 和 Negotiation- auto 两种。其中 Negotiation- desirable 会主动发送 LNP 报文，Negotiation- auto 不会主动发送 LNP 报文，LNP 协商的可能结果有 Access 和 Trunk 两种，需要至少有一方主动，双方才会协商成 Trunk 类型，否则协商结果为 Access 类型。若协商结果为 Access 类型，相应的端口默认会加入 VLAN 1，若协商的结果为 Trunk 类型，相应的端口默认会允许所有 VLAN 通过。

LNP 需要在系统全局视图和接口视图下都启用才生效。默认情况下全局和接口视图的 LNP 都处于使能状态。若未使能，全局视图可使用 undo lnp disable、接口视图可使用 undo port negotiation disable 命令使能 LNP 协商。使能 LNP 协商后，因为终端不支持 LNP，所以连接终端的交换机端口会协商成 Access 类型，交换机之间的端口会协商成 Trunk 类型。

因为 DTP 和 LNP 都是私有协议，所以两者不可以对接，只能替换。以思科的 DTP 为例，在 Packet Tracer 中搭建如图 3-12 所示的拓扑。

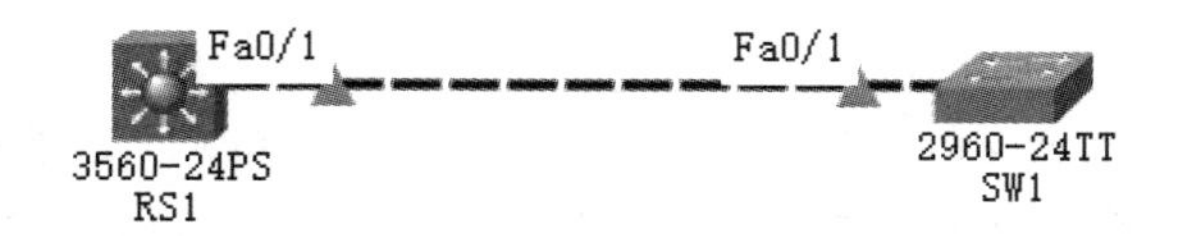

图 3-12 思科 DTP 配置的网络拓扑

(1) 思科交换机端口的模式有 Access、Trunk 和 Dynamic(动态协商) 模式。思科端口默认处于 Dynamic 模式。Dynamic 模式又分为 Auto 和 Desirable 两种，其中，Auto 是被动的，Desirable 是主动的。查看端口有哪些模式及类型，命令如下：

```
SW1(config)#interface FastEthernet0/1
SW1(config-if)#switchport mode ?    //查看端口有哪些模式
  access      Set trunking mode to ACCESS unconditionally
  dynamic     Set trunking mode to dynamically negotiate access or trunk mode
  trunk       Set trunking mode to TRUNK unconditionally
```

```
SW1(config-if)#switchport mode dynamic ?    //查看 Dynamic 模式的类型
  auto         Set trunking mode dynamic negotiation parameter to AUTO
  desirable    Set trunking mode dynamic negotiation parameter to DESIRABLE
```

(2) 当对端设备不支持 DTP 帧(例如非思科设备) 时，可将本端设为非协商状态，处于非协商状态的端口无法产生 DTP 协商包。

① 尝试直接将 Dynamic 模式的端口置于非协商状态，命令如下：

```
SW1(config-if)#switchport nonegotiate
Command rejected: Conflict between 'nonegotiate' and 'dynamic' status
```

提示不成功，这是因为思科端口默认处于 Dynamic 模式的 Auto 状态，而 Aynamic 模式的端口无法更改为非协商状态。只有手动将其配成 Trunk 模式或 Access 模式后，才能改为非协商状态。

② 若端口不是 Dynamic 模式，则将其设为 Dynamic 模式 Auto 状态的命令如下：

```
SW1(config-if)#switchport mode dynamic auto
```

③ 只有 Trunk 模式或 Access 模式的端口才能直接设为非协商状态，Dynamic 模式的端口是无法直接更改为非协商状态的。下面先手动将端口配置为 Trunk 模式，再将端口置于非协商状态，命令如下：

```
SW1(config-if)#switchport mode trunk       //将端口配置为 Trunk 模式
SW1(config-if)#switchport nonegotiate      //将端口配置为非协商状态
```

此时，本端为手动 Trunk 模式，且处于非协商状态，当邻接端口也手动设为 Trunk 模式时，双方会形成 Trunk 链路；若邻接端口为动态 Desirable 或者 Auto 模式，则邻接端口最终会成为 Access 端口。

④ 将交换机端口改回协商状态，命令如下：

```
SW1(config-if)#no switchport nonegotiate
```

(3) 双方动态协商成为 Trunk 的条件：

① 本端为 Dynamic Auto 模式，对端为 Trunk 模式或 Dynamic Desirable 模式之一；

② 本端为 Dynamic Desirable 模式，对端为 Trunk 模式、Dynamic Desirable 模式或 Dynamic Auto 模式之一。

(4) 观察 Dynamic Desirable 模式与 Dynamic Auto 模式端口之间协商的效果，方法如下：

① 将交换机 RS1 的 F0/1 端口设为动态协商的 Desirable 模式，命令如下：

```
RS1(config)#interface FastEthernet 0/1
RS1(config-if)#switchport mode dynamic desirable
```

② 将交换机 SW1 的 F0/1 端口设为动态协商的 Auto 模式，命令如下：

```
SW1(config)#interface FastEthernet 0/1
SW1(config-if)#switchport mode dynamic auto
```

③ 查看 SW1 和 RS1 端口的 Trunk 状态，命令如下：

```
SW1#show interfaces trunk    //查看 SW1 的端口 Trunk 状态
Port      Mode      Encapsulation   Status      Native vlan
Fa0/1     auto      n-802.1q        trunking    1
```

```
RS1#show interfaces trunk //查看 RS1 的端口 Trunk 状态
Port        Mode         Encapsulation   Status        Native vlan
Fa0/1       desirable    n-802.1q        trunking      1
```

可以看到，RS1 与 SW1 之间的 Trunk 链路协商成功。

(5) 观察 Dynamic Auto 模式端口与 Dynamic Auto 模式端口之间协商的效果，方法如下：

① 将交换机 RS1 的 F0/1 端口改为动态 Auto 模式，命令如下：

```
RS1(config)#default interface FastEthernet 0/1   //清除 F0/1 端口的配置
RS1(config)#int FastEthernet 0/1
RS1(config-if)#switchport mode dynamic auto
```

② 交换机 SW1 的 FastEthernet 0/1 端口保留为动态 Auto 模式。

③ 观察它们之间的 Trunk 链路能否协商成功，命令如下：

```
RS1#show interfaces trunk
```

发现处于 Trunk 的端口为空，表示两端都为 Auto 模式时，双方无法建立 Trunk 链路。

3.7 CDP 和 LLDP 协议

为便于管理，让设备在网络中能互相发现和交互，CDP、LLDP 等协议相继被推出。其中，CDP(Cisco Discovery Protocol，思科发现协议)是思科开发的专有协议，通过它，相邻的、直连的思科设备能互相发现。LLDP(Link Layer Discovery Protocol，链路层发现协议)则是一种国际通用的标准链路层发现协议，它是华为、华三等设备在网络中互相发现和交互各自系统和配置信息的协议。

3.7.1 思科设备配置 CDP

CDP 是数据链路层协议，默认是启动的。思科设备默认每 60 s 发送一次通告，通告中包含了自身的主机名、硬件型号、软件版本和 CDP 通告有效时间等信息。

搭建如图 3-13 所示的拓扑。

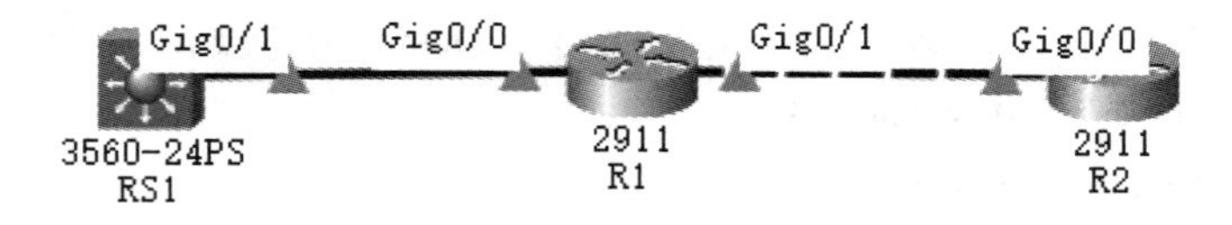

图 3-13 思科 CDP 配置的网络拓扑

(1) 进行 RS1、R1、R2 的基本配置，命令如下：

```
Switch>enable        //RS1 的配置
Switch#configure terminal
Switch(config)#hostname RS1
RS1(config)#exit
```

```
Router>enable          //R1 的配置
Router#configure terminal
Router(config)#hostname R1
R1(config)#interface range GigabitEthernet 0/0-1
R1(config-if-range)#no shutdown
R1(config-if-range)#end
Router>enable          //R2 的配置
Router#configure terminal
Router(config)#hostname R2
R2(config)#interface GigabitEthernet 0/0
R2(config-if)#no shutdown
R2(config-if)#end
```

(2) 查看 CDP 的默认运行状态，命令如下：

```
R1#show cdp
Global CDP information:
    Sending CDP packets every 60 seconds
    Sending a holdtime value of 180 seconds
    Sending CDPv2 advertisements is enabled
```

可以看到，默认情况下，CDP 是运行的，思科设备每 60 s 发送一次 CDP 消息，邻居收到后保存 180 s，当前 CDP 版本是 v2。

(3) 查看 R1 的哪些接口在运行 CDP 协议，命令如下：

```
R1#show cdp interface
Vlan1 is administratively down, line protocol is down
  Sending CDP packets every 60 seconds
  Holdtime is 180 seconds
GigabitEthernet0/0 is up, line protocol is up
  Sending CDP packets every 60 seconds
  Holdtime is 180 seconds
GigabitEthernet0/1 is up, line protocol is up
  Sending CDP packets every 60 seconds
  Holdtime is 180 seconds
GigabitEthernet0/2 is administratively down, line protocol is down
  Sending CDP packets every 60 seconds
  Holdtime is 180 seconds
```

以上显示了哪些接口在运行 CDP 协议。

(4) 查看 R1 的 CDP 邻居，命令如下：

```
R1#show cdp neighbors
Capability Codes: R - Router, T - Trans Bridge, B - Source Route Bridge
```

S - Switch, H - Host, I - IGMP, r - Repeater, P - Phone

Device ID	Local Intrfce	Holdtme	Capability	Platform	Port ID
R2	Gig 0/1	125	R	C2900	Gig 0/0
RS1	Gig 0/0	179		3560	Gig 0/1

可以看到 R1 两个邻居的信息。

(5) 查看 CDP 的详细信息，命令如下：

R1#**show cdp entry RS1**

R1#**show cdp entry R2**

以上命令可以查看到 CDP 邻居 RS1 和 R2 的详细信息，如邻居的 IOS 版本等。

(6) CDP 的开启和关闭的命令如下：

```
R1#configure terminal
R1(config)#no cdp run          //在整个路由器上关闭 CDP
R1(config)#cdp run             //在整个路由器上开启 CDP
R1(config)#interface GigabitEthernet 0/0
R1(config-if)#no cdp enable    //在 G0/0 接口上关闭 CDP
R1(config-if)#cdp enable       //在 G0/0 接口上打开 CDP
```

3.7.2 华为设备配置 LLDP

在 eNSP 搭建如图 3-14 所示的拓扑。

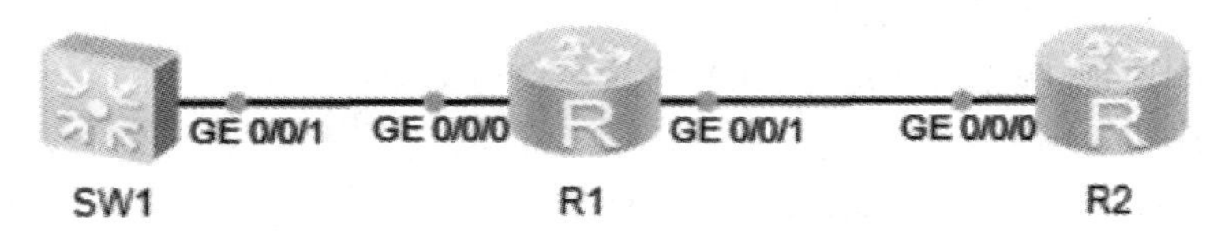

图 3-14 华为 LLDP 配置的网络拓扑

(1) 在各设备上开启 LLDP 协议，命令如下：

```
<Huawei>system-view        //在 SW1 上开启 LLDP
[Huawei]sysname SW1
[SW1]display lldp neighbor
Error: Global LLDP is not enabled.    //显示的信息提示 SW1 默认没有开启 LLDP 协议
[SW1]lldp enable           //在 SW1 上开启 LLDP 协议
<Huawei>system-view        //在 R1 上开启 LLDP
[Huawei]sysname R1
[R1]display lldp neighbor
Error: Global LLDP is not enabled.
[R1]lldp enable
<Huawei>system-view        //在 R2 上开启 LLDP
[Huawei]sysname R2
```

[R2]**display lldp neighbor**

Error: Global LLDP is not enabled.

[R2]**lldp enable**

(2) 查看 R1 的 LLDP 邻居，命令如下：

[R1]**display lldp neighbor brief**

Local Intf	Neighbor Dev	Neighbor Intf	Exptime
GE0/0/0	SW1	GE0/0/1	110
GE0/0/1	R2	GE0/0/0	90

3.7.3　华三设备配置 LLDP

在 HCL 中搭建如图 3-15 所示的拓扑。

图 3-15　华三 LLDP 配置的网络拓扑

(1) 在交换机 SW1 上开启 LLDP 协议，命令如下：

<H3C>**system-view**

[H3C]**sysname SW1**

[SW1]**display lldp neighbor-information**

LLDP is not configured.　　//提示 SW1 默认没有开启 LLDP 协议

[SW1]**lldp global enable**　　//开启 SW1 上的 LLDP 协议

(2) 在路由器 R1 上查看 LLDP 邻居信息，命令如下：

<H3C>**system-view**

[H3C]**sysname R1**

[R1]**display lldp neighbor-information**　　//路由器 R1 默认已经开启 LLDP 协议

LLDP neighbor-information of port 2[GigabitEthernet1/0/1]:

LLDP agent nearest-bridge:

LLDP neighbor index : 1

ChassisID/subtype　: 5c93-8278-0100/MAC address

PortID/subtype　　: GigabitEthernet0/0/Interface name

Capabilities　　　: Bridge, Router, Customer Bridge

LLDP neighbor-information of port 3[GigabitEthernet1/0/2]:

LLDP agent nearest-bridge:

LLDP neighbor index : 1

ChassisID/subtype　: 5c93-9a8e-0300/MAC address

PortID/subtype　　: GigabitEthernet1/0/1/Interface name

```
Capabilities          : Bridge, Router, Customer Bridge
```

可以看到，三台网络设备都启用了 LLDP 协议，其中，交换机是手动启动的，两台路由器是默认启动的，所以，在 R1 上可以查看另外两台设备的 LLDP 邻居信息。

练习与思考

1. 构建一个包括一台交换机和一台路由器的网络，交换机不划分 VLAN，通过规划和配置使全网互通。并在此基础上，想办法构造 ARP 广播包，通过抓包分析广播域的范围。

2. 在上一题的基础上，将交换机划分成两个 VLAN，用同样的方法构造 ARP 广播包，再次通过抓包分析广播域的范围。

3. 如何通过一根网线实现多个 VLAN 跨交换机传输？请通过模拟器搭建实验拓扑进行实验验证。

4. 如何让一台交换机上创建或修改的 VLAN 信息自动同步到其他交换机上？请通过实验加以验证。

5. 如何实现 VLAN 10 与 VLAN 20 间的广播隔离，但 VLAN 10 与 VLAN 30 间能互通，VLAN 20 与 VLAN 30 间也能互通？请通过实验验证。

6. 交换机之间的端口什么情况下会自动协商成 Trunk 类型？

7. 如何让网络设备在网络中互相发现？请通过模拟器搭建拓扑进行实验验证。

第 4 章　虚拟局域网间的互联

通过划分 VLAN，我们成功隔离了不同部门间的广播，但也中断了部门间的联系。如何实现 VLAN 间的互联呢？之前是以路由器的接口作为网关实现不同网段间的互联的，请大家回顾这种方法并实现图 4-1(a)所示拓扑 1 的全网互通。在此基础上请思考能否用类似的方法实现不同 VLAN 间的互联。

答案是肯定的。这种方法称为多臂路由，具体做法是：有多少个 VLAN 需要互联，就在交换机与路由器间连接多少根网线。请大家先不看答案自行配置实现图 4-1(b)所示拓扑 2 的全网互通。同时考虑采用多臂路由时，互联的 VLAN 数稍多会导致路由器接口数不足的问题。想想看还有比多臂路由更好的方法吗？

更好的方法是将与路由器相连的交换机端口配成 Trunk，从而使交换机上的多个 VLAN 可共用一根网线连接到路由器。但连线另一端的路由器接口又如何识别多个 VLAN 呢？这就涉及路由器子接口的概念以及 802.1q 封装了。请参看图 4-1 所示拓扑 3 及后续讲解。

4.1　通过路由器实现 VLAN 间的互联

4.1.1　思科路由器实现 VLAN 间互联

如图 4-1 所示，三个拓扑都借助路由器充当网关转发数据，实现学院间电脑的互联。

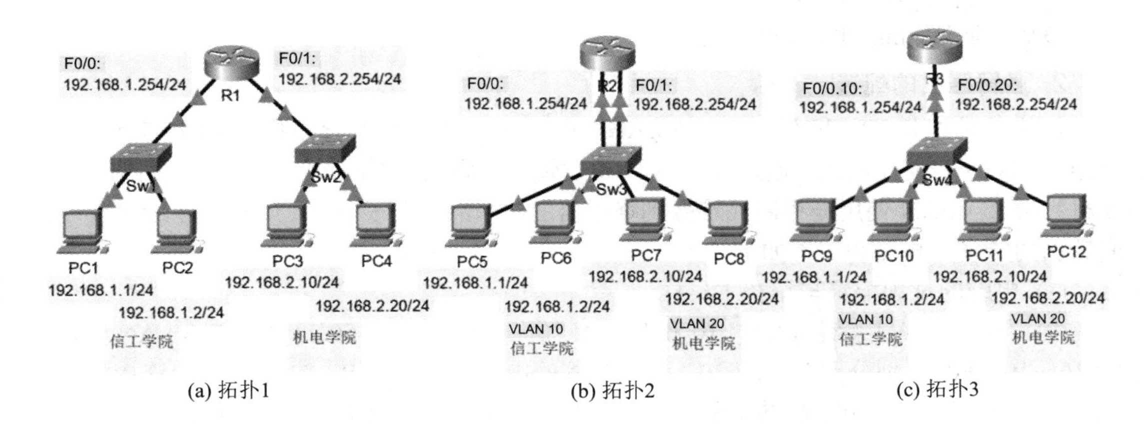

(a) 拓扑1　　(b) 拓扑2　　(c) 拓扑3

图 4-1　思科路由器实现 VLAN 间互联的三个网络拓扑

拓扑 1 不划分 VLAN，信工学院和机电学院的电脑分别接到各自的交换机，再进一步连接到路由器。

拓扑 2 和拓扑 3 只有一台交换机，在交换机上为两个学院分别划分 VLAN，信工学院的电脑连接到属于 VLAN 10 的端口，机电学院的电脑连接到属于 VLAN 20 的端口。其中，拓扑 2 的交换机使用两个分别属于 VLAN 10 和 VLAN 20 的 Access 端口连接到路由器。

拓扑 3 的交换机则使用一个 Trunk 类型的端口连接到路由器，并将与交换机连接的路由器接口划分出两个用 802.1q 封装的子接口，分属 VLAN 10 和 VLAN 20。

1. 物理隔离网段间路由的配置

拓扑 1 是一种没有划分 VLAN 的、不同网段电脑互联的拓扑，不同网段的电脑连接到不同交换机上，物理上隔离，交换机连接到路由器上，路由器的两个接口分别充当两个网段的网关，实现不同网段数据的转发。规划和配置如下：

(1) 信工学院电脑的网络地址规划为 192.168.1.0/24，缺省网关指向 192.168.1.254；机电学院电脑的网络地址规划为 192.168.2.0/24，缺省网关指向 192.168.2.254。

(2) 交换机 SW1 和 SW2 不用配置。

(3) R1 的 F0/0 接口充当信工学院的网关、F0/1 接口充当机电学院的网关。命令如下：

```
Router>enable
Router#configure terminal
Router(config)#hostname R1
R1(config)#int FastEthernet 0/0
R1(config-if)#ip address 192.168.1.254 255.255.255.0
R1(config-if)#no shutdown
R1(config-if)#exit
R1(config)#int FastEthernet 0/1
R1(config-if)#ip address 192.168.2.254 255.255.255.0
R1(config-if)#no shutdown
R1(config-if)#end
R1#show ip interface brief
```

最后，通过 ping 测试全网互通。

2. 多臂路由的配置

拓扑 2 是划分 VLAN 后，不同 VLAN 间电脑互联的一种实验拓扑。不同 VLAN 的电脑连接到同一台交换机上，通过 VLAN 实现逻辑上的隔离。不同 VLAN 属于不同网段，交换机为每个 VLAN 使用一根网线连接到路由器上，由路由器充当网关实现不同 VLAN 网段间数据的转发。规划和配置如下：

(1) 电脑的规划配置与拓扑 1 一样。

(2) 交换机 SW2 新建 VLAN 10 和 VLAN 20。将 F0/1～9、F0/23 划分到 VLAN 10，将 F0/10～19、F0/24 划分到 VLAN 20，信工学院的电脑、路由器 R2 的 F0/0 接口连接到属于 VLAN 10 的端口，机电学院的电脑、路由器 R2 的 F0/1 接口连接到属于 VLAN 20 的端口。命令如下：

```
Switch>enable
Switch#configure terminal
Switch(config)#hostname SW2
SW2(config)#vlan 10
SW2(config-vlan)#name xinGong
SW2(config-vlan)#exit
SW2(config)#vlan 20
SW2(config-vlan)#name jiDian
SW2(config-vlan)#exit
SW2(config)#interface range F0/1 - 9,F0/23
SW2(config-if-range)#switchport mode access
SW2(config-if-range)#switchport access vlan 10
SW2(config-if-range)#exit
SW2(config)#interface range F0/10 - 19,F0/24
SW2(config-if-range)#switchport mode access
SW2(config-if-range)#switchport access vlan 20
SW2(config-if-range)#end
SW2#show vlan brief
```

(3) 路由器 R2 的 F0/0 接口充当信工学院的网关，R2 的 F0/1 接口充当机电学院的网关。配置命令与拓扑 1 相同。

最后，通过 ping 测试全网互通。

3. 单臂路由的配置

与拓扑 2 类似，拓扑 3 是划分 VLAN 后，不同 VLAN 的电脑间互联的另一种实验拓扑。这种连接方式中，交换机仅使用一根网线连接到路由器，交换机上的多个 VLAN 都是通过这根网线传输到路由器上的，这种连接方式称为单臂路由。单臂路由较好地解决了当交换机 VLAN 数量较大时，路由器有限的接口无法提供足够的连接的问题。单臂路由的规划和配置如下：

(1) 电脑的规划和配置与拓扑 1 一样。

(2) 交换机 SW3 新建 VLAN 10 和 VLAN 20。将 F0/1～9 划分到 VLAN 10，将 F0/10～19 划分到 VLAN 20，信工学院的电脑连接到属于 VLAN 10 的端口，机电学院的电脑连接到属于 VLAN 20 的端口。将 F0/24 设置为 Trunk 模式，连接到路由器 R3 的 F0/0 接口。路由器 R3 的 F0/0 接口将会被划分出两个子接口，分别与从交换机 SW3 来的 VLAN 10 和 VLAN 20 对接。命令如下：

```
Switch>enable
Switch#configure terminal
Switch(config)#hostname SW3
SW3(config)#vlan 10
SW3(config-vlan)#name xinGong
```

```
SW3(config-vlan)#exit
SW3(config)#vlan 20
SW3(config-vlan)#name jiDian
SW3(config-vlan)#exit
SW3(config)#interface range F0/1 - 9
SW3(config-if-range)#switchport mode access
SW3(config-if-range)#switchport access vlan 10
SW3(config-if-range)#exit
SW3(config)#interface range F0/10 - 19
SW3(config-if-range)#switchport mode access
SW3(config-if-range)#switchport access vlan 20
SW3(config-if-range)#end
SW3#show vlan brief
```

(3) 将路由器 R3 的 F0/0 划分为两个子接口，子接口 F0/0.10 用 802.1q 封装到 VLAN 10，充当信工学院的网关；子接口 F0/0.20 用 802.1q 封装到 VLAN 20，充当机电学院的网关。命令如下：

```
Router>enable
Router#configure terminal
Router(config)#hostname R3
R3(config)#interface FastEthernet0/0
R3(config-if)#no shutdown
R3(config-if)#exit
R3(config)#interface FastEthernet0/0.10
R3(config-subif)#encapsulation dot1Q 10
R3(config-subif)#ip address 192.168.1.254 255.255.255.0
R3(config-subif)#exit
R3(config)#interface FastEthernet0/0.20
R3(config-subif)#encapsulation dot1Q 20
R3(config-subif)#ip address 192.168.2.254 255.255.255.0
R3(config-subif)#end
R3#show ip interface brief
```

最后，通过 ping 测试全网互通。

4.1.2 华为路由器实现 VLAN 间互联

下面在 eNSP 中搭建如图 4-2 所示的拓扑，以此为例介绍华为设备通过单臂路由实现 VLAN 间互联的方法。

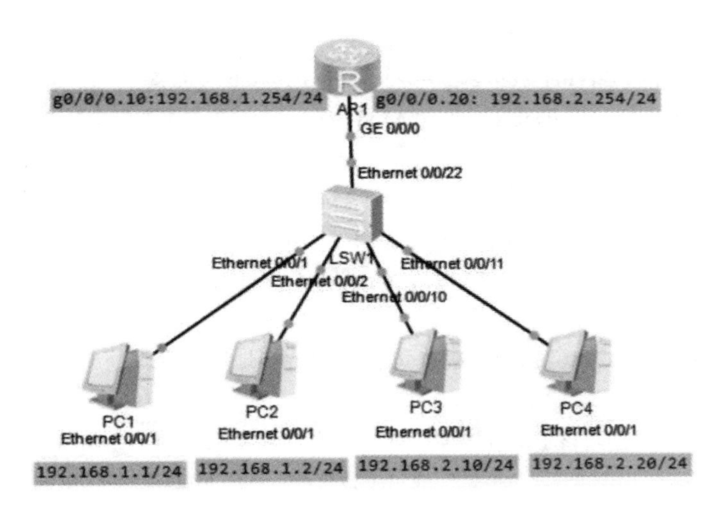

图 4-2　华为路由器实现 VLAN 间互联的网络拓扑

(1) 电脑的 IP 地址按图中的规划进行配置，PC1 和 PC2 的网关指向 192.168.1.254，PC3 和 PC4 的网关指向 192.168.2.254。

(2) 交换机 SW1 的配置命令如下：

<Huawei>**system-view**　　//从用户视图进入系统视图

[Huawei]**sysname SW1**　　//将交换机命名为 SW1

[SW1]**vlan 10**　//创建 VLAN 10

[SW1-vlan10]**description xinGong**　　//描述 VLAN 10 规划给信工学院

[SW1-vlan10]**quit**

[SW1]**vlan 20**

[SW1-vlan20]**description jiDian**　　//描述 VLAN 20 规划给机电学院

[SW1-vlan20]**quit**

[SW1]**port-group group-member Ethernet0/0/1 to Ethernet0/0/9**　//进入由“端口组成员 E0/0/1 到 E0/0/9”组成的端口组配置模式

[SW1-port-group]**port link-type access**　//端口的链路类型指定为 Access

[SW1-port-group]**port default vlan 10**　//把这些端口划分给 VLAN 10

[SW1-port-group]**quit**　//返回上一层配置模式

[SW1]**port-group group-member Ethernet0/0/10 to Ethernet0/0/19**

[SW1-port-group]**port link-type access**

[SW1-port-group]**port default vlan 20**

[SW1-port-group]**quit**

[SW1]**interface Ethernet0/0/22**

[SW1-Ethernet0/0/22]**port link-type trunk**　//端口的链路类型指定为 Trunk

[SW1-Ethernet0/0/22]**port trunk allow-pass vlan all**　//允许所有 VLAN 通过。华为交换机的 Trunk 端口默认拒绝所有 VLAN 通过，此处指明允许所有 VLAN 通过

(3) 路由器 R1 的配置命令如下：

<Huawei>**system-view**　//从用户视图进入系统视图

[Huawei]**sysname R1** //将路由器命名为 R1

[R1]**interface GigabitEthernet 0/0/0.10** //进入子接口 G0/0/0.10 视图

[R1-GigabitEthernet0/0/0.10]**dot1q termination vid 10** //为子接口封装 802.1q 协议，子接口的 VLAN ID 是 10

[R1-GigabitEthernet0/0/0.10]**ip address 192.168.1.254 24** //为子接口配置 IP 地址和子网掩码长度

[R1-GigabitEthernet0/0/0.10]**arp broadcast enable** //开启子接口的 ARP 广播功能。华为路由器的子接口默认未开启 ARP 广播功能，无法主动学习到新的 MAC 地址。所以初始时，别人可以主动 ping 通它，它却无法主动 ping 通别人。下面以子接口 G0/0/0.10 与 PC1 互 ping 为例，分析如下：如果该子接口未开启 ARP 广播功能，将无法主动发起 ARP 广播获取对方的 MAC 地址，导致初始时它无法主动 ping 通 PC1；但初始时若由 PC1 对该子接口主动发起 ping，却是可以 ping 通的。这是因为 PC1 主动发起 ping 时，将触发 ARP 协议发出"PC1 想学习该子接口 MAC 地址"的广播包，该子接口收到这个广播包的请求后，在将自己的 MAC 回复给 PC1 的同时，会根据广播包中携带的"发件人 IP 地址与 MAC 地址"等信息，学习到 PC1 的 MAC 地址，从而可以互 ping 成功。

[R1-GigabitEthernet0/0/0.10]**quit** //退出子接口，返回上一层

[R1]**interface GigabitEthernet 0/0/0.20** //进入子接口 G0/0/0.20 视图

[R1-GigabitEthernet0/0/0.20]**dot1q termination vid 20** //为子接口封装 802.1q 协议，子接口的 VLAN ID 是 20

[R1-GigabitEthernet0/0/0.20]**ip address 192.168.2.254 24** //为子接口配置 IP 地址和子网掩码长度

[R1-GigabitEthernet0/0/0.20]**arp broadcast enable** //开启子接口的 ARP 广播功能

最后，通过 ping 测试确认全网能互通。

4.1.3 华三路由器实现 VLAN 间互联

下面在 HCL 中搭建如图 4-3 所示的拓扑。以此为例介绍华三设备通过单臂路由实现 VLAN 间互联的方法。

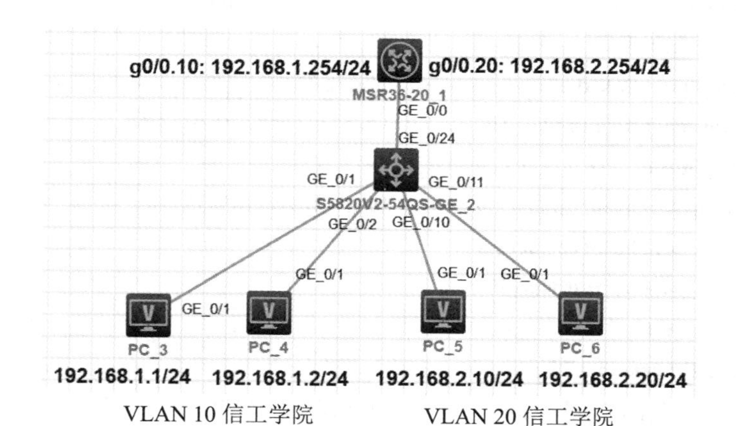

图 4-3 华三路由器实现 VLAN 间互联的网络拓扑

(1) 各电脑按图中的规划进行配置。如图 4-4 所示，先启用接口，再在"静态"栏中配置接口的地址、掩码和 IPv4 网关信息，最后启用"静态"配置的 IPv4 地址。

图 4-4 PC3 的配置界面

(2) 进行交换机 SW1 的配置，命令如下：

```
<H3C>system-view
[H3C]sysname SW1
[SW1]vlan 10    //将 G1/0/1～G1/0/9 划分给 VLAN 10
[SW1-vlan10]name xingong
[SW1-vlan10]port GigabitEthernet1/0/1 to GigabitEthernet1/0/9
[SW1-vlan10]quit
[SW1]vlan 20    //将 G1/0/10～G1/0/19 划分给 VLAN 20
[SW1]name jidian
[SW1-vlan20]port G1/0/10 to G1/0/19
[SW1]interface G1/0/24    //将 G1/0/24 设置为 Trunk 端口，并允许所以 VLNA 通过
[SW1-GigabitEthernet1/0/24]port link-type trunk
[SW1-GigabitEthernet1/0/24]port trunk permit vlan all
```

(3) 查看 SW1 的配置结果，命令如下：

```
[SW1]display vlan
[SW1]display vlan 10
[SW1]display vlan 20
[SW1]display interface GigabitEthernet1/0/24
```

(4) 路由器 R1 的配置及查看，命令如下：

```
[R1]interface G0/0.10    //把子接口 G0/0.10 划分给 VLAN 10 并为其配置 IP 地址
[R1-GigabitEthernet0/0.10]vlan-type dot1q vid 10
[R1-GigabitEthernet0/0.10]ip address 192.168.1.254 24
[R1-GigabitEthernet0/0.10]quit
[R1]interface G0/0.20    //把子接口 G0/0.20 划分给 VLAN 20 并为其配置 IP 地址
[R1-GigabitEthernet0/0.20]vlan-type dot1q vid 20
```

```
[R1-GigabitEthernet0/0.20]ip address 192.168.2.254 24
[R1-GigabitEthernet0/0.20]quit
[R1]display ip interface brief   //查看配置结果
```

(5) 通过 ping 测试确认全网互通。

4.2 通过三层交换机实现 VLAN 间的互联

单臂路由虽解决了路由器接口数量有限的问题，但由于单臂链路需要承担各 VLAN 的流量，当 VLAN 数量较多时，单臂链路将面临带宽不足的问题。另外，中低端路由器采用软件转发还面临着性能不高的问题。

三层交换机的引入则较好地解决了这些问题。三层交换机将“二层交换机”和“路由器”的功能融合在一起，只需在三层交换机上为各 VLAN 的虚接口配置地址，充当各 VLAN 的网关，即可实现逻辑隔离的 VLAN 间的互通。VLAN 的虚接口也称为 VLANIF 逻辑接口、SVI 接口。

4.2.1 思科三层交换机实现 VLAN 间互联

在 Packet Tracer 中搭建如图 4-5 所示的拓扑，通过思科三层交换机实现 VLAN 间互联。

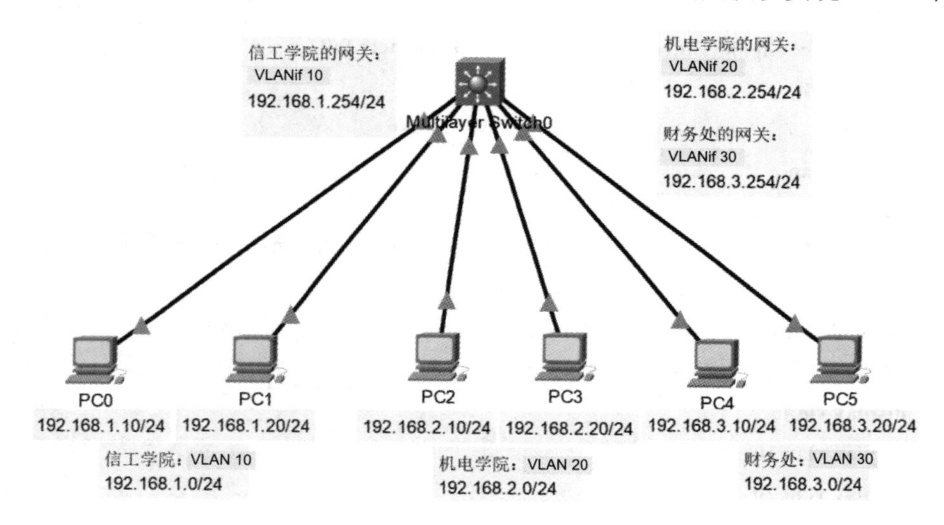

图 4-5 思科三层交换机实现 VLAN 间互联的网络拓扑

(1) 各电脑按如图 4-5 所示的规划，配置 IP 地址和缺省网关。

(2) 进行思科三层交换机 SW1 的配置，命令如下：

```
Switch>enable
Switch#configure terminal
Switch(config)#hostname SW1
SW1(config)#ip routing      //开启三层交换机的路由功能
```

```
SW1(config)#vlan 10          //为各部门创建 VLAN
SW1(config-vlan)#vlan 20
SW1(config-vlan)#vlan 30
SW1(config-vlan)#exit
SW1(config)#interface ran F0/1-2        //将各端口划分到相应 VLAN
SW1(config-if-range)#switchport access vlan 10
SW1(config-if-range)#exit
SW1(config)#interface ran F0/3-4
SW1(config-if-range)#switchport access vlan 20
SW1(config-if-range)#exit
SW1(config)#interface range F0/5-6
SW1(config-if-range)#switchport access vlan 30
SW1(config-if-range)#exit
SW1(config)#interface vlan 10          //为各 VLAN 的虚接口配置地址充当网关
SW1(config-if)#ip address 192.168.1.254 255.255.255.0
SW1(config-if)#no shutdown
SW1(config-if)#exit
SW1(config)#interface vlan 20
SW1(config-if)#ip address 192.168.2.254 255.255.255.0
SW1(config-if)#no shutdown
SW1(config-if)#exit
SW1(config)#interface vlan 30
SW1(config-if)#ip address 192.168.3.254 255.255.255.0
SW1(config-if)#no shutdown
```

(3) 测试各部门的电脑间能互相 ping 通。

4.2.2 华为三层交换机实现 VLAN 间互联

在 eNSP 中搭建如图 4-6 所示的拓扑，通过华为的三层交换机实现 VLAN 间互联。

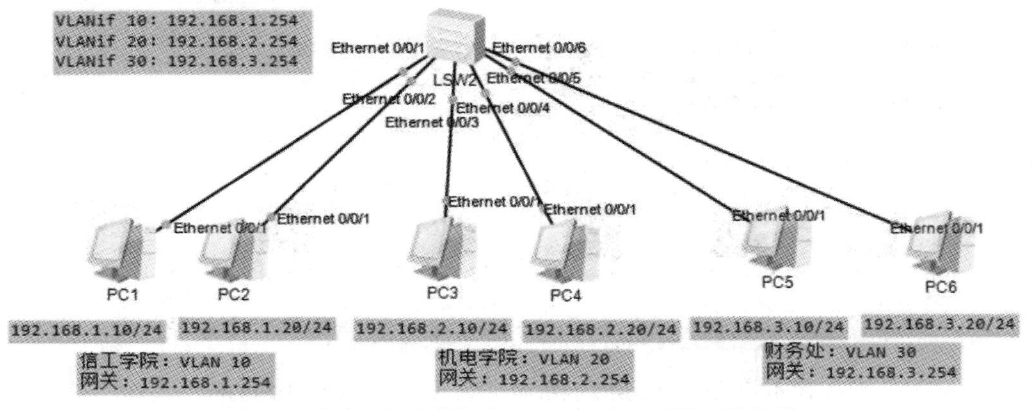

图 4-6　华为三层交换机实现 VLAN 间互联的网络拓扑

(1) 各电脑按如图 4-6 所示的规划，配置 IP 地址和缺省网关。

(2) 华为三层交换机 RS1 的配置，命令如下：

```
<Huawei>system-view
[Huawei]sysname RS1
[RS1]vlan batch 10 20 30        //为各部门创建 VLAN
[RS1]port-group group-member Ethernet0/0/1 Ethernet0/0/2
[RS1-port-group]port link-type access
[RS1-port-group]port default vlan 10        //将各相应端口划分到相应 VLAN
[RS1-port-group]quit
[RS1]port-group group-member Ethernet0/0/3 Ethernet0/0/4
[RS1-port-group]port link-type access
[RS1-port-group]port default vlan 20
[RS1-port-group]quit
[RS1]port-group group-member Ethernet0/0/5 Ethernet0/0/6
[RS1-port-group]port link-type access
[RS1-port-group]port default vlan 30
[RS1]interface vlanif 10        //为各 VLAN 的虚接口配置地址充当网关
[RS1-Vlanif10]ip address 192.168.1.254 24
[RS1-Vlanif10]quit
[RS1]interface vlanif 20
[RS1-Vlanif20]ip address 192.168.2.254 24
[RS1-Vlanif20]quit
[RS1]interface vlanif 30
[RS1-Vlanif30]ip address 192.168.3.254 24
```

(3) 测试各部门的电脑间能互相 ping 通。

4.2.3 华三三层交换机实现 VLAN 间互联

在 HCL 中搭建如图 4-7 所示的拓扑，通过华三的三层交换机实现 VLAN 间互联。

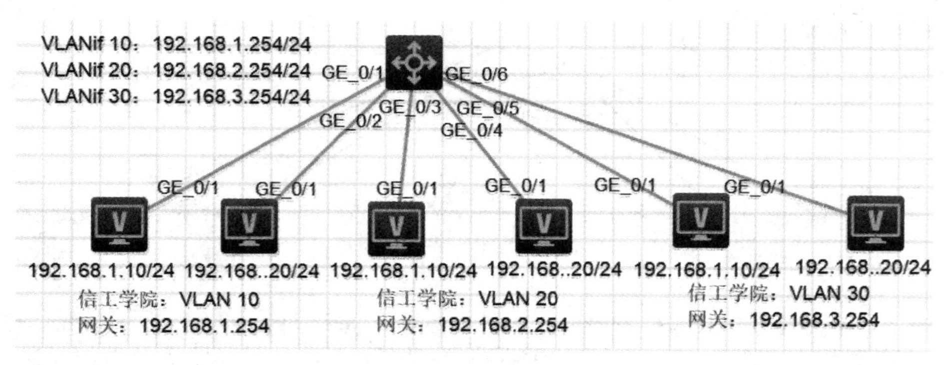

图 4-7　华三的三层交换机实现 VLAN 间互联的网络拓扑

(1) 各电脑按如图 4-7 所示的规划，配置 IP 地址和缺省网关。

(2) 进行华三的三层交换机 RS1 的配置，命令如下：

```
<H3C>system-view
[H3C]sysname RS1
[RS1]vlan 10                    //创建 VLAN 10
[RS1-vlan10]port G1/0/1 to G1/0/2          //将端口划分到 VLAN 10
[RS1-vlan10]quit
[RS1-vlan10]vlan 20             //创建 VLAN 20
[RS1-vlan20]port G1/0/3 to G1/0/4          //将端口划分到 VLAN 20
[RS1-vlan20]vlan 30             //创建 VLAN 30
[RS1-vlan30]port G1/0/5 to G1/0/6          //将端口划分到 VLAN 30
[RS1-vlan30]exit
[RS1]int vlan-interface 10       //为 VLAN 10 配置地址充当网关
[RS1-Vlan-interface10]ip address 192.168.1.254 255.255.255.0
[RS1-Vlan-interface10]quit
[RS1-Vlan]int vlan 20            //为 VLAN 20 配置地址充当网关
[RS1-Vlan-interface20]ip address 192.168.2.254 24
[RS1-Vlan-interface20]quit
[RS1-Vlan]int vlan 30            //为 VLAN 30 配置地址充当网关
[RS1-Vlan-interface30]ip address 192.168.3.254 24
[RS1-Vlan-interface30]quit
[RS1-Vlan]display ip interface brief   //查看配置结果
```

(3) 测试各部门的电脑间能互相 ping 通。

练习与思考

1. 为什么划分 VLAN 可以隔离广播域？不同 VLAN 间如何实现互通？有哪几种方法可以实现 VLAN 间的互通？

2. 构造一个通过多臂路由实现 VLAN 间互联的网络拓扑，为该网络划分 VLAN、规划 IP 地址和进行单臂路由配置，使全网互通，并通过实验验证。

3. 构造一个通过三层交换机实现 VLAN 间互联的网络拓扑，为该网络划分 VLAN、规划 IP 地址和进行配置，使全网互通，并通过实验验证。

4. 一台三层交换机与“一台二层交换机加一台路由器”相比，有什么异同？

第 5 章　网络地址规划和远程管理

随着网络的发展，公司对网络的依赖也越来越强，每台主机都需要一个 IP 地址才能上网，对 IP 地址的需求也不断加大。假如公司有 260 台电脑，分配一个 C 类地址不够，分配一个 B 类地址又太浪费，如何分配才能既够用，又不浪费呢？方法是采用无类地址，即不再使用分类地址规定的子网掩码，而是通过改变子网掩码，将一个大的网络划分成多个小的子网，从而可以更有效地利用有限的 IPv4 地址空间。

下面，先从子网的划分开始学习。划分子网的方法是借用 IP 地址的主机位来充当子网位。

5.1　子 网 划 分

5.1.1　均等子网划分

采用均等子网划分方法可将一个大的网络划分成多个大小均等的子网。

1. 从十进制角度分析子网划分

(1) 以网络 172.0.0.0(子网掩码 255.255.0.0)为例，根据子网掩码 255.255.0.0 可知，该网络 IP 地址的前 2 组数 172.0 是网络位，后 2 组数是主机位。其中最小的地址 172.0.0.0(网络地址)和最大的地址 172.0.255.255(广播地址)不能分配给主机，可分配的地址范围是 172.0.0.1～172.0.255.254。主机位 2 组数可容纳 256 × 256 = 65 536 个地址，减去 2 个特殊地址后，可分配地址数为 65 534。

(2) 划分子网，将主机位中高位的 1 组数借给网络位，子网掩码变成了 255.255.255.0。借来的 1 组数用来充当子网位，取值的范围是 0～255：第 1 个子网是 172.0.0.0、第 2 个子网是 172.0.1.0、第 3 个子网是 172.0.2.0、……、第 256 个子网是 172.0.255.0。

其中，第一个子网的网络位占 3 组数，即 172.0.0；主机位占 1 组数，取值范围是 0～255。IP 地址范围是 172.0.0.0～172.0.0.255，其中 172.0.0.0 是网络地址，172.0.0.255 是广播地址，172.0.0.1～172.0.0.254 是可用地址，数量是 256 – 2 = 254。

第二个子网的网络位占 3 组数，即 172.0.1；主机位占 1 组数，取值范围是 0～255。IP 地址范围是 172.0.1.0～172.0.1.255，其中 172.0.1.0 是网络地址，172.0.1.255 是广播地址，172.0.1.1～172.0.1.254 是可用地址，数量是 256 – 2 = 254。其余子网类推。

可见，子网掩码 255.255.0.0 借用主机位的一组数来划分子网位时，各子网的子网掩码变成了 255.255.255.0。子网数为 256 个，原来网络的总地址数 65 536 被 256 个子网平分，每个子网的总地址数是 256 个。

2. 从二进制的角度分析子网划分

某分公司网络分配到的网络地址是 192.168.1.0(子网掩码 255.255.255.0)。该分公司有 5 个部门，每个部门的主机数不超过 28。如何划分子网？

(1) 计算应该借几位主机位用于子网划分。

从二进制的角度可作更细致的子网划分。该分公司网络未划分子网前的子网掩码是 255.255.255.0，即二进制的 11111111.11111111.11111111.00000000。其中连续 1 的部分是网络位，连续 0 的部分是主机位。8 位主机位的变化范围是 00000000～11111111，能容纳的地址数为 $2^8 = 256$。

划分子网的方法是：从 8 位主机位中由高到低借用一些连续的位给子网用作子网位。例如，若从 8 位主机位中借 3 位给子网，则剩余 5 位为主机位。借来 3 位可容纳的子网数为 $2^3 = 8$，公司有 5 个部门，只需要 5 个子网，子网数符合要求；剩余的 5 位主机位能容纳的地址数为 $2^5 = 32$，变化范围是 00000～11111，即 0～31，扣除网络地址和广播地址，可用于分配的地址数为 32 − 2 = 30。公司每个部门不超过 28 台电脑，加上每个子网需要一个网关，共需要 29 个地址，小于 30，符合案例对每个子网的 IP 地址数的需求。

请读者分别计算借 1 位、2 位、4 位主机位来划分子网得到的子网数及子网容量，与借 3 位进行比较。可以发现，借 3 位主机位来划分子网最符合案例需求。借 3 位主机位给子网后，子网掩码变成了 11111111.11111111.11111111.11100000(255.255.255.224)，其中连续 1 的位数是 27 位，所以这个子网掩码也可表示为“/27”。

(2) 计算每个子网的网络地址、广播地址和地址的范围。

第 1 个子网的网络地址是 192.168.1.0/27；广播地址是 192.168.1.31；可分配的地址范围是 192.168.1.1～192.168.1.30。该子网广播地址的计算方法如下：子网中最小的地址(即网络地址) + 32 − 1 = 192.168.1.31。

第 2 个子网的网络地址是 192.168.1.32/27；广播地址是 192.168.1.63；可分配的地址范围是 192.168.1.33～192.168.1.62。

第 3 个子网的网络地址是 192.168.1.64/27；广播地址是 192.168.1.95；可分配的地址范围是 192.168.1.65～192.168.1.94。

第 4 个子网的网络地址是 192.168.1.96/27，广播地址是 192.168.1.127，可分配的地址范围是 192.168.1.97～192.168.1.126。

第 5 个子网的网络地址是 192.168.1.128/27，广播地址是 192.168.1.159，可分配的地址范围是 192.168.1.129～192.168.1.158。

将这 5 个子网分配给该分公司的 5 个部门，剩余的地址留作将来扩展之用。

5.1.2　不均等子网划分

子网的划分在实际应用中比较灵活，采用不均等的子网划分方法可将较大的子网进一步划分成更小的子网，从而将一个大的网络划分成多个大小不同的子网。

例如，某分公司分配到的网络地址是 192.168.1.0/24。该分公司有 5 个部门和 1 个服务器区，各部门使用的电脑数量分别是：研发部 50 台，生产部 50 台，销售部 28 台，客服部

28 台，财务部 28 台，服务器区 8 台。可变长子网的划分方法如下：

(1) 研发部和生产部电脑数较多，都是 50 台，加 1 个网关，需要 51 个 IP 地址。

① 如果将网络地址是 192.168.1.0/24 的 8 位主机位保留 6 位，剩 2 位借给子网划分用，那么 6 位主机位能容纳的 IP 地址数等于 $2^6 = 64$，扣除网络地址和广播地址后，可分配地址数为 $64-2 = 62 > 51$，符合研发部和生产部的需求。

② 8 位主机位保留 6 位后，可被子网借用的位数是 2 位，2 位可容纳 4 个子网。此时子网掩码变成了/26，其中子网 192.168.1.0/26 分给研发部，子网 192.168.1.64/26 分给生产部；剩下 2 个子网 192.168.1.128/26 和 192.168.1.192/26 用于进一步划分给电脑数量少的 3 个部门。

③ 请读者分别计算主机位保留 5 位和 7 位是否符合研发部和生产部的需求。

(2) 销售部、客服部和财务部电脑数都是 28 台，加 1 个网关，需要 29 个 IP 地址。

① 如果将子网 192.168.1.128/26(或 192.168.1.192/26)的 6 位主机位保留 5 位，剩 1 位借给更小的子网划分用，那么 5 位主机位能容纳的 IP 地址数等于 $2^5 =32$，扣除网络地址和广播地址后，可分配地址数为 $32-2=30 > 29$，符合销售部、客服部和财务部的需求。

② 6 位主机位保留 5 位后，可被更小的子网借用的位数是 1 位，1 位可容纳 2 个子网。将子网 192.168.1.128/26 划分成 2 个更小的子网，其中，192.168.1.128/27 分配给销售部，192.168.1.160/27 分配给客服部。将子网 192.168.1.192/26 也划分成 2 个更小的子网，其中，192.168.1.192/27 分配给财务部，剩下的子网 192.168.224/27 用于进一步划分给服务器区。

(3) 服务器区有 8 台服务器，加 1 个网关，需要 9 个 IP 地址。

① 如果将子网 192.168.224/27 的 5 位主机位保留 4 位，剩 1 位借给更小的子网划分用，那么 4 位主机位能容纳的地址数等于 $2^4=16$，扣除网络地址和广播地址后，可分配地址数为 $16-2 = 14 > 9$，符合服务器区的需求。

② 5 位主机位保留 4 位后，可被更小的子网借用的位数是 1 位，1 位可容纳 2 个子网。将子网 192.168.224/27 划分成 2 个更小的子网，其中，192.168.1.224/28 分配给服务器区，剩下的子网 192.168.240/28 留作将来扩展之用。

5.2 IP 路由汇总

子网的划分虽然使 IP 地址空间得到了充分的利用，但会使路由条目增多、路由表的大小增加。路由表过大会占用设备的内存空间，路由条目过多会导致路由寻址的延时。解决这一问题的方法是引入 IP 路由汇总。下面，首先介绍 IP 地址汇总，再介绍 IP 路由汇总。

1. IP 地址汇总

子网划分是借用主机位给网络位，而地址汇总则是借用网络位给主机位，即将多个网段汇总成一个网段。例如：192.168.0.0/24、192.168.1.0/24、192.168.2.0/24、192.168.3.0/24 这 4 个网段，用二进制表示分别是：

11000000.10101000.00000000.00000000

11000000.10101000.00000001.00000000

11000000.10101000.00000010.00000000

11000000.10101000.00000011.00000000

24 位的子网掩码 255.255.255.0 用二进制表示就是：

11111111.11111111.11111111.00000000

现将 24 位子网掩码变成 22 位：

11111111.11111111.11111100.00000000

根据这个新的子网掩码，将原来 4 个网段的网络地址的前 22 位保持不变，其余位置 0，得到 4 个相同的网络地址，这就是汇总后的网络地址：

11000000.10101000.00000000.00000000

用十进制表示就是 192.168.0.0，子网掩码变成了“/22”，即“255.255.252.0”。像这样由多个有类地址汇总成的一个无类地址、多个网络汇总成的一个更大的网络称为超网(supernetting)，也称无类别域间路由(CIDR)，通常用于 IP 路由汇总。

2. IP 路由汇总

超网可用于 IP 路由汇总，它能将具有相似网络前缀的多个网络的多条路由条目组合成一条路由条目，从而减小路由表的大小以及路由协议交换的路由更新报文的大小。

如图 5-1 所示的拓扑，若想让 R1 能 ping 通所有网段，有两种方法。

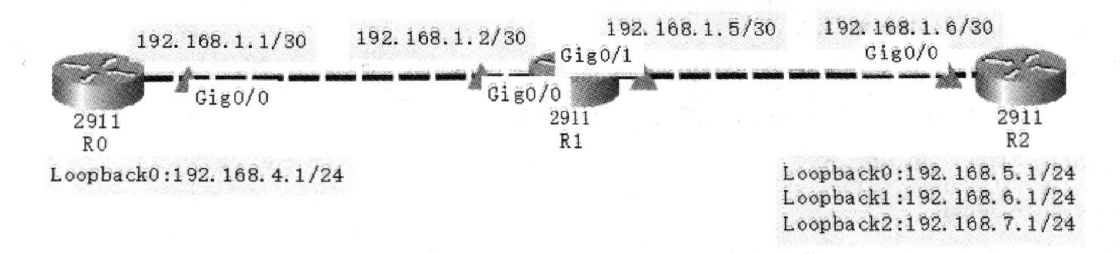

图 5-1　三台思科路由器互联的网络拓扑

方法一：为 R1 配置四条静态路由，一条去往 192.168.4.0/24，下一跳往左走；另外三条路由分别去往 192.168.5.0/24、192.168.6.0/24 和 192.168.7.0/24，下一跳都是往右走。

方法二：为 R1 配置一条静态路由和一条汇总路由。往左走去往 192.168.4.0/24 的静态路由保留不变；下一跳往右走的三条静态路由汇总成一条，汇总后的目标地址是 192.168.4.0/22。当从 R1 出发，目标是去往 192.168.4.1/24 时，路由条目 192.168.4.0/24 和 192.168.4.0/22 都匹配。根据最长匹配原则，往左走的路由条目子网掩码是 24 位，比往右走的 22 位的路由条目子网掩码要长，所以会选择往左走；当去往的目标是 192.168.5.0/24、192.168.6.0/24 和 192.168.7.0/24 之一时，只有路由条目 192.168.4.0/22 匹配，所以会选择往右走。

5.2.1　思科设备配置 IP 路由汇总

搭建如图 5-1 所示的拓扑，完成思科设备的 IP 路由汇总配置。

(1) 进行路由器 R0、R1、R2 的基本配置，命令如下：

Router>**enable**　　//R0 的配置

Router#**configure terminal**

R0(config)#**int GigabitEthernet 0/0**　　//配置 R0 的接口地址

R0(config-if)#**ip address 192.168.1.1 255.255.255.252**

R0(config-if)#**no shutdown**

```
R0(config-if)#exit
R0(config)#interface Loopback 0
R0(config-if)#ip address 192.168.4.1 255.255.255.0
Router>enable      //R1 的配置
Router#configure terminal
R1(config)#interface GigabitEthernet 0/0    //配置 R1 的接口地址
R1(config-if)#ip address 192.168.1.2 255.255.255.252
R1(config-if)#no shutdown
R1(config-if)#exit
R1(config)#interface GigabitEthernet 0/1
R1(config-if)#ip address 192.168.1.5 255.255.255.252
R1(config-if)#no shutdown
R1(config-if)#exit
Router>enable      //R2 的配置
Router#configure terminal
Router(config)#hostname R2
R2(config)#interface GigabitEthernet 0/0    //配置 R2 的接口地址
R2(config-if)#ip address 192.168.1.6 255.255.255.252
R2(config-if)#no shutdown
R2(config-if)#exit
R2(config)#interface Loopback 0
R2(config-if)#ip address 192.168.5.1 255.255.255.0
R2(config-if)#int Loopback 1
R2(config-if)#ip add 192.168.6.1 255.255.255.0
R2(config-if)#int Loopback 2
R2(config-if)#ip add 192.168.7.1 255.255.255.0
```

(2) 配置 R1 的静态路由和路由汇总，命令如下：

```
R1(config)#ip route 192.168.4.0 255.255.255.0 192.168.1.1    //配置静态路由
R1(config)#ip route 192.168.4.0 255.255.252.0 192.168.1.6    //配置路由汇总
```

(3) 在 R1 上 ping 192.168.4.1、192.168.5.1、192.168.6.1、192.168.7.1，都能 ping 通。

5.2.2 华为设备配置 IP 路由汇总

搭建如图 5-2 所示的拓扑，完成华为设备的 IP 路由汇总配置。

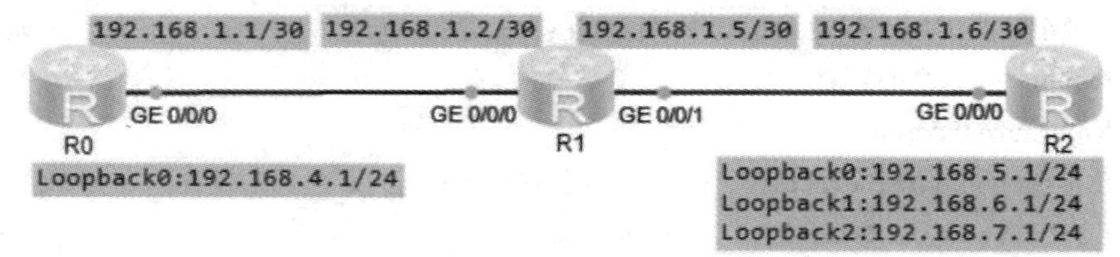

图 5-2 三台华为路由器互联的网络拓扑

(1) 进行 R0、R1、R2 的基本配置，命令如下：

```
<Huawei>system-view        //R0 的配置
[Huawei]sysname R0
[R0]interface GigabitEthernet 0/0/0  //配置 R0 的接口地址
[R0-GigabitEthernet0/0/0]ip address 192.168.1.1 30
[R0-GigabitEthernet0/0/0]quit
[R0]interface LoopBack 0
[R0-LoopBack0]ip address 192.168.4.1 24
[R0-LoopBack0]quit
<Huawei>system-view        //R1 的配置
[Huawei]sysname R1
[R1]interface GigabitEthernet 0/0/0  //配置 R1 的接口地址
[R1-GigabitEthernet0/0/0]ip address 192.168.1.2 30
[R1-GigabitEthernet0/0/0]quit
[R1]interface GigabitEthernet 0/0/1
[R1-GigabitEthernet0/0/1]ip address 192.168.1.5 30
[R1-GigabitEthernet0/0/1]quit
<Huawei>system-view        //R2 的配置
[Huawei]sysname R2
[R2]interface GigabitEthernet 0/0/0  //配置 R2 的接口地址
[R2-GigabitEthernet0/0/0]ip address 192.168.1.6 30
[R2-GigabitEthernet0/0/0]quit
[R2]interface LoopBack 0
[R2-LoopBack0]ip address 192.168.5.1 24
[R2-LoopBack0]quit
[R2]interface LoopBack 1
[R2-LoopBack1]ip address 192.168.6.1 24
[R2-LoopBack1]quit
[R2]interface LoopBack 2
[R2-LoopBack0]ip address 192.168.7.1 24
```

(2) 配置 R1 的静态路由和路由汇总，命令如下：

```
[R1]ip route-static 192.168.4.0 24 192.168.1.1    //配置静态路由
[R1]ip route-static 192.168.4.0 22 192.168.1.6    //配置路由汇总
```

(3) 在 R1 上 ping 192.168.4.1、192.168.5.1、192.168.6.1、192.168.7.1，都能 ping 通。

5.2.3　华三设备配置 IP 路由汇总

搭建如图 5-3 所示的拓扑，完成华三设备的 IP 路由汇总配置。

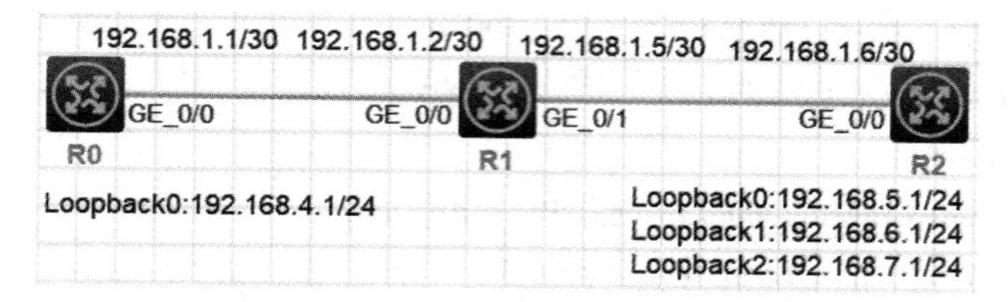

图 5-3　三台华三路由器互联的网络拓扑

(1) 进行 R0、R1、R2 的基本配置，命令如下：

<H3C>**system-view**　　//R0 的配置

[H3C]**sysname R0**

[R0]**interface GigabitEthernet 0/0**　//配置 R0 的接口地址

[R0-GigabitEthernet0/0]**ip address 192.168.1.1 30**

[R0-GigabitEthernet0/0]**quit**

[R0]**interface LoopBack 0**

[R0-LoopBack0]**ip address 192.168.4.1 24**

[R0-LoopBack0]**quit**

<H3C>**system-view**　　//R1 的配置

[H3C]**sysname R1**

[R1]**interface GigabitEthernet 0/0**　//配置 R1 的接口地址

[R1-GigabitEthernet0/0]**ip address 192.168.1.2 30**

[R1-GigabitEthernet0/0]**quit**

[R1]**interface GigabitEthernet 0/1**

[R1-GigabitEthernet0/1]**ip address 192.168.1.5 30**

[R1-GigabitEthernet0/1]**quit**

<H3C>**system-view**　　//R2 的配置

[H3C]**sysname R2**

[R2]**interface GigabitEthernet 0/0**　//配置 R2 的接口地址

[R2-GigabitEthernet0/0]**ip address 192.168.1.6 30**

[R2-GigabitEthernet0/0]**quit**

[R2]**interface LoopBack 0**

[R2-LoopBack0]**ip address 192.168.5.1 24**

[R2-LoopBack0]**quit**

[R2]**interface LoopBack 1**

[R2-LoopBack1]**ip address 192.168.6.1 24**

[R2-LoopBack1]**quit**

[R2]**interface LoopBack 2**

[R2-LoopBack2]**ip address 192.168.7.1 24**

[R2-LoopBack2]**quit**

(2) 配置 R1 的静态路由和路由汇总，命令如下：

[R1]**ip route-static 192.168.4.0 255.255.255.0 192.168.1.1**　//配置静态路由

[R1]**ip route-static 192.168.4.0 255.255.252.0 192.168.1.6**　//配置路由汇总

(3) 在 R1 上分别 ping 192.168.4.1、192.168.5.1、192.168.6.1、192.168.7.1，都能 ping 通。

5.3　IP 地址自动分配

网络规划好后，手动为客户端配置 IP 地址等参数对于小规模的网络来说问题不大，但对于中、大规模的网络来说，就不太现实了。这时，可以通过搭建 DHCP 服务器，为客户端自动分配 IP 地址和缺省网关等网络参数，避免手动配置烦琐且容易出错等问题。

路由器、交换机、服务器等都可以提供 DHCP 服务。下面介绍不同厂商的网络设备配置 DHCP 服务的方法。

5.3.1　思科设备配置 DHCP 服务

本案例采用 Packet Tracer6.2 完成(Packet Tracer8.2 的 DHCP 中继实验效果不佳)。如图 5-4 所示，在 Packet Tracer 模拟器中搭建拓扑。

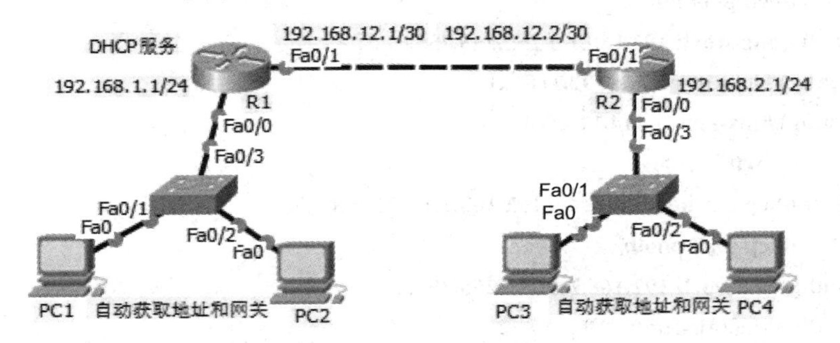

图 5-4　思科设备配置 DHCP 服务的网络拓扑

(1) 进行 R1、R2 的基本配置，命令如下：

```
Router>enable     //R1 的配置
Router#configure terminal
Router(config)#hostname R1
R1(config)#interface FastEthernet 0/0   //配置 R1 的接口地址
R1(config-if)#ip address 192.168.1.1 255.255.255.0
R1(config-if)#no shutdown
R1(config-if)#exit
R1(config)#interface GigabitEthernet 0/1
R1(config)#interface FastEthernet 0/1
R1(config-if)#ip address 192.168.12.1 255.255.255.252
R1(config-if)#no shutdown
R1(config-if)#exit
Router>enable     //R2 的配置
Router#configure terminal
Router(config)#hostname R2
```

```
R2(config)#interface FastEthernet 0/1    //配置 R2 的接口地址
R2(config-if)#ip address 192.168.12.2 255.255.255.252
R2(config-if)#no shutdown
R2(config-if)#exit
R2(config)#interface FastEthernet 0/0
R2(config-if)#ip address 192.168.2.1 255.255.255.0
R2(config-if)#no shutdown
R2(config-if)#exit
```

(2) 进行 R1、R2 的静态路由配置，命令如下：

```
R1(config)#ip route 192.168.2.0 255.255.255.0 192.168.12.2     //R1 的静态路由配置
R2(config)#ip route 192.168.1.0 255.255.255.0 192.168.12.1     //R2 的静态路由配置
```

(3) 将 R1 配置为 DHCP 服务器，为 192.168.1.0 网段和 192.168.2.0 网段的电脑提供自动分配地址的服务，命令如下：

```
R1(config)#service dhcp
R1(config)#ip dhcp pool poola
R1(dhcp-config)#network 192.168.1.0 255.255.255.0
R1(dhcp-config)#default-router 192.168.1.1
R1(dhcp-config)#dns-server 114.114.114.114
R1(dhcp-config)#exit
R1(config)#ip dhcp excluded-address 192.168.1.1 192.168.1.5
R1(config)#ip dhcp pool poolb
R1(dhcp-config)#network 192.168.2.0 255.255.255.0
R1(dhcp-config)#default-router 192.168.2.1
R1(dhcp-config)#dns-server 114.114.114.114
R1(dhcp-config)#exit
R1(config)#ip dhcp excluded-address 192.168.2.1 192.168.2.5
```

(4) 配置 R2 为 192.168.2.0 网段的电脑提供 DHCP 中继，指向为该网段提供 DHCP 服务的服务器地址 192.168.12.1，命令如下：

```
R2(config)#interface fastEthernet 0/0
R2(config-if)#ip helper-address 192.168.12.1
```

(5) 如图 5-5 所示，在 PC1 的 Desktop 选项夹的 IP 配置界面选择“DHCP”选项，自动获取地址。

(6) 如图 5-6 所示，在 PC3 的 Desktop 选项夹的 IP 配置界面选择“DHCP”选项，自动获取地址。

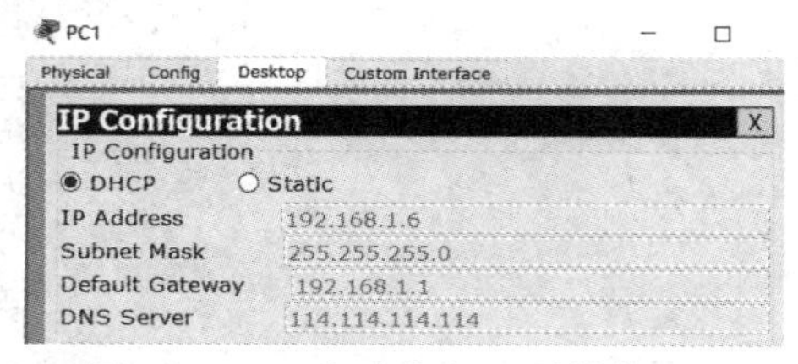

图 5-5　PC1 自动获取 IP 地址的界面

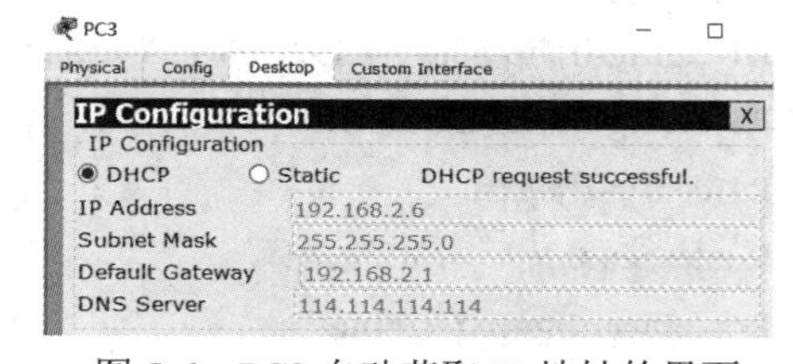

图 5-6　PC3 自动获取 IP 地址的界面

(7) PC1 ping PC3 测试，命令如下：

```
PC>ping 192.168.2.6    //可以 ping 通
```

5.3.2 华为设备配置 DHCP 服务

如图 5-7 所示，在 eNSP 模拟器中搭建拓扑，完成华为设备的 DHCP 服务配置。

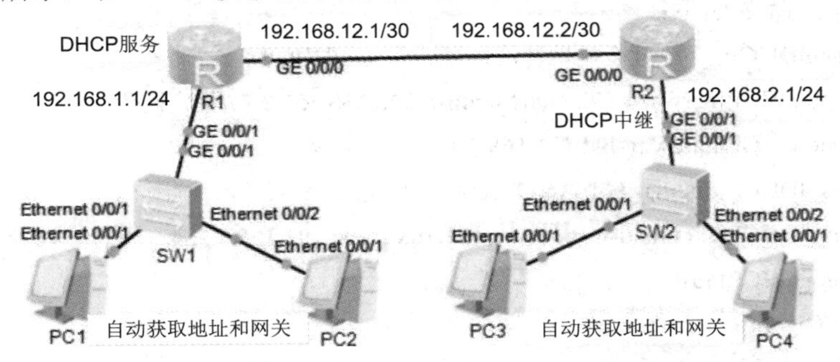

图 5-7 华为设备配置 DHCP 服务的网络拓扑

(1) 进行 R1、R2 的基本配置，命令如下：

```
<Huawei>system-view    //R1 的配置
[Huawei]sysname R1
[R1]interface GigabitEthernet 0/0/1    //R1 的 IP 地址配置
[R1-GigabitEthernet0/0/1]ip address 192.168.1.1 24
[R1-GigabitEthernet0/0/1]quit
[R1]interface GigabitEthernet 0/0/0
[R1-GigabitEthernet0/0/0]ip address 192.168.12.1 30
[R1-GigabitEthernet0/0/0]quit
<Huawei>system-view    //R2 的配置
[Huawei]sysname R2
[R2]interface GigabitEthernet 0/0/1    //R2 的 IP 地址配置
[R2-GigabitEthernet0/0/1]ip address 192.168.2.1 24
[R2-GigabitEthernet0/0/1]quit
[R2]interface GigabitEthernet 0/0/0
[R2-GigabitEthernet0/0/0]ip address 192.168.12.2 30
[R2-GigabitEthernet0/0/0]quit
```

(2) 进行 R1、R2 的静态路由配置，命令如下：

```
[R1]ip route-static 192.168.2.0 24 192.168.12.2    // R1 的静态路由配置
[R2]ip route-static 192.168.1.0 24 192.168.12.1    // R2 的静态路由配置
```

(3) 在 R1 上配置基于接口的 DHCP 服务，为 192.168.1.0 网段的电脑提供自动分配地址的服务，命令如下：

```
[R1]dhcp enable
[R1]interface GigabitEthernet 0/0/1
```

[R1-GigabitEthernet0/0/1]**dhcp select interface**

[R1-GigabitEthernet0/0/1]**dhcp server dns-list 114.114.114.114**

[R1-GigabitEthernet0/0/1]**dhcp server excluded-ip-address 192.168.1.2 192.168.1.5**

[R1-GigabitEthernet0/0/1]**dhcp server excluded-ip-address 192.168.1.100 192.168.1.254**

(4) 在 R1 上配置基于全局地址池的 DHCP 服务，为 192.168.2.0 网段的电脑提供自动分配地址的服务，命令如下：

[R1]**ip pool poolDHCP**　//创建全局地址池，命名为 poolDHCP

[R1-ip-pool-poolDHCP]**network 192.168.2.0 mask 255.255.255.0**　//指定网段

[R1-ip-pool-poolDHCP]**gateway-list 192.168.2.1**　//指定网关

[R1-ip-pool-poolDHCP]**dns-list 114.114.114.114**　//指定 DNS 服务器地址

[R1-ip-pool-poolDHCP]**excluded-ip-address 192.168.2.100 192.168.2.254**　//指定排除地址范围

[R1-ip-pool-poolDHCP]**quit**

[R1]**interface GigabitEthernet 0/0/0**

[R1-GigabitEthernet0/0/0]**dhcp select global**　//配置为全局 DHCP

(5) 配置 R2 为 192.168.2.0 网段的电脑提供 DHCP 中继，指出为该网段提供 DHCP 服务的服务器地址为 192.168.12.1，命令如下：

[R2]**dhcp enable**

[R2]**interface GigabitEthernet 0/0/1**

[R2-GigabitEthernet0/0/1]**dhcp select relay**

[R2-GigabitEthernet0/0/1]**dhcp relay server-ip 192.168.12.1**

(6) 如图 5-8 所示，在 PC1 属性的基础配置选项夹中为 IPv4 选择“DHCP”选项，点击“应用”按键，自动获取地址。

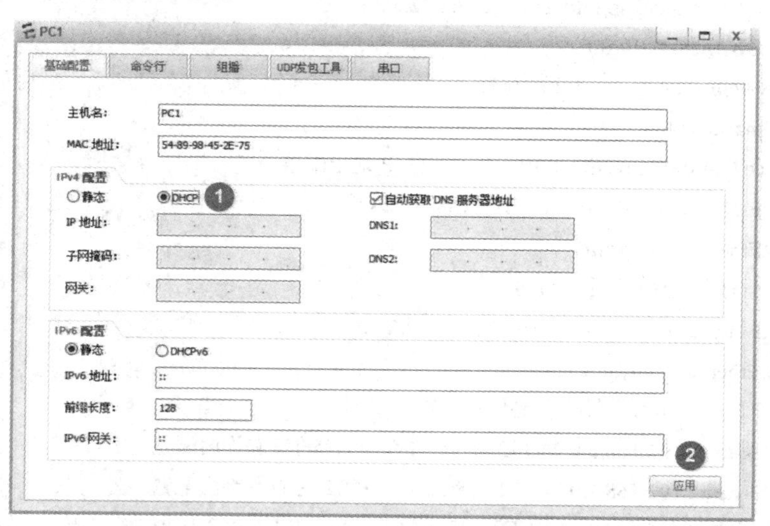

图 5-8　PC1 自动获取 IP 地址的界面

(7) 在 PC1 查看获取到的地址，命令如下：

PC>**ipconfig**

IPv4 address....................: 192.168.1.99

Subnet mask....................: 255.255.255.0

Gateway............................: 192.168.1.1

DNS server........................: 114.114.114.114

(8) 在 PC3 上查看自动获取到的地址，命令如下：

PC>**ipconfig**

IPv4 address.....................: 192.168.2.99

Subnet mask......................: 255.255.255.0

Gateway...........................: 192.168.2.1

DNS server........................: 114.114.114.114

(9) PC1 ping PC3 测试连通性，命令如下：

PC>**ping 192.168.2.99**

可以看到能 ping 通。

5.3.3 华三设备配置 DHCP 服务

在 HCL 模拟器中搭建如图 5-9 所示拓扑，完成华三设备的 DHCP 服务配置。

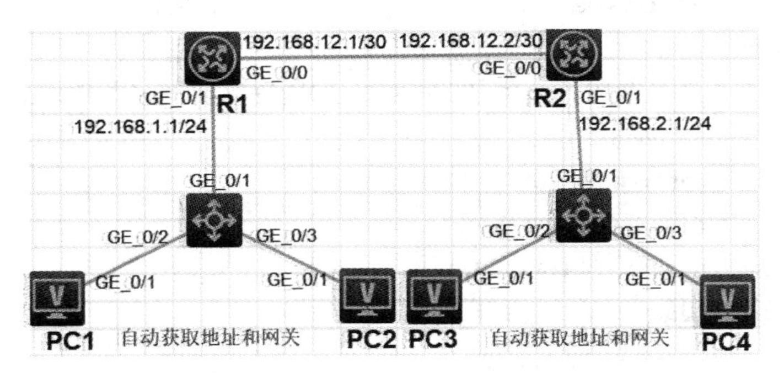

图 5-9　华三设备配置 DHCP 服务的网络拓扑

(1) 进行 R1、R2 的 IP 地址配置，命令如下：

<H3C>**system-view**　　//R1 的配置

[H3C]**sysname R1**

[R1]**interface GigabitEthernet 0/1**　　//R1 的 IP 地址配置

[R1-GigabitEthernet0/1]**ip address 192.168.1.1 24**

[R1-GigabitEthernet0/1]**quit**

[R1]**interface GigabitEthernet 0/0**

[R1-GigabitEthernet0/0]**ip address 192.168.12.1 30**

[R1-GigabitEthernet0/0]**quit**

<H3C>**system-view**　　//R2 的配置

[H3C]**sysname R2**

[R2]**interface GigabitEthernet 0/1**　　//R2 的 IP 地址配置

[R2-GigabitEthernet0/1]**ip address 192.168.2.1 24**

[R2-GigabitEthernet0/1]**quit**

[R2]**interface GigabitEthernet 0/0**

[R2-GigabitEthernet0/0]**ip address 192.168.12.2 30**

[R2-GigabitEthernet0/0]**quit**

(2) 进行 R1、R2 的静态路由配置，命令如下：

[R1]**ip route-static 192.168.2.0 24 192.168.12.2** //R1 的静态路由配置

[R2]**ip route-static 192.168.1.0 24 192.168.12.1** //R2 的静态路由配置

(3) 在 R1 上开启 DHCP 服务，为 192.168.1.0 网段提供自动分配地址的服务，命令如下：

[R1]**dhcp enable**

[R1]**dhcp server ip-pool poola** //创建 DHCP 地址池，命名为 poola

[R1-dhcp-pool-poola]**network 192.168.1.0 24** //指定网段

[R1-dhcp-pool-poola]**gateway-list 192.168.1.1** //指定网关

[R1-dhcp-pool-poola]**dns-list 114.114.114.114** //指定 DNS 服务器地址

[R1-dhcp-pool-poola]**quit**

[R1]**dhcp server forbidden-ip 192.168.1.1** //指定排除地址范围

[R1]**interface GigabitEthernet 0/1**

[R1-GigabitEthernet0/1]**dhcp select server** //配置为 server 模式

[R1-GigabitEthernet0/1]**quit**

(4) 在 R1 上开启 DHCP 服务，为 192.168.2.0 网段提供自动分配地址的服务，命令如下：

[R1]**dhcp server ip-pool poolb**

[R1-dhcp-pool-poolb]**network 192.168.2.0 24**

[R1-dhcp-pool-poolb]**gateway-list 192.168.2.1**

[R1-dhcp-pool-poolb]**dns-list 114.114.114.114**

[R1-dhcp-pool-poolb]**quit**

[R1]**dhcp server forbidden-ip 192.168.2.1**

[R1]**interface GigabitEthernet 0/1**

[R1-GigabitEthernet0/1]**dhcp select server**

(5) 配置 R2 为 192.168.2.0 网段的电脑提供 DHCP 中继，指出为该网段提供 DHCP 服务的服务器地址为 192.168.12.1，命令如下：

<R2>**system-view**

[R2]**dhcp enable**

[R2]**dhcp enable**

[R2]**interface GigabitEthernet 0/1**

[R2-GigabitEthernet0/1]**dhcp select relay**

[R2-GigabitEthernet0/1]**dhcp relay server-address 192.168.12.1**

(6) 如图 5-10 所示，在 PC1 的配置界面中，“启用”接口管理，选择 IPv4 配置的“DHCP”选项，并点击“启用”按钮，自动获取地址。

(7) 如图 5-11 所示，在 PC3 的配置界面中，让 PC3 自动获取地址。

(8) 在 PC1 上 ping PC3 测试连通性，命令如下：

<H3C>**ping 192.168.2.3** //可以 ping 通

图 5-10　PC1 自动获取 IP 地址的界面

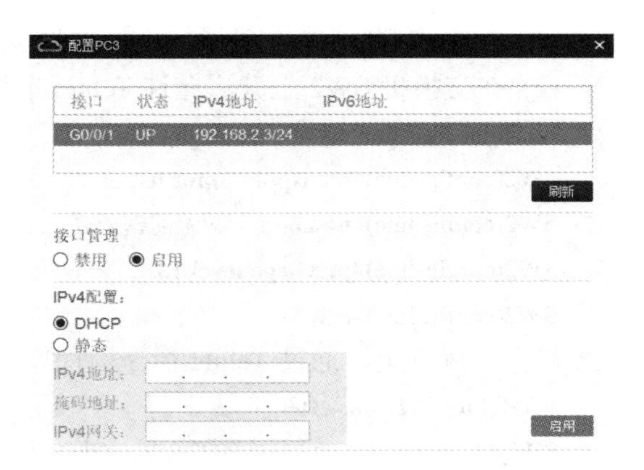

图 5-11　PC3 自动获取 IP 地址的界面

5.4　网络设备的远程连接和配置

首次安装和配置网络设备时，管理员要到现场通过配置线将笔记本电脑与网络设备进行连接，然后在笔记本电脑上输入命令对设备进行配置，并启用设备的远程配置功能。以后再需要对这些设备进行配置时，管理员就可以不用到现场，而是通过已经架设好的网络远程操控和配置这些网络设备了。常用的远程连接协议有 Telnet、SSH 等。

5.4.1　思科设备配置 Telnet

1. 思科设备无密码的远程 Telnet 连接和配置

如图 2-9 所示，在 2.2.1 节“思科设备配置静态路由”实验的基础上，使能交换机 SW2 的远程 telnet 连接，并将 VTY 远程认证方式设置为“no login”，即无需密码建立连接，网络管理员在 PC0 上能对交换机 SW2 进行远程 telnet 连接和配置。

(1) 让 PC0 能 ping 通 SW2。

由于 PC0 和 SW2 处在不同网段，所以为了让 PC0 能 ping 通 SW2，SW2 不但需要有 IP 地址和子网掩码，还需要有缺省网关。由于 SW2 所在网段的网关是 R3 的 F0/0 接口，所以需要将 SW2 的缺省网关设置为 R3 的 F0/0 接口地址 192.168.4.1。由于 SW2 与网关相连的端口 F0/1 属于 VLAN 1，所以需要给 SW2 的 VLAN 1 虚接口配置一个属于 192.168.4.0/24 网段的地址，这里将其配置为 192.168.4.100，命令如下：

```
Switch>enable
Switch#configure terminal
Switch(config)#hostname SW2
SW2(config)#interface vlan 1
SW2(config-if)#ip address 192.168.4.100 255.255.255.0
SW2(config-if)#no shutdown
SW2(config)#ip default-gateway 192.168.4.1
```

通过 ping 测试可以看到，PC0 和 SW1 可以互相 ping 通了。

(2) 在交换机 SW2 上开启允许 Telnet 远程连接管理，命令如下：

```
SW2(config)#line vty 0 4
SW2(config-line)#transport input telnet
SW2(config-line)#no login     //无需密码建立连接
SW2(config-line)#privilege level 15   //将登录用户的级别设为 15
SW2(config-line)#exit
```

(3) 在 PC0 上，通过 Telnet 命令远程连接管理 SW2，命令如下：

```
C:\>telnet 192.168.4.100
SW2#        //成功远程连接到了 SW2 的特权模式
```

上面的命令“privilege level 15”是将登录用户的级别设为 15。思科 IOS 系统命令采用分级保护方式，命令从低到高划分为 16 个级别，0 级只有少数几条命令可用；1 级为用户模式，能使用部分命令，如查看路由器的接口状态、查看路由表等，但不能做任何修改或查看运行的配置文件。级别越高，可执行的命令越多。15 级是特权模式，能执行所有命令。

Telnet 默认级别为 1，如果没有执行“privilege level”命令加强 Telnet 用户的级别，就需要使用“enable”命令切换到特权模式，才对设备进行远程配置。但由于安全需要，系统规定如果特权模式没有设置密码，那么使用 Telnet 默认级别 1 远程登录的用户是无法使用 enable 命令切换到特权模式的。

(4) 在 PC0 上，使用 Telnet 的默认级别 1 远程连接 SW2，并切换到特权模式的过程如下：

① 为 SW2 设置特权模式密码，命令如下：

```
SW2(config)#enable password 654321   //将特权模式密码设为 654321
```

② 在 PC0 上使用 Telnet 远程连接 SW2，并切换到特权模式的命令如下：

```
C:\>telnet 192.168.4.100    //使用 Telnet 远程连接 SW2
SW2>enable    //在 SW2 的用户模式输入 enable 命令切换到特权模式
Password:      //输入密码“654321”
SW2#           //成功切换到 SW2 的特权模式
```

2. 思科设备通过密码进行 Telnet 连接和配置

在“思科设备无密码的远程 Telnet 连接和配置”实验的基础上，将 VTY 远程认证方式由“no login”更换为“login”，并为远程连接设置密码，让网络管理员在 PC0 上能通过密码认证的方式对交换机 SW2 进行远程 Telnet 连接和管理。

(1) 在交换机 SW2 上开启允许通过密码进行 Telnet 远程连接管理，命令如下：

```
SW2(config)#line vty 0 4
SW2(config-line)#transport input telnet
SW2(config-line)#password 123456     //设置远程连接时使用的密码
SW2(config-line)#login               //设置远程连接时需要密码验证
SW2(config-line)#exit
SW2(config)#enable password 654321 //设置特权模式密码
```

(2) 在 PC0 上，通过 Telnet 命令远程连接管理 SW2，命令如下：

```
C:\>telnet 192.168.4.100
Password:           //此处输入 Telnet 密码 123456
SW2>enable          //成功远程连接到了 SW2 的用户模式，输入 enable 命令准备切换到特权模式
Password:           //此处输入特权模式密码 654321
SW2#                //成功远程切换到 SW2 的特权模式
```

3. 思科设备通过账号密码进行 Telnet 连接和配置

在“思科设备通过密码进行 Telnet 连接和配置”实验的基础上，将 VTY 远程认证方式由“login”改为“login local”，并为远程连接创建用户名和密码，让网络管理员在 PC0 上能通过账号和密码认证后对交换机 SW2 进行远程 Telnet 连接和管理。

(1) 在交换机 SW2 上开启允许通过账号和密码进行 Telnet 远程连接管理，命令如下：

```
SW2(config)#line vty 0 4
SW2(config-line)#transport input telnet
SW2(config-line)#login local   //设置远程连接时需要进行本地用户和密码验证
SW2(config-line)#exit
```

(2) 创建本地用户 admin，赋予第 15 级命令权限，命令如下：

```
SW2(config)#username admin password 123      //设置远程连接时使用的用户名和密码
SW2(config)#username admin privilege 15      //设置远程连接时用户权限的级别
```

(3) 创建本地用户 public，赋予第 1 级命令权限，命令如下：

```
SW2(config)#username public password 456
SW2(config)#username public privilege 1
SW2(config)#enable password 654321   //设置特权模式密码
```

(4) 在 PC0 上，通过 Telnet 命令远程连接管理 SW2，命令如下：

```
C:\>telnet 192.168.4.100     //远程连接 SW2
Username: admin              //此处输入用户名 admin
Password:                    //此处输入密码 123
SW2#                         //由于用户 admin 的权限是 15 级，所以直接进入了特权模式
SW2#exit                     //退出 Telnet，返回 DOS 提示符
C:\>telnet 192.168.4.100     //在 DOS 命令提示符下重新通过 Telnet 命令远程连接 SW2
Username: public             //此处输入用户名 public
Password:                    //此处输入密码 456
SW2>                         //由于 public 的权限是 1 级，所以进入的是用户模式
SW2>enable                   //输入 enable 命令，准备切换到特权模式
Password:                    //此处输入特权模式密码 654321
SW2#                         //成功切换到了 SW2 的特权模式
```

4. 思科设备通过 AAA 本地认证进行 telnet 连接和配置

AAA 是网络安全中进行访问控制的一种安全管理机制，三个字母 A 分别代表了认证(Authentication)、授权(Authorization)和计费(Accounting)。AAA 认证模式分为本地认证和基于服务器的认证。下面采用之前的实验拓扑，介绍思科设备开启 AAA 本地认证进行 telnet

连接的方法：

(1) IP 地址等基本配置同前。

(2) 启用 AAA 本地认证，命令如下：

```
SW2(config)#aaa new-model      //全局启用 AAA
SW2(config)#aaa authentication login default local    //认证时调用默认列表 default，认证方式为本地(local)
```

(3) 创建本地用户 admin，命令如下：

```
SW2(config)#username admin password 123   //设置远程连接时使用的用户名和密码
```

(4) 设置特权模式密码，命令如下：

```
SW2(config)#enable secret 456
```

参数 secret 表示密码经过 MD5 加密保存，若改用参数 password，则密码以明文方式保存。

(5) 在交换机 SW2 上设置通过配置线(Console 线) 连接设备时查询的本地认证列表，命令如下：

```
SW2(config)#line console 0
SW2(config-line)#login authentication default     //可省略，请参看(7)的分析
```

(6) 通过配置线再次连接 SW2 时，会提示如下：

```
Username: admin   //输入用户名 admin
Password:         //输入密码 123
SW2>              //成功进入设备的用户模式
```

(7) 在交换机 SW2 上开启允许通过账号和密码进行 Telnet 远程连接管理，命令如下：

```
SW2(config)#line vty 0 4
SW2(config-line)#transport input telnet
SW2(config-line)#login authentication default     //可省略
```

因为 VTY 和 Console 在执行认证时会自动查询名为 default 的本地默认列表，而之前我们开启 AAA 认证时，选用的就是本地默认列表 default，所以此处命令可以省略。

```
SW2(config-line)#exit
```

(8) 在 PC0 上，通过 Telnet 命令远程连接管理 SW2，命令如下：

```
C:\>telnet 192.168.4.100     //远程连接 SW2
Username: admin              //此处输入用户名 admin
Password:                    //此处输入密码 123
SW2>enable                   //成功进入用户模式，用命令切换到特权模式
Password:                    //此处输入密码 456
SW2#                         //成功进入了特权模式
```

5.4.2　华为设备配置 Telnet

1. 华为设备无密码的远程 Telnet 连接和配置

如图 5-12 所示，在 2.2 节华为设备静态路由实验的基础上，使能远程 Telnet 连接，将 VTY 远程认证方式设置为“authentication-mode none”，即无需密码建立连接，让网络管理员在 PC1 上能对交换机 SW2 进行远程 Telnet 连接和配置。

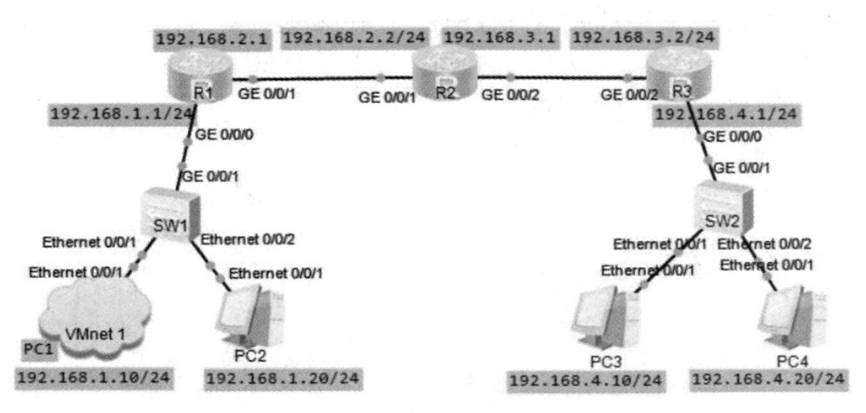

图 5-12　华为设备配置 Telnet 远程连接

(1) 为了更好地进行 Telnet 远程连接测试，我们将第二章华为静态路由实验拓扑中的“PC1”用 VMWare 的 Win7 虚拟机代替。操作方法是，将原来的 PC1 删除，拖出 Cloud1 代替，将显示的名称“Cloud1”重命名为“VMnet 1”，并将 Cloud1 的属性设置如下：

① 如图 5-13 所示，绑定信息栏选中为“UDP”，然后点击“增加”按钮。

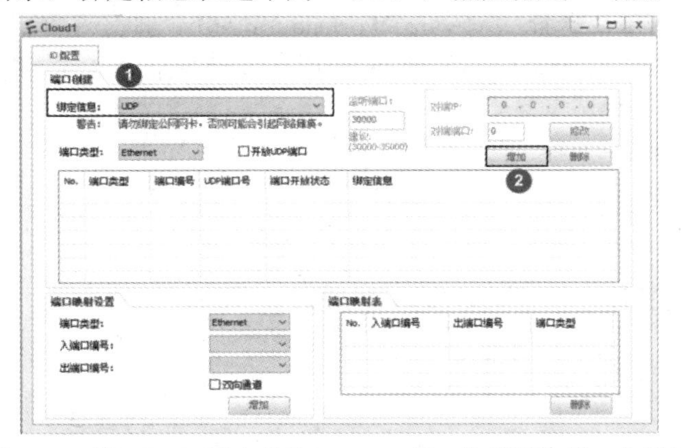

图 5-13　将 Cloud1 重命名为 VMnet1 后，为其增加第一个端口

② 如图 5-14 所示，绑定信息栏选中“VMware Network Adapter VMnet1……”，然后点击“增加”按钮。

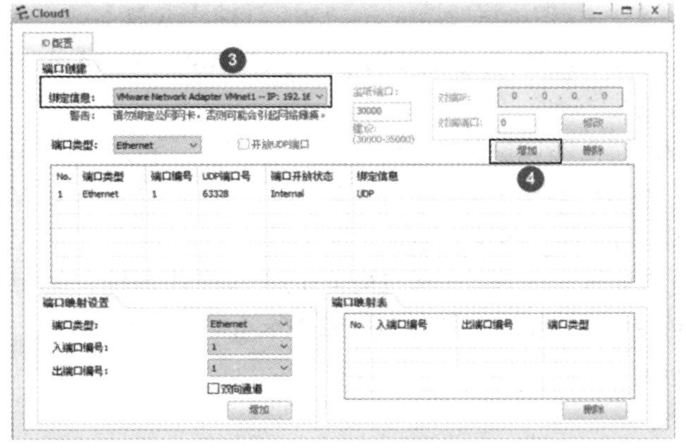

图 5-14　将 Cloud1 重命名为 VMnet1 后，为其增加第二个端口

③ 如图 5-15 所示，在 Cloud1 的 I/O 配置“端口映射设置”栏中，入端口编号保留为“1”，出端口编号选择“2”，勾选“双向通道”选项，点击“增加”按钮。

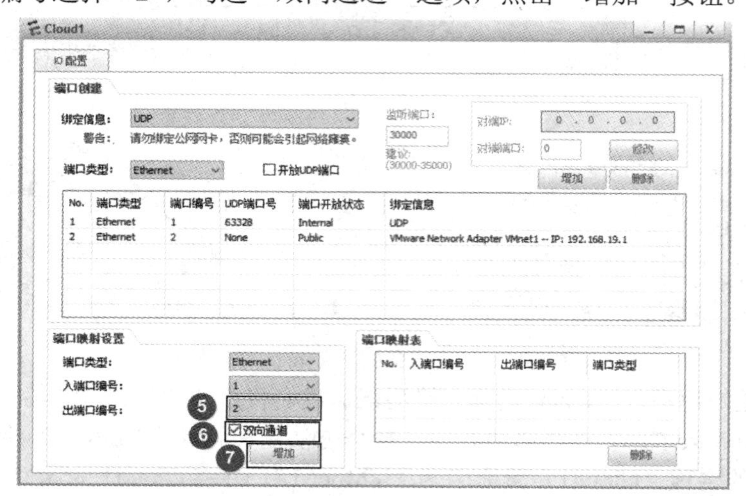

图 5-15　将 Cloud1 重命名为 VMnet1 后，为其设置端口映射

(2) 如图 5-16 所示，运行 VMware Workstation Pro，打开虚拟机 Win7，网卡连接到 VMnet1，这台新的 Win7 虚拟机作为新的 PC1，用来取代原来 PC1，以便能更好地运行 Telnet 等命令。

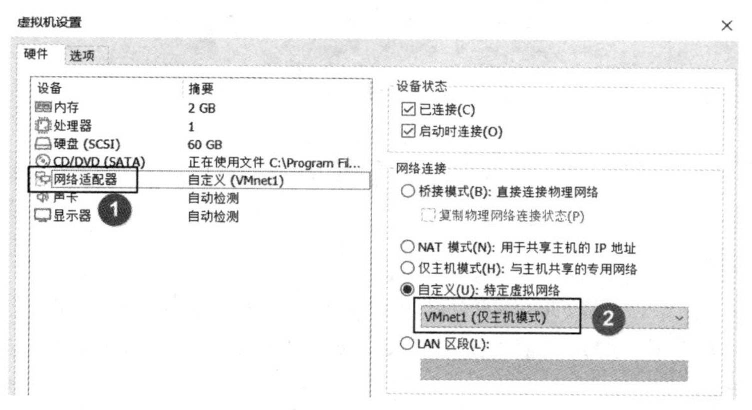

图 5-16　VMware 的 Win7 虚拟机设置

(3) 新 PC1 的配置与原来的一致，即 IP 地址为 192.168.1.10/24，缺省网关为 192.168.1.1。

(4) 让 PC1 能 ping 通 SW2。

由于 PC1 和 SW2 处在不同网段，所以为了让 PC1 能 ping 通 SW2，SW2 不但需要有 IP 地址和子网掩码，也需要有缺省网关。R3 的 G0/0/0 接口充当了 SW2 的缺省网关的角色(网关地址是 192.168.4.1)。由于 SW2 与网关相连的端口 G0/0/1 属于 VLAN 1，所以需要给 SW2 的 VLANif 1 接口配置一个属于 192.168.4.0/24 网段的地址，如 192.168.4.100。

① 给 SW2 的 VLANif 1 接口配置地址 192.168.4.100，命令如下：

```
<Huawei>system-view
[Huawei]sysname SW2
[SW2]interface Vlanif 1
```

[SW2-Vlanif1]**ip address 192.168.4.100 24**

[SW2-Vlanif1]**quit**

② 给 SW2 配置缺省网关，缺省网关地址是 192.168.4.1，命令如下：

[SW2]**ip route-static 0.0.0.0 0 192.168.4.1**

通过 ping 测试，可以看到，PC0 和 SW1 可以互相 ping 通了。

(5) 在交换机 SW2 上开启允许 Telnet 远程连接，命令如下：

[SW2]**telnet server enable**

[SW2]**user-interface vty 0 4**

[SW2-ui-vty0-4]**protocol inbound telnet**

[SW2-ui-vty0-4]**authentication-mode none**　　//无需认证

[SW2-ui-vty0-4]**user privilege level 15**　//将用户级别设为 15 级

华为系统命令采用分级保护方式，命令从低到高划分为 16 个级别：

0 级，参观级：包括网络诊断工具命令(ping、tracert)、从本设备出发访问外部设备的命令(Telnet 客户端)等。

1 级，监控级：用于系统维护，包括 display 等命令。

2 级，配置级：业务配置命令，包括路由、各个网络层次的命令，向用户提供直接网络服务。

3～15 级，管理级：用于系统基本运行的命令，对业务提供支撑作用，包括文件系统、FTP、TFTP、Xmodem 下载、配置文件切换命令、备板控制命令、用户管理命令、命令级别设置命令、系统内部参数设置命令及用于业务故障诊断的 debugging 命令等。

(6) 测试。在 VMware 虚拟机 PC1 上，通过 Telnet 命令远程连接和配置 SW2。

① 如图 5-17 所示，开启 Win7 的“Telnet 客户端”功能。

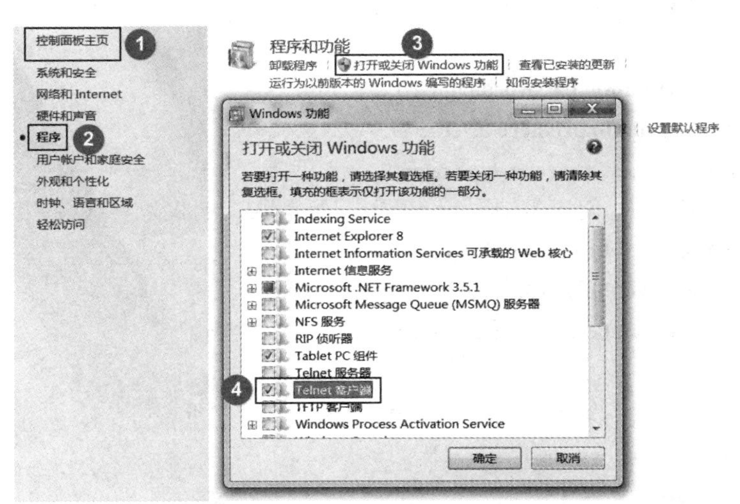

图 5-17　开启 Win7 的“Telnet 客户端”功能

② 进入 PC1 的命令行模式，通过 Telnet 命令远程连接和配置 SW2，命令如下：

C:\Users\admin>**telnet 192.168.4.100**

可以正常连接和配置交换机 SW2。

2. 华为设备通过密码进行 Telnet 连接和配置

在“华为设备无密码的远程 Telnet 连接和配置”实验的基础上，将 VTY 远程认证方式由“authentication-mode none”更换为“authentication-mode password”，并为远程连接设置密码，让网络管理员在 PC1 上能通过密码认证的 Telnet 方式远程连接交换机 SW2 进行配置。

(1) 在交换机 SW2 上开启允许通过密码进行 Telnet 远程连接配置，命令如下：

```
[SW2]telnet server enable
[SW2]user-interface vty 0 4
[SW2-ui-vty0-4]protocol inbound telnet
[SW2-ui-vty0-4]authentication-mode password
[SW2-ui-vty0-4]set authentication password cipher 123
[SW2-ui-vty0-4]user privilege level 15
```

(2) 在 VMware 虚拟机 PC1 上，通过 Telnet 命令远程连接管理 SW2。

① 开启 Win7 的“Telnet 客户端”功能。

② 进入 PC1 的命令行模式，通过 Telnet 命令远程连接管理 SW2。

```
C:\Users\admin>telnet 192.168.4.100
```

输入密码 123，可以正常连接和管理交换机 SW2。

3. 华为设备通过账号密码进行 Telnet 连接和配置

在“华为设备通过密码进行 Telnet 连接和配置”实验的基础上，将 VTY 远程认证方式“authentication-mode password”替换换为“authentication-mode aaa”，并为远程连接在本地创建用户名和密码，让网络管理员在 PC1 上能通过账号和密码认证后对交换机 SW2 进行远程 Telnet 连接和配置。

(1) 在路由器 SW2 上创建本地账户 admin，配置账户的权限等级分别为 15，命令如下：

```
[SW2]aaa
[SW2-aaa]local-user admin password cipher 123
SW2-aaa]local-user admin privilege level 15
[SW2-aaa]local-user admin service-type telnet
```

(2) 在路由器 SW2 上创建本地账户 public，配置账户的权限等级分别为 1，命令如下：

```
[SW2-aaa]local-user public password cipher 456
[SW2-aaa]local-user public privilege level 1
[SW2-aaa]local-user public service-type telnet
[SW2-aaa]quit
```

(3) 在 SW2 上启用 Telnet，认证方式为 AAA，命令如下：

```
[SW2]telnet server enable
[SW2]user-interface vty 0 4
[SW2-ui-vty0-4]protocol inbound telnet
[SW2-ui-vty0-4]authentication-mode aaa
```

(4) 在 SW2 上查看账户信息，命令如下：

```
[SW2]display local-user
```

```
----------------------------------------------------------
User-name    State    AuthMask    AdminLevel
----------------------------------------------------------
admin          A        T            15
public         A        T             1
----------------------------------------------------------
Total 2 user(s)
```

(5) 进入 PC1 的命令行模式，通过 Telnet 命令分别用 admin 和 public 用户远程登录连接配置 SW2，命令如下：

```
C:\Users\admin>telnet 192.168.4.100   //远程连接 SW2
Username:admin              //此处输入用户名 admin
Password:  输入 123          //此处输入密码 123
<SW2>system-view            //进入了用户视图，输入命令拟进入系统视图
[SW2]quit                   //进入了系统视图，输入 quit 命令拟返回用户视图
<SW2>quit                   //返回了用户视图，输入 quit 命令拟退出 telnet 连接
C:\Users\admin>             //返回了 DOS 提示符
C:\Users\admin>telnet 192.168.4.100   //在 DOS 命令提示符下重新 Telnet 到 SW2
Username:public             //此处输入用户名 public
Password:  输入 456          //此处输入密码 456
<SW2>system-view            //进入了用户视图，输入命令拟进入系统视图
```

系统提示无法识别该命令，原因是 public 的权限等级设置成了 1 级，1 级无执行该命令的权限，故无法进入系统视图。

5.4.3　华三设备配置 Telnet

1. 华三设备无密码的远程 Telnet 连接和配置

如图 5-18 所示，我们在 2.2 节华三设备静态路由实验的基础上，使能远程 Telnet 连接，将 VTY 远程认证方式设置为“none”，即无需密码建立连接，让网络管理员在 PC1 上能对交换机 SW2 进行远程 Telnet 连接和配置。

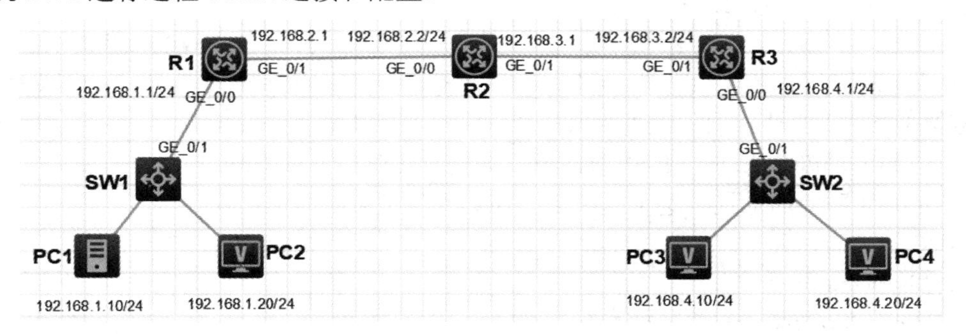

图 5-18　华三设备的 Telnet 远程连接拓扑

为了更好地进行 Telnet 远程连接测试，将第 2 章华三静态路由实验拓扑中的 PC1 用

VMWare 的 Win7 虚拟机代替，方法是将原来的 PC1 删除，拖出 Host 代替。

(1) 由于 Host 不能直接识别 VMWare 的虚拟网卡但能识别 VirtualBox 的虚拟网卡，所以要先给 VMWare 的虚拟网卡和 VirtualBox 的虚拟网卡间建立联系，方法如图 5-19 所示，在 VMWare 的“编辑”菜单中，选择“虚拟网络编辑器(N)...”选项，在弹出的虚拟网络编辑器中，选中 VMnet0 虚拟网卡，将其选为“桥接模式”，桥接到的网卡选择“VirtualBox Host-Only Ethernet Adapter”。

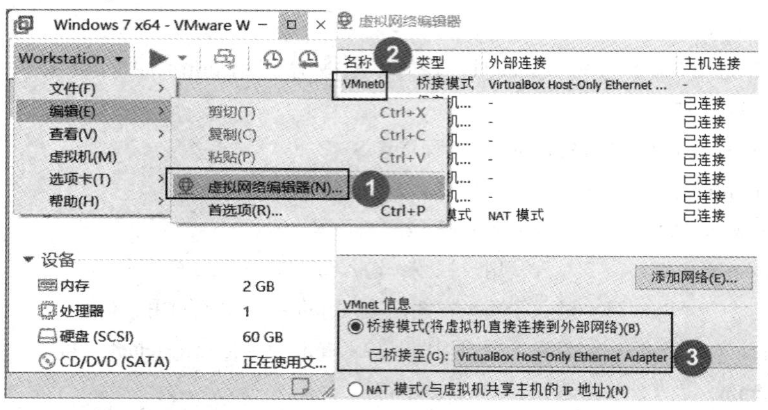

图 5-19 VMWare 的“编辑”菜单和虚拟网络编辑器

(2) 如图 5-20 所示，在连接 SW1 和 PC1(由 Host 取代) 时，选择 Host 的“NIC:VirtualBox Host-Only Ethernet Adapter”虚拟网卡。

图 5-20 连接 SW1 和 PC1(由 Host 取代)

(3) 通过 VMware Workstation Pro 打开虚拟机 Win7，Win7 的网卡连接到 VMnet0，Win7 作为新的 PC1 是用来取代原来 PC1 的，以便能更好地运行 telnet 等命令。

(4) 新 PC1 的配置与原来的一致，即 IP 地址为 192.168.1.10/24，缺省网关为 192.168.1.1。

(5) 让 PC1 能 ping 通 SW2。

由于 PC1 和 SW2 处在不同网段，所以为了让 PC1 能 ping 通 SW2，SW2 不但需要有 IP 地址和子网掩码，还需要有缺省网关。由于 SW2 所在网段的网关是 R3 的 G0/0/0 接口，所以需要将 SW2 的缺省网关设置为 R3 的 G0/0/0 接口的地址 192.168.4.1。由于 SW2 与网关相连的端口 G0/0/1 属于 VLAN 1，所以需要给 SW2 的 VLAN 1 虚接口配置一个属于 192.168.4.0/24 网段的地址，这里选择 192.168.4.100，命令如下：

```
<H3C>system-view
[H3C]sysname SW2
[SW2]interface Vlan-interface 1
[SW2-Vlan-interface1]ip address 192.168.4.100 24
[SW2-Vlan-interface1]quit
```

[SW2]**ip route-static 0.0.0.0 0 192.168.4.1**　//为交换机 SW2 设置缺省网关

通过 ping 测试可以看到，PC0 和 SW1 可以互相 ping 通了。

(6) 在交换机 SW2 上开启允许 telnet 远程连接管理，命令如下：

[SW2]**telnet server enable**

[SW2]**line vty 0 4**

[SW2-line-vty0-4]**protocol inbound telnet**

[SW2-line-vty0-4]**authentication-mode none**

[SW2-line-vty0-4]**user-role level-15**

[SW2-line-vty0-4]**quit**

(7) 测试。在 VMware 虚拟机 PC1 上，通过 Telnet 命令远程连接管理 SW2。

① 如图 5-17 所示，与华为设备实验一样，开启 Win7 的“Telnet 客户端”功能。

② 进入 PC1 的命令行模式，通过 Telnet 命令远程连接管理 SW2。

C:\Users\admin>**telnet 192.168.4.100**

<SW2>**system-view**

[SW2]　//可以正常连接和配置交换机 SW2

2. 华三设备通过密码进行 Telnet 连接和配置

在华三设备无密码的远程 Telnet 连接实验的基础上继续以下配置。

(1) 在交换机 SW2 上开启允许 Telnet 远程连接管理，将“authentication-mode none”改为“authentication-mode password”，命令如下：

[SW2]telnet server enable

[SW2]line vty 0 4

[SW2-line-vty0-4]protocol inbound telnet

[SW2-line-vty0-4]authentication-mode password

[SW2-line-vty0-4]set authentication password simple 123456

[SW2-line-vty0-4]user level-15

[SW2-line-vty0-4]quit

(2) 在 VMware 虚拟机 PC1 上，通过 Telnet 命令远程连接管理 SW2。

① 开启 Win7 的“Telnet 客户端”功能。

② 进入 PC1 的命令行模式，通过 Telnet 命令远程连接管理 SW2，命令如下：

C:\Users\admin>**telnet 192.168.4.100**

Password:　//输入密码 123456

<SW2>**system-view**

[SW2]　//可以正常连接和配置交换机 SW2。

3. 华三设备通过账号密码进行 Telnet 连接和配置

在华三设备通过密码进行 Telnet 连接实验的基础上，将 VTY 远程认证方式“authentication-mode password”替换为“authentication-mode scheme”，并为远程连接在本地创建用户名和密码，让网络管理员在 PC1 上能通过账号和密码认证后对交换机 SW2 进行远程 Telnet 连接和配置。

(1) 在路由器 SW2 上创建本地账户 admin，配置账户的权限等级分别为 15，命令如下：

```
[SW2]local-user admin        //创建本地用户 admin
[SW2-luser-manage-admin]password simple 123456     //该用户的密码为 123456
[SW2-luser-manage-admin]service-type telnet     //指定用户的服务类型为 Telnet
[SW2-luser-manage-admin]authorization-attribute user-role level-15   //指定命令级别为 15
[SW2-luser-manage-admin]quit
```

(2) 在路由器 SW2 上创建本地账户 public，配置账户的权限等级分别为 1，命令如下：

```
[SW2]local-user public
[SW2-luser-manage-public]password simple 654321
[SW2-luser-manage-public]service-type telnet
[SW2-luser-manage-public]authorization-attribute user-role level-1
[SW2-luser-manage-public]quit
```

(3) 在 SW2 上启用 Telnet，认证方式为 AAA(scheme)，命令如下：

```
[SW2]telnet server enable
[SW2]line vty 0 4
[SW2-line-vty0-4]protocol inbound telnet
[SW2-line-vty0-4]authentication-mode scheme     //采用 AAA 认证
[SW2-line-vty0-4]quit
```

(4) 进入 PC1 的命令行模式，通过 Telnet 命令分别用 admin 和 public 用户远程登录连接配置 SW2，命令如下：

```
C:\Users\admin>telnet 192.168.4.100   //远程连接 SW2
Username:admin              /此处输入用户名 admin
Password: 输入 123456        //此处输入密码 123456
<SW2>system-view            //进入了用户视图，输入命令拟进入系统视图
[SW2]quit                   //进入了系统视图，输入 quit 命令拟返回用户视图
<SW2>quit                   //返回了用户视图，输入 quit 命令拟退出 Telnet 连接
C:\Users\admin>             //返回了 DOS 提示符
C:\Users\admin>telnet 192.168.4.100   //在 DOS 命令提示符下重新 Telnet 到 SW2
Username:public             //此处输入用户名 public
Password: 输入 654321        //此处输入密码 654321
<SW2>system-view            //进入了用户视图，输入命令拟进入系统视图
[SW2]save                   //输入 save 命令
Permission denied.          //系统提示权限被拒绝，原因是 public 用户的权限等级设置成了 1 级，
                             无执行该命令的权限
```

5.5　SNMP 网络管理

随着企事业单位网络规模的不断扩大，网络设备的数量和种类不断增多，为提高效率，有必要对这些设备进行统一管理。SNMP 正是这样一个可以对不同种类、不同厂商设备进

行统一管理的协议，它提供了一种通过网络管理系统(Network Management System，NMS)来管理大量网络设备的方法。

SNMP 采用 C/S 架构，管理员可以通过 SNMP 向网络设备发送配置信息、查询和获得网络中的资源信息，网络设备也可以通过 SNMP 主动向 NMS 服务器上报告警消息。NMS 服务器是一台运行了网络管理软件的计算机，用作 SNMP 的服务器端，工作在 UDP 的 162 端口，可向被管理设备发请求指令、监控和配置被管理设备。被管理设备上运行的代理进程 Agent 则用作 SNMP 的客户端，工作在 UDP 的 161 端口，可收集设备状态、接收和实现对设备的远程操作、主动向 NMS 发送告警消息等。

5.5.1　思科设备配置 SNMP

1. 基于 Cisco Packet Tracer 配置 SNMP

如图 5-21 所示，在 Packet Tracer 中搭建拓扑，实现在思科设备上配置 SNMP。

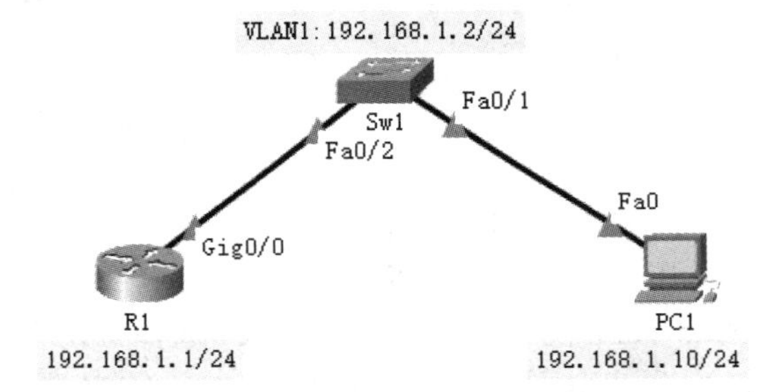

图 5-21　基于 Cisco Packet Tracer 配置 SNMP 的拓扑

(1) 进行 R1 的基本配置，命令如下：

R1(config)#**interface GigabitEthernet 0/0**

R1(config-if)#**ip address 192.168.1.1 255.255.255.0**

R1(config-if)#**no shutdown**

(2) 进行 R1 的 SNMP 配置，命令如下：

R1(config)#**snmp-server community 123 ro**

R1(config)#**snmp-server community 321 rw**

(3) 如图 5-22 所示，在 PC1 中，点击 Desktop 选项夹的 IP Configuration 选项，为 PC1 配置 IP 地址。

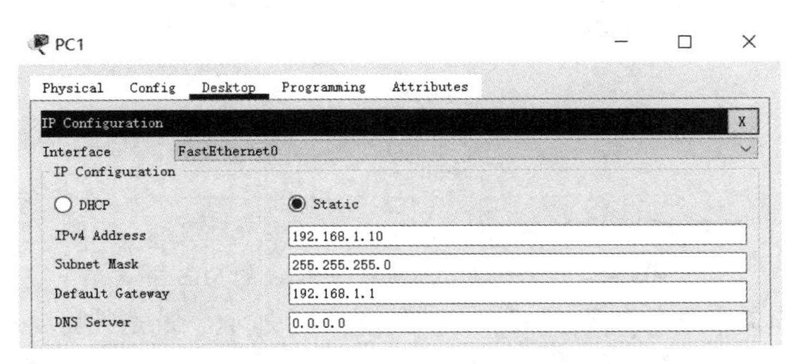

图 5-22　PC1 的 IP 地址配置

(4) 如图 5-23 所示，在 PC1 中，先点击 Desktop 选项夹的 MIB Browser 选项，再点击“Advanced...”按钮，在出现的“Advanced”对话框中，输入 R1 的 IP 地址 192.168.1.1，保留端口号 161 不变，输入读团体名为 123 和写团体名 321，点击“OK”按钮。

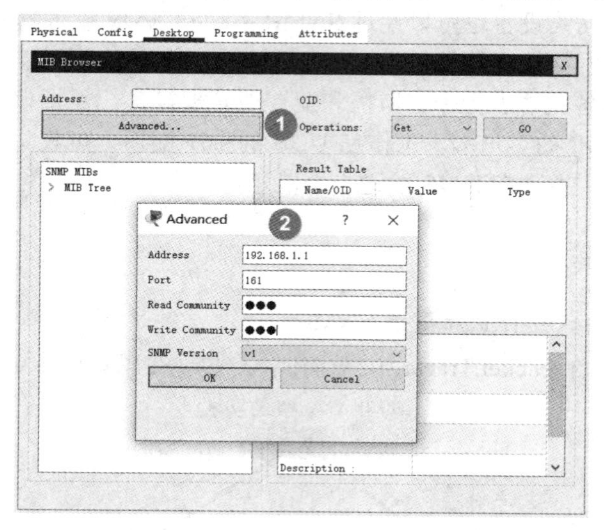

图 5-23 PC1 的 MIB Browser 配置

(5) 如图 5-24 所示，展开 MIB 树，按 SNMP MIBs/MIB Tree/router_std MIBs/.iso/.org/.dod/.internet/.mgmt/.mib-2/.system 的路径找到.sysName，选择“Get”操作选项后，点击“GO”按钮。在结果栏中，可以看到读取到的路由器的主机名为“R1”。

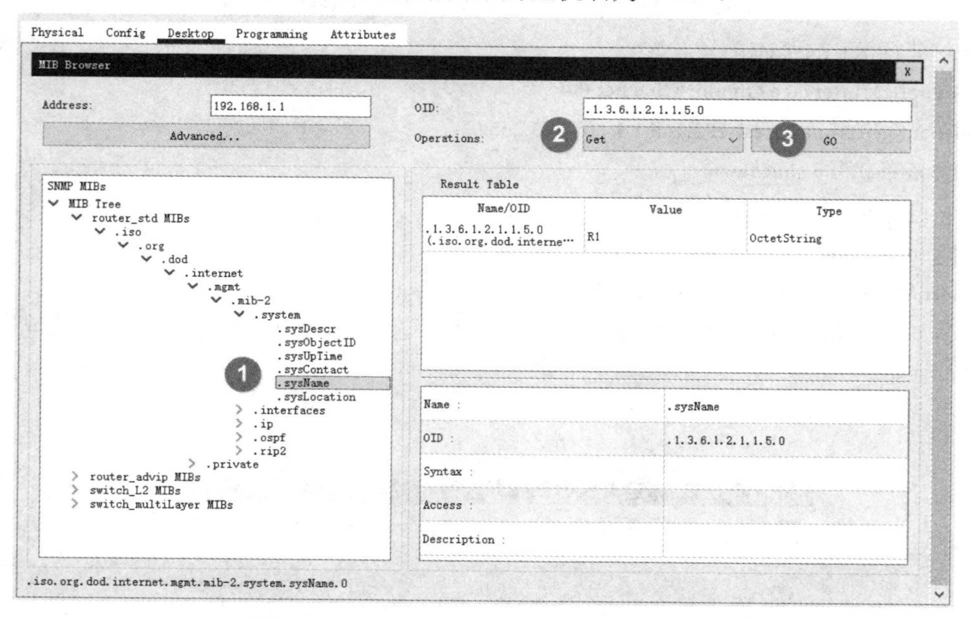

图 5-24 展开 PC1 的 MIB Browser 的 MIB 树

(6) 设置路由器主机名为 Router1。方法如图 5-25 所示，保持刚才选中的 MID 路径上的 .sysName，操作选项中选择“Set”，在弹出的“SNMP set”对话框中输入新路由器主机名“Router1”，点击“OK”按钮。可以看到，原来的“R1”值变为“Router1”。

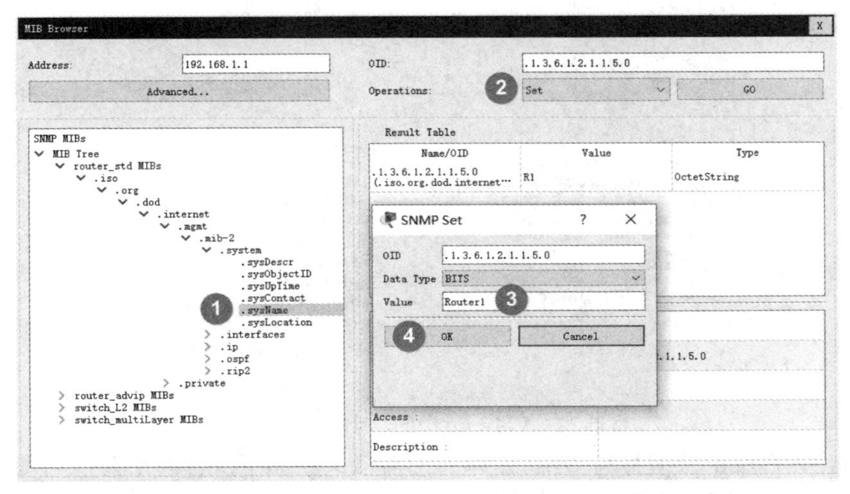

图 5-25　在 PC1 的 MIB Browser 中设置路由器的主机名

2. 基于 EVE-NG 配置 SNMP

Cisco Packet Tracer 的 SNMP 命令有所简化，为了更好地体验 Trap 等效果，可以继续使用 EVE-NG 进行进一步的学习。

(1) 如图 5-26 所示，在 EVE-NG 中搭建拓扑。添加 Node 设备两台：一台“Cisco vIOS Router”和一台“Cisco vIOS Switch”，分别命名为 R1 和 SW1；添加 Network 云一朵：名称设为“Net1”，Type 选择“Cloud1”，用于关联 VMware 虚拟机 Win7。

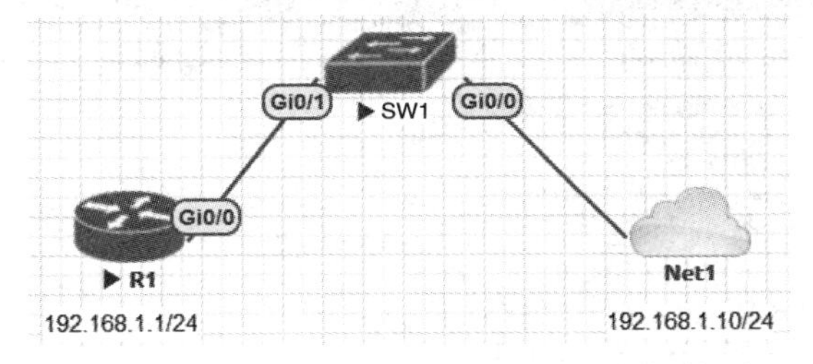

图 5-26　基于 EVE-NG 配置 SNMP 的拓扑图

(2) 图 5-27 所示是 EVE-NG 实验平台页面中 Network 云的“Type”类型，指示了 CLoud 云编号。

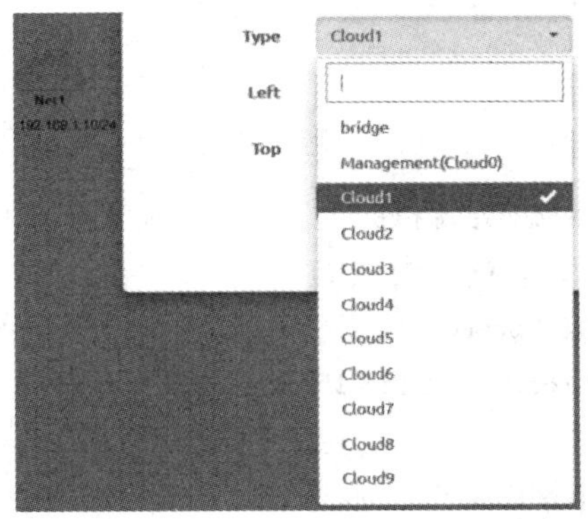

图 5-27　EVE-NG 实验平台页面中 Net1 云的“Type”类型

图 5-28 所示是 VMware 中的“VMnet”编号(可按需增删和调整顺序)。

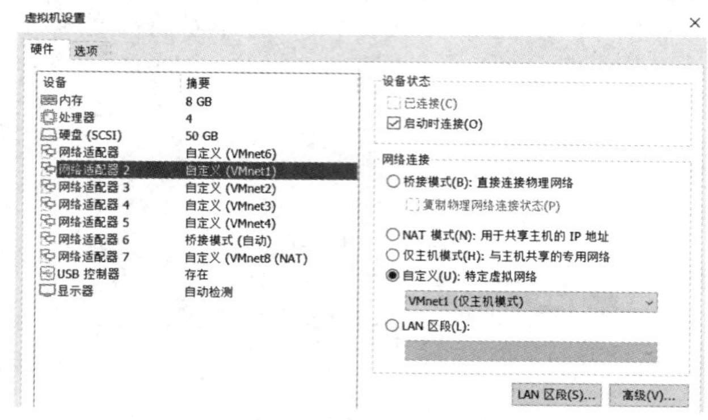

图 5-28　VMware 中的“VMnet”编号

可以看出，Cloud 云编号与 VMnet 编号的对应关系如下：管理平台用的 Cloud0 对应 VMnet6，连接虚拟机用的 Cloud1 对应 VMnet1、Cloud2 对应 VMnet2，依次类推。

(3) 将 VMware 虚拟机 Win7 与云 Cloud1 关联。

由于搭建拓扑时，Network 云 Type 选择的“Cloud1”对应于 VMware 的“VMnet1”，所以为了将 VMware 虚拟机 Win7 与云 Cloud1 关联，需要在 VMware 中将 Win7 的网卡连接到 VMnet1。

(4) 如图 5-29 所示，在 VMware 虚拟机 Win7 中，打开“控制面板”/“系统和安全”/“Windows 防火墙”/“自定义配置”，关闭防火墙。

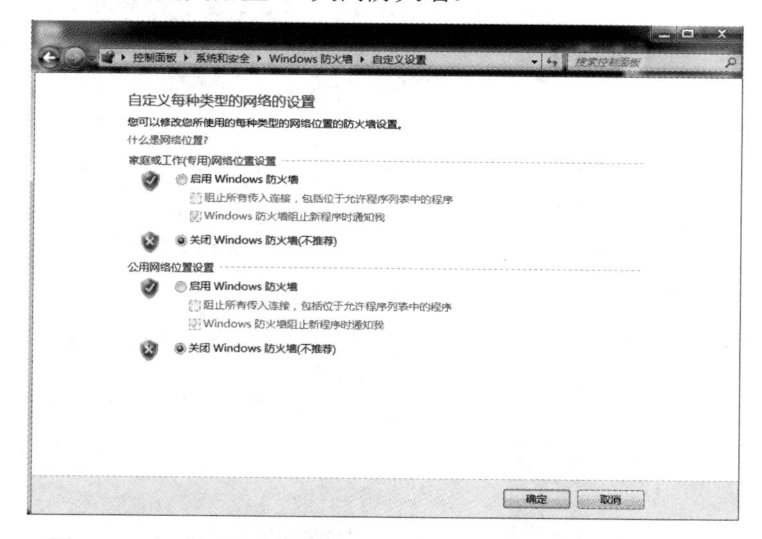

图 5-29　在 VMware 虚拟机 Win7 的“控制面板”中关闭防火墙

(5) 进行路由器 R1 的基本配置，命令如下：

R1(config)#**interface GigabitEthernet 0/0**

R1(config-if)#**ip address 192.168.1.1 255.255.255.0**

R1(config-if)#**no shutdown**

(6) 进行路由器 R1 的 SNMP 配置，命令如下：

[R1]**snmp-agent**

[R1]**snmp-agent sys-info version v1**　　//版本为 1

[R1]**snmp-agent community read 123**　//只读团体名为 123

[R1]**snmp-agent community write 321**　//读写团体名为 321

[R1]**snmp-agent sys-info contact "QinSir"**　//联系人为“QinSir”

[R1]**snmp-agent sys-info location "GuangXi"**　　//位置为“GuangXi”

(7) 如图 5-30 所示，在虚拟机 Win7 中，打开 SnmpB，点击 Options 菜单的“Manage Agent Profiles...”选项。

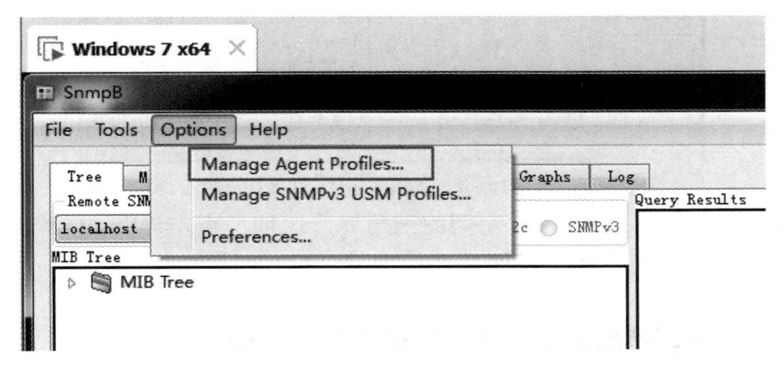

图 5-30　虚拟机 Win7 的 SnmpB 配置

(8) 如图 5-31 所示，在 Agent Profiles 窗口的左侧空白处，右击鼠标，选择“New agent profile”选项。

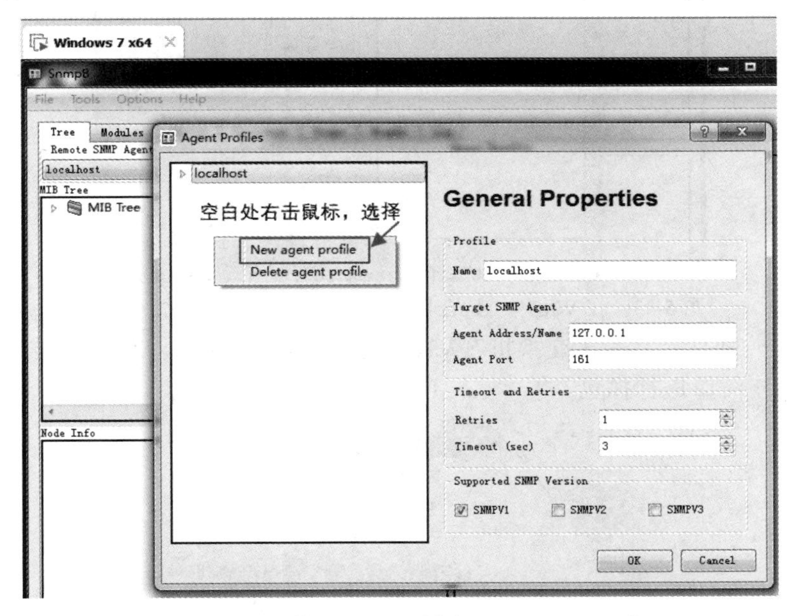

图 5-31　Win7 的 SnmpB 配置中 Agent Profiles 窗口

(9) 如图 5-32 所示，在新出现的 Agent Profiles 窗口的 Name 栏中，写入被管代理(路由器)的名称“R1”，在 Agent Address/Name 栏中，写入被管代理(路由器)的 IP 地址 192.168.1.1，在 Supported SNMP Version 栏中，勾选“SNMPV1”选项。其他栏保持默认值不变。

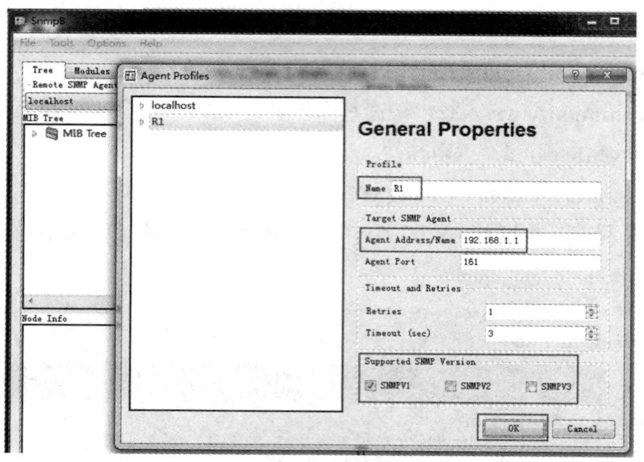

图 5-32　在 Win7 的 SnmpB 中配置 R1 的基本属性

(10) 如图 5-33 所示，点击 R1 左侧的三角展开选项，点击“Snmpv1/v2c”。按路由器 R1 上的配置信息，在右侧出现的读团体名栏填写“123”，写团体名栏填写“321”，然后点击“OK”按钮。

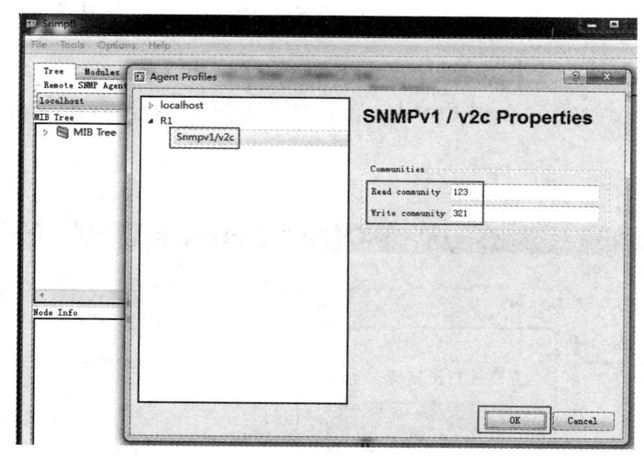

图 5-33　在 Win7 的 SnmpB 中配置 R1 的 Snmpv1/v2c 属性

(11) 如图 5-34 所示，右击交换机 SW1，选择 Capture/Gi0/0。对其后所有流经 SW1 的 G0/0 端口的网络流量进行抓包。

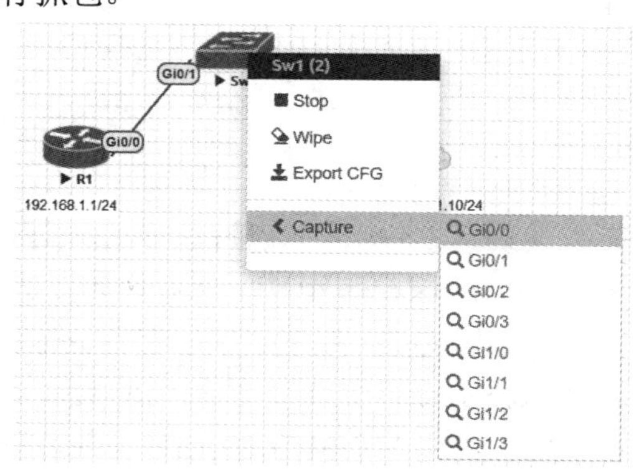

图 5-34　对流经 SW1 的 G0/0 端口的网络流量进行抓包

(12) 在第一次开启抓包时，还需要在 DOS 命令框中进行确认，该命令框被隐藏在 Windows 任务栏中。如图 5-35 所示，在 Windows 任务栏中，点击被隐藏的 DOS 命令框，在弹出的 DOS 命令框中输入“y”。抓包期间不要关闭这个 DOS 命令框，只需将其最小化。

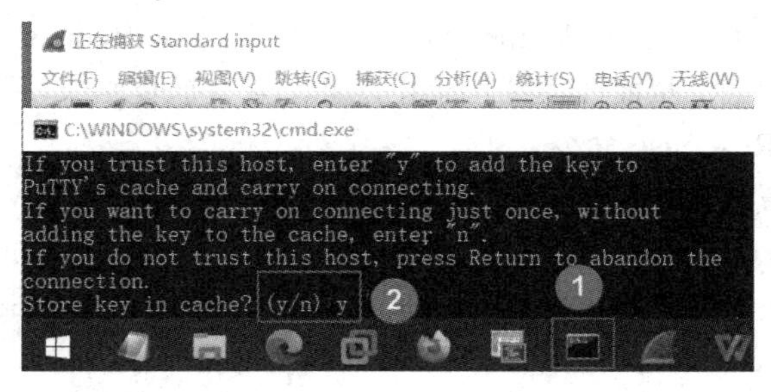

图 5-35　第一次开启抓包时的 DOS 命令框

(13) 如图 5-36 所示，在 Win7 上的 SnmpB 软件的 Remote SNMP Agent 选项中，选中“R1”。然后展开 MIB Tree/iso/org/dod/internet/mgmt/mib-2/system/sysName，在出现的 sysName 选项上右击，在弹出的菜单中点击“Get”选项，调用 GetRequest 命令。可以在右侧查看到获取到的路由器名称“R1”。

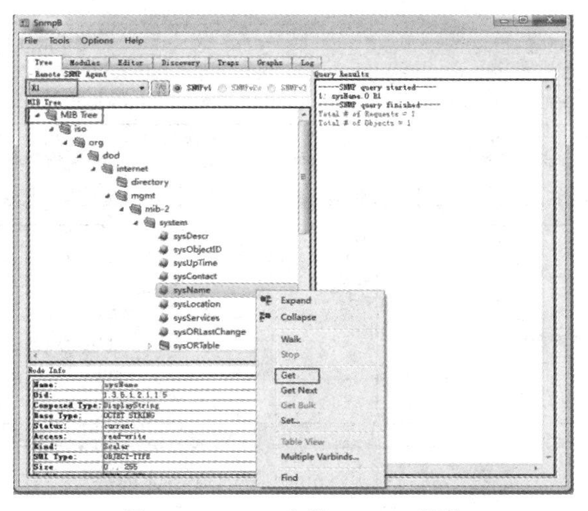

图 5-36　Win7 上的 SnmpB 软件

(14) 如图 5-37 所示，查看 Wireshark 抓包的结果，可以看到抓到了 SNMP 的 get-request 命令和 get-response 命令。详细信息中，还可以看到版本、团体名等信息。

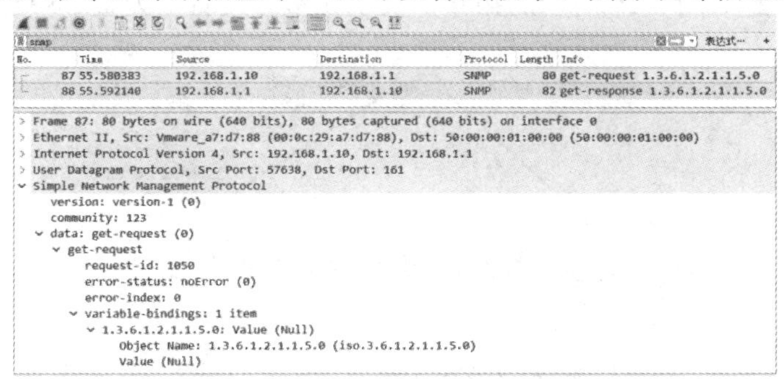

图 5-37　查看 Wireshark 抓包的结果

(15) 如图 5-36 所示，右击 sysName，点击“GetNext”，调用 GetNextRequest 命令，可以获取到位置信息“GuangXi”。查看抓包结果，可以看到抓到的 SNMP 的 GetNextRequest 命令和 Response 命令。

(16) 如图 5-36 所示，右击 sysName，点击“Set”，调用 SetRequest 命令，可以在“Values”栏中输入新的路由器名称，从而改变路由器的名称。查看抓包结果，可以看到抓到的 SNMP 的 SetRequest 命令和 Response 命令。

(17) 在 R1 上配置 SNMP Trap，命令如下：

R1(config)#**snmp-server enable traps** //允许 R1 将 Trap 发送出去

R1(config)#**snmp-server host 192.168.1.10 traps trapcommu** //指定 Trap 接收者为 192.168.1.10，指定发送 Trap 时采用 trapcommu 作为团体字符串

(18) 在 R1 上执行一些配置操作，以便观察 Trap 效果。执行命令如下：

R1(config)#**interface Loopback 0**

R1(config-if)#**exit**

R1(config)#**no interface Loopback 0**

(19) 如图 5-38 所示，打开 SnmpB 的 Traps 选项夹，可以看到 Trap 到的信息。

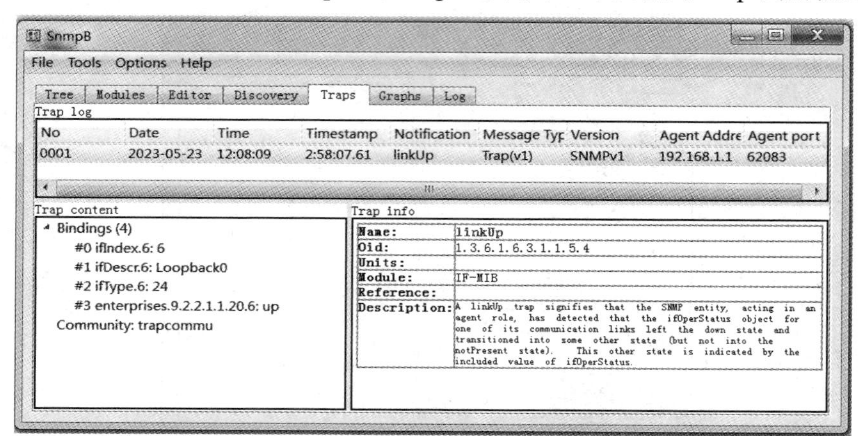

图 5-38 打开 SnmpB 的 Traps 选项夹

5.5.2 华为设备配置 SNMP

在 eNSP 中搭建如图 5-39 所示的拓扑，实现在华为设备上配置 SNMP。

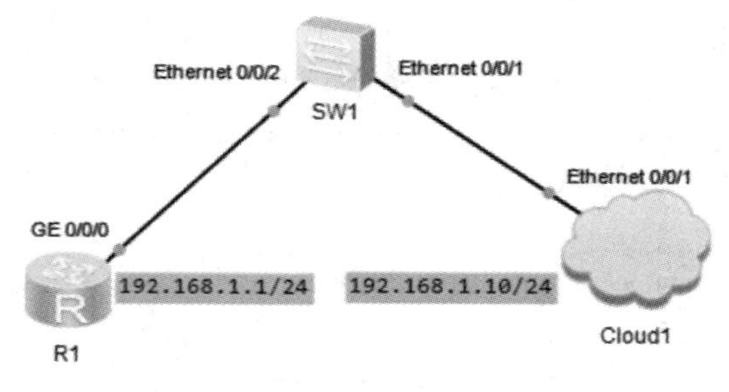

图 5-39 华为设备配置 SNMP 的拓扑

(1) 如图 5-40 所示，按照“华为设备无密码的远程 Telnet 连接”实验中配置云属性的方法，配置 Cloud1 的属性。

图 5-40　配置 Cloud1 的属性

(2) 因为 Cloud1 的属性设置时连接到了 VMnet1 虚拟网卡，所以打开 VMware 虚拟机 Win7 后，也将 Win7 连接到 VMnet1 虚拟网卡。

(3) 如图 5-29 所示，在 VMware 虚拟机 Win7 中，关闭防火墙。

(4) 进行路由器 R1 的基本配置，命令如下：

[R1]**int GigabitEthernet 0/0/0**

[R1-GigabitEthernet0/0/0]**ip address 192.168.1.1 24**

(5) 进行路由器 R1 的 SNMP 配置，命令如下：

[R1]**snmp-agent**

[R1]**snmp-agent sys-info version v1**　　//版本为 1

[R1]**snmp-agent community read 123**　//读团体名为 123

[R1]**snmp-agent community write 321**　//写团体名为 321

[R1]**snmp-agent sys-info contact "QinSir"**　//联系人为“QinSir”

[R1]**snmp-agent sys-info location "GuangXi"**　//位置为“GuangXi”

(6) 按照思科设备“基于 EVE-NG 配置 SNMP”实验中的方法，对虚拟机 Win7 中的软件 SnmpB 进行配置。

(7) 如图 5-41 所示，右击交换机 SW1，选择数据抓包/Ethernet0/0/1。对其后所有流经 SW1 的 E0/0/1 端口的网络流量进行抓包。

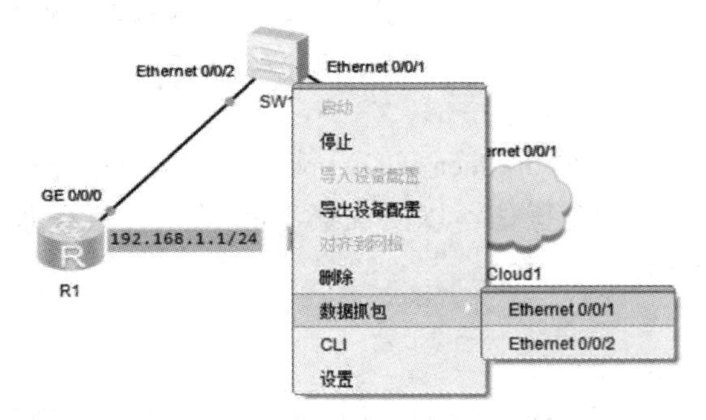

图 5-41　对流经 SW1 的 E0/0/1 端口的网络流量进行抓包

(8) 如图 5-36 所示，用与思科设备“基于 EVE-NG 配置 SNMP”实验中一样的方法，先在 Win7 上的 SnmpB 软件的 Remote SNMP Agent 选项中，选中“R1”；然后展开 MIB Tree/iso/org/dod/internet/mgmt/mib-2/system，在出现的 sysName 选项上右击，在弹出的菜单中点击“Get”选项，调用 GetRequest 命令，可以在右侧查看到获取的路由器名称“R1”。

(9) 如图 5-42 所示，查看 Wireshark 抓包的结果，可以看到抓到了 SNMP 的 get-request 命令和 get-response 命令。详细信息中，还可以看到版本、团体名等信息。

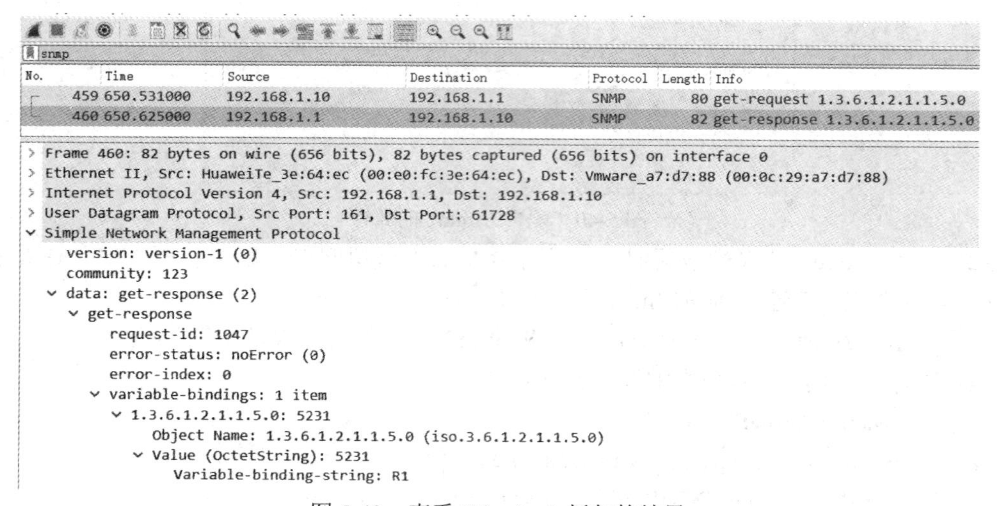

图 5-42　查看 Wireshark 抓包的结果

(10) 如图 5-36 所示，右击 sysName，点击“GetNext”，调用 GetNextRequest 命令，可以获取到位置信息“GuangXi”。查看抓包结果，可以看到抓到的 SNMP 的 GetNextRequest 命令和 Response 命令。

(11) 如图 5-36 所示，右击 sysName，点击“Set”，调用 SetRequest 命令，可以改变路由器的名称。查看抓包结果，可以看到抓到的 SNMP 的 SetRequest 命令和 Response 命令。

(12) 在 R1 上配置 SNMP Trap，命令如下：

[R1]**snmp-agent target-host trap-paramsname trapPara1 v1 securityname trapAdmin**　//定义 Trap 参数名为 trapPara1，定义安保部门名为 trapAdmin

[R1]**snmp-agent target-host trap-hostname trapHost address 192.168.1.10 udp-port 162 trap-paramsname trapPara1**　//定义 Trap 主机名为 trapHost，定义接收主机地址为 192.168.1.10，定义端口号为 UDP162

[R1]**snmp-agent trap enable**　//启动 Trap

Info: All switches of SNMP trap/notification will be open. Continue? [Y/N]:Y　//选择 Yes

(13) 在 R1 上执行一些配置操作，以便观察 Trap 效果。执行命令如下：

[R1]**interface LoopBack 0**

[R1-LoopBack1]**quit**

[R1]**undo interface LoopBack 0**

(14) 如图 5-43 所示，打开 SnmpB 的 Traps 选项夹，可以看到 Trap 到的信息。

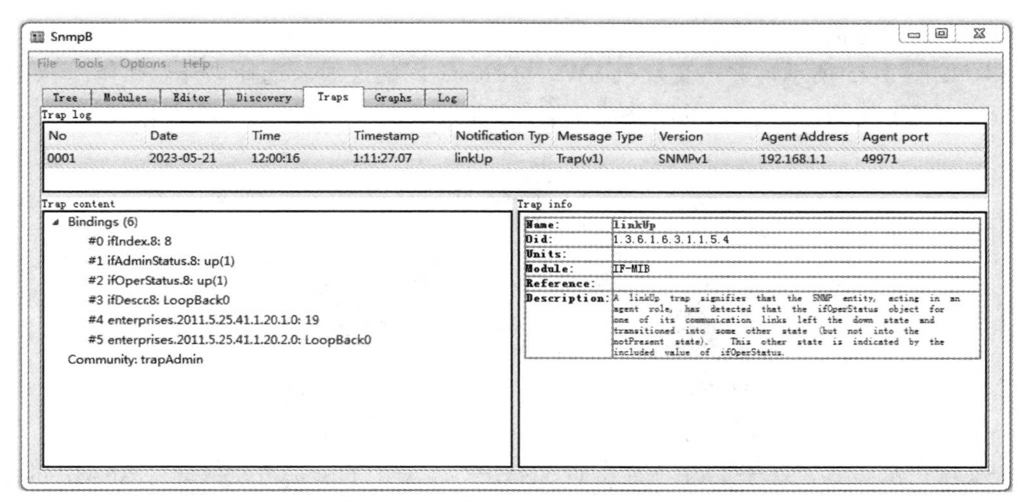

图 5-43　查看 SnmpB 的 Traps 选项

5.5.3　华三设备配置 SNMP

在 HCL 中搭建如图 5-44 所示的拓扑。按照“华三设备无密码的远程 telnet 连接”实验中设置 Host 与 VMWare 的 Win7 虚拟机关联的方法，将 VMware Workstation Pro 的虚拟机 Win7 连接到交换机 SW1 的 G1/0/1 端口。同时，在 VMware 虚拟机 Win7 中，关闭防火墙。

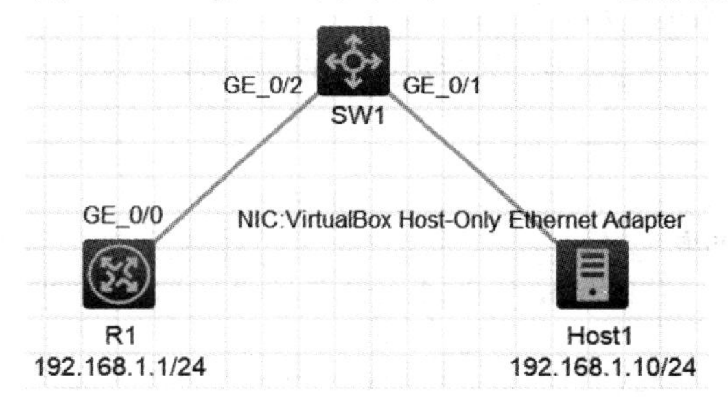

图 5-44　华三设备配置 SNMP 的拓扑

(1) 进行路由器 R1 的基本配置，命令如下：

[R1]**interface GigabitEthernet 0/0**

[R1-GigabitEthernet0/0]**ip address 192.168.1.1 24**

[R1-GigabitEthernet0/0]**quit**

(2) 进行路由器 R1 的 SNMP 配置，命令如下：

[R1]**snmp-agent**　//全局使能 snmp-agent

[R1]**snmp-agent sys-info version v1**　//版本为 1

[R1]**snmp-agent community read 123**　//读团体名为 123

[R1]**snmp-agent community write 321**　//写团体名为 321

[R1]**snmp-agent sys-info contact "QinSir"**　//联系人为“QinSir”

[R1]**snmp-agent sys-info location "GuangXi"**　//位置为“GuangXi”

(3) 按照思科设备“基于 EVE-NG 配置 SNMP”实验中的方法，对虚拟机 Win7 中的软件 SnmpB 进行配置。

(4) 如图 5-45 所示，右击交换机 SW1 与 Host1 间的连线，选择“开启抓包”，对其后所有流经 SW1 的 G1/0/1 端口的网络流量进行抓包。

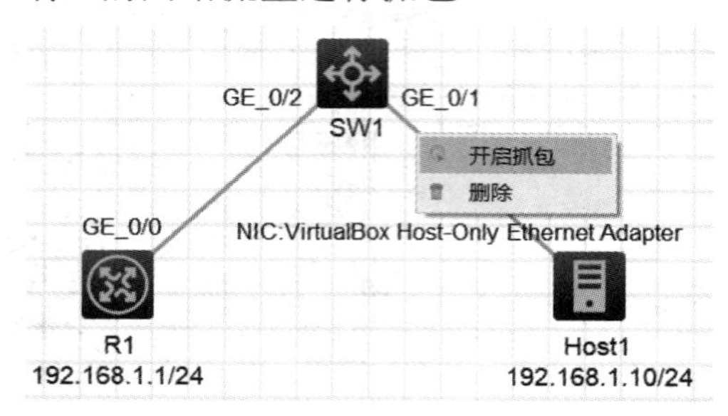

图 5-45 对流经 SW1 的 G1/0/1 端口的网络流量进行抓包

(5) 用思科设备“基于 EVE-NG 配置 SNMP”实验中的验证方法，验证 SNMP 的网络管理效果。

(6) 在 R1 上配置 SNMP Trap，命令如下：

[R1]**snmp-agent target-host trap address udp-domain 192.168.1.10 udp-port 162 params securityname trapAdmin v1** //定义接收主机地址为 192.168.1.10，定义端口号为 UDP162，定义安保部门名为 trapAdmin，定义版本为 v1，该版本要与 Win7 中 SnmpB 运行的版本一致，否则网管站将收不到 Trap 信息

[R1]**snmp-agent trap enable** //启动 Trap

(7) 在 R1 上执行一些配置操作，以便观察 Trap 效果，执行命令如下：

[R1]**interface LoopBack 1**

[R1-LoopBack1]**quit**

[R1]**undo interface LoopBack 1**

(8) 如图 5-46 所示，打开 SnmpB 的 Traps 选项夹，可以看到 Trap 到的信息。

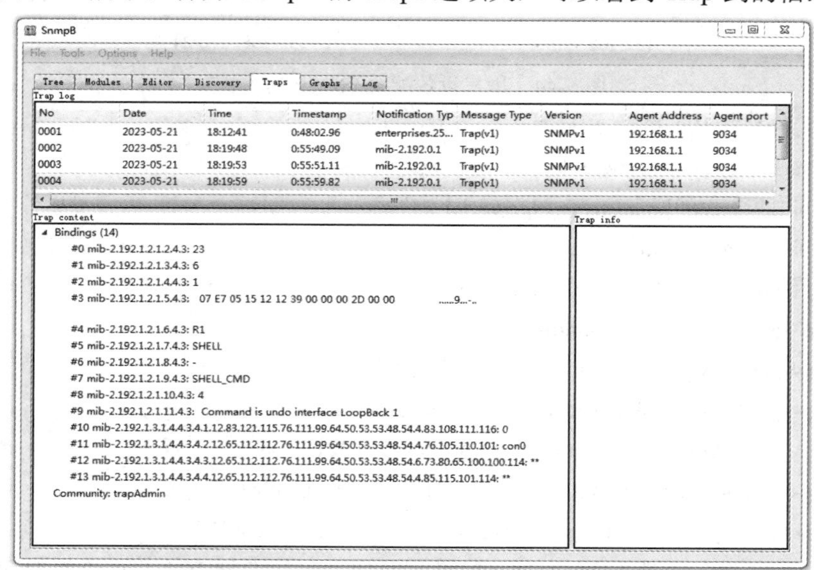

图 5-46 查看 SnmpB 的 Traps 选项夹

练 习 与 思 考

1. 请将网络地址是 10.1.1.128/25 划分成三个网段。要求：第一个网段要能容纳 33 个 IP 地址，第二个网段要能容纳 30 个地址，第三个网段要能容纳 15 个地址。

2. 对 172.16.1.0/27、172.16.1.32/27、172.16.1.64/27、172.16.1.96/27 这 4 个子网地址进行精确的汇总后，得到的网络地址是多少？请写出计算过程。

3. 请自行规划，分别用交换机和路由器做 DHCP 服务器，给电脑分配 IP 地址、缺省网关和 DNS 地址，并通过实验验证，确保全网互通。

4. 请规划一个由一台路由器、两台交换机、两台电脑组成的网络，开启所有网络设备接受 telnet 远程连接配置的功能，通过实验验证。

5. 规划和搭建一个由两台路由器、两台交换机、两台电脑组成的网络，为所有网络设备配置 SNMP 功能，通过实验验证 SNMP 的“Get”“Set”和“Trap”效果。

第 6 章　网络可靠性技术

在实现网络互联互通的基础上，进一步追求的是网络的可靠性。冗余技术是提高网络可靠性的有效途径，由于计算机网络由网络设备及设备间的链路组成，而不同网络间的互联要靠网关实现，所以冗余技术可以通过链路冗余、网关冗余、设备冗余等途径实现。

链路冗余虽然增强了网络的可靠性，但也会产生环路。避免冗余链路出现环路的一种方法是运行生成树协议，另一种方法是使用链路聚合技术。生成树可将多余的端口阻塞，避免环路的产生，当正常端口出现故障后，被生成树协议阻塞端口会自动开启，确保网络不被中断。链路聚合技术则能将多条链路聚合成一条更大带宽的链路，成为一条链路后，自然就没有环路了。

下面分别探讨与冗余链路相关的生成树协议和链路聚合技术、与网关冗余相关的HSRP协议和 VRRP 协议、与设备冗余相关的堆叠技术。

6.1　生成树协议

随着局域网规模的扩大，需要将多台交换机进行互连。为了提高网络的可靠性，避免单点故障导致业务中断，交换机互连时一般采用冗余链路实现备份。冗余链路虽然增强了网络的可靠性，但也会产生环路。下面先分析网络环路有哪些危害，再学习避免环路的生成树协议。

1. 网络环路及其危害

根据交换机的转发原则，如果交换机从一个端口上接收到的是一个广播帧，或者是一个目的 MAC 地址未知的单播帧，则会将这个帧向除源端口之外的所有其他端口转发。如果网络中存在环路，则这个帧会被无限转发。

例如，如图 6-1 所示，当 PC1 还没有向外发送过任何帧时，所有交换机的 MAC 地址表上都还没有 PC1 的 MAC 地址记录。

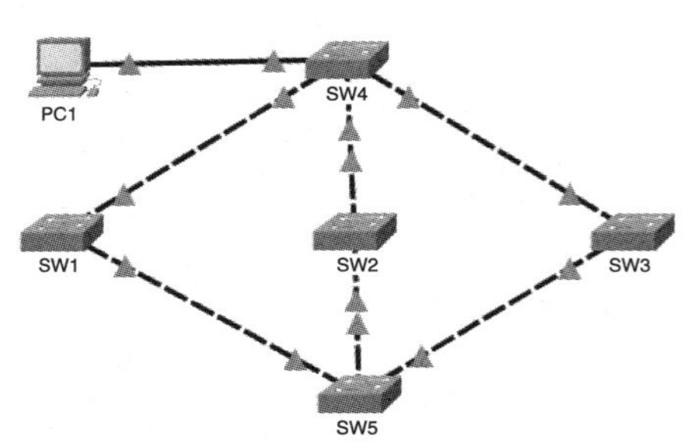

图 6-1　冗余链路的拓扑

当 PC1 向外发送一个目的地不存在于该网络中的单播帧时，SW4 会将其广播给 SW1、SW2 和 SW3，这三台交换机在各自的 MAC 地址表中记录下 PC1 位于上方端口，并将其转发给 SW5。SW5 收到的这三个帧后会通过广播的形式将它们转发出去。因此，SW1、SW2、SW3

都会收到 SW5 转发而来的两个帧。例如，SW3 会收到 SW5 转发的、来自 SW1 和 SW2 的两个帧，这两个帧的源地址是 PC1 的 MAC 地址，所以，SW3 会在 MAC 地址表中改写 PC1 的位置，将其改为位于下方端口。这种循环会一直持续，并且每次循环都会出现两个新帧，从而导致 MAC 地址表震荡、广播风暴等问题，交换机性能会因此急速下降，并导致业务中断。

为解决交换网络中的环路问题，IEEE 通过了 IEEE 802.1d 协议，即生成树协议 STP(Spanning Tree Protocol)。STP 可阻塞有环网络中的冗余端口，将有环变成无环，当网络中的链路出现故障时，再将处于“阻塞状态”的端口重新打开，确保网络的连通性和可靠性。

2. STP 生成树的生成过程

1) 选举根桥(Root Bridge)

要生成一棵 STP 树，首先要在所有交换机中选出一个作为根桥。早期的交换机一般只有两个端口，称为“网桥”或简称“桥”。IEEE 沿用“桥”这个术语来泛指交换机。交换机通过交换 BPDU(Bridge Protocol Data Unit，网桥协议数据单元)来进行选举根桥等生成树运算，BPDU 包含交换机的 BID(桥 ID)等与 STP 相关的所有信息，BID 值越小就越优先，最终选举出一台 BID 最小的交换机作为根桥。交换机的 BID 包括 2 字节的桥优先级和 6 字节的桥 MAC 地址，桥优先级的默认值为 0x8000(即十进制的 32 768)。

2) 确定根端口(Root Port，RP)

根桥确定后，其他各交换机都必须从各自的端口中确定一个作为根端口，用来连到根桥上。各非根桥确定根端口的方法是先比较各端口到达根桥所需的根路径开销(RPC)，较小的定为根端口；若根路径开销(RPC)相同，则比较上行设备的 BID 值，BID 小的为根端口；若 BID 相同(即各端口连到了同一个上行设备)，则比较发送方端口 ID，端口 ID 较小的端口为根端口。

3) 确定指定端口(Designated Port，DP)和备用端口(Alternate Port，AP)

若只考虑一根线连接两个交换端口的链路，根端口确定后，有两种链路：一种是有根端口的链路，根端口所在链路的对端端口为指定端口。第二种是无根端口的链路，其中一端是指定端口，另一端是备用端口(被阻塞的端口，不能转发用户数据帧，但可以接收并处理 STP 协议帧)。确定指定端口的方法是：比较链路两端交换机的根路径开销(RPC)，RPC 小的那一端的端口为指定端口；若 RPC 相同，则比较链路两端交换机的 BID 值，BID 小的这一端的端口为指定端口。

若考虑一台交换机的两个端口都连接到了同一台集线器的情况，确定指定端口时，就会出现根路径开销 RPC 相同且 BID 也相同的情况，这时就需要比较两个端口的端口 ID(PID)了。PID 由端口优先级和端口编号组成，也是值越小越优先。

3. STP 端口的 5 种状态

1) 禁用(Disabled)状态

Disabled 状态是端口关闭时的状态，该状态无法接收和发送任何帧，端口一旦被关闭或发生了链路故障，就会进入 Disabled 状态。

2) 阻塞(Blocking)状态

端口启动后会从 Disabled 状态进入 Blocking 状态。Blocking 状态的端口只能接收和分析 BPDU，不能发送 BPDU。

3) 侦听(Listening)状态

端口被选为根端口或指定端口后，会从 Blocking 状态进入 Listening 状态。该状态的端口可接收和发送 BPDU，为了避免 STP 不同步而产生临时环路，该状态的端口至少还要经过两次转发延迟(默认一次 15 s)才能进入转发状态。

4) 学习(Learning)状态

Listening 状态的端口经过一次转发延迟时间(15 s)后，进入 Learning 状态。Learning 状态的端口除了可以接收和发送 BPDU，还能学习 MAC 地址，但不能转发用户数据帧。

5) 转发(Forwarding)状态

Learning 状态的端口经过一次转发延迟时间(15 s)后，进入 Forwarding 状态，开始进行用户数据帧的转发。

6.1.1　思科 STP 的配置

在 Packet Tracer 中搭建如图 6-2 所示的拓扑，完成思科 STP 的配置。

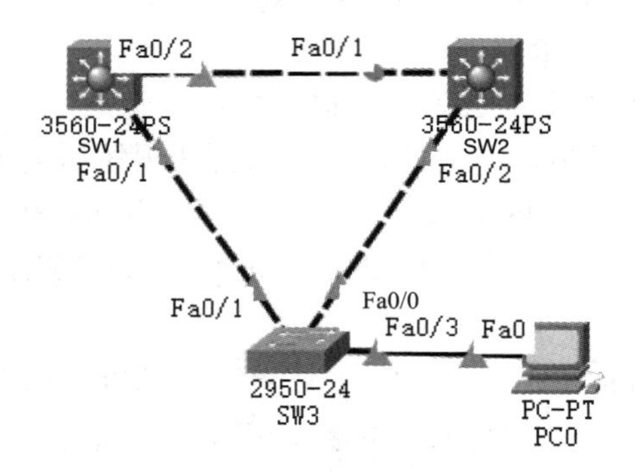

图 6-2　配置思科 STP 的拓扑

1. 探究 STP 端口状态的变化过程

(1) 断开 PC0 和 SW3 之间的连线，重新连接，同时，立即开启秒表的计时，期间不断查看 F0/3 的 STP 状态，查看命令如下：

```
SW3#show spanning-tree interface FastEthernet 0/3
Vlan                Role Sts Cost       Prio.Nbr    Type
VLAN0001            Altn LSN 19         128.3       P2p
```

可以看到，电脑连接到交换机时，交换机的 F0/3 端口进入 Listening 状态。

(2) 经过 15 s 后查看 STP 端口状态，查看命令如下：

```
SW3#show spanning-tree interface FastEthernet 0/3
Vlan                Role Sts Cost       Prio.Nbr    Type
VLAN0001            Altn LRN 19         128.3       P2p
```

可以看到，15 s 后 F0/3 端口变为 Learning 状态。

(3) 又过 15 s 后查看 STP 端口状态，查看命令如下：

```
SW3#show spanning-tree interface FastEthernet 0/3
Vlan              Role Sts Cost     Prio.Nbr    Type
VLAN0001          Desg FWD 19       128.3       P2p
```

可以看到，再过 15 s 后 F0/3 端口进入 Forwarding 状态。

2. Portfast 端口

由于电脑接入不会引起环路，所以可以为该端口配置 Portfast 属性，使其不用等待 30 s，而是直接进入 Forwarding 转发状态。配置命令如下：

```
SW3#configure terminal
SW3(config)#interface FastEthernet 0/3
SW3(config-if)#spanning-tree portfast
```

断开 PC0 和 SW3 之间的连线重新连接，可看到连线两端立即变绿，不用再等待 30 s。

3. 指定根桥和备用根桥

IEEE 的通用生成树(CST)不考虑 VLAN，以交换机为单位运行 STP，整个交换机的所有 VLAN 使用同一棵生成树，所有 VLAN 阻塞的端口相同。思科的 PVST 为每个 VLAN 单独运行 STP，各 VLAN 阻塞的端口可以不同，从而实现负载均衡。

若不作干预，让各交换级自动进行根桥的选举，选举情况是：先比较桥优先级，各交换机的默认优先级一样；再比较 MAC 地址，MAC 地址越小越优先。由于早期设备的 MAC 地址比新设备的 MAC 地址小，所以早期设备会被选为根网桥，这是不合理的。下面，我们学习如何为不同 VLAN 指定不同的根网桥。

(1) 如图 6-3 所示，将上个案例拓扑中的电脑删除，继续本实验。

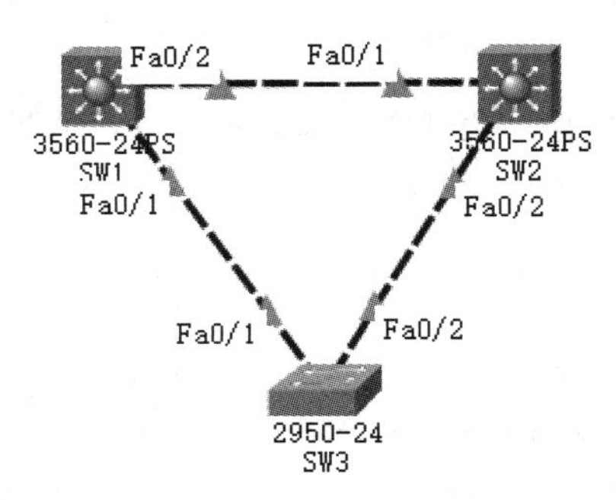

图 6-3　指定根桥和备用根桥的拓扑

(2) 交换机间配置 Trunk 链路，命令如下：

```
SW1(config)#interface range FastEthernet 0/1-2
SW1(config-if-range)#switchport trunk encapsulation dot1q
SW1(config-if-range)#switchport mode trunk      //将 SW1 的 F0/1 和 F0/2 设为 Trunk 模式
SW1(config-if-range)#end
SW2(config)#interface range FastEthernet 0/1-2
SW2(config-if-range)#switchport trunk encapsulation dot1q
```

```
SW2(config-if-range)#switchport mode trunk     //将 SW2 的 F0/1 和 F0/2 设为 Trunk 模式
SW2(config-if-range)#end
SW3(config)#interface range FastEthernet 0/1-2
SW3(config-if-range)#switchport mode trunk     //将 SW3 的 F0/1 和 F0/2 设为 Trunk 模式
SW3(config-if-range)#end
SW1#show interfaces trunk     //查看 SW1 的 Trunk 端口
SW2#show interfaces trunk     //查看 SW2 的 Trunk 端口
SW3#show interfaces trunk     //查看 SW3 的 Trunk 端口
```

(3) 通过配置 VTP 的方式，使在 SW1 上创建的 VLAN 2 被 SW2 和 SW3 自动学习到。配置命令如下：

```
SW1#configure terminal
SW1(config)#vtp domain VTP10
SW1(config)#vlan 2
SW1(config-vlan)#end
SW1#show vlan brief     //在交换机 SW1 上查看，有了 VLAN 2
SW2#show vlan brief     //在交换机 SW2 上查看，有了 VLAN 2
SW3#show vlan brief     //在交换机 SW3 上查看，有了 VLAN 2
```

(4) 分别在三台交换机上查看生成树信息，命令如下：

```
SW1#show spanning-tree vlan 1
VLAN0001                                                      //SW1 上 VLAN 1 的生成树信息
  Bridge ID  Priority   32769  (priority 32768 sys-id-ext 1)  //SW1 在 VLAN 1 的优先级
             Address     00D0.D380.CB13                        //SW1 的 MAC 地址
SW2#show spanning-tree vlan 1
VLAN0001
  Bridge ID  Priority   32769  (priority 32768 sys-id-ext 1)  //SW2 在 VLAN 1 的优先级
             Address     00D0.D3C4.4B01                        //SW2 的 MAC 地址
SW3#show spanning-tree vlan 1
VLAN0001
             This bridge is the root                               //本网桥是根桥
  Bridge ID  Priority     32769  (priority 32768 sys-id-ext 1)     //SW3 在 VLAN 1 的优先级
             Address      0006.2A88.750B                           //SW3 的 MAC 地址
Interface  Role  Sts  Cost  Prio.Nbr Type
Fa0/2      Desg  FWD  19    128.2    P2p      //SW3 的 Fa0/2 端口是指定口
Fa0/1      Desg  FWD  19    128.1    P2p      //SW3 的 Fa0/1 端口是指定口
```

桥 ID 由桥优先级+MAC 组成，选根桥时先比较桥优先级，交换机的默认优先级是 32768+VLAN ID。可以看到，三台交换机在 VLAN 1 上的优先级相同，都是 32 769。

如果优先级相同，再比较 MAC 地址，MAC 地址小的交换机会被选为根桥。由于 SW3 的 MAC 地址最小，所以 SW3 被选为 VLAN 1 的根桥，SW3 作为根桥，它的所有端口都是指定口。

(5) SW3 作为接入层的二层设备，由于 MAC 地址小，被自动选为根桥并不合理。下面我们通过手动指定的方式，将汇聚层的三层交换机 SW1 指定为 VLAN 1 的根桥，将 SW2 指定为 VLAN 1 的备用根桥。可以采用"spanning-tree vlan 1 priority 4096"命令直接配置交换机的优先级，也可采用命令"spanning-tree vlan 1 root primary"和"spanning-tree vlan 1 root secondary"设置根桥和备用根桥，这两条命令是宏命令，会间接调用设置交换机优先级的命令为交换机设置优先级。

① 将 SW1 设置为 VLAN 1 的根桥，命令如下：

SW1(config)#**spanning-tree vlan 1 priority ?**　　//查看优先级的取值范围

<0-61440>　bridge priority in increments of 4096　　//可以看到，优先级的范围是 0～61 440，并要求是 4096 的倍数

SW1(config)#**spanning-tree vlan 1 priority 4096**　　//将 SW1 的优先级设置为 4096，该交换机将充当根桥

② 将 SW2 设置为 VLAN 1 的备用根桥，命令如下：

SW2(config)#**spanning-tree vlan 1 root secondary**　　//这里采用宏命令间接调用设置交换机优先级的命令将 SW2 设置为备用根桥

③ 在各交换机上查看 VLAN 1 的生成树状态，命令如下：

SW1#**show spanning-tree vlan 1**　//在 SW1 上查看 VLAN 1 的生成树状态

VLAN0001

This bridge is the root　　//该结果指明本交换机 SW1 是根桥

Bridge ID　Priority　4097　(priority 4096 sys-id-ext 1)　　//SW1 的 VLAN 1 生成树桥优先级为 4097，与其后的 SW2、SW3 比较，本交换机的桥优先级数值最小、优先级最高，所以 SW1 是 VLAN 1 生成树的根桥

Interface　Role　Sts　Cost　Prio.Nbr　Type

Fa0/2　Desg　FWD　19　128.2　P2p　　//指定口

Fa0/1　Desg　FWD　19　128.1　P2p　　//指定口

SW2#**show spanning-tree vlan 1**　//在 SW2 上查看 VLAN 1 的生成树状态

VLAN0001

Bridge ID　Priority　28673　(priority 28672 sys-id-ext 1)　　//与 SW1 和其后的 SW3 比较，本交换机的桥优先级排第二，所以 SW2 是 VLAN 1 生成树的备用根桥

Interface　Role Sts Cost　Prio.Nbr　Type

Fa0/1　Root FWD 19　128.1　P2p　　//根端口

Fa0/2　Desg FWD 19　128.2　P2p　　//指定口

SW3#**show spanning-tree vlan 1**　//在 SW3 上查看 VLAN 1 的生成树状态

VLAN0001

Bridge ID　Priority　32769　(priority 32768 sys-id-ext 1)　　//桥优先级最低

Interface　Role Sts Cost　Prio.Nbr　Type

Fa0/2　Altn BLK　19　128.2　P2p　　//替代口，被阻塞

Fa0/1　Root FWD 19　128.1　P2p　　//根端口

4. 根桥在不同 VLAN 间的负载均衡

下面将 SW2 设置为 VLAN 2 的根桥，将 SW1 设置为 VLAN 2 的备用根桥。与之前将 SW1 设置为 VLAN 1 的根桥、将 SW2 设置为 VLAN 1 的备用根桥相配合，形成根桥在两个 VLAN 生成树间的负载均衡。

(1) 将 SW2 设置为 VLAN 2 的根桥，命令如下：

SW2(config)#**spanning-tree vlan 2 root primary**

(2) 将 SW1 设置为 VLAN 2 的备用根桥，命令如下：

SW1(config)#**spanning-tree vlan 2 root secondary**

(3) 在 SW2、SW1 和 SW3 上查看效果，命令如下：

```
SW2#show spanning-tree vlan 2    //在 SW2 上查看效果
VLAN0002
          This bridge is the root     //SW2 是 VLAN 2 生成树的根桥
Interface   Role   Sts    Cost   Prio.Nbr   Type
Fa0/1       Desg   FWD    19     128.1      P2p          //指定口
Fa0/2       Desg   FWD    19     128.2      P2p          //指定口
SW1#show spanning-tree vlan 2    //在 SW1 上查看效果
VLAN0002
Interface   Role   Sts    Cost   Prio.Nbr   Type
Fa0/1       Desg   LSN    19     128.1      P2p          //指定口
Fa0/2       Root   FWD    19     128.2      P2p          //根端口
SW3#show spanning-tree vlan 2    //在 SW3 上查看效果
VLAN0002
Interface   Role   Sts    Cost   Prio.Nbr   Type
Fa0/2       Root   FWD    19     128.2      P2p          //根端口
Fa0/1       Altn   BLK    19     128.1      P2p          //替代口，被阻塞
```

5. 链路在不同 VLAN 间的负载均衡

如图 6-4 所示，为提高两台三层交换机间链路的可靠性，在原实验拓扑的基础上，在 SW1 和 SW2 之间多加一根网线。连接两台交换机的两根网线形成了一个环路，经过生成树计算，会有一条链路被阻塞。由于连接新增链路的端口的端口号是 F0/3，比原来链路的端口号 F0/2 大，所以无论是 VLAN 1 还是 VLAN 2，都是新增链路被阻塞。由于 VLAN 1 的根桥是 SW1，所以 VLAN 1 阻塞的是 SW2 的 F0/3 端口；由于 VLAN 2 的根桥是 SW2，所以 VLAN 2 阻塞的是 SW1 的 F0/3 端口。

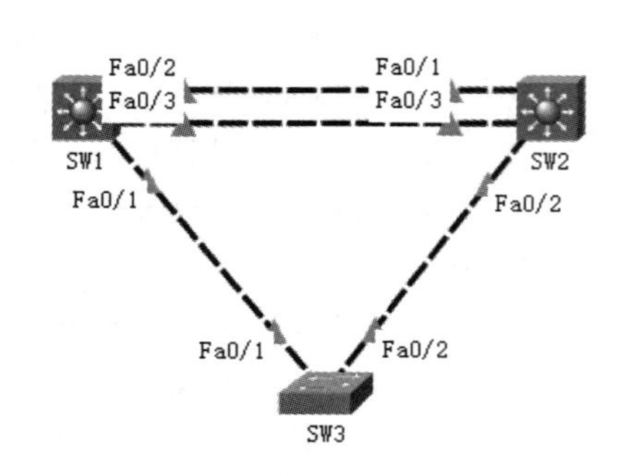

图 6-4　不同 VLAN 间负载均衡的拓扑

为使各链路得到充分利用，除了可将连接 SW1 和 SW2 的这两条链路进行捆绑，做成以太通道外，我们还可采用配置 STP 的方法，让 VLAN 1

的流量继续走 F0/2 端口连接的链路，让 VLAN 2 的流量走 F0/3 端口连接的新增链路，实现不同 VLAN 间的负载均衡。

(1) 将新增链路配置为 Trunk 链路，命令如下：

```
SW1(config)#interface FastEthernet 0/3
SW1(config-if)#switchport trunk encapsulation dot1q
SW1(config-if)#switchport mode trunk
SW2(config)#interface FastEthernet 0/3
SW2(config-if)#switchport trunk encapsulation dot1q
SW2(config-if)#switchport mode trunk
SW1#show interfaces trunk
SW2#show interfaces trunk
```

(2) 在各 SW1、SW2 上查看 STP 状态，命令如下：

```
SW1#show spanning-tree     //在 SW1 上查看 STP 状态
VLAN0001
                  This bridge is the root
Interface     Role  Sts      Cost   Prio.Nbr    Type
-------------- ------- --------- -------- ------------- ---------
Fa0/1         Desg  FWD   19    128.1        P2p
Fa0/3         Desg  FWD   19    128.3        P2p
Fa0/2         Desg  FWD   19    128.2        P2p
VLAN0002
Interface     Role    Sts     Cost   Prio.Nbr   Type
-------------- ------- --------- -------- ------------- ---------
Fa0/1         Desg  FWD   19    128.1        P2p
Fa0/3         Altn   BLK   19    128.3        P2p      //被阻塞
Fa0/2         Root  FWD   19    128.2        P2p
SW2#show spanning-tree        //在 SW2 上查看 STP 状态
VLAN0001
Interface      Role  Sts      Cost      Prio.Nbr   Type
-------------- ------- --------- -------- ------------- ---------
Fa0/1         Root  FWD   19    128.1        P2p
Fa0/3         Altn   BLK   19    128.3        P2p      //被阻塞
Fa0/2         Desg  FWD   19    128.2        P2p
VLAN0002
                  This bridge is the root
Interface      Role  Sts    Cost   Prio.Nbr   Type
-------------- ------- --------- -------- ------------- ---------
Fa0/1         Desg  FWD   19    128.1        P2p
Fa0/3         Desg  FWD   19    128.3        P2p
```

Fa0/2 Desg FWD 19 128.2 P2p

可以看到，由于连接新增链路的端口的端口号偏大，所以无论是 VLAN 1 还是 VLAN 2，都是新增链路被阻塞。其中，VLAN 1 阻塞的是 SW2 的 F0/3 端口，VLAN 2 阻塞的是 SW1 的 F0/3 端口。

(3) 为了让各链路得到充分利用，我们通过两种方法让 VLAN 1 的流量继续走 F0/2 端口连接的链路，让 VLAN 2 的流量走 F0/3 端口连接的新链路，实现不同 VLAN 间的负载均衡。

方法一是通过修改端口的优先级实现，配置命令如下：

SW2#**configure terminal**

SW2(config)#**interface fastEthernet 0/3**

SW2(config-if)#**spanning-tree vlan 2 port-priority 112** //将 SW2 的 F0/3 端口优先级设为 112，比 SW2 的 F0/2 端口默认的优先级 128 更优

SW2(config-if)#**end**

SW1#**show spanning-tree interface FastEthernet 0/3**

Vlan	Role	Sts	Cost	Prio.Nbr	Type
VLAN0001	Desg	FWD	19	128.3	P2p
VLAN0002	Root	FWD	19	128.3	P2p

SW1#**show spanning-tree interface fastEthernet 0/2**

Vlan	Role	Sts	Cost	Prio.Nbr	Type
VLAN0001	Desg	FWD	19	128.2	P2p
VLAN0002	Altn	BLK	19	128.2	P2p

可以看到，VLAN 2 中，SW1 的 F0/3 变成了转发状态，而 F0/2 被阻塞了。这是因为对于 VLAN 2 来说，由于 SW2 是根桥，所有端口都是指定口，处于转发状态，所以阻塞的只能是 SW1 的 F0/2 或 F0/3 端口，这两个端口有一个会被选为根端口，另一个会被阻塞。为 SW1 选择根端口时，由于 SW1 的 F0/2 和 F0/3 端口的根路径成本一样、去往根桥的指定桥也一样，所有只能比较对端端口的优先级了。由于对端 SW2 的 F0/3 端口优先级被设为 112，比 SW2 的 F0/2 端口默认的优先级 128 更优，所以本端 SW1 的 F0/3 端口被选为根端口，而另一个端口 F0/2 被阻塞。

方法二是通过修改 Cost 值实现。

① 还原 SW2 的 F0/3 端口的优先级，命令如下：

SW2(config)#**interface FastEthernet 0/3**

SW2(config-if)#**no spanning-tree vlan 2 port-priority 112**

SW1#**show spanning-tree interface f0/3**

Vlan	Role	Sts	Cost	Prio.Nbr	Type
VLAN0001	Desg	FWD	19	128.3	P2p
VLAN0002	Altn	BLK	19	128.3	P2p

可以看到，对于 VLAN 2 来说，SW1 的 F0/3 端口重新被阻塞。

② 将 SW1 的 F0/3 端口 VLAN 2 的 Cost 值改小，命令如下：

SW1(config)#**interface FastEthernet 0/3**

SW1(config-if)#**spanning-tree vlan 2 cost 18** //将 SW1 的 F0/3 端口的 Cost 值设为 18，比 SW1 的 F0/2 端口默认的 Cost 值 19 更优

③ 查看效果，命令如下：

```
SW1#show spanning-tree interface FastEthernet 0/3
Vlan          Role   Sts    Cost   Prio.Nbr   Type
VLAN0001      Desg   FWD    19     128.3      P2p
VLAN0002      Root   FWD    18     128.3      P2p
SW1#show spanning-tree interface FastEthernet 0/2
Vlan          Role   Sts    Cost   Prio.Nbr   Type
VLAN0001      Desg   FWD    19     128.2      P2p
VLAN0002      Altn   BLK    19     128.2      P2p      //被阻塞
```

可以看到，SW1 的 F0/3 变成了转发状态，而 F0/2 被阻塞了。这是因为对于 VLAN 2 来说，由于 SW2 是根桥，所有端口都是指定口，处于转发状态，所以阻塞的只能是 SW1 的 F0/2 或 F0/3 端口，这两个端口有一个会被选为根端口，另一个会被阻塞。为 SW1 选择根端口时，由于 SW1 的 F0/3 端口的根路径成本被设置成了 18，比 SW2 的 F0/2 端口默认的根路径成本 19 更优，所以 SW1 的 F0/3 端口被选为根端口，而另一个端口 F0/2 被阻塞。

6.1.2 华为 STP 的配置

若不作干预，让各交换级自动进行根桥的选举，选举情况是：先比较桥优先级，若没有配置，各交换机的默认优先级是一样的；再比较 MAC 地址，MAC 地址越小越优先。由于早期设备的 MAC 地址比新设备的 MAC 地址小，所以早期设备会被选为根桥，这是不合理的。

1. 华为 STP 的基本配置

在 eNSP 中搭建如图 6-5 所示的拓扑，探究如何为不同 VLAN 指定不同的根桥。

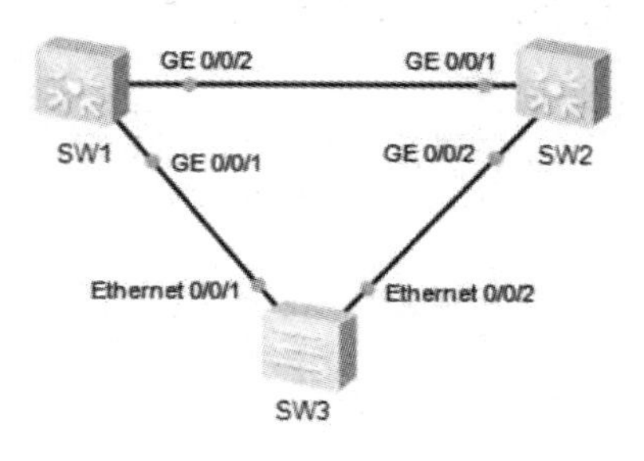

图 6-5 华为 STP 配置的拓扑

(1) 配置交换机 SW1、SW2、SW3 的工作模式为 STP，命令如下：

```
[SW1]stp mode stp
[SW2]stp mode stp
[SW3]stp mode stp
```

(2) 配置 SW1 为根桥，命令如下：

```
[SW1]stp root primary
```

虽然 STP 会自动选举根桥，但我们一般会手动设置，从而让性能更好的汇聚层或核心层交换机作为根桥。交换机默认的桥优先级是 32 768，可以采用“stp priority 优先级”命令直接配置交换机的桥优先级，其取值范围是 0～65 535，并要求是 44 096 的倍数。也可采用命令“stp root primary”和“stp root secondary”设置根桥和备用根桥，“stp root primary”命令会自动将桥优先级设为 0，“stp root secondary”命令会自动将桥优先级设为 4096。

(3) 配置 SW2 为备用根桥，命令如下：

[SW2]**stp root secondary**

(4) 在各交换机上查看效果，命令如下：

[SW1]**display stp brief**　　//在 SW1 上查看效果

MSTID	Port	Role	STP State	Protection
0	GigabitEthernet0/0/1	DESI	FORWARDING	NONE
0	GigabitEthernet0/0/2	DESI	FORWARDING	NONE

可以看到，SW1 作为根桥，两个端口都是指定口，都处于转发状态。

[SW2]**display stp brief**　　//在 SW2 上查看效果

MSTID	Port	Role	STP State	Protection
0	GigabitEthernet0/0/1	ROOT	FORWARDING	NONE
0	GigabitEthernet0/0/2	DESI	FORWARDING	NONE

可以看到，SW2 备用根桥，一个端口是根端口；另一个端口是指定端口。

[SW3]**display stp brief**　　//在 SW3 上查看效果

MSTID	Port	Role	STP State	Protection
0	Ethernet0/0/1	ROOT	FORWARDING	NONE
0	Ethernet0/0/2	ALTE	DISCARDING	NONE

可以看到，SW3 的一个端口为根端口；另一个端口为替代端口，处于阻塞状态。

2. 华为 STP 的拓展配置

如图 6-6 所示，在 SW1 和 SW2 之间多加一根网线。

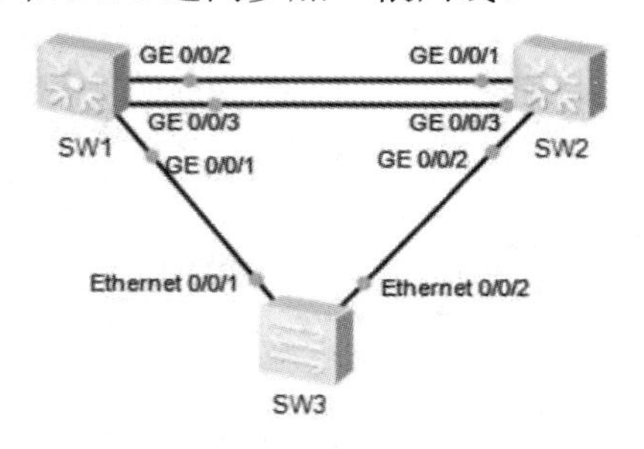

图 6-6　华为 STP 拓展配置的拓扑

连接两台交换机的两根网线形成了一个环路，经过生成树计算，会有一条链路被阻塞。

(1) 在 SW2 上查看是否新增链路的 STP 状态被阻塞，命令如下：

[SW2]**display stp brief**

MSTID	Port	Role	STP State	Protection
0	GigabitEthernet0/0/1	ROOT	FORWARDING	NONE

```
  0    GigabitEthernet0/0/2    DESI     FORWARDING     NONE
  0    GigabitEthernet0/0/3    ALTE     DISCARDING     NONE      //被阻塞
```

可以看到，SW2 的 G0/0/3 端口被阻塞。由于 SW1 是根桥，其所有端口都是指定口，处于转发状态；SW2 的 G0/0/1 或 G0/0/3 端口之一会被选为根端口，另一个会被阻塞。为 SW2 选择根端口时，由于 SW2 的 G0/0/1 和 G0/0/3 端口去往根桥 SW1 的根路径成本一样，去往根桥 SW1 的指定桥也都是 SW1，所以只能比较 SW2 对端(SW1)端口的端口 ID 了。端口 ID 由端口优先级和端口号组成，两个端口的端口优先级都是默认值 128，所以要通过比较端口号来确定被阻塞端口。连接新增链路端口的端口号是 G0/0/3，比原来链路端口的端口号 G0/0/1 大，由于端口号越大优先级越低，所以阻塞的是 SW2 的 G0/0/3 端口。

(2) 若想将阻塞的端口改为 SW2 的 G0/0/1，有两种方法：

方法一是修改端口的优先级，具体配置命令如下：

```
[SW1-GigabitEthernet0/0/3]stp port priority 112
```

转到 SW2，执行查看命令：

```
[SW2]display stp brief
 MSTID  Port                    Role     STP State      Protection
   0    GigabitEthernet0/0/1    ALTE     DISCARDING     NONE        //被阻塞
   0    GigabitEthernet0/0/2    DESI     FORWARDING     NONE
   0    GigabitEthernet0/0/3    ROOT     FORWARDING     NONE
```

可以看到，将 SW1 的 G0/0/3 端口优先级设为 112 后，SW2 的 G0/0/3 变成了转发状态，而 G0/0/1 被阻塞了。

这是因为，端口默认的优先级为 128。将 SW2 对端 SW1 的 G0/0/3 端口优先级设为 112，就会比 SW1 的 G0/0/1 端口的默认优先级 128 更优，SW2 本端的 G0/0/3 端口会被选为根端口，而 SW2 的 G0/0/1 会被阻塞。

方法二是修改 Cost 的值。

① 还原 SW1 的 G0/0/3 端口的优先级，命令如下：

```
[SW1]interface GigabitEthernet 0/0/3
[SW1-GigabitEthernet0/0/3]undo stp port priority
```

转到 SW2，执行查看命令：

```
[SW2]display stp brief
 MSTID  Port                    Role     STP State      Protection
   0    GigabitEthernet0/0/1    ROOT     FORWARDING     NONE
   0    GigabitEthernet0/0/2    DESI     FORWARDING     NONE
   0    GigabitEthernet0/0/3    ALTE     DISCARDING     NONE        //被阻塞
```

可以看到，SW2 的 G0/0/3 端口重新被阻塞。

② 查看 SW2 的 G0/0/1 和 G0/0/3 端口的 Cost 值大小，命令如下：

```
[SW2]display stp interface GigabitEthernet 0/0/1
----[Port1(GigabitEthernet0/0/1)][FORWARDING]----
 Port Protocol          :Enabled
 Port Role              :Root Port
```

```
 Port Priority            :128
 Port Cost(Dot1T )        :Config=auto / Active=20000    //Cost 值为 20000
[SW2]display stp interface GigabitEthernet 0/0/3
----[Port3(GigabitEthernet0/0/3)][DISCARDING]----
 Port Protocol            :Enabled
 Port Role                :Alternate Port
 Port Priority            :128
 Port Cost(Dot1T )        :Config=auto / Active=20000    //Cost 值为 20000
```

可以看到，SW2 的 G0/0/1 和 G0/0/3 端口的 Cost 值都是 20 000，G0/0/3 被阻塞。

③ 将 SW2 的 G0/0/3 端口的 Cost 值改小，命令如下：

[SW2]**interface GigabitEthernet 0/0/3**

[SW2-GigabitEthernet0/0/3]**stp cost 18000**　//将 SW2 的 G0/0/3 端口的 Cost 值设为 18 000，比 SW2 的 G0/0/1 端口的 Cost 值 20 000 更优

④ 在 SW2 上查看效果，命令如下：

```
[SW2]display stp brief
 MSTID  Port                    Role   STP State      Protection
   0    GigabitEthernet0/0/1    ALTE   DISCARDING     NONE        //被阻塞
   0    GigabitEthernet0/0/2    DESI   FORWARDING     NONE
   0    GigabitEthernet0/0/3    ROOT   FORWARDING     NONE
```

可以看到，SW2 的 G0/0/3 变成了转发状态，而 G0/0/1 被阻塞了。

这是因为 SW1 是根桥，所有端口都是指定口，处于转发状态，所以阻塞的只能是 SW2 的端口，G0/0/1 和 G0/0/3 这两个端口有一个会被选为根端口，另一个会被阻塞。为 SW2 选择根端口时，由于 SW2 的 G0/0/3 端口的根路径成本是 18 000，比 SW1 的 G0/0/1 端口的根路径成本 20 000 更优，所以 SW2 的 G0/0/3 端口被选为根端口，而另一个端口 G0/0/1 被阻塞。

6.1.3 华三 STP 的配置

1. 华三 STP 的基本配置

在 HCL 中搭建如图 6-7 所示的拓扑，完成华三 STP 的基本配置。

(1) 配置各交换机的工作模式为 STP，命令如下：

[SW1]**stp mode stp**

[SW2]**stp mode stp**

[SW3]**stp mode stp**

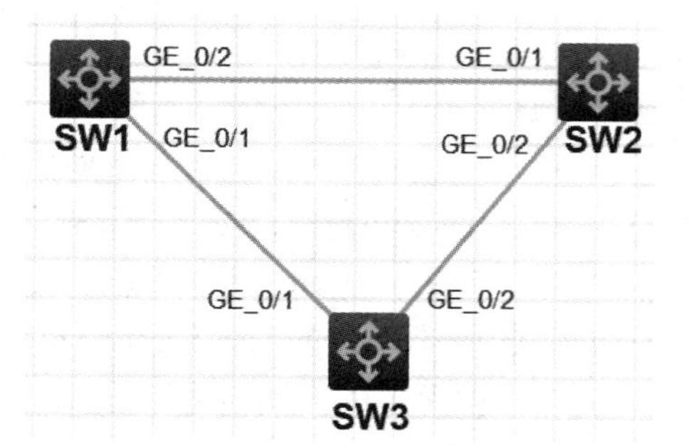

图 6-7　华三 STP 配置的拓扑

(2) 配置 SW1 为根桥，命令如下：

[SW1]**stp root primary**

虽然 STP 会自动选举根桥，但我们一般会手动设置，从而让性能更好的汇聚层或核心

层交换机作为根桥。

(3) 配置 SW2 为备用根桥，命令如下：

```
[SW2]stp root secondary
```

(4) 分别在 SW1、SW2、SW3 上查看效果，命令如下：

```
[SW1]display stp brief   //在 SW1 上查看效果
 MST ID    Port                    Role   STP State      Protection
 0         GigabitEthernet1/0/1    DESI   FORWARDING     NONE
 0         GigabitEthernet1/0/2    DESI   FORWARDING     NONE
```

可以看到，SW1 是根桥，它的两个端口都是指定口，处于转发状态。

```
[SW2]display stp brief    //在 SW2 上查看效果
 MST ID    Port                    Role   STP State      Protection
 0         GigabitEthernet1/0/1    ROOT   FORWARDING     NONE
 0         GigabitEthernet1/0/2    DESI   FORWARDING     NONE
```

可以看到，SW2 是备用根桥，它的一个端口是根端口，另一个端口是指定端口。

```
[SW3]display stp brief    //在 SW3 上查看效果
 MST ID    Port                    Role   STP State      Protection
 0         GigabitEthernet1/0/1    ROOT   FORWARDING     NONE
 0         GigabitEthernet1/0/2    ALTE   DISCARDING     NONE
```

可以看到，SW3 的一个端口是根端口，另一个端口是替代端口，处于阻塞状态。

2. 华三 STP 的拓展配置

如图 6-8 所示，在 SW1 和 SW2 之间多加一根网线。

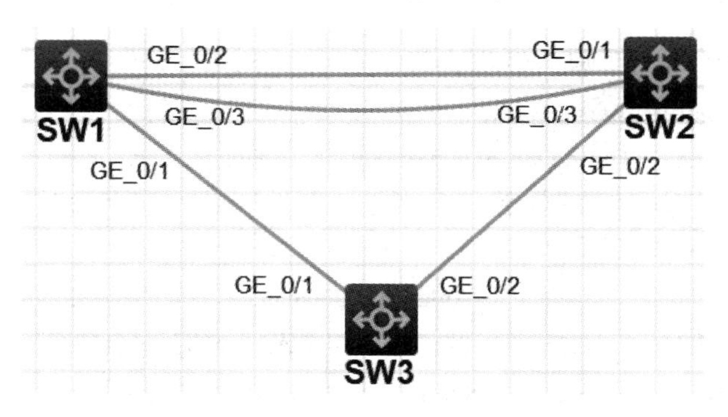

图 6-8　华三 STP 拓展配置的拓扑

连接两台交换机的两根网线形成了一个环路，经过生成树计算，会有一条链路被阻塞。

(1) 在 SW2 上查看新增链路后 STP 状态的变化，命令如下：

```
[SW2]display stp brief
 MST ID    Port                    Role   STP State      Protection
 0         GigabitEthernet1/0/1    ROOT   FORWARDING     NONE
 0         GigabitEthernet1/0/2    DESI   FORWARDING     NONE
 0         GigabitEthernet1/0/3    ALTE   DISCARDING     NONEE         //被阻塞
```

可以看到，SW2 的 G1/0/3 端口被阻塞。由于 SW1 是根桥，其所有端口都是指定口，处于转发状态；SW2 的 G1/0/1 或 G1/0/3 端口之一会被选为根端口，另一个会被阻塞。为 SW2 选择根端口时，由于 SW2 的 G1/0/1 和 G1/0/3 端口去往根桥 SW1 的根路径成本一样，去往根桥 SW1 的指定桥也都是 SW1，所以只能比较 SW2 对端(SW1) 端口的端口 ID 了。端口 ID 由端口优先级和端口号组成，两个端口的端口优先级都是默认值 128，所以要通过比较端口号来确定被阻塞端口。连接新增链路端口的端口号是 G1/0/3，比原来链路端口的端口号 G1/0/1 大，由于端口号越大优先级越低，所以阻塞的是 SW2 的 G1/0/3 端口。

(2) 若想将阻塞的端口换成 SW2 的 G1/0/1，可以通过修改端口优先级的方法实现，命令如下：

```
[SW1]interface GigabitEthernet 1/0/3
[SW1-GigabitEthernet1/0/3]stp port priority 112
```

转到 SW2，执行如下查看命令：

```
[SW2]display stp brief
 MST ID   Port                   Role   STP State     Protection
 0        GigabitEthernet1/0/1   ALTE   DISCARDING    NONE         //被阻塞
 0        GigabitEthernet1/0/2   DESI   FORWARDING    NONE
 0        GigabitEthernet1/0/3   ROOT   FORWARDING    NONE
```

可以看到，将 SW1 的 G1/0/3 端口优先级设为 112 后，SW2 的 G1/0/3 变成了转发状态，而 SW2 的 G1/0/1 被阻塞了。这是因为，端口默认的优先级为 128。若将 SW2 对端 SW1 的 G1/0/3 端口优先级设为 112，就会比 SW1 的 G1/0/1 端口的默认优先级 128 更优，SW2 本端的 G1/0/3 端口会被选为根端口，而 SW2 的 G1/0/1 端口会被阻塞。

(3) 将阻塞的端口从 SW2 的 G1/0/3 换成 SW2 的 G1/0/1 的另一种方法是修改 Cost 值。具体配置方法如下：

① 还原 SW1 的 G1/0/3 端口的优先级，命令如下：

```
[SW1]interface GigabitEthernet 1/0/3
[SW1-GigabitEthernet1/0/3]undo stp port priority
```

转到 SW2，执行查看 STP 命令：

```
[SW2]display stp brief
 MST ID   Port                   Role   STP State     Protection
 0        GigabitEthernet1/0/1   ROOT   FORWARDING    NONE
 0        GigabitEthernet1/0/2   DESI   FORWARDING    NONE
 0        GigabitEthernet1/0/3   ALTE   DISCARDING    NONE         //被阻塞
```

可以看到，SW2 的 G1/0/3 端口重新被阻塞了。

② 查看 SW2 的 G1/0/1 和 G1/0/3 端口的 Cost 值大小，命令如下：

```
[SW2]display stp interface GigabitEthernet 1/0/1
 ----[CIST][Port2(GigabitEthernet1/0/1)][FORWARDING]----
 Port protocol          : Enabled
 Port role              : Root Port (Boundary)
 Port ID                : 128.2
 Port cost(Legacy)      : Config=auto, Active=20      //Cost 值为 20
```

```
[SW2]display stp interface GigabitEthernet 1/0/3
 ----[CIST][Port4(GigabitEthernet1/0/3)][DISCARDING]----
 Port protocol          : Enabled
 Port role              : Alternate Port (Boundary)
 Port ID                : 128.4
 Port cost(Legacy)      : Config=auto, Active=20      //Cost 值为 20
```

可以看到，SW2 的 G1/0/1 和 G1/0/3 端口的 Cost 值都是 20，G1/0/3 被阻塞。

③ 将 SW2 的 G0/0/3 端口的 Cost 值改小，命令如下：

```
[SW2]interface G1/0/3
[SW2-GigabitEthernet1/0/3]stp cost 18    //将 SW2 的 G1/0/3 端口的 Cost 值设为 18，比 SW2 的 G1/0/1
端口的 Cost 值 20 更优
```

④ 在 SW2 上查看效果，命令如下：

```
[SW2]display stp brief
 MST ID   Port                    Role    STP State      Protection
 0        GigabitEthernet1/0/1    ALTE    DISCARDING     NONE          //被阻塞
 0        GigabitEthernet1/0/2    DESI    FORWARDING     NONE
 0        GigabitEthernet1/0/3    ROOT    FORWARDING     NONE
```

可以看到，SW2 的 G1/0/3 变成了转发状态，而 G1/0/1 被阻塞了。这是因为 SW1 是根桥，所有端口都是指定口，处于转发状态，所以阻塞的只能是 SW2 的端口，G1/0/1 和 G1/0/3 这两个端口有一个会被选为根端口，另一个会被阻塞。为 SW2 选择根端口时，由于 SW2 的 G1/0/3 端口的根路径成本是 18 000，比 SW1 的 G1/0/1 端口的根路径成本 20 000 更优，所以 SW2 的 G1/0/3 端口被选为根端口，而另一个端口 G1/0/1 被阻塞。

6.2　快速生成树协议

STP 较慢的收敛速度会影响生产、业务效率，而快速生成树协议 RSTP(Rapid Spanning Tree Protocol)则较好地解决了这个问题。RSTP 的标准为 IEEE 802.1w，它集成了 IEEE 802.1d 的很多增强技术，能主动转换到转发状态而不需要依靠任何计时器。它通过 P/A 机制，即 Proposal/Agreement(提议/同意)机制，确保指定端口能从丢弃状态快速进入转发状态，从而加快生成树的收敛。

RSTP 在 STP 的基础上增加了两种端口角色：替代(Alternate)端口和备份(Backup)端口。因此，在 RSTP 中共有 4 种端口角色：根端口、指定端口、替代端口和备份端口。替代端口是原根端口出故障时替代原根端口的新的根端口，是交换机到达根桥的冗余端口。备份端口是指定端口的备份，是交换机所连的某个网段到达根桥的冗余端口。当交换机的根端口或指定端口出现故障时，相应的替代端口或备份端口会立即进入转发状态，大大提高了收敛速度。

当然，RSTP 的快速收敛机制也存在一定的安全隐患，为此引入了一些保护功能。

1. BPDU 保护

交换机用于连接电脑且不打算用于连接其他交换机的端口时可用命令将其设置为边缘

端口，这类端口启用时会立即进入转发状态。而非边缘端口启用后需要经历 RSTP 计算，至少需要耗时 30 s 才能进入转发状态。若边缘端口误接了交换机，并收到了 BPDU，RSTP 会将这个端口立即变为一个普通的生成树端口，参与 RSTP 计算，避免环路隐患。但若此时攻击者不断伪造不同优先级的 BPDU 发给交换机，会导致 RSTP 不断收敛，引起网络震荡。通过启用 BPDU 保护功能，可以使边缘端口收到 BPDU 后立即关闭，不再转发数据，达到保护的效果。

2. 根保护

RSTP 计算出的无环拓扑与根桥息息相关，若根桥改变会导致 RSTP 重新计算，严重影响网络承载的业务流量。为此，可在指定端口上激活根保护。在指定端口上激活根保护功能后，当该指定端口收到更优的 BPDU 时，会将其忽略，并切换到丢弃状态。如果端口不再收到更优的 BPDU，则一段时间后，会自动恢复到转发状态。

3. 环路保护

网络正常时，交换机的根端口或替代端口会持续收到 BPDU，当网络出现链路单向故障或网络拥塞时，这些端口无法收到 BPDU，误认为原本处于转发状态的端口被阻塞，就将原阻塞端口变成转发状态，从而导致了网络环路。为此，可分别为根端口和替代端口激活环路保护功能。这些端口激活环路保护功能后，若长时间收不到 BPDU，会被调整为指定端口并处于丢弃状态；若是原根端口收不到 BPDU，还会选举新的根端口，从而避免环路产生。

4. 拓扑变更保护

网络拓扑变更时，TC BPDU 会被泛洪到全网，触发网络中的交换机删除自身 MAC 地址表。如果网络不稳定或攻击者发送大量的 TC BPDU 对网络进行攻击，交换机的性能将会受到极大的损耗。激活拓扑变更保护功能可以规定单位时间内即使收到多个 TC BPDU，也只处理规定的次数，避免交换机频繁删除 MAC 地址表。

6.2.1 思科 RSTP 的配置

如图 6-4 所示，在 6.1 节思科“链路在不同 VLAN 间的负载均衡”实验拓扑的基础上，继续本次实验。

(1) 在 SW1 上删除 VLAN 2，只留 VLAN 1，以便更好地观察，命令如下：

SW1(config)#**no vlan 2**

(2) 在各交换机上开启 RSTP 模式，命令如下：

SW1(config)#**spanning-tree mode rapid-pvst**

SW2(config)#**spanning-tree mode rapid-pvst**

SW3(config)#**spanning-tree mode rapid-pvst**

(3) 模拟故障，测试替代端口切换为根端口生效的快慢。

① 查看 SW3 故障前的状态，命令如下：

SW3#**show spanning-tree**

```
Interface    Role   Sts    Cost    Prio.Nbr    Type
Fa0/1        Root   FWD    19      128.1       P2p
```

```
Fa0/2        Altn  BLK    19       128.2      P2p
```

② 关闭 SW1 的 F0/1 端口，模拟 SW1 与 SW3 之间链路发生故障，命令如下：

```
SW1(config)#interface fastEthernet 0/1
SW1(config-if)#shutdown
```

可以观察到，SW3 原来的根端口 F0/1 刚刚断开与 SW1 的连接，替代端口 F0/2 立即变为绿灯，进入转发状态。

③ 在 SW3 上查看 SW1 与 SW3 之间链路发生故障后的状态，命令如下：

```
SW3#show spanning-tree
Interface    Role   Sts    Cost    Prio.Nbr    Type
Fa0/2        Root   FWD    19      128.2       P2p
```

可以看到，F0/2 立即进入 Forwarding 状态，成了新的根端口。

④ 开启 SW1 的 F0/1 端口，SW1 与 SW3 之间链路恢复正常，命令如下：

```
SW1(config)#interface FastEthernet 0/1
SW1(config-if)#no shutdown
```

⑤ 关闭 SW1 的 F0/2 和 F0/3 端口，模拟 SW1 与 SW2 之间链路发生故障，命令如下：

```
SW1(config)#interface range FastEthernet 0/2-3
SW1(config-if-range)#shutdown
```

可以观察到，SW3 原来被丢弃的 F0/2 端口立即从橙灯变绿灯，进入转发状态。可见，RSTP 的收敛速度比 STP 有了很大的提高。

⑥ 在 SW1 上观察全双工端口的链路类型，命令如下；

```
SW1(config)#int range F0/2-3
SW1(config-if-range)#no shu
SW1(config-if-range)#end
SW1#show spanning-tree interface FastEthernet 0/2 detail
Port 2 (FastEthernet0/2) of VLAN0001 is designated forwarding
  Link type is point-to-point by default     //点到点的链路类型
```

RSTP 中的端口分为边界端口(Edge Port)、点到点端口(Point-to-Point Port)和共享端口(Share Port)。F0/2 用于连接 SW1 和 SW2，它们之间的 Trunk 链路自动协商为全双工。可以看到，全双工的端口会被 RSTP 自动标识为点到点的链路类型。

⑦ 在 SW1 上观察半双工端口的链路类型，命令如下：

```
SW1(config)#interface range FastEthernet 0/2-3
SW1(config-if-range)#duplex half   //将端口配置为半双工
SW1(config-if-range)#end
SW1#show spanning-tree interface FastEthernet 0/2 detail
Port 2 (FastEthernet0/2) of VLAN0001 is designated forwarding
  Link type is shared by default   //共享的链路类型
```

可以看到，将端口配置为半双工后，会被 RSTP 自动标识为共享的链路类型。

⑧ 配置根保护，命令如下：

```
SW1(config)#interface fastEthernet 0/24
```

SW1(config-if)#**spanning-tree guard root**　　//配置根保护，防止根桥被抢占

⑨ 配置 BPDU 保护，命令如下：

SW3(config)#**spanning-tree portfast bpduguard default**　　//全局配置 BPDU 保护

SW3(config)#**interface fastEthernet 0/3**

SW3(config-if)#**spanning-tree portfast**

SW3(config-if)#**spanning-tree bpduguard enable**　//接口配置 BPDU 保护，与 portfast 端口配合使用

⑩ 查看生成树信息，命令如下：

SW1#**show spanning-tree summary**

可以查看到生成树各功能是否启用、处于各种状态的端口数等信息。

6.2.2　华为 RSTP 的配置

如图 6-9 所示，在 6.1.2 小节"华为 STP 的配置"实验拓扑的基础上，增加三台电脑连接到 SW3，增加一台交换机(SW4)连接到 SW1，完成华为 RSTP 的配置。

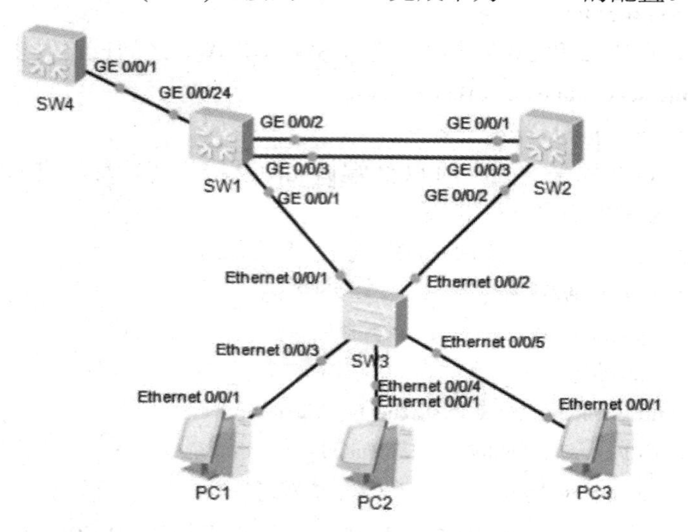

图 6-9　华为 RSTP 配置的拓扑

(1) 配置 SW1 为根桥，命令如下：

[SW1]**stp mode rstp**

[SW1]**stp root primary**

(2) 配置 SW2 为备用根桥，命令如下：

[SW2]**stp mode rstp**

[SW2]**stp root secondary**

(3) 配置 BPDU 保护，命令如下：

[SW3]**stp mode rstp**

[SW3]**port-group group-member Ethernet 0/0/3 to Ethernet 0/0/5**

[SW3-port-group]**stp edged-port enable**　　//配置为边缘端口

[SW3-port-group]**quit**

[SW3]**stp bpdu-protection**　//激活边缘端口的 BPDU 保护

[SW3]**disp stp brief**

MSTID	Port	Role	STP State	Protection
0	Ethernet0/0/1	ROOT	FORWARDING	NONE
0	Ethernet0/0/2	ALTE	DISCARDING	NONE
0	Ethernet0/0/3	DESI	FORWARDING	BPDU
0	Ethernet0/0/4	DESI	FORWARDING	BPDU
0	Ethernet0/0/5	DESI	FORWARDING	BPDU

可以看到，E0/0/3、E0/0/4、E0/0/5 是边缘端口，所以激活了 BPDU 保护功能，而 E0/0/1 和 E0/0/2 不是边缘端口，所以没有激活 BPDU 保护功能。这些激活了 BPDU 保护的边缘端口一旦收到 BPDU，就会被关闭，且不会自动恢复，若想手动恢复，需要执行“shutdown”和“undo shutdown”命令，或执行“restart”命令。若想使端口自动恢复，命令如下：

[SW3]**error-down auto-recovery cause bpdu-protection interval 100**

该命令的作用是在端口被关闭 100 s 后自动恢复。

(4) 第三方网络将交换机 SW4 连接到现有网络中的根桥 SW1 上，为了避免 SW4 抢占 SW1 的根桥地位，可在与 SW4 相连的 SW1 上的指定端口 G0/0/24 上配置根保护。配置根保护的命令如下：

[SW1]**interface GigabitEthernet 0/0/24**

[SW1-GigabitEthernet0/0/24]**stp root-protection**　//配置根保护

[SW1-GigabitEthernet0/0/24]**quit**

[SW1]**display stp brief**　//查看 SW1 端口的 RSTP 状态

MSTID	Port	Role	STP State	Protection
0	GigabitEthernet0/0/1	DESI	FORWARDING	NONE
0	GigabitEthernet0/0/2	DESI	FORWARDING	NONE
0	GigabitEthernet0/0/3	DESI	FORWARDING	NONE
0	GigabitEthernet0/0/24	DESI	FORWARDING	ROOT

可以看到，端口 G0/0/24 激活了根保护。此时，若该端口收到 SW4 发来的 BPDU 比自身更优，则会将其忽略，并将该端口切换到丢弃状态。如果该端口不再收到更优的 BPDU，则一段时间(转发延迟的两倍时间) 后，会自动恢复到转发状态。

(5) 在 SW3 的根端口上激活环路保护，命令如下：

[SW3]**interface Ethernet0/0/1**

[SW3-Ethernet0/0/1]**stp loop-protection**

[SW3-Ethernet0/0/1]**quit**

[SW3]**display stp brief**

MSTID	Port	Role	STP State	Protection
0	Ethernet0/0/1	ROOT	FORWARDING	LOOP
0	Ethernet0/0/2	ALTE	DISCARDING	NONE
0	Ethernet0/0/3	DESI	FORWARDING	BPDU
0	Ethernet0/0/4	DESI	FORWARDING	BPDU

```
0      Ethernet0/0/5        DESI   FORWARDING      BPDU
```

可以看到，根端口 E0/0/1 激活了环路保护。此时，若该端口长时间没有收到 BPDU，将会被调整为指定端口，并被切换到丢弃状态，直到再次收到 BPDU 为止。

(6) 在 SW3 的替代端口上激活环路保护，命令如下：

```
[SW3]interface Ethernet0/0/2
[SW3-Ethernet0/0/2]stp loop-protection
[SW3-Ethernet0/0/2]quit
[SW3]display stp brief
 MSTID  Port              Role   STP State       Protection
   0    Ethernet0/0/1     ROOT   FORWARDING      LOOP
   0    Ethernet0/0/2     ALTE   DISCARDING      LOOP
   0    Ethernet0/0/3     DESI   FORWARDING      BPDU
   0    Ethernet0/0/4     DESI   FORWARDING      BPDU
   0    Ethernet0/0/5     DESI   FORWARDING      BPDU
```

可以看到，替代端口 E0/0/2 也激活了环路保护。此时，若该端口长时间没有收到 BPDU，将会被调整为指定端口，并继续保持在丢弃状态，从而避免出现环路。

(7) 配置拓扑变更保护，命令如下：

```
[SW3]stp tc-protection    //激活拓扑变更保护
```

拓扑变更保护激活后，在单位时间(默认 2 s)内，只会处理 1 次 TC BPDU。若要更改单位时间内处理 TC BPDU 的次数，命令如下：

```
[SW3]stp tc-protection threshold 2    //单位时间内处理 2 次 TC BPDU
```

6.2.3　华三 RSTP 的配置

如图 6-10 所示，在 6.1.3 小节“华三 STP 的配置”实验拓扑的基础上，增加三台电脑连接到 SW3，增加一台交换机(SW4)连接到 SW1，继续完成华三 RSTP 的配置。

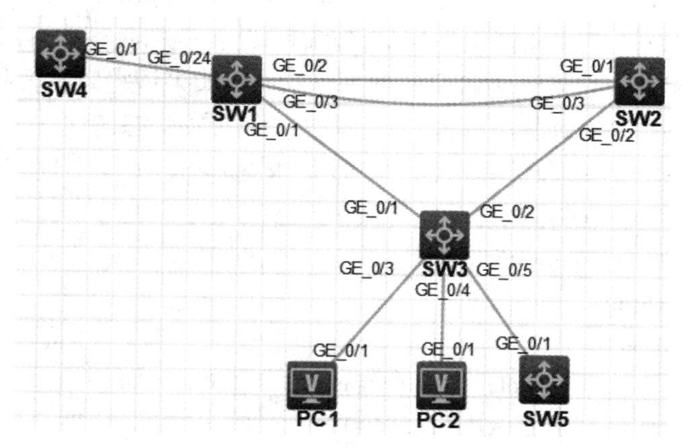

图 6-10　华三 RSTP 配置的拓扑

(1) 右击 PC1 和 PC2，选择“配置”，为“接口管理”选择“启用”选项。

(2) 配置 SW1 为根桥，命令如下：

```
[SW1]stp mode rstp
[SW1]stp root primary
```

(3) 配置 SW2 为备用根桥，命令如下：

```
[SW2]stp mode rstp
[SW2]stp root secondary
```

(4) 配置 BPDU 保护，命令如下：

```
[SW3]stp global enable
[SW3]stp mode rstp
[SW3]interface range GigabitEthernet 1/0/3 to GigabitEthernet 1/0/5
[SW3-if-range]stp edged-port
[SW3-if-range]stp port bpdu-protection enable
[SW3-if-range]quit
[SW3]stp bpdu-protection
[SW3]display logbuffer    //查看设备告警日志
%Jun 13 07:56:38:510 2023 SW3 STP/4/STP_BPDU_PROTECTION: BPDU-Protection port GigabitEthernet1/0/5 received BPDUs.
```

可以看到，SW3 收到来自 SW5 的 BPDU，触发 BPDU 保护生效。

(5) 分别查看 G1/0/5 和 G1/0/3 的 STP 状态，命令如下：

```
[SW3]display stp interface GigabitEthernet 1/0/5
 ----[CIST][Port6(GigabitEthernet1/0/5)][DOWN]----
  Port edged            : Config=enabled, Active=enabled
  Protection type       : Config=BPDU, Active=BPDU
```

可以看到，SW3 的 G1/0/5 是边缘端口，配置了 BPDU 保护，并处于激活状态。

```
[SW3]display stp interface GigabitEthernet 1/0/3
 ----[CIST][Port4(GigabitEthernet1/0/3)][FORWARDING]----
  Port edged            : Config=enabled, Active=enabled
  Protection type       : Config=BPDU, Active=none
```

可以看到，SW3 的 G1/0/3 也是边缘端口，配置了 BPDU 保护，但未被激活。

(6) 第三方网络将交换机 SW4 连接到现有网络中的根桥 SW1 上，为了避免 SW4 抢占 SW1 的根桥地位，可在与 SW4 相连的 SW1 上的指定端口 G0/0/24 上配置根保护。配置根保护的命令如下：

```
<SW1>system-view
[SW1]interface GigabitEthernet 1/0/24
[SW1-GigabitEthernet1/0/24]stp root-protection
[SW1-GigabitEthernet1/0/24]quit
[SW1]display stp interface GigabitEthernet 1/0/24
 ----[CIST][Port25(GigabitEthernet1/0/24)][FORWARDING]----
 Protection type        : Config=ROOT, Active=none
```

可以看到，端口 G0/0/24 配置了根保护，但未被触发。

(7) 若此时该端口收到 SW4 发来的 BPDU 比自身更优，则会将其忽略，并将该端口切换到丢弃状态。下面加以验证。

① 将 SW4 的 STP 优先级调高，命令如下：

```
[SW4]stp global enable
[SW4]stp mode rstp
[SW4]stp priority 0   //将 SW4 的 STP 优先级调高
```

② 将 SW1 的 STP 优先级调低，命令如下：

```
[SW1]undo stp root   //将 SW1 的 STP 优先级调低
%Jun 13 07:05:09:382 2023 SW1 STP/4/STP_ROOT_PROTECTION: Instance 0's ROOT-Protection port GigabitEthernet1/0/24 received superior BPDUs.
```

可以看到，SW1 的 G0/0/24 端口收到 SW4 发来的 BPDU 比自身更优，触发了根保护。

③ 在 SW1 上查看调整效果，命令如下：

```
[SW1]display stp brief
 MST ID   Port                      Role   STP State     Protection
 0        GigabitEthernet1/0/1      DESI   FORWARDING    NONE
 0        GigabitEthernet1/0/2      DESI   FORWARDING    NONE
 0        GigabitEthernet1/0/3      DESI   FORWARDING    NONE
 0        GigabitEthernet1/0/24     DESI   DISCARDING    ROOT
```

可以看到，端口 G1/0/24 被切换到了丢弃状态。

```
[SW1]display stp interface g1/0/24
 ----[CIST][Port25(GigabitEthernet1/0/24)][DISCARDING]----
 Protection type        : Config=ROOT, Active=ROOT
```

可以看到，端口 G1/0/24 配置了根保护，并触发激活了根保护。

④ 恢复 SW1 的 STP 优先级，命令如下：

```
[SW1]stp root primary
```

(8) 配置环路保护其方法如下。

① 在 SW3 的根端口上激活环路保护，命令如下：

```
<SW3>system-view
[SW3]interface GigabitEthernet 1/0/1
[SW3-GigabitEthernet1/0/1]stp loop-protection
[SW3-GigabitEthernet1/0/1]quit
```

此时，若该端口长时间没有收到 BPDU，将会被调整为指定端口，并被切换到丢弃状态，直到再次收到 BPDU 为止。

② 在 SW3 的替代端口上激活环路保护，命令如下：

```
[SW3]interface GigabitEthernet 1/0/2
[SW3-GigabitEthernet1/0/2]stp loop-protection
[SW3-GigabitEthernet1/0/2]quit
```

此时，若该端口长时间没有收到 BPDU，将会被调整为指定端口，并继续保持在丢弃状态，从而避免出现环路。

(9) 配置拓扑变更保护，命令如下：

```
[SW3]stp tc-protection    //配置拓扑变更保护
[SW3]stp tc-protection threshold 2    //拓扑变更保护激活后，单位时间内只处理 2 次 TC BPDU
```

6.3　多生成树协议

对于华为和华三设备，所有 VLAN 共享一棵 STP 或 RSTP 生成树，被阻塞的链路不承载任何流量，造成带宽浪费；对于思科设备，思科专有的 PVST 也只能对单个 VLAN 进行生成树计算，无法同时对多个 VLAN 进行生成树计算。为此，IEEE 于 2002 年发布的 802.1s 标准定义了 MSTP。MSTP 将 VLAN 与多生成树实例(MSTI)建立映射关系，通过为不同的生成树实例单独计算生成树，为不同生成树实例阻塞不同端口，实现了 VLAN 数据转发过程中的负载均衡。

6.3.1　思科 MSTP 的配置

在 EVE-NG 中搭建如图 6-11 所示的拓扑，完成思科 MSTP 的配置。

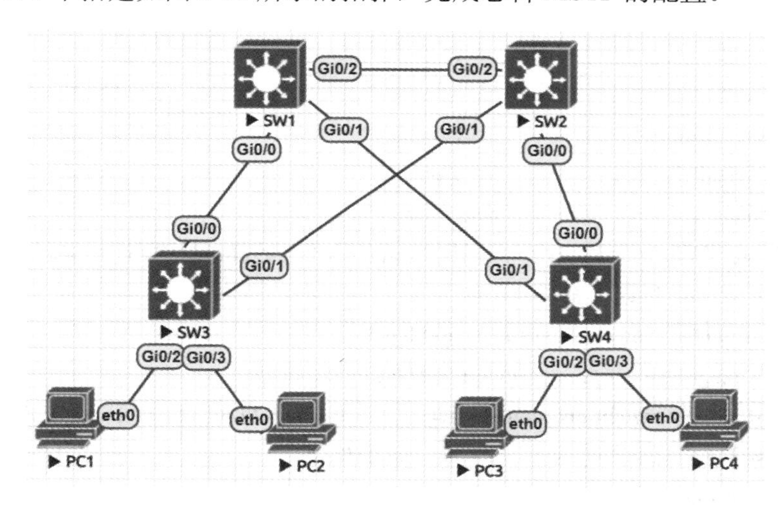

图 6-11　思科 MSTP 配置的拓扑

(1) 在交换机 SW1 上配置 Trunk，启用 VTP，创建 VLAN，利用 VTP 让其他交换机学习到这些 VLAN。

① 在 SW1 上进行 Trunk 配置，命令如下：

```
SW1(config)#interface range GigabitEthernet 0/0 - 3
SW1(config-if-range)#switchport trunk encapsulation dot1q
SW1(config-if-range)#switchport mode trunk    //将交换机间互联的端口设为 Trunk 模式
```

② 在 SW1 上进行 VTP 配置，命令如下：

```
SW1(config)#vtp domain VTP01    //设置 VTP 的域名
```

③ 在 SW1 上创建 VLAN，命令如下：

```
SW1(config)#vlan 2    //创建 VLAN 2
SW1(config-vlan)#vlan 3   //创建 VLAN 3
SW1(config-vlan)#vlan 4   //创建 VLAN 4
SW1(config-vlan)#vlan 5   //创建 VLAN 5
```

(2) 在交换机 SW2 上配置 Trunk，利用默认的 VTP 配置，从 SW1 上学习到新的 VLAN。

① 进行 SW2 的 Trunk 配置，命令如下：

```
SW2(config)#interface range GigabitEthernet 0/0-2
SW2(config-if-range)#switchport trunk encapsulation dot1q
SW2(config-if-range)#switchport mode trunk        //将交换机间互联的端口设为 Trunk 模式
```

② 查看 SW2 是否已学到新的 VLAN，命令如下：

```
SW2#show vlan brief
VLAN Name                          Status    Ports
1    default                       active    Gi0/3, Gi1/0, Gi1/1, Gi1/2
                                             Gi1/3
2    VLAN0002                      active
3    VLAN0003                      active
4    VLAN0004                      active
5    VLAN0005                      active
1002 fddi-default                  act/unsup
1003 token-ring-default            act/unsup
1004 fddinet-default               act/unsup
1005 trnet-default                 act/unsup
```

(3) 在交换机 SW3 上配置 Trunk，利用默认的 VTP 配置，从 SW1 上学习到新的 VLAN。

① SW3 的 Trunk 配置，命令如下：

```
SW3(config)#interface range GigabitEthernet 0/0-1
SW3(config-if-range)#switchport trunk encapsulation dot1q
SW3(config-if-range)#switchport mode trunk          //将交换机间互联的端口设为 Trunk 模式
```

② 查看 SW3 是否已学到新的 VLAN，命令如下：

```
SW3(config)#do show vlan b
VLAN Name                          Status    Ports
1    default                       active    Gi0/2, Gi0/3, Gi1/0, Gi1/1
                                             Gi1/2, Gi1/3
2    VLAN0002                      active
3    VLAN0003                      active
4    VLAN0004                      active
5    VLAN0005                      active
1002 fddi-default                  act/unsup
1003 token-ring-default            act/unsup
1004 fddinet-default               act/unsup
```

```
1005 trnet-default                   act/unsup
```

③ 将端口 G0/2 加入 VLAN 2，命令如下：

```
SW3(config)#interface GigabitEthernet 0/2
SW3(config-if)#switchport mode access
SW3(config-if)#switchport access vlan 2    //将端口加入 VLAN 2
```

④ 将端口 G0/3 加入 VLAN 3，命令如下：

```
SW3(config)#interface GigabitEthernet 0/3
SW3(config-if)#switchport mode access
SW3(config-if)#switchport access vlan 3    //将端口加入 VLAN 3
```

(4) 在交换机 SW4 上配置 Trunk，利用默认的 VTP 配置，从 SW1 上学习到新的 VLAN。

① 进行 SW4 的 Trunk 配置，命令如下：

```
SW4(config)#interface range GigabitEthernet 0/0-1
SW4(config-if-range)#switchport trunk encapsulation dot1q
SW4(config-if-range)#switchport mode trunk      //将交换机间互联的端口设为 Trunk 模式
```

② 查看 SW4 是否已学到新的 VLAN，命令如下：

```
SW4(config)#do show vlan b
VLAN Name                              Status    Ports
1      default                         active    Gi0/2, Gi0/3, Gi1/0, Gi1/1
                                                 Gi1/2, Gi1/3
2      VLAN0002                        active
3      VLAN0003                        active
4      VLAN0004                        active
5      VLAN0005                        active
1002 fddi-default                      act/unsup
1003 token-ring-default                act/unsup
1004 fddinet-default                   act/unsup
1005 trnet-default                     act/unsup
```

③ 将端口 G0/2 加入 VLAN 4，命令如下：

```
SW4(config)#interface GigabitEthernet 0/2
SW4(config-if)#switchport mode access
SW4(config-if)#switchport access vlan 4    //将端口加入 VLAN 4
```

④ 将端口 G0/3 加入 VLAN 5，命令如下：

```
SW4(config)#interface GigabitEthernet 0/3
SW4(config-if)#switchport mode access
SW4(config-if)#switchport access vlan 5    //将端口加入 VLAN 5
```

(5) 在 SW1 上配置 MSTP，将 VLAN 2 和 VLAN 3 映射到实例 1，将 VLAN 4 和 VLAN 5 映射到实例 2，命令如下：

```
SW1(config)#spanning-tree mode mst      //设置生成树模式为 MST，默认是 PVST
SW1(config)#spanning-tree mst configuration      //进入 MST 配置模式
```

```
SW1(config-mst)#name Mst1       //给 MST 命名
SW1(config-mst)#revision 1      //配置 MST 的 revision 号，只有名字和 revision 号都相同的交换机才
                                  在同一个 MST 区域
SW1(config-mst)#instance 1 vlan 2-3    //将 VLAN 2 和 VLAN 3 的生成树映射到实例 1
SW1(config-mst)#instance 2 vlan 4-5    //将 VLAN 4 和 VLAN 5 的生成树映射到实例 2
```

(6) 在 SW2 上配置 MSTP，将 VLAN 2 和 VLAN 3 映射到实例 1，将 VLAN 4 和 VLAN 5 映射到实例 2，命令如下：

```
SW2(config)#spanning-tree mode mst
SW2(config)#spanning-tree mst configuration
SW2(config-mst)#name Mst1
SW2(config-mst)#revision 1
SW2(config-mst)#instance 1 vlan 2-3
SW2(config-mst)#instance 2 vlan 4-5
```

(7) 在 SW3 上配置 MSTP，将 VLAN 2 和 VLAN 3 映射到实例 1，将 VLAN 4 和 VLAN 5 映射到实例 2，命令如下：

```
SW3(config)#spanning-tree mode mst
SW3(config)#spanning-tree mst configuration
SW3(config-mst)#name Mst1
SW3(config-mst)#revision 1
SW3(config-mst)#instance 1 vlan 2-3
SW3(config-mst)#instance 2 vlan 4-5
```

(8) 在 SW4 上配置 MSTP，将 VLAN 2 和 VLAN 3 映射到实例 1，将 VLAN 4 和 VLAN 5 映射到实例 2，命令如下：

```
SW4(config)#spanning-tree mode mst
SW4(config)#spanning-tree mst configuration
SW4(config-mst)#name Mst1
SW4(config-mst)#revision 1
SW4(config-mst)#instance 1 vlan 2-3
SW4(config-mst)#instance 2 vlan 4-5
```

(9) 配置 MSTP，使实例 1 和 2 的多生成树实例根桥不同，从而实现不同生成树实例的流量负载均衡。

默认情况下，所有 VLAN 都映射到实例 0 上。下面配置交换机 SW1 成为实例 0 和实例 1 的根桥(优先级为 4096)、SW2 成为它们的次根桥(优先级为 8192)；配置 SW2 成为实例 2 的根桥(优先级为 4096)、SW1 成为它的次根桥(优先级为 8192)，从而实现不同生成树实例流量的负载均衡，即实现不同 VLAN 间流量的负载均衡。

① 配置交换机 SW1 成为实例 0 和实例 1 的根桥(优先级为 4096)，命令如下：

```
SW1(config)#spanning-tree mst 0 priority 4096
SW1(config)#spanning-tree mst 1 priority 4096
```

② 配置 SW1 成为实例 2 的次根桥(优先级为 8192)，命令如下：

SW1(config)#**spanning-tree mst 2 priority 8192**

③ 配置交换机 SW2 成为实例 0 和实例 1 的次根桥(优先级为 8192)，命令如下：

SW2(config)#**spanning-tree mst 0 priority 8192**

SW2(config)#**spanning-tree mst 1 priority 8192**

④ 配置 SW2 成为实例 2 的根桥(优先级为 4096)，命令如下：

SW2(config)#**spanning-tree mst 2 priority 4096**

(10) 在接入交换机 SW3 和 SW4 上将连接计算机的所有端口配置为边缘端口，并在边缘端口上启用 BPDU 保护功能，增加网络的安全性。

① SW3 的配置命令如下：

SW3(config)#**interface range GigabitEthernet 0/2-3**

SW3(config-if-range)#**spanning-tree portfast edge**

SW3(config-if-range)#**spanning-tree bpduguard enable**

② SW4 的配置命令如下：

SW4(config)#**interface range GigabitEthernet 0/2-3**

SW4(config-if-range)#**spanning-tree portfast edge**

SW4(config-if-range)#**spanning-tree bpduguard enable**

(11) 在各交换机上查看 STP 配置结果，命令如下：

SW1#**show spanning-tree**　　//在 SW1 上查看

```
MST0
Interface            Role Sts Cost      Prio.Nbr Type
------------------- ---- --- --------- -------- --------------------------------
Gi0/0                Desg FWD 20000     128.1    P2p
Gi0/1                Desg FWD 20000     128.2    P2p
Gi0/2                Desg FWD 20000     128.3    P2p
MST1
Interface            Role Sts Cost      Prio.Nbr Type
------------------- ---- --- --------- -------- --------------------------------
Gi0/0                Desg FWD 20000     128.1    P2p
Gi0/1                Desg FWD 20000     128.2    P2p
Gi0/2                Desg FWD 20000     128.3    P2p
MST2
Interface            Role Sts Cost      Prio.Nbr Type
------------------- ---- --- --------- -------- --------------------------------
Gi0/0                Desg FWD 20000     128.1    P2p
Gi0/1                Desg FWD 20000     128.2    P2p
Gi0/2                Root FWD 20000     128.3    P2p     //实例 2 的根端口
```

SW2#**show spanning-tree**　　//在 SW2 上查看

```
MST0
Interface            Role Sts Cost      Prio.Nbr Type
```

```
------------------- ---- --- --------- -------- --------------------------------
Gi0/0              Desg FWD 20000      128.1     P2p
Gi0/1              Desg FWD 20000      128.2     P2p
Gi0/2              Root FWD 20000      128.3     P2p      //实例 0 的根端口
MST1
Interface          Role Sts Cost       Prio.Nbr Type
------------------- ---- --- --------- -------- --------------------------------
Gi0/0              Desg FWD 20000      128.1     P2p
Gi0/1              Desg FWD 20000      128.2     P2p
Gi0/2              Root FWD 20000      128.3     P2p    //实例 1 的根端口
MST2
Interface          Role Sts Cost       Prio.Nbr Type
------------------- ---- --- --------- -------- --------------------------------
Gi0/0              Desg FWD 20000      128.1     P2p
Gi0/1              Desg FWD 20000      128.2     P2p
Gi0/2              Desg FWD 20000      128.3     P2p
SW3#show spanning-tree        //在 SW3 上查
MST0
Interface          Role Sts Cost       Prio.Nbr Type
------------------- ---- --- --------- -------- --------------------------------
Gi0/0              Root FWD 20000      128.1     P2p       //实例 0 的根端口
Gi0/1              Altn BLK 20000      128.2     P2p       //实例 0 的替代口
Gi0/2              Desg FWD 20000      128.3     P2p Edge
Gi0/3              Desg FWD 20000      128.4     P2p Edge
MST1
Interface          Role Sts Cost       Prio.Nbr Type
------------------- ---- --- --------- -------- --------------------------------
Gi0/0              Root FWD 20000      128.1     P2p      //实例 1 的根端口
Gi0/1              Altn BLK 20000      128.2     P2p      //实例 1 的替代口
Gi0/2              Desg FWD 20000      128.3     P2p Edge
Gi0/3              Desg FWD 20000      128.4     P2p Edge
MST2
Interface       Role Sts   Cost        Prio.Nbr   Type
------------------- ---- --- --------- -------- --------------------------------
Gi0/0           Altn BLK   20000     128.1      P2p         //实例 2 的替代口
Gi0/1           Root FWD  20000      128.2      P2p         //实例 2 的根端口
SW4#show spanning-tree        //在 SW4 上查
MST0
Interface          Role Sts Cost       Prio.Nbr Type
```

```
------------------ ---- --- --------- -------- --------------------------------
Gi0/0               Altn BLK 20000      128.1    P2p        //实例 0 的替代口
Gi0/1               Root FWD 20000      128.2    P2p        //实例 0 的根端口
Gi0/2               Desg FWD 20000      128.3    P2p Edge
Gi0/3               Desg FWD 20000      128.4    P2p Edge
MST1
Interface        Role Sts   Cost        Prio.Nbr    Type
------------------ ---- --- --------- -------- --------------------------------
Gi0/0           Altn BLK    20000     128.1     P2p            //实例 1 的替代口
Gi0/1           Root FWD 20000        128.2     P2p            //实例 1 的根端口
MST2
Interface         Role Sts Cost       Prio.Nbr Type
------------------ ---- --- --------- -------- --------------------------------
Gi0/0           Root FWD 20000        128.1     P2p            //实例 2 的根端口
Gi0/1           Altn BLK 20000        128.2     P2p            //实例 2 的替代口
Gi0/2           Desg FWD 20000        128.3     P2p Edge
Gi0/3           Desg FWD 20000        128.4     P2p Edge
```

(12) 在 SW1 上查看配置结果，命令如下：

```
SW1#show spanning-tree mst configuration
Name          [Mst1]
Revision   1       Instances configured 3
Instance    Vlans mapped
--------    ---------------------------------------------
0           1,6-4094
1           2-3
2           4-5
```

6.3.2　华为 MSTP 的配置

在 eNSP 中搭建如图 6-12 所示的拓扑，完成华为 MSTP 的配置。

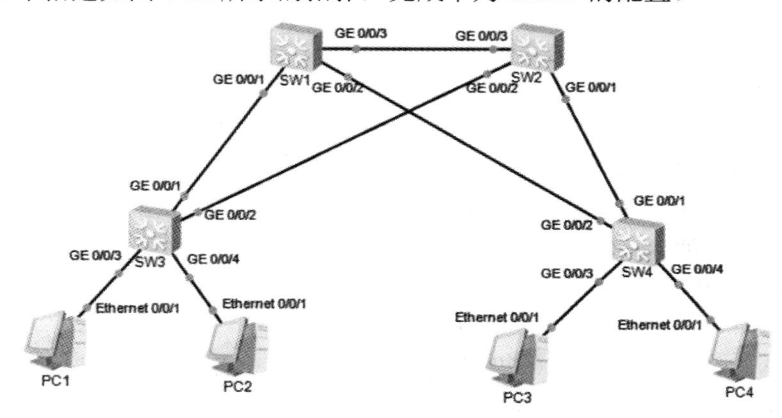

图 6-12　华为 MSTP 配置的拓扑

(1) 在 SW1 上创建 VLAN 2～5，命令如下：

[SW1]**vlan batch 2 to 5**

(2) 在 SW1 上将 G0/0/1～G0/0/3 设为 Trunk，允许所有 VLAN 通过，命令如下：

[SW1]**port-group group-member GigabitEthernet 0/0/1 to GigabitEthernet 0/0/3**

[SW1-port-group]**port link-type trunk**

[SW1-port-group]**port trunk allow-pass vlan all**

(3) 在 SW2 上创建 VLAN 2～5，命令如下：

[SW2]**vlan batch 2 to 5**

(4) 在 SW2 上将 G0/0/1～G0/0/3 设为 Trunk，允许所有 VLAN 通过，命令如下：

[SW2]**port-group group-member GigabitEthernet 0/0/1 to GigabitEthernet 0/0/3**

[SW2-port-group]**port link-type trunk**

[SW2-port-group]**port trunk allow-pass vlan all**

(5) 在 SW3 上创建 VLAN 2～3，命令如下：

[SW3]**vlan batch 2 to 3**

(6) 在 SW3 上将 G0/0/3 划给 VLAN 2，命令如下：

[SW3]**interface GigabitEthernet 0/0/3**

[SW3-GigabitEthernet0/0/3]**port link-type access**

[SW3-GigabitEthernet0/0/3]**port default vlan 2**

(7) 在 SW3 上将 G0/0/4 划给 VLAN 3，命令如下：

[SW3]**interface GigabitEthernet 0/0/4**

[SW3-GigabitEthernet0/0/4]**port link-type access**

[SW3-GigabitEthernet0/0/4]**port default vlan 3**

(8) 在 SW3 上将 G0/0/1～G0/0/2 设为 Trunk，允许所有 VLAN 通过，命令如下：

[SW3]**port-group group-member GigabitEthernet 0/0/1 to GigabitEthernet 0/0/2**

[SW3-port-group]**port link-type trunk**

[SW3-port-group]**port trunk allow-pass vlan all**

(9) 在 SW4 上创建 VLAN 4～5，命令如下：

[SW4]**vlan batch 4 to 5**

(10) 在 SW4 上将 G0/0/3 划给 VLAN 4，命令如下：

[SW4]**interface G0/0/3**

[SW4-GigabitEthernet0/0/3]**port link-type access**

[SW4-GigabitEthernet0/0/3]**port default vlan 4**

(11) 在 SW4 上将 G0/0/4 划给 VLAN 5，命令如下：

[SW4]**interface G0/0/4**

[SW4-GigabitEthernet0/0/4]**port link-type access**

[SW4-GigabitEthernet0/0/4]**port default vlan 5**

(12) 在 SW4 上将 G0/0/1～G0/0/2 设为 Trunk，允许所有 VLAN 通过，命令如下：

[SW4]**port-group group-member GigabitEthernet 0/0/1 to GigabitEthernet 0/0/2**

[SW4-port-group]**port link-type trunk**

[SW4-port-group]**port trunk allow-pass vlan all**

(13) 配置 MSTP ，将 VLAN 2 和 VLAN 3 映射到实例 1；将 VLAN 4 和 VLAN 5 映射到实例 2，命令如下：

[SW1]**stp mode mstp**　//在 SW1 上设置生成树模式为 MSTP

[SW1]**stp region-configuration**　//进入 MST 域配置视图

[SW1-mst-region]**region-name Region1**　//MST 域名

[SW1-mst-region]**revision-level 1**　//MST 域修订级别默认是 0。只有域名和域修订级别都相同的交换机才在同一个 MST 区域

[SW1-mst-region]**instance 1 vlan 2 to 3**　//将 VLAN 2 和 VLAN 3 的生成树映射到实例 1

[SW1-mst-region]**instance 2 vlan 4 to 5**　//将 VLAN 4 和 VLAN 5 的生成树映射到实例 2

[SW1-mst-region]**active region-configuration**　//激活 MSTP 域配置

[SW2]**stp mode mstp**　//在 SW2 上设置生成树模式为 MSTP

[SW2]**stp region-configuration**

[SW2-mst-region]**region-name Region1**

[SW2-mst-region]**revision-level 1**

[SW2-mst-region]**instance 1 vlan 2 to 3**

[SW2-mst-region]**instance 2 vlan 4 to 5**

[SW2-mst-region]**active region-configuration**

[SW3]**stp mode mstp**　//在 SW3 上设置生成树模式为 MSTP

[SW3]**stp region-configuration**

[SW3-mst-region]**region-name Region1**

[SW3-mst-region]**revision-level 1**

[SW3-mst-region]**instance 1 vlan 2 to 3**

[SW3-mst-region]**active region-configuration**

[SW4]**stp mode mstp**　//在 SW4 上设置生成树模式为 MSTP

[SW4]**stp region-configuration**

[SW4-mst-region]**region-name Region1**

[SW4-mst-region]**revision-level 1**

[SW4-mst-region]**instance 2 vlan 4 to 5**

[SW4-mst-region]**active region-configuration**

(14) 配置 MSTP，使实例 1 和实例 2 的多生成树实例根桥不同。默认情况下，所有 VLAN 都映射到实例 0 上。下面配置交换机 SW1 成为实例 0 和实例 1 的根桥(优先级为 4096)、SW2 成为它们的次根桥(优先级为 8192)；配置 SW2 成为实例 2 的根桥(优先级为 4096)、SW1 成为它的次根桥(优先级为 8192)，从而实现负载均衡。配置命令如下：

[SW1]**stp instance 0 priority 4096**　//SW1 的配置

[SW1]**stp instance 1 priority 4096**

[SW1]**stp instance 2 priority 8192**

[SW2]**stp instance 0 priority 8192**　//SW2 的配置

[SW2]**stp instance 1 priority 8192**

```
[SW2]stp instance 2 priority 4096
```

(15) 在接入交换机 SW3 和 SW4 上将连接计算机的所有端口配置为边缘端口，并在边缘端口上启用 BPDU 保护功能，增加网络的安全性。配置命令如下：

```
[SW3]port-group group-member GigabitEthernet 0/0/3 to GigabitEthernet 0/0/4
[SW3-port-group]stp edged-port enable     //SW3 的配置
[SW3-port-group]stp bpdu-protection
[SW3-port-group]quit
[SW4]port-group group-member GigabitEthernet 0/0/3 to GigabitEthernet 0/0/4
[SW4-port-group]stp edged-port enable     //SW4 的配置
[SW4-port-group]stp bpdu-protection
[SW4-port-group]quit
```

(16) 查看各交换机的 STP 摘要信息，命令如下：

```
[SW1]display stp brief       //查看 SW1 的 STP 摘要信息
 MSTID  Port                  Role  STP State     Protection
   0    GigabitEthernet0/0/1  DESI  FORWARDING      NONE
   0    GigabitEthernet0/0/2  DESI  FORWARDING      NONE
   0    GigabitEthernet0/0/3  DESI  FORWARDING      NONE
   1    GigabitEthernet0/0/1  DESI  FORWARDING      NONE
   1    GigabitEthernet0/0/2  DESI  FORWARDING      NONE
   1    GigabitEthernet0/0/3  DESI  FORWARDING      NONE
   2    GigabitEthernet0/0/1  DESI  FORWARDING      NONE
   2    GigabitEthernet0/0/2  DESI  FORWARDING      NONE
   2    GigabitEthernet0/0/3  ROOT  FORWARDING      NONE     //实例 2 的根端口
[SW2]display stp brief       //查看 SW2 的 STP 摘要信息
 MSTID  Port                  Role  STP State     Protection
   0    GigabitEthernet0/0/1  DESI  FORWARDING      NONE
   0    GigabitEthernet0/0/2  DESI  FORWARDING      NONE
   0    GigabitEthernet0/0/3  ROOT  FORWARDING      NONE     //实例 0 的根端口
   1    GigabitEthernet0/0/1  DESI  DISCARDING      NONE
   1    GigabitEthernet0/0/2  DESI  DISCARDING      NONE
   1    GigabitEthernet0/0/3  ROOT  FORWARDING      NONE     //实例 1 的根端口
   2    GigabitEthernet0/0/1  DESI  FORWARDING      NONE
   2    GigabitEthernet0/0/2  DESI  FORWARDING      NONE
   2    GigabitEthernet0/0/3  DESI  FORWARDING      NONE
[SW3]display stp brief       //查看 SW3 的 STP 摘要信息
 MSTID  Port                  Role  STP State     Protection
   0    GigabitEthernet0/0/1  ROOT  FORWARDING  NONE     //实例 0 的根端口
   0    GigabitEthernet0/0/2  ALTE  DISCARDING  NONE     //实例 0 的替代端口
   0    GigabitEthernet0/0/3  DESI  FORWARDING  NONE
```

```
  0    GigabitEthernet0/0/4   DESI    FORWARDING   NONE
  1    GigabitEthernet0/0/1   MAST    FORWARDING   NONE        //实例 1 的 Master 端口
  1    GigabitEthernet0/0/2   ALTE    DISCARDING   NONE        //实例 1 的替代端口
  1    GigabitEthernet0/0/3   DESI    FORWARDING   NONE
  1    GigabitEthernet0/0/4   DESI    FORWARDING   NONE
```

注：Master 端口是 MST 域中的报文去往总根必经的端口，是和总根相连的所有路径中最短路径上的端口。它在 IST/CIST 上的角色是根端口。

```
[SW4]display stp brief          //查看 SW4 的 STP 摘要信息
 MSTID  Port                     Role   STP State     Protection
  0    GigabitEthernet0/0/1   ALTE    DISCARDING   NONE        //实例 0 的替代端口
  0    GigabitEthernet0/0/2   ROOT    FORWARDING   NONE        //实例 0 的根端口
  0    GigabitEthernet0/0/3   DESI    FORWARDING   NONE
  0    GigabitEthernet0/0/4   DESI    FORWARDING   NONE
  2    GigabitEthernet0/0/1   ALTE    DISCARDING   NONE        //实例 1 的替代端口
  2    GigabitEthernet0/0/2   MAST    FORWARDING   NONE        //实例 1 的 Master 端口
  2    GigabitEthernet0/0/3   DESI    FORWARDING   NONE
  2    GigabitEthernet0/0/4   DESI    FORWARDING   NONE
```

(17) 在 SW1 上查看当前生效的 MST 域配置信息，命令如下：

```
[SW1]display stp region-configuration
   Region name        :Region1
   Revision level     :1
   Instance    VLANs Mapped
      0          1, 6 to 4094
      1          2 to 3
      2          4 to 5
```

6.3.3　华三 MSTP 的配置

在 HCL 中搭建如图 6-13 所示的拓扑，完成华三 MSTP 的配置。

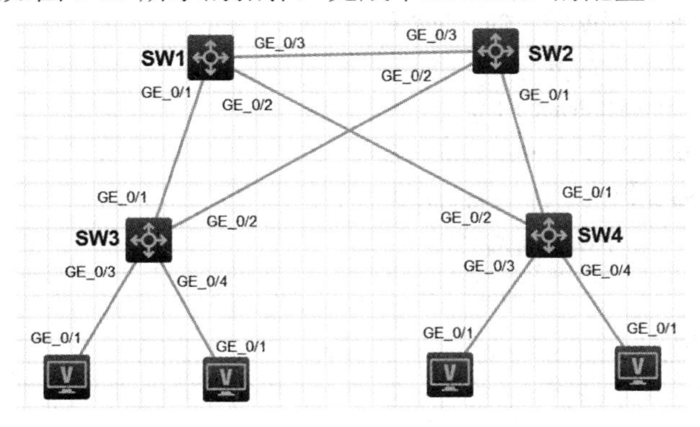

图 6-13　华三 MSTP 配置的拓扑

(1) 在各交换机上创建和配置 VLAN，配置 Trunk，命令如下：

```
[SW1]vlan 2                //SW1 的配置
[SW1-vlan2]vlan 3
[SW1-vlan3]vlan 4
[SW1-vlan4]vlan 5
[SW1-vlan5]quit
[SW1]interface range GigabitEthernet 1/0/1 to GigabitEthernet 1/0/3
[SW1-if-range]port link-type trunk
[SW1-if-range]port trunk permit vlan all
[SW2]vlan 2                //SW2 的配置
[SW2-vlan2]vlan 3
[SW2-vlan3]vlan 4
[SW2-vlan4]vlan 5
[SW2-vlan5]quit
[SW2]interface range GigabitEthernet 1/0/1 to GigabitEthernet 1/0/3
[SW2-if-range]port link-type trunk
[SW2-if-range]port trunk permit vlan all
[SW3]vlan 2                //SW3 的配置
[SW3-vlan2]vlan 3
[SW3-vlan3]vlan 4
[SW3-vlan4]vlan 5
[SW3-vlan5]quit
[SW3]interface range GigabitEthernet 1/0/1 to GigabitEthernet 1/0/2
[SW3-if-range]port link-type trunk
[SW3-if-range]port trunk permit vlan all
[SW3-if-range]quit
[SW3]interface GigabitEthernet 1/0/3
[SW3-GigabitEthernet1/0/3]port link-type access
[SW3-GigabitEthernet1/0/3]port access vlan 2
[SW3-GigabitEthernet1/0/3]quit
[SW3]interface GigabitEthernet 1/0/4
[SW3-GigabitEthernet1/0/4]port link-type access
[SW3-GigabitEthernet1/0/4]port access vlan 3
[SW4]vlan 2                //SW4 的配置
[SW4-vlan2]vlan 3
[SW4-vlan3]vlan 4
[SW4-vlan4]vlan 5
[SW4-vlan5]quit
[SW4]interface range GigabitEthernet 1/0/1 to GigabitEthernet 1/0/2
```

```
[SW4-if-range]port link-type trunk
[SW4-if-range]port trunk permit vlan all
[SW4-if-range]quit
[SW4]interface  GigabitEthernet 1/0/3
[SW4-GigabitEthernet1/0/3]port link-type access
[SW4-GigabitEthernet1/0/3]port access vlan 4
[SW4-GigabitEthernet1/0/3]quit
[SW4]interface GigabitEthernet 1/0/4
[SW4-GigabitEthernet1/0/4]port link-type access
[SW4-GigabitEthernet1/0/4]port access vlan 5
[SW4-GigabitEthernet1/0/4]quit
```

(2) 配置 MSTP，将 VLAN 2 和 VLAN 3 映射到实例 1；将 VLAN 4 和 VLAN 5 映射到实例 2，命令如下：

```
[SW1]stp mode mstp      //设置 SW1 的生成树模式为 MSTP
[SW1]stp region-configuration     //进入 MST 域配置视图
[SW1-mst-region]region-name Region1     //MST 域名
[SW1-mst-region]revision-level  1     //MST 域修订级别，默认是 0。只有域名和域修订级别都相同的交换机才在同一个 MST 区域
[SW1-mst-region]instance 1 vlan 2 to 3     //将 VLAN 2 和 VLAN 3 的生成树映射到实例 1
[SW1-mst-region]instance 2 vlan 4 to 5     //将 VLAN 4 和 VLAN 5 的生成树映射到实例 2
[SW1-mst-region]active region-configuration     //激活 MSTP 域配置
[SW2]stp mode mstp      //设置 SW2 的生成树模式为 MSTP
[SW2]stp region-configuration
[SW2-mst-region]region-name Region1
[SW2-mst-region]revision-level 1
[SW2-mst-region]instance 1 vlan 2 to 3
[SW2-mst-region]instance 2 vlan 4 to 5
[SW2-mst-region]active region-configuration
[SW3]stp mode mstp      //设置 SW3 的生成树模式为 MSTP
[SW3]stp region-configuration
[SW3-mst-region]region-name Region1
[SW3-mst-region]revision-level 1
[SW3-mst-region]instance 1 vlan 2 to 3
[SW3-mst-region]instance 2 vlan 4 to 5
[SW3-mst-region]active region-configuration
[SW4]stp mode mstp      //设置 SW4 的生成树模式为 MSTP
[SW4]stp region-configuration
[SW4-mst-region]region-name Region1
```

[SW4-mst-region]**revision-level 1**

[SW4-mst-region]**instance 1 vlan 2 to 3**

[SW4-mst-region]**instance 2 vlan 4 to 5**

[SW4-mst-region]**active region-configuration**

(3) 配置MSTP，使实例1和实例2的多生成树实例根桥不同。默认情况下，所有VLAN都映射到实例0上。下面配置交换机SW1成为实例0和实例1的根桥(优先级为4096)、SW2成为它们的次根桥(优先级为8192)；配置SW2成为实例2的根桥(优先级为4096)、SW1成为它的次根桥(优先级为8192)，从而实现负载均衡。配置命令如下：

[SW1]**stp instance 0 priority 4096**　　//SW1 的配置

[SW1]**stp instance 1 priority 4096**

[SW1]**stp instance 2 priority 8192**

[SW2]**stp instance 0 priority 8192**　　//SW2 的配置

[SW2]**stp instance 1 priority 8192**

[SW2]**stp instance 2 priority 4096**

(4) 在接入交换机SW3和SW4上将连接计算机的所有端口配置为边缘端口，并在边缘端口上启用BPDU保护功能，增加网络的安全性。配置命令如下：

[SW3]**interface range GigabitEthernet 1/0/3 to GigabitEthernet 1/0/4**

[SW3-if-range]**stp edged-port**　　//SW3 的配置

[SW3-if-range]**stp port bpdu-protection enable**

[SW3-if-range]**quit**

[SW4]**interface range GigabitEthernet 1/0/3 to GigabitEthernet 1/0/4**

[SW4-if-range]**stp edged-port**　　//SW4 的配置

[SW4-if-range]**stp port bpdu-protection enable**

[SW4-if-range]**quit**

(5) 查看各交换机的STP摘要信息，命令如下：

[SW1]**display stp brief**　　//查看 SW1 的 STP 摘要信息

MST ID	Port	Role	STP State	Protection
0	GigabitEthernet1/0/1	DESI	FORWARDING	NONE
0	GigabitEthernet1/0/2	DESI	FORWARDING	NONE
0	GigabitEthernet1/0/3	DESI	FORWARDING	NONE
1	GigabitEthernet1/0/1	DESI	FORWARDING	NONE
1	GigabitEthernet1/0/2	DESI	FORWARDING	NONE
1	GigabitEthernet1/0/3	DESI	FORWARDING	NONE
2	GigabitEthernet1/0/1	DESI	FORWARDING	NONE
2	GigabitEthernet1/0/2	DESI	FORWARDING	NONE
2	GigabitEthernet1/0/3	ROOT	FORWARDING	NONE

[SW2]**display stp brief**　　//查看 SW2 的 STP 摘要信息

MST ID	Port	Role	STP State	Protection

```
0        GigabitEthernet1/0/1        DESI    FORWARDING     NONE
0        GigabitEthernet1/0/2        DESI    FORWARDING     NONE
0        GigabitEthernet1/0/3        ROOT    FORWARDING     NONE
1        GigabitEthernet1/0/1        DESI    FORWARDING     NONE
1        GigabitEthernet1/0/2        DESI    FORWARDING     NONE
1        GigabitEthernet1/0/3        ROOT    FORWARDING     NONE
2        GigabitEthernet1/0/1        DESI    FORWARDING     NONE
2        GigabitEthernet1/0/2        DESI    FORWARDING     NONE
2        GigabitEthernet1/0/3        DESI    FORWARDING     NONE
[SW3]disp stp brief      //查看 SW3 的 STP 摘要信息
 MST ID    Port                      Role    STP State      Protection
 0         GigabitEthernet1/0/1      ROOT    FORWARDING     NONE
 0         GigabitEthernet1/0/2      ALTE    DISCARDING     NONE
 1         GigabitEthernet1/0/1      ROOT    FORWARDING     NONE
 1         GigabitEthernet1/0/2      ALTE    DISCARDING     NONE
 2         GigabitEthernet1/0/1      ALTE    DISCARDING     NONE
 2         GigabitEthernet1/0/2      ROOT    FORWARDING     NONE
```

注： Master 端口是 MST 域中的报文去往总根必经的端口，是和总根相连的所有路径中最短路径上的端口；它在 IST/CIST 上的角色是根端口。

```
[SW4]display stp brief      //查看 SW4 的 STP 摘要信息
 MST ID    Port                      Role    STP State      Protection
 0         GigabitEthernet1/0/1      ALTE    DISCARDING     NONE
 0         GigabitEthernet1/0/2      ROOT    FORWARDING     NONE
 1         GigabitEthernet1/0/1      ALTE    DISCARDING     NONE
 1         GigabitEthernet1/0/2      ROOT    FORWARDING     NONE
 2         GigabitEthernet1/0/1      ROOT    FORWARDING     NONE
 2         GigabitEthernet1/0/2      ALTE    DISCARDING     NONE
```

(6) 在 SW4 上查看当前生效的 MST 域配置信息，命令如下：

```
[SW4]display stp region-configuration
 Oper Configuration
   Format selector     : 0
   Region name         : Region1
   Revision level      : 1
   Configuration digest : 0x47cac1ce872ffd89640049f4cc87bcb2
   Instance   VLANs Mapped
   0           1, 6 to 4094
   1           2 to 3
   2           4 to 5
```

6.4 链路聚合

链路冗余技术以太通道(EtherChannel)也称为链路聚合，是一种在交换机间进行多链路捆绑的技术，通过该技术可以将多条以太物理链路捆绑成一条逻辑链路，达到增加链路带宽、实现流量负载均衡、链路冗余备份、增强网络稳定性和安全性等目的。

构成以太通道的端口需要具有相同的特性，如 Trunk 封装方式等。配置以太通道有手动和自动协商两种。

6.4.1 思科设备链路聚合

1. 思科手动模式链路聚合

在 Packet Tracer 中搭建如图 6-14 所示的拓扑，完成思科设备链路聚合的配置。

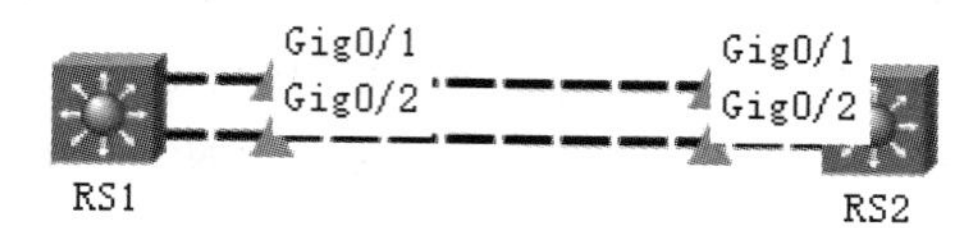

图 6-14 思科设备链路聚合的拓扑

(1) 在 RS1 上手动创建以太通道，命令如下：

```
RS1(config)#port-channel load-balance ?    //查看以太通道负载平衡的方式
  dst-ip        Dst IP Addr                //基于目的 IP 地址
  dst-mac       Dst Mac Addr               //基于目的 MAC 地址
  src-dst-ip    Src XOR Dst IP Addr        //基于源和目的 IP 地址
  src-dst-mac   Src XOR Dst Mac Addr       //基于源和目的 MAC 地址
  src-ip        Src IP Addr                //基于源 IP 地址
  src-mac       Src Mac Addr               //基于源 MAC 地址
RS1(config)#port-channel load-balance dst-ip   //以太通道负载平衡的方式选择基于目的 IP
RS1(config)#interface port-channel 1     //创建以太通道，通道组号为 1
RS1(config-if)#exit
RS1(config)#interface range GigabitEthernet 0/1 - 2
RS1(config-if-range)#channel-group 1 mode ?    //查看端口加入以太通道的方式
  active      Enable LACP unconditionally
  auto        Enable PAgP only if a PAgP device is detected
  desirable   Enable PAgP unconditionally
  on          Enable Etherchannel only
  passive     Enable LACP only if a LACP device is detected
RS1(config-if-range)#channel-group 1 mode on     //将物理端口手动指定到以太通道 1
RS1(config-if)#switchport trunk encapsulation dot1q
RS1(config-if)#switchport mode trunk     //配置通道中物理端口的属性为 Trunk 模式
```

(2) 在 RS2 上手动创建以太通道，命令如下：

RS2(config)#**port-channel load-balance src-ip**　//RS2 的以太通道负载平衡的方式选择基于源 IP。之前 RS1 的以太通道负载平衡的方式选择为基于目的 IP。这样的配置适用于客户计算机连接在 RS2 上，而 RS1 上连接着服务器的架构

RS2(config)#**interface port-channel 1**　//创建以太通道，通道组号为 1

RS2(config-if)#**exit**

RS2(config)#**interface range GigabitEthernet 0/1 -2**

RS2(config-if-range)#**channel-group 1 mode on**　//将物理端口手动指定到以太通道 1

RS2(config-if)#**switchport trunk encapsulation dot1q**

RS2(config-if)#**switchport mode trunk**　//配置通道中物理端口的属性为 Trunk 模式

(3) 查看 RS1 上以太通道的简要信息，命令如下：

```
RS1#show etherchannel summary
Flags:  D - down            P - in port-channel
        I - stand-alone s - suspended
        H - Hot-standby (LACP only)
        R - Layer3          S - Layer2
        U - in use          f - failed to allocate aggregator
        u - unsuitable for bundling
        w - waiting to be aggregated
        d - default port
Number of channel-groups in use: 1
Number of aggregators:           1
Group  Port-channel  Protocol    Ports
1      Po1(SU)           -       Gig0/1(P) Gig0/2(P)
```

可以看到，RS1 中 group1 的以太通道已经形成，“SU”表示以太通道正常。

(4) 查看 RS2 上以太通道的简要信息，命令如下：

```
RS2#show etherchannel summary
Group  Port-channel  Protocol    Ports
1      Po1(SU)           -       Gig0/1(P) Gig0/2(P)
```

可以看到，RS2 中 group1 的以太通道也已经形成，“SU”表示以太通道正常，如果显示为“SD”，可尝试把 Port-channel 端口重新开启。链路两端的端口都需要形成以太通道才行，如果模拟器中创建的以太通道未形成，可保存实验文件后重新打开再查看。

(5) 查看 RS1 上以太通道的负载平衡方式，命令如下：

```
RS1#show etherchannel load-balance
EtherChannel Load-Balancing Configuration:
        dst-ip
EtherChannel Load-Balancing Addresses Used Per-Protocol:
Non-IP: Destination MAC address
  IPv4: Destination IP address
```

```
  IPv6: Destination IP address
```

(6) 查看 RS2 上以太通道的负载平衡方式，命令如下：

```
RS2#show etherchannel load-balance
EtherChannel Load-Balancing Configuration:
        src-ip
EtherChannel Load-Balancing Addresses Used Per-Protocol:
Non-IP: Source MAC address
  IPv4: Source IP address
  IPv6: Source IP address
```

2. 思科动态协商模式链路聚合

拓扑同图 6-14，动态协商模式配置以太通道的方法如下：

(1) 在 RS1 上配置动态协商以太通道，命令如下：

```
RS1(config)#port-channel load-balance src-ip
RS1(config)#interface port-channel 1
RS1(config-if)#exit
RS1(config)#interface range g0/1 - 2
RS1(config-if-range)#channel-protocol ?  //查看可用的以太通道动态协商协议
  lacp   Prepare interface for LACP protocol
  pagp   Prepare interface for PAgP protocol
RS1(config-if-range)#channel-protocol lacp    //选用 LACP 作为以太通道动态协商协议
RS1(config-if-range)#channel-group 1 mode ?   //查看可用的以太通道动态协商模式
  active      Enable LACP unconditionally
  auto        Enable PAgP only if a PAgP device is detected
  desirable   Enable PAgP unconditionally
  on          Enable Etherchannel only
  passive     Enable LACP only if a LACP device is detected
RS1(config-if-range)#channel-group 1 mode passive  //选用属于 LACP 协议的 passive 模式，这是被动模式，对端需要采用主动模式才能协商成功
RS1(config-if-range)#switchport trunk encapsulation dot1q
RS1(config-if-range)#switchport mode trunk    //配置通道中物理端口的属性为 trunk 模式
```

(2) 在 RS2 上配置动态协商以太通道，命令如下：

```
RS2(config)#port-channel load-balance dst-ip
RS2(config)#interface port-channel 1
RS2(config-if)#exit
RS2(config)#interface range GigabitEthernet 0/1 - 2
RS2(config-if-range)#channel-protocol lacp
RS2(config-if-range)#channel-group 1 mode active
RS2(config-if-range)#switchport trunk encapsulation dot1q
```

RS2(config-if-range)#**switchport mode trunk**

(3) 查看 RS1 上以太通道的简要信息，命令如下：

```
RS1#show etherchannel summary
Flags:  D - down            P - in port-channel
        I - stand-alone s - suspended
        H - Hot-standby (LACP only)
        R - Layer3          S - Layer2
        U - in use          f - failed to allocate aggregator
        u - unsuitable for bundling
        w - waiting to be aggregated
        d - default port
Number of channel-groups in use: 1
Number of aggregators:           1
Group  Port-channel  Protocol    Ports
1      Po1(SU)       LACP        Gig0/1(P) Gig0/2(P)
```

可以看到，RS1 中 group1 的以太通道已经形成，“SU”表示以太通道正常。

(4) 查看 RS2 上以太通道的简要信息，命令如下：

```
RS2#show etherchannel summary
Group  Port-channel  Protocol    Ports
1      Po1(SU)       LACP        Gig0/1(P) Gig0/2(P)
```

可以看到，RS2 中 group1 的以太通道也已经形成，“SU”表示以太通道正常，如果显示为“SD”，可尝试把 Port-channel 端口重新开启。链路两端的端口都需要形成以太通道才行，如果模拟器中创建的以太通道未形成，可保存实验文件后重新打开再查看。

(5) 查看 RS1 上以太通道包含的端口，命令如下：

RS1#**show etherchannel port-channel**

```
Protocol             =    LACP
Ports in the Port-channel:
Index   Load   Port     EC state        No of bits
  0      00    Gig0/1   Passive             0
  0      00    Gig0/2   Passive             0
```

(6) 查看 RS2 上以太通道包含的端口，命令如下：

RS2#**show etherchannel port-channel**

```
Protocol             =    LACP
Ports in the Port-channel:
Index   Load   Port     EC state        No of bits
  0      00    Gig0/1   Active              0
  0      00    Gig0/2   Active              0
```

6.4.2 华为设备链路聚合

1. 华为手动模式链路聚合

如图 6-15 所示，在 eNSP 中搭建拓扑，完成华为设备链路聚合的配置。

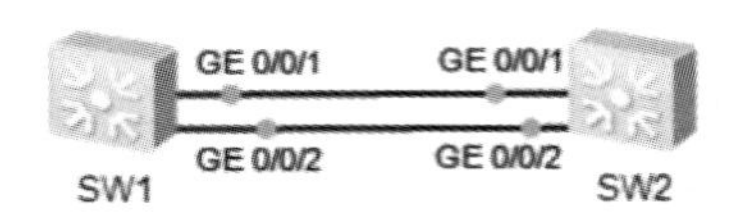

图 6-15 华为设备链路聚合的拓扑

(1) 在 SW1 上手动创建 Eth-Trunk，配置接口模式为 Trunk 并放行所有 VLAN，命令如下：

[SW1]**interface Eth-Trunk 1** //创建并进入 Eth-Trunk 端口，编号是 1

[SW1-Eth-Trunk1]**mode manual load-balance** //启用手动工作模式(这是默认模式)

[SW1-Eth-Trunk1]**trunkport GigabitEthernet 0/0/1 to 0/0/2** //向 Eth-Trunk 端口添加成员端口

[SW1-Eth-Trunk1]**port link-type trunk**

[SW1-Eth-Trunk1]**port trunk allow-pass vlan all**

(2) 在 SW2 上手动创建 Eth-Trunk，配置接口模式为 Trunk 并放行所有 VLAN，命令如下：

[SW2]**interface Eth-Trunk 1**

[SW2-Eth-Trunk1]**mode manual load-balance** //这是默认模式，可省略

[SW2-Eth-Trunk1]**port link-type trunk**

[SW2-Eth-Trunk1]**port trunk allow-pass vlan all**

[SW2-Eth-Trunk1]**quit**

[SW2]**interface GigabitEthernet 0/0/1**

[SW2-GigabitEthernet0/0/2]**eth-trunk 1** //向 Eth-Trunk 端口添加成员端口的另一种方法

[SW2-GigabitEthernet0/0/2]**quit**

[SW2]**interface GigabitEthernet 0/0/2**

[SW2-GigabitEthernet0/0/2]**eth-trunk 1**

(3) 在 SW1 上查看 Eth-Trunk 端口状态，命令如下：

[SW1]**display eth-trunk**

```
Eth-Trunk1's state information is:
WorkingMode: NORMAL            Hash arithmetic: According to SIP-XOR-DIP
Least Active-linknumber: 1   Max Bandwidth-affected-linknumber: 8
Operate status: up           Number Of Up Port In Trunk: 2
PortName                       Status      Weight
GigabitEthernet0/0/1           Up          1
GigabitEthernet0/0/2           Up          1
```

在手动配置模式下端口状态分为 Up 和 Down。其中，Up 表示接口状态正常，Down 表示接口出现物理故障。

2. 华为动态协商模式链路聚合

拓扑同图 6-15，动态协商模式配置链路聚合的方法如下：

(1) 在 SW1 上配置动态协商以太通道，配置端口模式为 Trunk 并放通所有 VLAN，命令如下：

```
[SW1]interface Eth-Trunk 1
[SW1-Eth-Trunk1]mode lacp-static      //启用 LACP 工作模式
[SW1-Eth-Trunk1]trunkport GigabitEthernet 0/0/1 0/0/2
[SW1-Eth-Trunk1]port link-type trunk
[SW1-Eth-Trunk1]port trunk allow-pass vlan all
```

(2) 在 SW2 上配置动态协商以太通道，配置端口模式为 Trunk 并放通所有 VLAN，命令如下：

```
[SW2]interface Eth-Trunk 1
[SW2-Eth-Trunk1]mode lacp-static     //两端设备的 Eth-Trunk 工作模式必须相同
[SW2-Eth-Trunk1]trunkport GigabitEthernet 0/0/1 0/0/2
[SW2-Eth-Trunk1]port link-type trunk
[SW2-Eth-Trunk1]port trunk allow-pass vlan all
[SW2-Eth-Trunk1]quit
```

(3) 在 SW1 上查看 Eth-Trunk 端口状态，命令如下：

```
[SW1]display eth-trunk
Local:     //本地成员端口的状态如下
LAG ID: 1                       WorkingMode: STATIC
Preempt Delay: Disabled     Hash arithmetic: According to SIP-XOR-DIP     //抢占延迟未启
System Priority: 32768      System ID: 4c1f-cc24-4164      //LACP 系统优先级值为 32768
Least Active-linknumber: 1  Max Active-linknumber: 8      //活动端口数量 1～8
Operate status: up          Number Of Up Port In Trunk: 2
ActorPortName          Status   PortType PortPri PortNo PortKey PortState Weight
GigabitEthernet0/0/1   Selected 1GE       32768    2     305    10111100   1
GigabitEthernet0/0/2   Selected 1GE       32768    3     305    10111100   1
```

//上面两行表示两个端口都是 Selected 状态，两个端口的 LACP 端口优先级都是 32 768。LACP 模式下端口状态分为 Selected 和 Unselect。其中，Selected 表示接口被选中并成为主用接口，Unselect 表示接口未被选中并成为备用接口

```
Partner:     //对端成员端口的状态如下
ActorPortName          SysPri   SystemID        PortPri   PortNo   PortKey   PortState
GigabitEthernet0/0/1   32768    4c1f-ccf1-5584  32768     2        305       10111100
GigabitEthernet0/0/2   32768    4c1f-ccf1-5584  32768     3        305       10111100
```

(4) 将 SW1 的 LACP 系统优先级从默认值 32 768 改为 3000，使其成为主动端，命令如下：

```
[SW1]lacp priority 3000     //配置 SW1 的 LACP 系统优先级
[SW1]display eth-trunk     //查看配置的变更结果
```

主动端负责选择活动端口。LACP 会根据系统优先级和 MAC 地址来确定主动端。优先级数值越小越优先，会被选为主动端；优先级相同时，系统 MAC 地址小的会成为主动端。

(5) 设置 SW1 的 LACP 接口优先级，将 G0/0/1 的优先级设成优于 G0/0/2 ，命令如下：

```
[SW1]interface GigabitEthernet0/0/1
```

```
[SW1-GigabitEthernet0/0/1]lacp priority 2000    //设置 G0/0/1 的 LACP 优先级
[SW1-GigabitEthernet0/0/1]quit
[SW1]display eth-Trunk    //查看配置的变更结果
```

G0/0/1 的 LACP 端口优先级设置成 2000 后，此优先级优于 G0/0/2 的默认 LACP 端口优先级 32 768。

(6) 更改 Eth-Trunk 活动端口的数量，命令如下：

```
[SW1]interface Eth-Trunk 1
[SWI-Eth-Trunk1]max active-linknumber 1    //将最大活动链路数量设置为 1
[SWI-Eth-Trunk1]quit
[SWI]display eth-trunk    //查看配置的变更结果
```

Max Active-link number(最大活动链路数量) 由默认的 8 更改为 1 后，LACP 端口优先级较低的 G0/0/2 变成“Unselect”(备用端口)，只剩下一个活动端口。

(7) 关闭 SW1 的 G0/0/1 端口，查看原来的备用端口变成活动端口，命令如下：

```
[SW1]interface GigabitEthernet0/0/1
[SW1-GigabitEthernet0/0/1]shutdown
[SW1-GigabitEthernet0/0/1]quit
[SW1]display eth-Trunk    //查看活动接口的变化情况
```

G0/0/1 端口由于被关闭 LACP 其状态变成“Unselect”，而 G0/0/2 端口的状态由“Unselect”变为“Selected”(活动端口)，承担流量的转发任务。

(8) 启用 LACP 的抢占功能，开启 SW1 的 G0/0/1 端口，测试抢占功能，命令如下：

```
[SW1]interface Eth-Trunk 1
[SW1-Eth-Trunk1]lacp preempt enable    //为 Eth-Trunk 1 启用抢占功能
[SW1-Eth-Trunk1]lacp preempt delay 10    //设置抢占延迟时间为 10 s，默认值为 30
[SW1-Eth-Trunk1]quit
[SW1]interface GigabitEthernet0/0/1
[SW1-GagibitEthernet0/0/1]undo shutdown
[SW1]display eth-trunk    //查看抢占测试结果
```

由于当前的 Eth-Trunk 启用了抢占功能，GigabitEthernet0/0/1 开启并延迟 10 s 后，抢占成为活动端口。

6.4.3 华三设备链路聚合

1. 华三配置二层静态聚合

如图 6-16 所示，在 HCL 中搭建拓扑，完成华三设备链路聚合的配置。

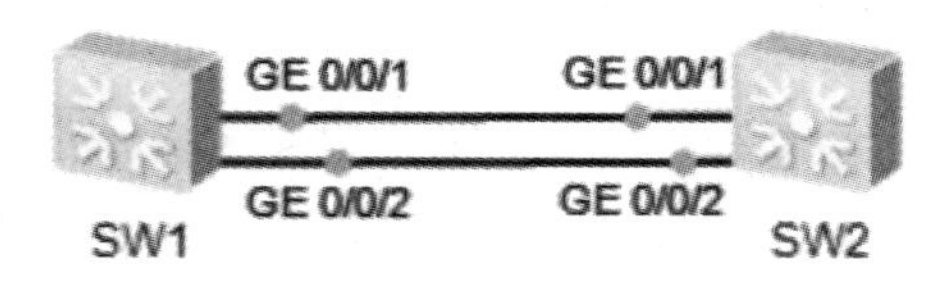

图 6-16 华三设备链路聚合的拓扑

(1) 在 SW1 上进行 Trunk 的基本配置，命令如下：

[SW1]**interface range GigabitEthernet 1/0/1 GigabitEthernet 1/0/2**

[SW1-if-range]**port link-type trunk**

[SW1-if-range]**port trunk permit vlan all**

(2) 在 SW2 上进行 Trunk 的基本配置，命令如下：

[SW2]**interface range GigabitEthernet 1/0/1 GigabitEthernet 1/0/2**

[SW2-if-range]**port link-type trunk**

[SW2-if-range]**port trunk permit vlan all**

(3) 在 SW1 上配置二层静态聚合，配置接口模式为 Trunk 并放行所有 VLAN，命令如下：

[SW1]**interface Bridge-Aggregation 1**

[SW1-Bridge-Aggregation1]**port link-type trunk**

[SW1-Bridge-Aggregation1]**port trunk permit vlan all**

[SW1-Bridge-Aggregation1]**quit**

[SW1]**interface range GigabitEthernet 1/0/1 GigabitEthernet 1/0/2**

[SW1-if-range]**port link-aggregation group 1**

(4) 在 SW2 上配置二层静态聚合，配置接口模式为 Trunk 并放行所有 VLAN，命令如下：

[SW2]**interface Bridge-Aggregation 1**

[SW2-Bridge-Aggregation1]**port link-type trunk**

[SW2-Bridge-Aggregation1]**port trunk permit vlan all**

[SW2-Bridge-Aggregation1]**quit**

[SW2]**interface range GigabitEthernet 1/0/1 GigabitEthernet 1/0/2**

[SW2-if-range]**port link-aggregation group 1**

(5) 查看二层聚合端口表项，命令如下：

[SW1]**display interface Bridge-Aggregation 1**

Bridge-Aggregation1

Current state: UP　　//二层聚合端口状态 up

Bandwidth: 2000000 kbps

2Gbps-speed mode, full-duplex mode　//端口速率 2Gbps(即 2Gb/s，bps 指 b/s)

(6) 查看端口的链路聚合详细信息，命令如下：

[SW1]**display link-aggregation verbose**

Port Status: S -- Selected, U -- Unselected, I -- Individual

Aggregate Interface: Bridge-Aggregation1

Aggregation Mode: Static　　//聚合组模式

Loadsharing Type: Shar

```
  Port              Status   Priority Oper-Key
  GE1/0/1            S        32768     1
  GE1/0/2            S        32768     1
```

以上两行表示 G1/0/1 和 G1/0/2 端口都成了 Selected 端口。Selected 表示接口被选中并成为主用接口，Unselected 表示接口未被选中并成为备用接口。

(7) 检查二层聚合端口表项，命令如下：

```
[SW1]display interface Bridge-Aggregation 1
Bridge-Aggregation1
Current state: UP     //二层聚合端口状态 Up
IP packet frame type: Ethernet II, hardware address: 8083-e5b7-0100
Description: Bridge-Aggregation1 Interface
Bandwidth: 1000000 kbps
1Gbps-speed mode, full-duplex mode       //端口速率为 1Gb/s
```

(8) 查看端口的链路聚合详细信息，命令如下：

```
[SW1]display link-aggregation verbose
  Port              Status   Priority Oper-Key
  GE1/0/1           U          32768      1
  GE1/0/2           S          32768      1
```

以上两行表示 G1/0/1 成了 Unselected 端口，G1/0/2 端口成了 Selected 端口。证明二层静态聚合支持冗余功能。

2. 华三配置二层动态聚合

拓扑同图 6-16，华三动态协商模式配置链路聚合的方法如下：

(1) 在 SW1 上进行 Trunk 的基本配置，命令如下：

```
[SW1]interface range GigabitEthernet 1/0/1 GigabitEthernet 1/0/2
[SW1-if-range]port link-type trunk
[SW1-if-range]port trunk permit vlan all
```

(2) 在 SW2 上进行 Trunk 的基本配置，命令如下：

```
[SW2]interface range GigabitEthernet 1/0/1 GigabitEthernet 1/0/2
[SW2-if-range]port link-type trunk
[SW2-if-range]port trunk permit vlan all
```

(3) 在 SW1 上配置二层动态聚合，配置接口模式为 Trunk 并放行所有 VLAN，命令如下：

```
[SW1]interface Bridge-Aggregation 1
[SW1-Bridge-Aggregation1]link-aggregation mode dynamic
[SW1-Bridge-Aggregation1]port link-type trunk
[SW1-Bridge-Aggregation1]port trunk permit vlan all
[SW1-Bridge-Aggregation1]quit
[[SW1]interface GigabitEthernet 1/0/1
[SW1-GigabitEthernet1/0/1]port link-aggregation group 1
[SW1-GigabitEthernet1/0/1]quit
[SW1]interface GigabitEthernet 1/0/2
[SW1-GigabitEthernet1/0/2]port link-aggregation group 1
```

(4) 在 SW2 上配置二层动态聚合，配置接口模式为 Trunk 并放行所有 VLAN，命令如下：

```
[SW2]interface Bridge-Aggregation 1
```

```
[SW2-Bridge-Aggregation1]link-aggregation mode dynamic
[SW2-Bridge-Aggregation1]port link-type trunk
[SW2-Bridge-Aggregation1]port trunk permit vlan all
[SW2-Bridge-Aggregation1]quit
[SW2]interface GigabitEthernet 1/0/1
[SW2-GigabitEthernet1/0/1]port link-aggregation group 1
[SW2-GigabitEthernet1/0/1]quit
[SW2]interface GigabitEthernet 1/0/2
[SW2-GigabitEthernet1/0/2]port link-aggregation group 1
```

(5) 查看二层聚合端口表项，命令如下：

```
[SW1]display interface Bridge-Aggregation 1
Bridge-Aggregation1
Current state: UP          //二层聚合端口状态 Up
Bandwidth: 2000000 kbps
2Gbps-speed mode, full-duplex mode       //端口速率为 2Gb/s
```

(6) 查看端口的链路聚合详细信息，命令如下：

```
[SW1]display link-aggregation verbose
Aggregate Interface: Bridge-Aggregation1
Aggregation Mode: Dynamic          //聚合组模式
Loadsharing Type: Shar
System ID: 0x8000, 8083-e5b7-0100
Local:      //本地成员端口的状态如下：
  Port                Status   Priority Oper-Key   Flag
  GE1/0/1             S        32768    1          {ACDEF}
  GE1/0/2             S        32768    1          {ACDEF}
//以上两行表示本地的 G1/0/1 和 G1/0/2 端口都成了 Selected 端口
Remote:       //对端成员端口的状态如下
  Actor               Partner Priority Oper-Key   SystemID                 Flag
  GE1/0/1             2       32768    1          0x8000, 8084-05a6-0200 {ACDEF}
  GE1/0/2             3       32768    1          0x8000, 8084-05a6-0200 {ACDEF}
```

(7) 在 SW1 上检查二层聚合端口表项，命令如下：

```
[SW1]interface GigabitEthernet 1/0/1
[SW1-GigabitEthernet1/0/1]shutdown        //关闭 G1/0/1
[SW1]display interface Bridge-Aggregation 1
Bridge-Aggregation1
Current state: UP        //二层聚合端口状态 Up
IP packet frame type: Ethernet II, hardware address: 8083-e5b7-0100
Description: Bridge-Aggregation1 Interface
Bandwidth: 1000000 kbps
```

```
1Gbps-speed mode, full-duplex mode        //端口速率 1Gb/s
```

(8) 查看端口的链路聚合详细信息，命令如下：

```
[SW1]display link-aggregation verbose
Loadsharing Type: Shar -- Loadsharing, NonS -- Non-Loadsharing
Port: A -- Auto
Port Status: S -- Selected, U -- Unselected, I -- Individual
Flags:  A -- LACP_Activity, B -- LACP_Timeout, C -- Aggregation,
        D -- Synchronization, E -- Collecting, F -- Distributing,
        G -- Defaulted, H -- Expired
Aggregate Interface: Bridge-Aggregation1
Aggregation Mode: Dynamic     //聚合组模式为动态
Loadsharing Type: Shar
System ID: 0x8000, 8083-e5b7-0100
Local:
  Port        Status   Priority   Oper-Key     Flag
  GE1/0/1       U       32768       1          {AC}
  GE1/0/2       S       32768       1          {ACDEF}
//上面两行表示 G1/0/1 为 Unselected 端口，G1/0/2 为 Selected 端口
Remote:
  Actor       Partner   Priority   Oper-Key   SystemID                  Flag
  GE1/0/1       2        32768       1        0x8000, 8084-05a6-0200 {ACEF}
  GE1/0/2       3        32768       1        0x8000, 8084-05a6-0200 {ACDEF}
```

6.5　网关冗余 HSRP 和 VRRP

如果网关出故障，电脑就无法上网了。为此，可以在网络中接入备用网关，当活跃网关出故障时，将电脑缺省网关的地址改为备用网关的地址，就可以让电脑继续上网了，但人为修改电脑缺省网关地址比较麻烦。

为解决这个问题，思科开发了热备份路由选择协议(Hot Standby Routing Protocol，HSRP)，它是思科的私有协议。两台或多台路由器组成 HSRP 组，使用同一个虚拟 IP 地址和虚拟 MAC 地址，作为一台虚拟路由器对外提供服务。HSRP 组包括活跃路由器、备份路由器和其他路由器。组内优先级最高的，或优先级相同、IP 地址最大的路由器被选为活跃路由器。若活跃路由器出现故障，备份路由器会接替它继续工作，其他路由器则竞争备份路由器的角色。

Internet 工程任务组(IETF)随后也制定了类似的路由备份冗余协议，即虚拟路由器冗余协议(Virtual Router Redundancy Protocol，VRRP)。与 HSRP 类似，VRRP 将多台路由器组成一个 VRRP 组，通过一个共同的虚拟 IP 地址对外提供服务。其中一台作为主路由器(Master)，当主路由器出现故障时，VRRP 组中的备份路由器(Backup)将成为新的主路由器。

6.5.1　思科设备的 HSRP 配置

如图 6-17 所示，在 Packet Tracer 中搭建拓扑，完成思科设备的 HSRP 配置。

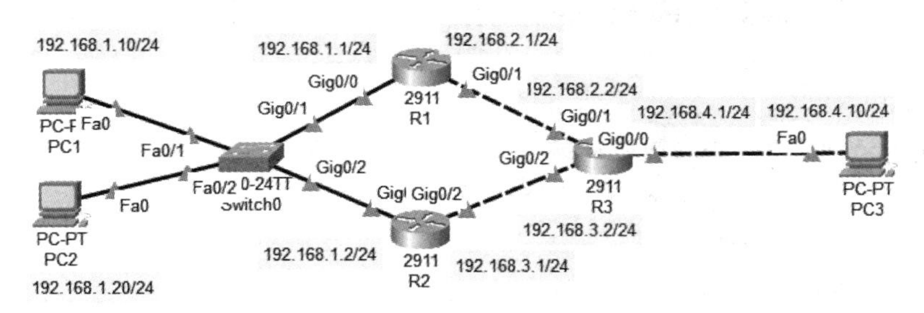

图 6-17　思科设备 HSRP 的拓扑

(1) 进行基本配置，命令如下：

R1(config)#**interface GigabitEthernet 0/0**　　　　//R1 的配置
R1(config-if)#**ip address 192.168.1.1 255.255.255.0**
R1(config-if)#**no shutdown**
R1(config-if)#**exit**
R1(config)#**interface GigabitEthernet 0/1**
R1(config-if)#**ip address 192.168.2.1 255.255.255.0**
R1(config-if)#**no shutdown**
R1(config-if)#**exit**
R1(config)#**router rip**
R1(config-router)#**network 192.168.1.0**
R1(config-router)#**network 192.168.2.0**
R1(config-router)#**passive-interface GigabitEthernet 0/0**
R2(config)#**interface GigabitEthernet 0/0**　　　　//R2 的配置
R2(config-if)#**ip address 192.168.1.2 255.255.255.0**
R2(config-if)#**no shutdown**
R2(config-if)#**exit**
R2(config)#**interface GigabitEthernet 0/2**
R2(config-if)#**ip address 192.168.3.1 255.255.255.0**
R2(config-if)#**no shutdown**
R2(config-if)#**exit**
R2(config)#**router rip**
R2(config-router)#**network 192.168.1.0**
R2(config-router)#**network 192.168.3.0**
R2(config-router)#**passive-interface GigabitEthernet 0/0**
　　　　　　　//将 G0/0 设置为被动接口，防止从该接口发送 RIP 信息给 R2
R3(config)#**interface GigabitEthernet 0/1**　　//R3 的配置
R3(config-if)#**ip address 192.168.2.2 255.255.255.0**

R3(config-if)#**no shutdown**

R3(config-if)#**exit**

R3(config)#**interface GigabitEthernet 0/2**

R3(config-if)#**ip address 192.168.3.2 255.255.255.0**

R3(config-if)#**no shutdown**

R3(config-if)#**exit**

R3(config)#**interface GigabitEthernet 0/0**

R3(config-if)#**ip address 192.168.4.1 255.255.255.0**

R3(config-if)#**no shutdown**

R3(config-if)#**exit**

R3(config)#**router rip**

R3(config-router)#**network 192.168.2.0**

R3(config-router)#**network 192.168.3.0**

R3(config-router)#**network 192.168.4.0**

(2) 配置 HSRP，命令如下：

R1(config)#**interface GigabitEthernet 0/0** //R1 的配置

R1(config-if)#**standby 1 ip 192.168.1.254** //启用 HSRP，组号为 1，设置该组的虚拟 IP 地址

R1(config-if)#**standby 1 priority 105** //设置 HSRP 优先级为 105，默认值为 100，值大的将成为活跃路由器

R1(config-if)#**standby 1 preempt** //启用 HSRP 占先权，一旦该路由器的优先级最高，将抢占当前活跃路由器成为新的活跃路由器，若不启用占先权，将不会抢占当前的活跃路由器

R1(config-if)#**standby 1 timers 3 10** //设置 Hello Time 为 3 s，设置 Hold Time 为 10 s，这其实就是默认值，表示路由器每隔 3 s 发送一次 Hello 信息，如果超过 10 s 没有收到活跃路由器信息，则认为活跃路由器出故障了

R2(config)#**interface GigabitEthernet 0/0** //R2 的配置

R2(config-if)#**standby 1 ip 192.168.1.254**

R2(config-if)#**standby 1 preempt**

R2(config-if)#**standby 1 timers 3 10**

R2 没有配置优先级，采用默认值 100。

(3) 在 R1、R2 上查看 HSRP 状态信息，命令如下：

R1#**show standby brief** //在 R1 上查看 HSRP 状态信息

```
                P indicates configured to preempt.
                |
Interface  Grp  Pri P State   Active   Standby       Virtual IP
Gig0/0      1   105 P Active  local    192.168.1.2   192.168.1.254
```

显示结果表明，R1 自身状态为 Active，是活跃路由器；192.168.1.2 处于 Standby 状态，是备份路由器。

R2#**show standby brief** //在 R2 上查看 HSRP 状态信息

```
                P indicates configured to preempt.
                |
```

```
Interface   Grp   Pri P   State       Active        Standby     Virtual IP
Gig0/0       1    100 P Standby    192.168.1.1      local      192.168.1.254
```

显示结果表明，R2 自身状态为 Standby，是备份路由器，192.168.1.1 处于 Active 状态，是活跃路由器。

(4) 模拟活跃路由器 R1 出故障，观察活跃路由器与备份路由器状态的变化。

① 按图上的规划为 PC1 配置 IP 地址，网关指向 192.168.1.254。

② 按图上的规划为 PC3 配置 IP 地址，网关指向 192.168.4.1。

③ 在 PC1 上连续 ping PC3，命令如下：

```
C:\>ping -t 192.168.4.10
```

④ 在 R1 上用“shutdown”命令关闭 G0/0。

⑤ 观察“PC1 连续 ping PC3”的结果，命令如下：

```
C:\>ping -t 192.168.4.10
Pinging 192.168.4.10 with 32 bytes of data:
Reply from 192.168.4.10: bytes=32 time<1ms TTL=126
Request timed out.
Reply from 192.168.4.10: bytes=32 time<1ms TTL=126
```

可以看到，R1 出故障后，计算机间的通信只受到了短暂的影响。这是因为 R1 出故障时，R2 迅速取代了它。

⑥ 在 R2 上查看 HSRP 状态，命令如下：

```
R2#show standby brief
                        P indicates configured to preempt.
                        |
Interface   Grp   Pri P State    Active    Standby     Virtual IP
Gig0/0       1    100 P Active   local     unknown     192.168.1.254
```

可以看到，R2 成了活跃路由器。

(5) 恢复 R1 上被关闭的 G0/0 接口，命令如下：

```
R1(config)#interface GigabitEthernet 0/0
R1(config-if)#no shutdown
```

(6) 如果 R1 的 G0/1 接口出现故障，由于 R1 和 R2 间 HSRP 的 Hello 包仍然能正常收发，R1 仍然是活跃路由器，但 R1 却无法继续为 PC1 提供网关服务。为此，需要对 G0/1 配置接口跟踪。

① 在 R1 上配置接口跟踪，命令如下：

```
R1(config)#interface GigabitEthernet 0/0
R1(config-if)#standby 1 track GigabitEthernet 0/1
```

② 关闭 R1 的 G0/1 接口，模拟 G0/1 出故障，命令如下：

```
R1(config)#interface GigabitEthernet 0/1
R1(config-if)#shutdown
```

③ 观察效果，命令如下：

```
R1#show standby
```

```
GigabitEthernet0/0 - Group 1
  State is Listen
    12 state changes, last state change 03:43:04
  Virtual IP address is 192.168.1.254
  Active virtual MAC address is 0000.0C07.AC01
    Local virtual MAC address is 0000.0C07.AC01 (v1 default)
  Hello time 3 sec, hold time 10 sec
    Next hello sent in 0 secs
  Preemption enabled
  Active router is 192.168.1.2      //活跃路由器是 192.168.1.2
  Standby router is 192.168.1.2    //备份路由器是 192.168.1.2
  Priority 95 (configured 105)     //本路由器的优先级是 95(配置值是 105)
    Track interface GigabitEthernet0/1 state Down decrement 10    //优先级减少了 10
  Group name is hsrp-Gig0/0-1 (default)
```

当 G0/1 接口上的链路出现问题时，R1 将自己的优先级减少一个指定的数字，默认是 10。此时，R1 的优先级从 105 减去 10 得 95，小于 R2 的优先级 100。由于 R2 配置了 HSRP 占先权，所以 R2 会根据其优先级最大而成为新的活跃路由器，从而避免了 R1 无法充当网关却依然担任活跃路由器的角色。

④ 恢复 R1 上被关闭的 G0/0 接口，命令如下：

```
R1(config)#interface GigabitEthernet0/0
R1(config-if)#no shutdown
```

(7) 之前我们已经将 R1 和 R2 组成了一个 HSRP 组 1，虚拟出了一个地址 192.168.1.254 作为 PC1 的网关，其中 R1 充当活跃路由器。在此基础上，我们可以让 R1 和 R2 再组成另一个 HSRP 组 2，虚拟出另一个地址 192.168.1.253 充当 PC2 的网关，并让 R2 充当 HSRP 组 2 的活跃路由器，从而实现网关的负载均衡。配置命令如下：

```
R2(config)#interface GigabitEthernet 0/0     //R2 的配置
R2(config-if)#standby 2 ip 192.168.1.253
R2(config-if)#standby 2 priority 105
R2(config-if)#standby 2 preempt
R2(config-if)#standby 2 track GigabitEthernet 0/2
R1(config)#interface GigabitEthernet0/0     //R1 的配置
R1(config-if)#standby 2 ip 192.168.1.253
R1(config-if)#standby 2 preempt
```

6.5.2 华为设备的 VRRP 配置

如图 6-18 所示，在 eNSP 中搭建拓扑。通过配置 VRRP，实现以下需要：

PC1 的缺省网关平时由 R1 充当；当 R1 出故障时，改由 R2 充当。网关地址虚拟为 192.168.1.253。

PC2 的缺省网关平时由 R2 充当；当 R2 出故障时，改由 R1 充当。网关地址虚拟为 192.168.1.254。

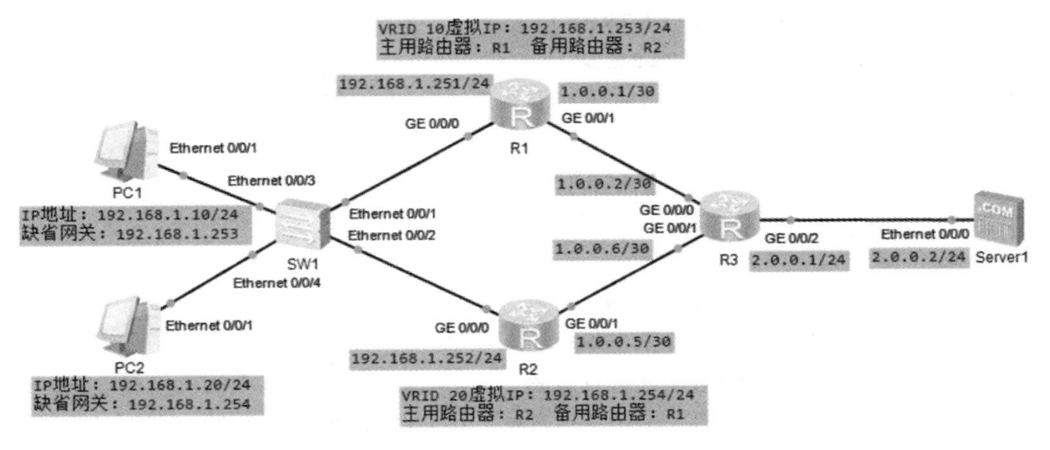

图 6-18　华为设备 VRRP 的拓扑

(1) 进行路由器的地址配置，命令如下：

[R1]**interface GigabitEthernet 0/0/0**　　//R1 的地址配置

[R1-GigabitEthernet0/0/0]**ip address 192.168.1.251 24**

[R1-GigabitEthernet0/0/0]**quit**

[R1]**interface GigabitEthernet 0/0/1**

[R1-GigabitEthernet0/0/1]**ip address 1.0.0.1 30**

[R2]**interface GigabitEthernet 0/0/0**　　//R2 的地址配置

[R2-GigabitEthernet0/0/0]**ip address 192.168.1.252 24**

[R2-GigabitEthernet0/0/0]**quit**

[R2]**interface GigabitEthernet 0/0/1**

[R2-GigabitEthernet0/0/1]**ip address 1.0.0.5 30**

[R3]**interface GigabitEthernet 0/0/0**　　//R3 的地址配置

[R3-GigabitEthernet0/0/0]**ip address 1.0.0.2 30**

[R3-GigabitEthernet0/0/0]**quit**

[R3]**interface GigabitEthernet 0/0/1**

[R3-GigabitEthernet0/0/1]**ip address 1.0.0.6 30**

[R3-GigabitEthernet0/0/1]**quit**

[R3]**interface GigabitEthernet 0/0/2**

[R3-GigabitEthernet0/0/2]**ip address 2.0.0.1 24**

(2) 进行电脑和服务器的地址配置，命令如下：

PC1 的 IP 地址：192.168.1.10/24，PC1 的缺省网关：192.168.1.253。

PC2 的 IP 地址：192.168.1.20/24，PC2 的缺省网关：192.168.1.254。

Server1 的 IP 地址：2.0.0.2/24，Server1 的缺省网关：2.0.0.1。

(3) 进行动态路由配置，命令如下：

[R1]**ospf 1 router-id 1.1.1.1**　　//R1 的配置

```
[R1-ospf-1]area 0
[R1-ospf-1-area-0.0.0.0]network 192.168.1.0 0.0.0.255
[R1-ospf-1-area-0.0.0.0]network 1.0.0.0 0.0.0.3
[R2]ospf 1 router-id 2.2.2.2      //R2 的配置
[R2-ospf-1]area 0
[R2-ospf-1-area-0.0.0.0]network 192.168.1.0 0.0.0.255
[R2-ospf-1-area-0.0.0.0]network 1.0.0.4 0.0.0.3
[R3]ospf 1 router-id 3.3.3.3      //R3 的配置
[R3-ospf-1]area 0
[R3-ospf-1-area-0.0.0.0]network 1.0.0.0 0.0.0.7
[R3-ospf-1-area-0.0.0.0]network 2.0.0.0 0.0.0.255
```

(4) 将R1在VRID 10中的优先级设置为150，R2在VRID 10中的优先级保留为默认值100，使R1成为VRID 10的主用路由器，R2成为VRID 10的备用路由器，命令如下：

```
[R1]interface GigabitEthernet 0/0/0      //R1 的配置
[R1-GigabitEthernet0/0/0]vrrp vrid 10 virtual-ip 192.168.1.253
[R1-GigabitEthernet0/0/0]vrrp vrid 10 priority 150
[R1-GigabitEthernet0/0/0]quit
[R2]interface GigabitEthernet 0/0/0      //R2 的配置
[R2-GigabitEthernet0/0/0]vrrp vrid 10 virtual-ip 192.168.1.253
[R2-GigabitEthernet0/0/0]quit
```

(5) 进行测试，命令如下：

```
[R1]display vrrp brief                //在 R1 上检查 VRRP 的状态
Total:1     Master:1     Backup:0     Non-active:0
VRID  State    Interface   Type    Virtual IP
10    Master   GE0/0/0     Normal  192.168.1.253
[R2]display vrrp brief                //在 R2 上检查 VRRP 的状态
Total:1     Master:0     Backup:1     Non-active:0
VRID  State    Interface   Type    Virtual IP
10    Backup   GE0/0/0     Normal  192.168.1.253
[R1]display vrrp protocol-information   //在 R1 上查看 VRRP 版本
 VRRP protocol information is shown as below:
    VRRP protocol version : V2
    Send advertisement packet mode : send v2 only
PC>ping 2.0.0.2          //用 ping 命令测试 PC1 外出的联通性
PC>tracert 2.0.0.2       //用 tracert 命令检验 PC1 外出的传输路径
traceroute to 2.0.0.2, 8 hops max
(ICMP), press Ctrl+C to stop
 1  192.168.1.251   31 ms  31 ms  47 ms
 2  1.0.0.2         47 ms  47 ms  47 ms
```

3　2.0.0.2　　　31 ms　47 ms　47 ms

(6) 将 R2 在 VRID 20 中的优先级设置为 150，R1 在 VRID 20 中的优先级保留为默认值 100，使 R2 成为 VRID 20 的主用路由器，R1 成为 VRID 20 的备用路由器。同时，启用 VRRP 的认证功能，命令如下：

[R2]**interface G0/0/0**　　　　//R2 的配置

[R2-GigabitEthernet0/0/0]**vrrp vrid 20 virtual-ip 192.168.1.254**

[R2-GigabitEthernet0/0/0]**vrrp vrid 20 priority 150**

[R2-GigabitEthernet0/0/0]**vrrp vrid 20 authentication-mode simple plain 123**

[R2-GigabitEthernet0/0/0]**quit**

[R1]**interface GigabitEthernet 0/0/0**　//R1 的配置

[R1-GigabitEthernet0/0/0]**vrrp vrid 20 virtual-ip 192.168.1.254**

[R1-GigabitEthernet0/0/0]**vrrp vrid 20 authentication-mode simple plain 123**

[R1-GigabitEthernet0/0/0]**quit**

(7) 进行测试，命令如下：

[R2]**display vrrp 20**　　　　//在 R2 上检查 VRRP 的状态

GigabitEthernet0/0/0 | Virtual Router 20

State : Master

Virtual IP : 192.168.1.254

Master IP : 192.168.1.252

PriorityRun : 150

PriorityConfig : 150

MasterPriority : 150

Preempt : YES　　Delay Time : 0 s

Auth type : SIMPLE　　Auth key : 123　　//认证模式为“SIMPLE”，认证密钥为“123”

Virtual MAC : 0000-5e00-0114

PC>**ping 2.0.0.2**　　　　//用 ping 命令测试 PC2 外出的联通性

PC>**tracert 2.0.0.2**　　　　//用 tracert 命令检验 PC2 外出的传输路径

traceroute to 2.0.0.2, 8 hops max

(ICMP), press Ctrl+C to stop

1　192.168.1.252　47 ms　47 ms　47 ms

2　1.0.0.6　　　31 ms　47 ms　47 ms

3　2.0.0.2　　　47 ms　47 ms　47 ms

[R1]**display vrrp brief**　　　　//在 R1 上查看 VRRP 的状态信息

Total:2　　Master:1　　Backup:1　　Non-active:0

VRID　State　　Interface　　Type　　Virtual IP

10　　Master　　GE0/0/0　　Normal　　192.168.1.253

20　　Backup　　GE0/0/0　　Normal　　192.168.1.254

可以看到，R1 是 VRID 10 的主用路由器，是 VRID 20 的备用路由器。

```
[R2]display  vrrp brief              //在 R2 上查看 VRRP 的状态信息
Total:2      Master:1     Backup:1   Non-active:0
VRID  State      Interface   Type      Virtual IP
----------------------------------------------------------------------
10    Backup     GE0/0/0     Normal    192.168.1.253
20    Master     GE0/0/0     Normal    192.168.1.254
```

可以看到，R2 是 VRID 20 的主用路由器，是 VRID 10 的备用路由器。以上配置为电脑 PC1 和 PC2 实现了网关的负载均衡。

6.5.3　华三设备的 VRRP 配置

如图 6-19 所示，在 HCL 中搭建拓扑，完成华三设备的 VRRP 配置。

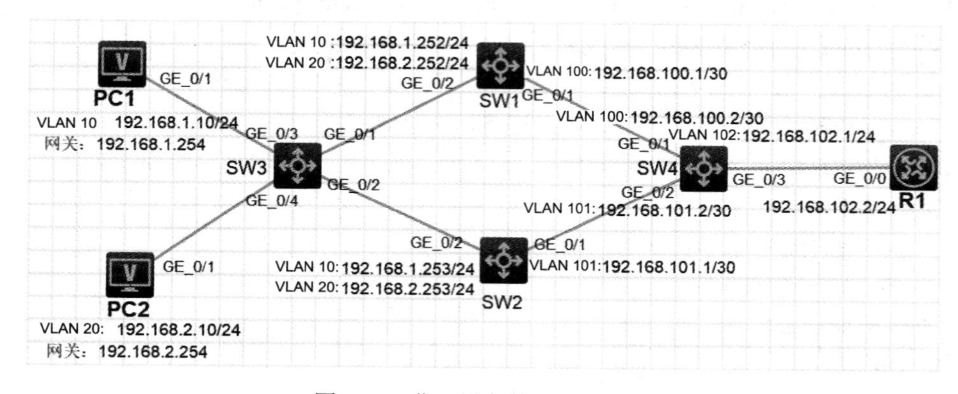

图 6-19　华三设备的 VRRP 拓扑

(1) 进行基本配置，命令如下：

```
[SW1]vlan 10              //为 SW1 划分 VLAN，配置地址
[SW1-vlan10]quit
[SW1]interface Vlan-interface 10
[SW1-Vlan-interface10]ip address 192.168.1.252 24
[SW1-Vlan-interface10]quit
[SW1]vlan 100
[SW1-vlan100]port GigabitEthernet 1/0/1
[SW1-vlan100]quit
[SW1]interface Vlan-interface 100
[SW1-Vlan-interface100]ip address 192.168.100.1 30
[SW1-Vlan-interface100]undo shutdown
[SW2]vlan 10              //为 SW2 划分 VLAN，配置地址
[SW2-vlan10]quit
[SW2]interface vlan 10
[SW2-Vlan-interface10]ip add 192.168.1.253 24
[SW2-Vlan-interface10]quit
```

```
[SW2]vlan 101
[SW2-vlan101]port GigabitEthernet 1/0/1
[SW2-vlan101]quit
[SW2]interface Vlan-interface 101
[SW2-Vlan-interface101]ip address 192.168.101.1 30
[SW2-Vlan-interface101]undo shutdown
[SW3]vlan 10              //为 SW3 划分 VLAN
[SW3-vlan10]port GigabitEthernet 1/0/3
[SW4]vlan 100             //为 SW4 划分 VLAN，配置地址
[SW4-vlan100]port GigabitEthernet 1/0/1
[SW4-vlan100]quit
[SW4]interface vlan 100
[SW4-Vlan-interface100]ip address 192.168.100.2 30
[SW4-Vlan-interface100]quit
[SW4]vlan 101
[SW4-vlan101]port GigabitEthernet 1/0/2
[SW4-vlan101]quit
[SW4]interface Vlan-interface 101
[SW4-Vlan-interface101]ip address 192.168.101.2 30
[SW4-Vlan-interface101]quit
[SW4]vlan 102
[SW4-vlan102]port GigabitEthernet 1/0/3
[SW4-vlan102]quit
[SW4]interface Vlan-interface 102
[SW4-Vlan-interface102]ip address 192.168.102.1 24
[SW4-Vlan-interface102]quit
```

(2) 为 SW1、SW2 和 SW4 中充当路由接口角色的接口关闭 STP，命令如下：

```
[SW1]interface GigabitEthernet 1/0/1              //SW1 的配置
[SW1-GigabitEthernet1/0/1]undo stp enable
[SW2]interface GigabitEthernet 1/0/1              //SW2 的配置
[SW2-GigabitEthernet1/0/1]undo stp enable
[SW4]interface range GigabitEthernet 1/0/1 GigabitEthernet 1/0/2
[SW4-if-range]undo stp enable                     //SW4 的配置
```

(3) 为 SW1、SW2 和 SW3 间互联的端口完成 Trunk 配置，命令如下：

```
[SW1]interface GigabitEthernet 1/0/2              //SW1 的配置
[SW1-GigabitEthernet1/0/2]port link-type trunk
[SW1-GigabitEthernet1/0/2]port trunk permit vlan all
[SW2]interface GigabitEthernet 1/0/2              //SW2 的配置
[SW2-GigabitEthernet1/0/2]port link-type trunk
```

[SW2-GigabitEthernet1/0/2]**port trunk permit vlan all**

[SW3]**interface range GigabitEthernet 1/0/1 GigabitEthernet 1/0/2**

[SW3-if-range]**port link-type trunk**　　　　//SW3 的配置

[SW3-if-range]**port trunk permit vlan all**

(4) 为 SW1、SW2 和 SW4 完成动态路由配置，命令如下：

[SW1]**rip 1**　　　　//SW1 的配置

[SW1-rip-1]**version 2**

[SW1-rip-1]**undo summary**

[SW1-rip-1]**network 192.168.1.0**

[SW1-rip-1]**network 192.168.100.0**

[SW1-rip-1]**silent-interface Vlan-interface 10**

[SW2]**rip 1**　　　　//SW2 的配置

[SW2-rip-1]**version 2**

[SW2-rip-1]**undo summary**

[SW2-rip-1]**network 192.168.1.0**

[SW2-rip-1]**network 192.168.101.0**

[SW2-rip-1]**silent-interface Vlan-interface 10**

[SW4]**rip 1**　　　　//SW4 的配置

[SW4-rip-1]**version 2**

[SW4-rip-1]**undo summary**

[SW4-rip-1]**network 192.168.100.0**

[SW4-rip-1]**network 192.168.101.0**

[SW4-rip-1]**network 192.168.102.0**

(5) 让 SW1 充当 VLAN 10 的主网关、SW2 充当备用网关，命令如下：

[SW1]**interface Vlan-interface 10**　　　　//SW1 的配置

[SW1-Vlan-interface10]**vrrp vrid 1 virtual-ip 192.168.1.254**

[SW1-Vlan-interface10]**vrrp vrid 1 priority 120**

[SW1-Vlan-interface10]**vrrp vrid 1 preempt-mode**

[SW2]**interface Vlan-interface 10**　　　　//SW2 的配置

[SW2-Vlan-interface10]**vrrp vrid 1 virtual-ip 192.168.1.254**

[SW2-Vlan-interface10]**vrrp vrid 1 priority 100**

[SW2-Vlan-interface10]**vrrp vrid 1 preempt-mode**

[SW2-Vlan-interface10]**quit**

(6) 为 R1 配置 IP 地址和默认路由，命令如下：

[R1]**interface GigabitEthernet 0/0**

[R1-GigabitEthernet0/0]**ip address 192.168.102.2 24**

[R1-GigabitEthernet0/0]**quit**

[R1]**ip route-static 0.0.0.0 0 192.168.102.1**

(7) 允许 R1、SW1、SW2、SW4 为 tracert 命令返回信息，命令如下：

[R1]**ip unreachables enable** //R1 的配置

[R1]**ip ttl-expires enable**

[SW1]**ip unreachables enable** //SW1 的配置

[SW1]**ip ttl-expires enable**

[SW2]**ip unreachables enable** //SW2 的配置

[SW2]**ip ttl-expires enable**

[SW4]**ip unreachables enable** //SW4 的配置

[SW4]**ip ttl-expires enable**

(8) 进行 VRRP 单备份组连通性测试，命令如下：

<H3C>**ping 192.168.102.2** //PC1 ping R1 测试

可以看到，PC1 能 ping 通 R1。

<H3C>**tracert 192.168.102.2** //PC1 tracert R1 测试

```
 1   192.168.1.252 (192.168.1.252)   2.605 ms   1.989 ms   1.732 ms
 2   192.168.100.2 (192.168.100.2)   2.698 ms   3.586 ms   3.746 ms
 3   192.168.102.2 (192.168.102.2)   3.907 ms   3.447 ms   4.486 ms
```

可以看到，PC1 发往 R1 的报文是通过 SW1 转发的。

(9) 进行 VRRP 单备份组的 VRRP 端口检查，命令如下：

[SW1]**display vrrp verbose** //检查 SW1 的 VRRP 端口

```
IPv4 virtual router information:
 Running mode : Standard
 Total number of virtual routers : 1
   Interface Vlan-interface10
     VRID           : 1                 Adver timer   : 100 centiseconds
     Admin status   : Up                State         : Master
     Config pri     : 120               Running pri   : 120
     Preempt mode   : Yes               Delay time    : 0 centiseconds
     Auth type      : None
     Virtual IP     : 192.168.1.254
     Virtual MAC    : 0000-5e00-0101
     Master IP      : 192.168.1.252
```

可以看到，SW1 是 VRRP 单备份组 1 的 Master 设备，虚拟 IP 地址是 192.168.1.254。

[SW2]**display vrrp verbose** //检查 SW2 的 VRRP 端口

```
IPv4 virtual router information:
 Running mode : Standard
 Total number of virtual routers : 1
   Interface Vlan-interface10
     VRID           : 1                 Adver timer   : 100 centiseconds
     Admin status   : Up                State         : Backup
     Config pri     : 100               Running pri   : 100
```

```
    Preempt mode   : Yes                    Delay time    : 0 centiseconds
    Become master  : 2710 millisecond left
    Auth type      : None
    Virtual IP     : 192.168.1.254
    Master IP      : 192.168.1.252
```

可以看到，SW2 是 VRRP 单备份组 1 的 Backup 设备，虚拟 IP 地址是 192.168.1.254。

(10) 进行 VRRP 单备份组的 VRRP 特性检查。

① 在 PC1 上持续 ping R1，同时用 shutdown 命令关闭 SW1 的 G1/0/2 端口，观察到的结果如下：

```
<H3C>ping -c 100 192.168.102.2        //在 PC1 上持续 ping R1
Ping 192.168.102.2 (192.168.102.2): 56 data bytes, press CTRL_C to break
56 bytes from 192.168.102.2: icmp_seq=0 ttl=253 time=4.955 ms
Request time out
Request time out
56 bytes from 192.168.102.2: icmp_seq=47 ttl=253 time=3.629 ms
```

② 在 PC1 上 tracert R1，观察途经的设备，命令如下：

```
<H3C>tracert 192.168.102.2        //在 PC1 上 tracert R1
traceroute to 192.168.102.2 (192.168.102.2), 30 hops at most, 40 bytes each packet, press CTRL_C to break
 1   192.168.1.253 (192.168.1.253)   2.169 ms   3.476 ms   1.646 ms
 2   192.168.101.2 (192.168.101.2)   3.670 ms   2.088 ms   4.620 ms
 3   192.168.102.2 (192.168.102.2)   3.867 ms   5.043 ms   6.477 ms
```

可以看到，PC1 发送给 R1 的报文通过 SW2 转发。

③ 在 SW2 上查看 VRRP 端口表项，命令如下：

```
[SW2]display vrrp verbose
IPv4 virtual router information:
 Running mode : Standard
 Total number of virtual routers : 1
   Interface Vlan-interface10
     VRID           : 1                    Adver timer   : 100 centiseconds
     Admin status   : Up                   State         : Master
     Config pri     : 100                  Running pri   : 100
     Preempt mode   : Yes                  Delay time    : 0 centiseconds
     Auth type      : None
     Virtual IP     : 192.168.1.254
     Virtual MAC    : 0000-5e00-0101
     Master IP      : 192.168.1.253
```

可以看到，SW2 成了 VRRP 单备份组 1 的 Master 设备，VRRP 状态切换正常。

(11) 配置和测试 VRRP 单备份组的监视接口。

① 在 SW1 上设置 VRRP 监视接口。

```
[SW1]track 1 interface Vlan-interface 100
[SW1-track-1]quit
[SW1]interface Vlan-interface 10
[SW1-Vlan-interface10]vrrp vrid 1 track 1 priority reduced 30
```

② 在PC1上持续ping R1，同时，用shutdown命令关闭SW1上与SW4相连的VLAN 100，观察到的结果如下：

```
<H3C>ping -c 100 192.168.102.2        //在 PC1 上持续 ping R1
Ping 192.168.102.2 (192.168.102.2): 56 data bytes, press CTRL_C to break
56 bytes from 192.168.102.2: icmp_seq=5 ttl=253 time=4.074 ms
Request time out
56 bytes from 192.168.102.2: icmp_seq=8 ttl=253 time=3.550 ms
```

可以看到，SW1 上的 VLAN 100 被关闭时，PC1 与 R1 之间的 ICMP 包能迅速恢复正常，说明主路由器的角色很快被 SW2 接替。

③ 通过 tracert 观察 PC1 去往 R1 时途经的设备，命令如下:

```
<H3C>tracert 192.168.102.2
traceroute to 192.168.102.2 (192.168.102.2), 30 hops at most, 40 bytes each packet
 1   192.168.1.253 (192.168.1.253)   2.297 ms   2.380 ms   1.136 ms
 2   192.168.101.2 (192.168.101.2)   3.057 ms   3.360 ms   3.016 ms
 3   192.168.102.2 (192.168.102.2)   3.612 ms   4.180 ms   2.846 ms
```

可以看到，PC1 发送给 R1 的报文改由 SW2 转发。

④ 在 SW2 上查看 VRRP 端口表项，命令如下：

```
[SW2]display vrrp verbose
IPv4 virtual router information:
 Running mode : Standard
 Total number of virtual routers : 1
   Interface Vlan-interface10
     VRID           : 1                 Adver timer   : 100 centiseconds
     Admin status   : Up                State         : Master
     Config pri     : 100               Running pri   : 100
     Preempt mode   : Yes               Delay time    : 0 centiseconds
     Auth type      : None
     Virtual IP     : 192.168.1.254
     Virtual MAC    : 0000-5e00-0101
     Master IP      : 192.168.1.253
```

可以看到，SW2 担任了 VRRP 单备份组 1 的 Master 角色，由 VRRP 监视接口引发的 VRRP 状态切换正常。

⑤ 恢复 VLAN 100，命令如下：

```
[SW1]interface vlan 100
[SW1-Vlan-interface100]undo shutdown
```

(12) 配置 VRRP 双备份组。在 SW1 和 SW2 组成 VRRP 备份组 1、为 VLAN 10 提供虚拟网关地址 192.168.1.254 的基础上，为 SW1 和 SW2 新建 VRRP 备份组 2，为 VLAN 20 提供地址为 192.168.2.254 的虚拟网关地址。

① 在 VRRP 单备份组 1 的基础上，增加 VLAN 20 相关内容，命令如下：

[SW1]**vlan 20** //SW1 的配置

[SW1-vlan20]**quit**

[SW1]**interface Vlan-interface 20**

[SW1-Vlan-interface20]**ip address 192.168.2.252 24**

[SW2]**vlan 20** //SW2 的配置

[SW2-vlan20]**quit**

[SW2]**interface Vlan-interface 20**

[SW2-Vlan-interface20]**ip address 192.168.2.253 24**

[SW3]**vlan 20** //SW3 的配置

[SW3-vlan20]**port GigabitEthernet 1/0/4**

② 在 VRRP 单备份组 1 的基础上，为动态路由配置增加 VLAN 20 相关内容，命令如下：

[SW1]**rip 1** //SW1 的配置

[SW1-rip-1]**network 192.168.2.0**

[SW1-rip-1]**silent-interface Vlan-interface 20**

[SW2]**rip 1** //SW2 的配置

[SW2-rip-1]**network 192.168.2.0**

[SW2-rip-1]**silent-interface Vlan-interface 20**

③ 在 VRRP 单备份组 1 的基础上，配置 VRRP 双备份组，命令如下：

[SW1]**interface Vlan-interface 20** //SW1 的配置

[SW1-Vlan-interface20]**vrrp vrid 2 virtual-ip 192.168.2.254**

[SW1-Vlan-interface20]**vrrp vrid 2 priority 100**

[SW1-Vlan-interface20]**vrrp vrid 2 preempt-mode**

[SW2]**interface Vlan-interface 20** //SW2 的配置

[SW2-Vlan-interface20]**vrrp vrid 2 virtual-ip 192.168.2.254**

[SW2-Vlan-interface20]**vrrp vrid 2 priority 120**

[SW2-Vlan-interface20]**vrrp vrid 2 preempt-mode**

④ 测试连通性，命令如下：

<H3C>**ping 192.168.102.2** //在 PC2 上 ping R1

可以看到能 ping 通。

<H3C>**tracert 192.168.102.2** //在 PC2 上 tracert R1

traceroute to 192.168.102.2 (192.168.102.2), 30 hops at most, 40 bytes each packet

 1 192.168.2.253 (192.168.2.253) 1.600 ms 1.878 ms 1.191 ms

 2 192.168.101.2 (192.168.101.2) 3.295 ms 3.608 ms 2.431 ms

 3 192.168.102.2 (192.168.102.2) 3.987 ms 7.911 ms 4.312 ms

可以看到，PC2 发往 R1 的报文通过 SW2 转发。

⑤ 在 SW2 上检查 VRRP 端口，命令如下：

```
[SW2]display vrrp verbose
IPv4 virtual router information:
 Running mode : Standard
 Total number of virtual routers : 2
   Interface Vlan-interface10
     VRID           : 1                    Adver timer  : 100 centiseconds
     Admin status   : Up                   State        : Backup
     Config pri     : 100                  Running pri  : 100
     Preempt mode   : Yes                  Delay time   : 0 centiseconds
     Become master  : 3530 millisecond left
     Auth type      : None
     Virtual IP     : 192.168.1.254
     Master IP      : 192.168.1.252
   Interface Vlan-interface20
     VRID           : 2                    Adver timer  : 100 centiseconds
     Admin status   : Up                   State        : Master
     Config pri     : 120                  Running pri  : 120
     Preempt mode   : Yes                  Delay time   : 0 centiseconds
     Auth type      : None
     Virtual IP     : 192.168.2.254
     Virtual MAC    : 0000-5e00-0102
     Master IP      : 192.168.2.253
```

可以看到，SW2 是 VLAN 10 的 Backup 备份网关，同时是 VLAN 20 的 Master 主网关。

(13) 检查 VRRP 特性。

① 在 PC2 持续 ping R1 的同时，在 SW2 上用 shutdown 命令断开 G1/0/2 测试，观察到的现象如下：

```
<H3C>ping -c 100 192.168.102.2          //PC2 持续 ping R1
Ping 192.168.102.2 (192.168.102.2): 56 data bytes, press CTRL_C to break
56 bytes from 192.168.102.2: icmp_seq=0 ttl=253 time=5.951 ms
Request time out
Request time out
56 bytes from 192.168.102.2: icmp_seq=5 ttl=253 time=3.550 ms
```

可以看到，经过短暂的切换延迟，ping 的 ICMP 数据包能继续正常传输。

② 用 shutdown 命令模拟 SW2 的 G1/0/2 端口出故障后，观察到 PC2 tracert R1 的现象如下：

```
[H3C]tracert 192.168.102.2          //PC2 tracert R1
traceroute to 192.168.102.2 (192.168.102.2), 30 hops at most, 40 bytes each packet
 1  192.168.2.252 (192.168.2.252)  1.876 ms  2.002 ms  1.514 ms
```

```
2  192.168.100.2 (192.168.100.2)  2.980 ms  3.067 ms  2.138 ms
3  192.168.102.2 (192.168.102.2)  3.770 ms  3.379 ms  5.348 ms
```

③ 用 display vrrp verbose 命令查看当 SW2 出故障时，SW1 同时担任了 VRRP 备份组 1 和备份组 2 的 Master 角色，命令如下：

```
[SW1]display vrrp verbose
IPv4 virtual router information:
 Running mode : Standard
 Total number of virtual routers : 2
   Interface Vlan-interface10
     VRID            : 1                  Adver timer   : 100 centiseconds
     Admin status    : Up                 State         : Master
     Config pri      : 120                Running pri   : 120
     Preempt mode    : Yes                Delay time    : 0 centiseconds
     Auth type       : None
     Virtual IP      : 192.168.1.254
     Virtual MAC     : 0000-5e00-0101
     Master IP       : 192.168.1.252
   VRRP track information:
     Track object    : 1                  State : NotReady     Pri reduced : 30
   Interface Vlan-interface20
     VRID            : 2                  Adver timer   : 100 centiseconds
     Admin status    : Up                 State         : Master
     Config pri      : 100                Running pri   : 100
     Preempt mode    : Yes                Delay time    : 0 centiseconds
     Auth type       : None
     Virtual IP      : 192.168.2.254
     Virtual MAC     : 0000-5e00-0102
     Master IP       : 192.168.2.252
```

6.6　堆叠技术

堆叠是指将多台支持堆叠特性的交换机通过堆叠线缆连接在一起，从逻辑上变成一台交换设备，作为一个整体参与数据转发。

堆叠技术主要用在教育、医疗等行业及一些中小企业。在实际应用中，将楼层间的两台接入层交换机组成堆叠，相当于减少了接入设备的数量，网络结构变得更加简单了；堆叠后相对于每栋楼有更多条链路到达汇聚层网络，提高了网络的健壮性和可靠性；原本对多台二层交换机的配置简化成了对堆叠系统的统一配置，从而降低了管理和维护的成本。

6.6.1　思科设备的堆叠技术

由于思科模拟器中没有相应的堆叠模块和堆叠专用线，所以我们以两台真实交换机为例加以说明。两台交换机的型号、IOS 版本号必须一致。先将两台交换机断电、加堆叠模块，然后用两根堆叠线缆交叉连接这两台交换机的堆叠模块。用两根堆叠线缆可以提供冗余，只用一根也不会影响堆叠的有效性。

上电开机后，其中一台交换机会被选为主交换机(master)，另外一台成为从交换机(member)，两台交换机从逻辑上被合并成了一台。我们用配置线连接其中一台，就可以像配置单台交换机一样对堆叠后的交换机进行配置了。

主、从交换机除了可以自动选举，还可以手动指定。下面以两台思科 3750 交换机为例，介绍配置和连线的方法。

(1) 配置主交换机 SW1，命令如下：

```
SW1(config)#switch 1 renumber 1      //设置堆叠成员号为 1，默认为 1
SW1(config)#switch 1 priority 10     //设置设备优先级为 10，默认为 1，值越大越优先
SW1#reload slot1
SW1#write
```

(2) 配置从交换机 SW2，命令如下：

```
SW2(config)#switch 1 renumber 2      //设置堆叠成员号为 2
SW2(config)#switch 2 priority 9      //设置设备优先级为 9
SW2#reload slot2
SW2#write
```

(3) 断电连线。用两根堆叠线缆交叉连接两台交换机的堆叠模块。

(4) 上电。先给 SW1 上电，再给 SW2 上电。

(5) 设备调试。

① 查看堆叠交换机成员汇总信息，命令如下：

```
SW1#show switch
```

② 查看堆叠端口状态信息，命令如下：

```
SW1#show switch stack-ports
```

③ 查看堆叠线缆传输速率信息，命令如下：

```
SW1#show switch stack-ring speed
```

④ 查看交换机成员详细信息，命令如下：

```
SW1#show switch detail
```

6.6.2　华为设备的堆叠技术

华为堆叠类型可分为集群交换机系统(Cluster Switch System，CSS) 和智能堆叠(Intelligent Stack，iStack) 两种。智能堆叠技术支持 9 台交换机，适用于华为 S6700、S5700 和 S3700 等中低端交换机；集群交换系统技术只支持两台交换机，适用于华为 S9700、S9300 和 S7700 等高端交换机。

华为堆叠交换机的角色分为主交换机(Master)、备交换机(Standby)和从交换机(Slave)三种。成员交换机的资源由堆叠主交换机统一管理。主交换机的选举规则是首先比较交换机的运行状态，开启时间不超过 20 s 的交换机属于同时开启交换机，开启时间超过 20 s 的，最先处于启动状态的交换机将被选举为主交换机；如果有多台成员交换机都已处于启动状态，则进行堆叠优先级比较，优先级高的交换机被选举为主交换机；如果堆叠优先级相同，则 MAC 地址最小的交换机优先被选举为主交换机。备交换机的选举规则是首先将除主交换机外其他各成员交换机中最先处于启动状态的交换机选为备交换机；如果有多台除主交换机外的其他交换机同时完成启动，则堆叠优先级最高的交换机成为备交换机；如果交换机的堆叠优先级相同，则 MAC 地址最小的交换机优先被选举为备交换机。

华为堆叠连接拓扑结构包括环形连接和链形连接。环形堆叠比链形堆叠可靠性更高，在实际部署业务时，环形堆叠最为常见。

交换机之间用于建立堆叠的逻辑端口称为堆叠逻辑端口。每台交换机支持两个堆叠逻辑端口，分别为 stack-port n/1 和 stack-port n/2(在华三中，称为 irf-port n/1 和 irf-port n/2)，其中 n 为成员交换机的堆叠 ID。成员交换机的堆叠 ID 是指堆叠成员交换机的槽位号(Slot ID)，也称为成员堆叠 ID，用来标识和管理成员交换机。加入堆叠后，交换机端口编号采用成员堆叠 ID/子卡号/端口号。

6.6.3 华三设备的堆叠技术

HCL 模拟器能较好地支持堆叠配置(华为模拟器 Ensp 不支持堆叠，但堆叠原理与华三设备基本一样)，下面以华三模拟器 HCL 为例，介绍华三设备的堆叠配置。搭建如图 6-20 所示的拓扑，完成华三设备的堆叠配置。

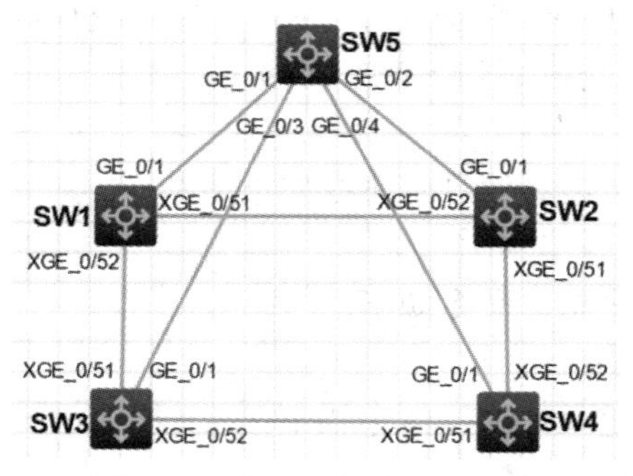

图 6-20 华三设备堆叠的拓扑

我们将为 SW1、SW2、SW3 和 SW4 配置 IRF，将它们堆叠成一台交换机。其中，它们的堆叠端口交叉相连，即 SW1 的 1 号堆叠口与 SW2 的 2 号堆叠口相连，SW2 的 1 号堆叠口与 SW4 的 2 号堆叠口相连，SW4 的 1 号堆叠口与 SW3 的 2 号堆叠口相连，SW3 的 1 号堆叠口与 SW1 的 2 号堆叠口相连。SW5 用于 MAD 检测，避免因堆叠线路故障引发堆叠分割、导致 IP 地址冲突等问题。

(1) 在进行 IRF 配置前查看各成员交换机的堆叠 ID 编号(MemberID)，命令如下：

```
[SW1]display irf      //查看成员交换机 SW1 的堆叠 ID 编号
MemberID    Role    Priority    CPU-Mac        Description
```

```
 *+1          Master      1      18cb-5c47-0104        ---
 * indicates the device is the master.
 + indicates the device through which the user logs in.
```

可以看到，成员交换机 SW1 的堆叠 ID 编号为 1，是主设备。

```
[SW2]display irf      //查看成员交换机 SW2 的堆叠 ID 编号
MemberID      Role      Priority   CPU-Mac            Description
 *+1          Master    1          18cb-65b9-0204     ---
[SW3]display irf      //查看 SW3 的成员交换机堆叠 ID 编号
MemberID      Role      Priority   CPU-Mac            Description
 *+1          Master    1          18cb-7281-0304     ---
[SW4]display irf      //查看 SW4 的成员交换机堆叠 ID 编号
MemberID      Role      Priority   CPU-Mac            Description
 *+1          Master    1          18cb-8627-0404     ---
```

可以看到，SW2、SW3 和 SW4 的 irf 优先级、成员交换机的堆叠 ID 编号也都是 1，都是主设备。

(2) 为了让 SW1 成为主设备，我们将 SW1 的 irf 优先级设为最大值 32，让它优于其他交换机。另外，因为各成员交换机的堆叠 ID 不能相同，所以我们将成员交换机 SW2、SW3 和 SW4 的堆叠 ID 规划为 2、3 和 4，命令如下：

```
[SW1]irf member 1 priority 32          //将 SW1 的 irf 优先级改为 32
[SW1]display irf
MemberID      Role      Priority   CPU-Mac            Description
 *+1          Master    32         18cb-5c47-0104     ---
 * indicates the device is the master.
 + indicates the device through which the user logs in.
[SW2]irf member 1 renumber 2   //将成员交换机 SW2 的堆叠 ID 改为 2
[SW3]irf member 1 renumber 3   //将成员交换机 SW3 的堆叠 ID 改为 3
[SW4]irf member 1 renumber 4   //将成员交换机 SW4 的堆叠 ID 改为 4
[SW2]display irf     //查看成员交换机 SW2 的 irf 信息
MemberID      Role      Priority   CPU-Mac            Description
 *+1          Master    1          18cb-65b9-0204     ---
[SW3]display irf     //查看成员交换机 SW3 的 irf 信息
MemberID      Role      Priority   CPU-Mac            Description
 *+1          Master    1          18cb-7281-0304     ---
[SW4]display irf     //查看成员交换机 SW4 的 irf 信息
MemberID      Role      Priority   CPU-Mac            Description
 *+1          Master    1          18cb-8627-0404     ---
```

可以看到成员交换机 SW2、SW3、SW4 的堆叠 ID 编号还没有变化，这是由于各交换机需要保存配置并重启后，这些新的堆叠 ID 才会生效。

(3) 保存各成员交换机的配置并重启，命令如下：

```
[SW2]save          //保存成员交换机 SW2 的配置并重启
[SW2]quit
<SW2>reboot
[SW3]save          //保存成员交换机 SW3 的配置并重启
[SW3]quit
<SW3>reboot
[SW4]save          //保存成员交换机 SW4 的配置并重启
[SW4]quit
<SW4>reboot
```

(4) 重启完成之后，查看各成员交换机的堆叠 ID 编号，命令如下：

```
<SW2>system-view        //查看成员交换机 SW2 的堆叠 ID 编号
[SW2]display irf
MemberID    Role     Priority   CPU-Mac          Description
 *+2        Master   1          18cb-65b9-0204   ---
<SW3>system-view        //查看成员交换机 SW3 的堆叠 ID 编号
[SW3]display irf
MemberID    Role     Priority   CPU-Mac          Description
 *+3        Master   1          18cb-7281-0304   ---
<SW4>system-view        //查看成员交换机 SW4 的堆叠 ID 编号
[SW4]display irf
MemberID    Role     Priority   CPU-Mac          Description
 *+4        Master   1          18cb-8627-0404   ---
```

可以看到，各成员交换机的堆叠 ID 已经生效。

(5) 查看各成员交换机的端口信息，命令如下：

```
[SW2]display interface brief        //查看成员交换机 SW2 的端口信息
Brief information on interfaces in bridge mode:
Link: ADM - administratively down; Stby - standby
Speed: (a) - auto
Duplex: (a)/A - auto; H - half; F - full
Type: A - access; T - trunk; H - hybrid
Interface      Link   Speed    Duplex   Type   PVID   Description
GE2/0/1        UP     1G(a)    F(a)     A      1
XGE2/0/51      UP     10G      F        A      1
XGE2/0/52      UP     10G      F        A      1
[SW3]display interface brief        //查看成员交换机 SW3 的端口信息
Interface      Link   Speed    Duplex   Type   PVID   Description
GE3/0/1        UP     1G(a)    F(a)     A      1
XGE3/0/51      UP     10G      F        A      1
XGE3/0/52      UP     10G      F        A      1
```

[SW4]**display interface brief**　　//查看成员交换机 SW4 的端口信息

Interface　　Link Speed　Duplex Type PVID Description

GE4/0/1　　UP　1G(a)　F(a)　A　1

XGE4/0/51　UP　10G　F　A　1

XGE4/0/52　UP　10G　F　A　1

(6) 为各成员交换机配置 irf 堆叠并查看信息，其操作方法如下。

① 为成员交换机 SW1 配置 irf 堆叠，命令如下：

[SW1]**interface range Ten-GigabitEthernet 1/0/51 Ten-GigabitEthernet 1/0/52**

[SW1-if-range]**shutdown**　//先关闭物理端口，再配置堆叠口

[SW1-if-range]**quit**

[SW1]**irf-port 1/1**　　//创建堆叠口

[SW1-irf-port1/1]**port group interface Ten-GigabitEthernet 1/0/51**　//将端口加入堆叠口

[SW1-irf-port1/1]**quit**

[SW1]**irf-port 1/2**　　//创建堆叠口

[SW1-irf-port1/2]**port group interface Ten-GigabitEthernet 1/0/52**　//将端口加入堆叠口

[SW1-irf-port1/2]**quit**

[SW1]**interface range Ten-GigabitEthernet 1/0/51 Ten-GigabitEthernet 1/0/52**

[SW1-if-range]**undo shutdown**　　//开启物理端口

[SW1-if-range]**quit**

[SW1]**save**

[SW1]**irf-port-configuration active**　//激活堆叠配置

② 为成员交换机 SW2 配置堆叠口，命令如下：

[SW2]**interface range Ten-GigabitEthernet 2/0/51 Ten-GigabitEthernet 2/0/52**

[SW2-if-range]**shutdown**　//先关闭物理端口，再配置堆叠口

[SW2-if-range]**quit**

[SW2]**irf-port 2/2**　　//创建堆叠口

[SW2-irf-port2/2]**port group interface Ten-GigabitEthernet 2/0/52**　　//将端口加入堆叠口

[SW2-irf-port2/2]**quit**

[SW2]**irf-port 2/1**　　//创建堆叠口

[SW2-irf-port2/1]**port group interface Ten-GigabitEthernet 2/0/51**　　//将端口加入堆叠口

[SW2-irf-port2/1]**quit**

[SW2]**interface range Ten-GigabitEthernet 2/0/51 Ten-GigabitEthernet 2/0/52**

[SW2-if-range]**undo shutdown**　　//开启物理端口

[SW2-if-range]**quit**

[SW2]**save**　//保存

[SW2]**irf-port-configuration active**　　//激活堆叠配置，与 SW1 竞选 irf 主交换机

SW2 与 SW1 竞选 irf 主交换机，SW2 竞选失败自动重启，重启完成后，提示符从 SW2 变成了 SW1，交换机 SW1 的提示符保持不变。此时，SW1 和 SW2 堆叠成了一台交换机。

③ 为成员交换机 SW3 配置 irf 堆叠，命令如下：

```
[SW3]interface range Ten-GigabitEthernet 3/0/51 Ten-GigabitEthernet 3/0/52
[SW3-if-range]shutdown    //先关闭物理端口，再配置堆叠口
[SW3-if-range]quit
[SW3]irf-port 3/1          //创建堆叠口
[SW3-irf-port3/1]port group interface Ten-GigabitEthernet 3/0/51      //将端口加入堆叠口
[SW3-irf-port3/1]quit
[SW3]irf-port 3/2          //创建堆叠口
[SW3-irf-port3/2]port group interface Ten-GigabitEthernet 3/0/52     //将端口加入堆叠口
[SW3-irf-port3/2]quit
[SW3]interface range Ten-GigabitEthernet 3/0/51 Ten-GigabitEthernet 3/0/52
[SW3-if-range]undo shutdown          //开启物理端口
[SW3-if-range]quit
[SW3]save
[SW3]irf-port-configuration active    //激活堆叠配置，与 SW1 竞选 irf 主交换机
```

SW3 与 SW1 竞选 irf 主交换机，竞选失败的 SW3 交换机会自动重启，重启完成后，SW3 的提示符从 SW3 变成了 SW1。此时，SW1、SW2 和 SW3 堆叠成了一台交换机。

④ 为成员交换机 SW4 配置 irf 堆叠，命令如下：

```
[SW4]interface range Ten-GigabitEthernet 4/0/51 Ten-GigabitEthernet 4/0/52
[SW4-if-range]shutdown    //先关闭物理端口，再配置堆叠口
[SW4-if-range]quit
[SW4]irf-port 4/1          //创建堆叠口
[SW4-irf-port4/1]port group interface Ten-GigabitEthernet 4/0/51     //将端口加入堆叠口
[SW4-irf-port4/1]quit
[SW4]irf-port 4/2          //创建堆叠口
[SW4-irf-port4/2]port group interface Ten-GigabitEthernet 4/0/52     //将端口加入堆叠口
[SW4-irf-port4/2]quit
[SW4]interface range Ten-GigabitEthernet 4/0/51 Ten-GigabitEthernet 4/0/52
[SW4-if-range]undo shutdown           //开启物理端口
[SW4-if-range]quit
[SW4]save
[SW4]irf-port-configuration active     //激活堆叠配置，与 SW1 竞选 irf 主交换机
```

SW4 与 SW1 竞选 irf 主交换机，竞选失败的 SW4 交换机会自动重启，SW4 重启完成后，提示符从 SW4 变成了 SW1。此时，SW1、SW2、SW3 和 SW4 堆叠成了一台交换机。

⑤ 在交换机 SW4 上查看 irf 信息，命令如下：

```
[SW1]display irf
MemberID    Role     Priority     CPU-Mac          Description
  *1        Master   32       18cb-5c47-0104      ---
   2        Standby   1       18cb-65b9-0204      ---
   3        Standby   1       18cb-7281-0304      ---
```

```
+4          Standby   1      18cb-8627-0404      ---
-------------------------------------------------------------------------
* indicates the device is the master.
+ indicates the device through which the user logs in.
```

⑥ 查看堆叠的拓扑信息，命令如下：

[SW1]**display irf topology**

```
                         Topology Info
-------------------------------------------------------------------------
              IRF-Port1                 IRF-Port2
MemberID   Link   neighbor   Link   neighbor   Belong To
1          UP     2          UP     3          18cb-5c47-0104
2          UP     4          UP     1          18cb-5c47-0104
4          UP     3          UP     2          18cb-5c47-0104
3          UP     1          UP     4          18cb-5c47-0104
```

可以看到，四台交换机上查看到的信息一样。

(7) 通过配置 MAD 检测，可避免因堆叠线路故障引发堆叠分割、导致 IP 地址冲突等问题。MAD 配置与查看命令如下：

[SW1]**interface Bridge-Aggregation 100**　　//SW1 的 MAD 配置

[SW1-Bridge-Aggregation100]**port link-type trunk**

[SW1-Bridge-Aggregation100]**port trunk permit vlan all**

[SW1-Bridge-Aggregation100]**link-aggregation mode dynamic**

[SW1-Bridge-Aggregation100]**mad enable**

[SW1-Bridge-Aggregation100]**quit**

[SW1]**save**

[SW1]**interface range GigabitEthernet 1/0/1 GigabitEthernet 2/0/1 GigabitEthernet 3/0/1 GigabitEthernet 4/0/1**

[SW1-if-range]**port link-aggregation group 100**

[SW5]**interface Bridge-Aggregation 100**　　//SW5 的 MAD 配置

[SW5-Bridge-Aggregation100]**port link-type trunk**

[SW5-Bridge-Aggregation100]**port trunk permit vlan all**

[SW5-Bridge-Aggregation100]**link-aggregation mode dynamic**

[SW5-Bridge-Aggregation100]**quit**

[SW5]**interface range GigabitEthernet 1/0/1 to GigabitEthernet 1/0/4**

[SW5-if-range]**port link-aggregation group 100**

[SW1]**display mad**　　//在 SW1 上查看配置

MAD ARP disabled.

MAD ND disabled.

MAD LACP enabled.

MAD BFD disabled.

(8) 通过断开 SW1 与 SW2 之间的连线、断开 SW3 与 SW4 之间的连线，模拟故障的发生。

将 SW1 与 SW2 之间、SW3 与 SW4 之间的连线断开后，SW5 通过 MAD 监管，可发现原来的堆叠被分割成了两组，SW1 和 SW3 一组，SW2 和 SW4 一组。SW1 和 SW3 所在的一组优先级比 SW2 和 SW4 所在的组高，所以 SW2 和 SW4 所在组的 G2/0/1 和 G4/0/1 会被断开，从而避免了 IP 地址冲突等情况的发生。故障发生后，在各交换机上查看结果，其命令如下：

```
[SW1]display irf              //在 SW1 上查看结果，提示符是 SW1
MemberID    Role      Priority    CPU-Mac           Description
 *+1        Master     32         18cb-5c47-0104    ---
   3        Standby    1          18cb-7281-0304    ---
 * indicates the device is the master.
 + indicates the device through which the user logs in.
[SW1]display interface brief        //在 SW1 上查看结果，提示符是 SW1
Interface                Link Speed   Duplex Type PVID Description
GE1/0/1                   UP    1G(a)    F(a)    A     1
GE3/0/1                   UP    1G(a)    F(a)    A     1
XGE1/0/52                 UP    10G      F       --    --
XGE3/0/51                 UP    10G      F       --    --
[SW1]display irf        //在 SW2 上查看结果，提示符依然是 SW1
MemberID    Role      Priority    CPU-Mac           Description
 *+2        Master      1         18cb-65b9-0204    ---
   4        Standby     1         18cb-8627-0404    ---
-----------------------------------------------------------------------------------------
 * indicates the device is the master.
 + indicates the device through which the user logs in.
[SW1]display interface brief        //在 SW2 上查看结果，提示符依然是 SW1
Interface                Link Speed   Duplex Type PVID Description
GE2/0/1                   DOWN auto     A       A     1
GE4/0/1                   DOWN auto     A       A     1
XGE2/0/51                 UP     10G     F       --    --
XGE4/0/52                 UP     10G     F       --    --
```

可以看到，SW2 交换机的提示符依然是 SW1，但分割出来的 SW2 和 SW4 所在的堆叠组的 G2/0/1 和 G4/0/1 已经被关闭。这是因为 SW2 和 SW4 保留下了堆叠分割前的 IP 地址，为了避免它们的地址与 SW1 和 SW3 所在堆叠组的地址发生冲突，SW5 通过 MAD 检测出故障导致的堆叠分割后，将 G2/0/1 和 G4/0/1 关闭了。

练习与思考

1. 请说明 STP 的作用是什么，并举例说明如果没有 STP，会导致什么后果。

2. 什么是根桥？什么是根端口？什么是指定端口？什么是备用端口(被阻塞端口)？

3. 举例说明怎么确定根交换机？怎么确定根端口？怎么确定指定端口？

4. 备用端口(被阻塞端口)能否接收 BPDU？能否发送 BPDU？能否收发数据？

5. 什么情况下备用端口会转变成能收发数据的端口？请举例说明。

6. 规划和构造一个能实现不同 VLAN 间流量负载均衡的网络拓扑，并通过实验验证。

7. 什么是链路聚合？链路聚合有什么作用？

8. 如何实现链路聚合？请通过实验进行配置和验证。

9. 什么是网关冗余？网关冗余有什么作用？

10. 如何实现网关冗余？请通过实验进行配置和验证。

11. 如果网关冗余要与 STP 的 VLAN 间流量负载均衡相结合，如何实现？请规划和搭建拓扑，通过实验验证。

12. 什么是堆叠？如果一台新的交换机与已经建立了堆叠的两台交换机都连线，从物理上构成了环路，是否需要通过 STP 来避免环路？还是应该采用别的技术来避免环路？

第7章　广域网技术

广域网(Wide Area Network，WAN)是指跨越上百千米的两座城市乃至跨越上千千米的大洋间的数据通信网络。通常需要借助因特网服务提供商 ISP 提供的设备和线路才能实现两地的连接。传统灵活多样的 ISP 通信网技术促成了广域网技术的多样化。

广域网技术主要对应 OSI 的物理层和数据链路层，支持 IP、IPX 等网络层协议。广域网物理层标准包括同步/异步方式的 V.24 规程接口、同步方式的 V.35 规程接口、E1/T1 线路的 G.703 接口、同步数字线路上的串行接口 X.21 等。广域网的数据链路层协议有面向比特的、只支持同步方式的高级数据链路控制(High-level Data Link Control，HDLC)；有支持验证的、支持同步和异步方式的点对点协议(Point-to-Point，PPP)；有作为 X.25 的数据链路层被定义的、且能承载非 X.25 上层协议的平衡型链路接入规程(Link Access Procedure Balanced，LAPB)；有采用虚电路和快速分组交换技术的帧中继(Frame Relay)等。

7.1　广域网连接方式

1. 广域网连接方式的分类

广域网连接的方式有专线(Leased Line)方式、电路交换方式、分组交换方式和 VPN 方式等。在专线方式中，用户可永久独占一条异步/同步专用线路，其有带宽大、费用高、部署简单、安全可靠等特点；在电路交换方式中，用户可通过 PSTN/ISDN 按需建立连接、用完断开，其有带宽小、费用低、延迟大等特点；在分组交换方式中，用户数据被划分为带有发送方和接收方地址标识的分组(Packet)，交由 X.25/帧中继/ATM 网络转发，有结构灵活、迁移方便、费用适中、延迟较大等特点。在 VPN 方式中，用户先通过宽带接入互联网，再通过加密通道借助互联网与对端连接，双方就像处在同一局域网中，是灵活、安全、低成本的连接方式。

2. 运营商 DCE 和用户 DTE 间的连接

(1) CSU/DSU 作为数据电路终止设备(Data Circuit-terminating Equipment，DCE)，为用户路由器提供网络通信服务接口和时钟信号，控制传输速率。

在专线方式或电路交换方式中，两端用户路由器的串行口可通过几米至十几米的本地线缆(如 V.24、V.35 等串口线缆)连接到通道服务单元/数据服务单元(Channel Service Unit/Data Service Unit，CSU/DSU)。

(2) 用户路由器作为数据终端设备(Data Terminal Equipment，DTE)，接受 DCE 提供的

时钟信号，获得网络通信。

(3) CSU/DSU 再通过数百米至上千米的接入线路(如双绞线) 接入专线方式或电路交换方式的运营商传输网络。

3. 运营商负责广域网两端的物理层连接

(1) 专线方式的广域网连接可以是数字的(如：运营商网络的数字传输通道)，也可以是模拟的(如：一对电话线由运营商跳接两端)。

(2) 电路交换方式的广域网则通过公共交换电话网(Public Switched Telephone Network，PSTN)或综合业务数字网(Integrated Service Digital Network，ISDN)连接两端。

4. 两端的用户路由器负责数据链路层的连接

广域网的数据链路层协议主要包括用于专线方式和电路交换方式的串行线路互联网协议(Serial Line Internet Protocol，SLIP)、同步数据链路控制协议(Synchronous Data Link Control protocol，SDLC)、高级数据链路控制(High-level Data Link Control，HDLC)、点对点协议(Point to Point Protocol，PPP)等协议，还包括分组交换方式采用的帧中继、ATM 等协议，也包括通过宽带接入因特网(为 VPN 方式提供环境和条件) 常采用的 PPPoE 协议等。

7.2　广域网封装协议

7.2.1　HDLC 协议

高级数据链路控制(High-Level Data Link Control，HDLC)协议是 ISO 开发的一种面向比特的同步数据链路层协议，它从 IBM 的同步数据链路控制(Synchronous Data Link Control，SDLC)协议演变而来，无流量控制和认证机制，采用同步串行传输，实现简单，效率高。华为、华三采用标准 HDLC；思科对标准 HDLC 进行了扩展，增加了对多种网络层协议的识别，与其他厂商采用的标准 HDLC 不兼容。思科设备采用 HDLC 作为其同步串行接口的默认封装协议。

7.2.2　PPP

1. PPP 简介

点对点协议(Point-to-point Protocol，PPP)是一种全双工的点到点的同步异步数据链路层协议，它由串行线 IP 协议(Serial Line IP，SLIP)发展而来，提供对多种网络层协议的支持，为不同厂商设备的互连提供了可能。它支持用户验证、多链路捆绑、回拨和压缩等功能，能协商和远程分配包括 IP 地址在内的各种网络层地址，安全可靠、易于扩展。PPP 能运行于 E1、T1 连接的 DDN 专线网络，也能运行于串口连接的专线网络和电路交换网络，是华为设备串型接口默认封装的协议。

2. PPP 协议族

PPP 不是单一的协议，而是由链路控制协议族(Link Control Protocol，LCP)、扩展协议族(Password Authentication Protocol 和 Challenge-Handshake Authentication Protocol，PAP 和 CHAP 验证)、网络控制协议族(Network Control Protocol，NCP)构成。链路控制协议族主要用于建立、拆除和监控数据链路；扩展协议族主要用于网络安全方面的验证；网络控制协议族主要用来协商上层(网络层)协议的类型属性及本层(数据链路层)数据包的类型格式等，包括 IPCP、IPXCP 和其他 NCP。

3. PPP 会话的三个阶段

一个 PPP 会话包括三个阶段：首先是链路建立阶段，通过发送 LCP 报文检测链路的可用性并建立链路；其次是可选的验证阶段，根据 PPP 帧的验证选项决定是否进行 PAP 或 CHAP 验证；最后是网络协商阶段，通过 NCP 报文协商网络层协议(如使用 IP 还是 IPX)，分配网络层地址(如 IP 地址或 IPX 地址)，建立 PPP 链路。

4. PPP 验证

(1) 验证阶段的 PAP 验证是两次握手验证。首先被验证方以明文发送用户名和密码给主验证方；随后主验证方进行核验，若验证通过则回复 ACK 进入下一阶段，若验证不通过则回复 NAK 表示验证失败。验证失败后不会马上将链路关闭，而是等验证失败次数达到一定数值后再关闭，以防误传、干扰造成不必要的重协商。PAP 验证可以单向进行，也可双向进行。

(2) 验证阶段的 CHAP 验证是三次握手验证。首先，主验证方将一个随机数和本端用户名发送给被验证方，这是第一次握手，称为 Challenge；其次，如果被验证方接口配置了默认 CHAP 密码，就选用这个密码，否则根据主验证方的用户名查找对应的密码，然后利用 MD5 算法对“报文 ID、随机数和密码”的联合体提取数字指纹(也称摘要)，并将提取到的指纹和自己的用户名发给主验证方，这是第二次握手，称为 Response；最后，主验证方根据被验证方的用户名查找到对应的密码，对“报文 ID、随机数和密码”的联合体提取指纹，将得到的指纹与被验证方发来的指纹进行对比，若相同则发送 Acknowledge 表示验证通过，否则发送 Not Acknowledge 表示验证不通过，这是第三次握手。CHAP 验证可以单向进行也可以双向进行。

(3) 由于 PAP 验证会将密码以明文的方式在网络上传送，黑客可以截获并利用，而 CHAP 验证只在网络上传送用户名和数字指纹，不传送密码，根据指纹的不可逆推性，黑客无法从指纹反推出密码。因此，CHAP 验证的安全性比 PAP 验证的安全性高。

7.3 PPP 的配置

7.3.1 思科设备的 PPP 配置

在 Packet Tracer 模拟器中拖出两台 2911 路由器，搭建如图 7-1 所示的拓扑，完成思科设备的 PPP 配置。

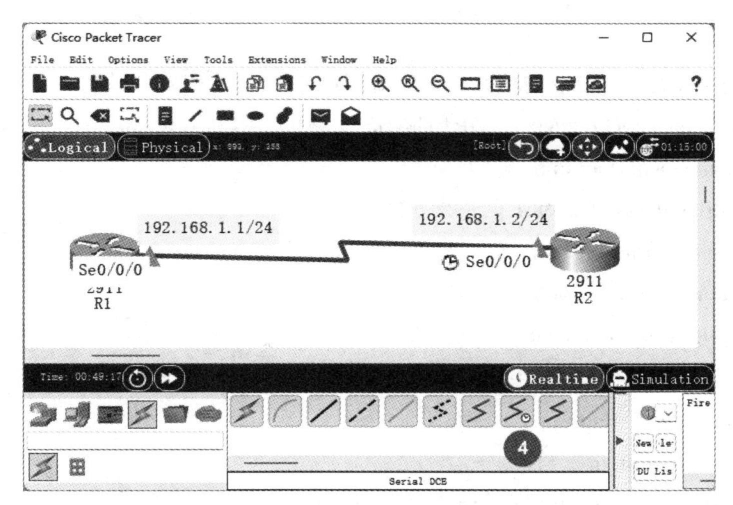

图 7-1　思科设备 PPP 配置的拓扑

连线前，需要分别为两台路由器增加串口。以 R1 为例，如图 7-2 所示，打开 R1 的 Physical 配置属性，在图中 1 号位点击电源开关关闭电源，将图中 2 号位的“HWIC-2T”拖动到图中 3 号位，此时，已经为路由器 R1 增加 S0/0/0 和 S0/0/1 两个串口，然后在图中 1 号位点击电源开关打开电源。

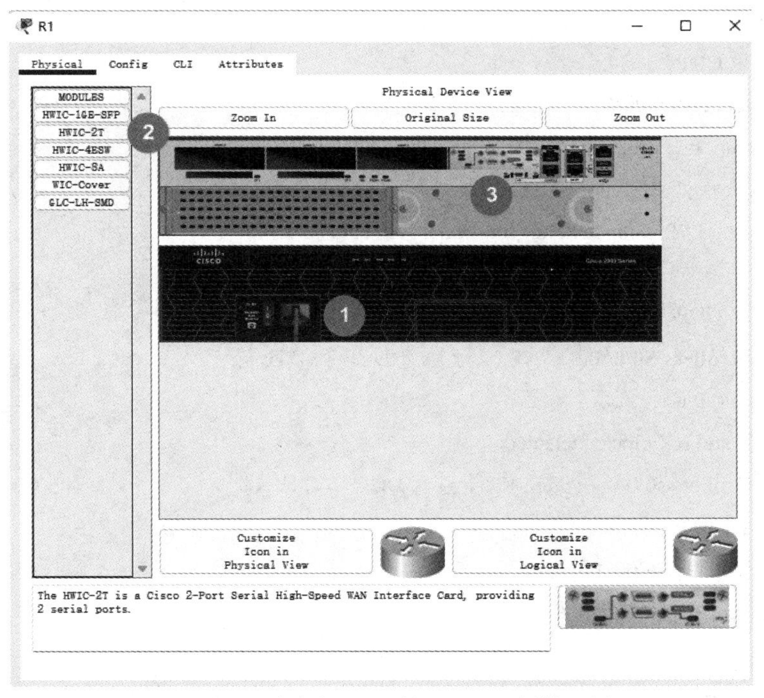

图 7-2　思科路由器 R1 的 Physical 属性配置

连线时，选中图中 4 号位的 DCE 串口线(Serial DCE)，首先连接 R2 的 S0/0/0 接口，再连接 R1 的 S0/0/0 接口，可以看到，R2 的 S0/0/0 接口旁出现了时钟图案，表示 R2 端是 DCE 端，为对端提供时钟信号，相对的，R1 是 DTE 端，接受 DCE 端的时钟频率控制，控制链路的传输速度。

1. PPP 配置

(1) 进行路由器 R1、R2 的配置，命令如下：

R1(config)#**interface Serial 0/0/0** //R1 的配置

R1(config-if)#**encapsulation ppp**

R1(config-if)#**ip address 192.168.1.1 255.255.255.0**

R1(config-if)#**no shutdown**

R2(config)#**interface serial 0/0/0** //R2 的配置

R2(config-if)#**clock rate 4000000**

R2(config-if)#**ip address 192.168.1.2 255.255.255.0**

R2(config-if)#**encapsulation ppp**

R2(config-if)#**no shutdown**

(2) 查看路由器 R1、R2 的配置结果，命令如下：

R1#**show interfaces S0/0/0** //在 R1 上查看配置结果

Serial0/0/0 is up, line protocol is up (connected)

  Internet address is 192.168.1.1/24

  Encapsulation PPP, Loopback not set, keepalive set (10 sec)

  LCP Open

  Open: IPCP, CDPCP

R2#**show interfaces S0/0/0** //在 R2 上查看配置结果

Serial0/0/0 is up, line protocol is up (connected)

  Internet address is 192.168.1.2/24

  Encapsulation PPP, Loopback not set, keepalive set (10 sec)

  LCP Open

  Open: IPCP, CDPCP

R1#**show controllers S0/0/0** //在 R1 上查看 DCE 和 DTE 端

Interface Serial0/0/0

DTE V.35 TX and RX clocks detected

R2#show controllers s0/0/0 //在 R2 上查看 DCE 和 DTE 端

Interface Serial0/0/0

DCE V.35, clock rate 4000000

(3) Ping 测试可以看到链路两端可以互通。

2. PAP 验证

如图 7-3 所示，在 Packet Tracer6.2 中拖出两台 2811 路由器，为两台 2811 路由器添加“HWIC-2T”串口模块并连线。拓扑搭建好后，先配置 R2 作为主验证方、R1 作为被验证方，观察单向验证的效果。再配置 R1 作为主验证方、R2 作为被验证方，从而实现双向验证(Packet Tracer8.0 只支持双向验证，不支持单向验证)。

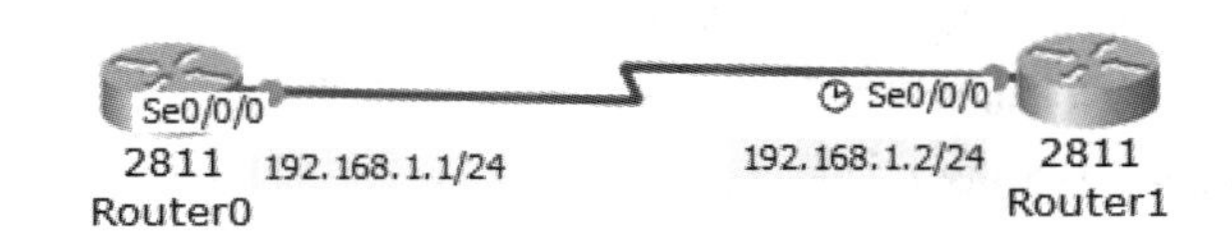

图 7-3　思科路由器 R1 的 Physical 属性配置

(1) 进行基本配置，命令如下：

R1(config)#**interface Serial 0/0/0**　　　　//R1 的配置

R1(config-if)#**encapsulation ppp**

R1(config-if)#**ip address 192.168.1.1 255.255.255.0**

R1(config-if)#**no shutdown**

R2(config)#**interface serial 0/0/0**　　　　//R2 的配置

R2(config-if)#**clock rate 4000000**

R2(config-if)#**ip address 192.168.1.2 255.255.255.0**

R2(config-if)#**encapsulation ppp**

R2(config-if)#**no shutdown**

(2) R1 作为主验证方，R2 作为被验证方，实现 PAP 单向验证，命令如下：

R1(config)#**username R2 password 654321**　　　　//R1 的配置

R1(config)#**interface Serial 0/0/0**

R1(config-if)#**ppp authentication pap**

R2(config)#**interface Serial 0/0/0**　　　　//R2 的配置

R2(config-if)#**ppp pap sent-username R2 password 654321**

(3) R2 作为主验证方，R1 作为被验证方，实现 PAP 双向验证，命令如下：

R2(config)#**username R1 password 123456**　　　　//R2 的配置

R2(config)#**interface Serial 0/0/0**

R2(config-if)#**ppp authentication pap**

R1(config)#**interface Serial 0/0/0**　　　　//R1 的配置

R1(config-if)#**ppp pap sent-username R1 password 123456**

(4) 采用 Packet Tracer6.2 完成的实验，可以通过 ping 命令观察到实验效果。若采用 Packet Tracer 8.0，可在配置完成后，先将实验文件存盘、关闭，再重新打开，通过 ping 测试观察实验效果。

3. CHAP 验证

在 Packet Tracer6.2 中搭建如图 7-3 所示的拓扑，先配置 R2 为主验证方、R1 为被验证方，实现单向验证。再配置 R1 为主验证方、R2 为被验证方，实现双向验证。

(1) 进行基本配置，命令如下：

R1(config)#**interface Serial 0/0/0**　　　　//R1 的配置

R1(config-if)#**encapsulation ppp**

R1(config-if)#**ip address 192.168.1.1 255.255.255.0**

R1(config-if)#**no shutdown**

```
R2(config)#interface Serial 0/0/0        //R2 的配置
R2(config-if)#clock rate 4000000
R2(config-if)#ip address 192.168.1.2 255.255.255.0
R2(config-if)#encapsulation ppp
R2(config-if)#no shutdown
```

(2) R1 作为主验证方，R2 作为被验证方，实现 CHAP 单向验证，命令如下：

```
R1(config)#username R2 password 123        //R1 的配置
R1(config)#interface Serial 0/0/0
R1(config-if)#ppp authentication chap
R2(config)#username R1 password 123        //R2 的配置
```

(3) R2 作为主验证方，R1 作为被验证方，实现 CHAP 双向验证，命令如下：

```
R2(config)#username R1 password 123    //R2 的配置，之前已配过，此处可省略
R2(config)#interface Serial 0/0/0
R2(config-if)#ppp authentication chap
R1(config)#username R2 password 123    //R1 的配置，之前已配过，此处可省略
```

等待一段时间，双向验证成功后，R1 和 R2 都会出现提示：

```
%LINEPROTO-5-UPDOWN: Line protocol on Interface Serial0/0/0, changed state to up
```

表示验证成功后串口 S0/0/0 的状态变为 up 了。

(4) 通过 ping 命令可测试到全网互通了。

7.3.2　华为设备的 PPP 配置

如图 7-4 所示，在 eNSP 中拖出两台 AR2220，为它们添加 2SA 模块。

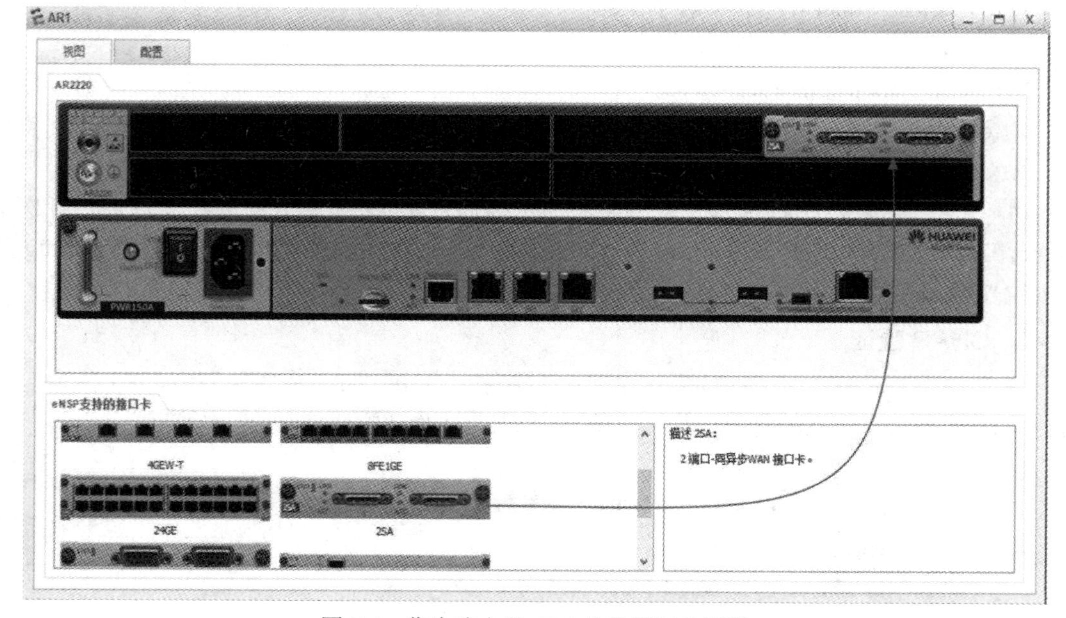

图 7-4　华为路由器 AR1 的物理属性配置

如图 7-5 所示，通过串口线连接两台 AR2220，完成华为设备的 PPP 配置。

192.168.1.1/24　　192.168.1.2/24
Serial 1/0/0　　Serial 1/0/0
R1　　R2

图 7-5　华为设备 PPP 配置的拓扑

1. PPP 基本配置

(1) 进行 PPP 基本配置，命令如下：

[R1]**interface Serial 1/0/0**　　　//R1 的配置

[R1-Serial1/0/0]**ip address 192.168.1.1 24**

[R1-Serial1/0/0]**link-protocol ppp**

[R2]**interface Serial 1/0/0**　　　//R2 的配置

[R2-Serial1/0/0]**ip address 192.168.1.2 24**

[R2-Serial1/0/0]**link-protocol ppp**

(2) 配置结果测试，命令如下：

[R1]**ping 192.168.1.2**　　　//R1 ping R2 测试互通情况

　PING 192.168.1.2: 56　data bytes, press CTRL_C to break

　　Reply from 192.168.1.2: bytes=56 Sequence=1 ttl=255 time=80 ms　//ping 通了

[R1]**display interface Serial 1/0/0**　　　//查看路由器 R1 的 PPP 封装情况

Serial1/0/0 current state : UP

Line protocol current state : UP

Internet Address is 192.168.1.1/24　　　//IP 地址

Link layer protocol is PPP　　　//接口的数据链路层协议为 PPP

LCP opened, IPCP opened　　　//LCP 和 NCP 协商已经成功。其中，NCP 采用的是 IPCP，PPP 链路上可以传递 IP 报文了

2. PAP 验证

(1) R1 作为主验证方，R2 作为被验证方，实现 PAP 单向验证，命令如下：

[R1]**aaa**　　　//R1 的配置

[R1-aaa]**local-user R2 password cipher 654321**

[R1-aaa]**local-user R2 service-type ppp**

[R1-aaa]**quit**

[R1]**interface Serial 1/0/0**

[R1-Serial1/0/0]**ppp authentication-mode pap**

[R2]**interface Serial 1/0/0**　　　//R2 的配置

[R2-Serial1/0/0]**ppp pap local-user R2 password cipher 654321**

[R2-Serial1/0/0]**quit**

(2) R2 作为主验证方，R1 作为被验证方，实现 PAP 双向验证，命令如下：

[R2]**aaa**　　　//R2 的配置

[R2-aaa]**local-user R1 password cipher 123456**

[R2-aaa]**local-user R1 service-type ppp**

[R2-aaa]**quit**

[R2]**interface s1/0/0**

[R2-Serial1/0/0]**ppp authentication-mode pap**

[R1]**interface Serial 1/0/0** //R1 的配置

[R1-Serial1/0/0]**ppp pap local-user R1 password cipher 123456**

(3) 先通过 ping 命令测试互通性，再在路由器 R2 上使用命令“Debugging PPP PAP all”查看 PAP 认证的详细信息。

3. CHAP 验证

在 PAP 认证实验的基础上，继续完成 CHAP 认证实验。先配置 R2 为主验证方、R1 为被验证方；再配置 R1 为主验证方、R2 为被验证方，实现双向 CHAP 验证。

(1) R1 作为 CHAP 验证主验证方，R2 作为被验证方，实现单向 CHAP 验证，命令如下：

[R1]**interface Serial 1/0/0** //R1 的配置

[R1-Serial1/0/0]**undo ppp authentication-mode** //取消 R1 作为 PAP 验证的主验证方

[R1-Serial1/0/0]**ppp authentication-mode chap** //配置 R1 作为 CHAP 验证的主验证方

[R2]**interface Serial 1/0/0** //R2 的配置

[R2-Serial1/0/0]**undo ppp pap local-user** //取消 R2 作为 PAP 验证的被验证方

[R2-Serial1/0/0]**ppp chap user R2** //配置 R2 作为 CHAP 验证的被验证方

[R2-Serial1/0/0]**ppp chap password cipher 654321** //配置 R2 作为 CHAP 验证的被验证方

(2) R2 作为 CHAP 验证主验证方，R1 作为被验证方，实现双向 CHAP 验证，命令如下：

[R2]**interface Serial 1/0/0** //R2 的配置

[R2-Serial1/0/0]**undo ppp authentication-mode** //取消 R2 作为 PAP 验证的主验证方

[R2-Serial1/0/0]**ppp authentication-mode chap** //配置 R2 作为 CHAP 验证的主验证方

[R1]**interface Serial 1/0/0** //R1 的配置

[R1-Serial1/0/0]**undo ppp pap local-user** //取消 R1 作为 PAP 验证的被验证方

[R1-Serial1/0/0]**ppp chap user R1** //配置 R1 作为 CHAP 验证的被验证方

[R1-Serial1/0/0]**ppp chap password cipher 123456** //配置 R1 作为 CHAP 验证的被验证方

(3) 先使用 ping 命令测试连通性，再在路由器 R2 上使用“Debugging PPP PAP all”命令查看 PAP 认证的详细信息。

7.3.3 华三设备的 PPP 配置

如图 7-6 所示，拖出两台 MSR36-20，通过串口线互连，完成华三设备的 PPP 配置。

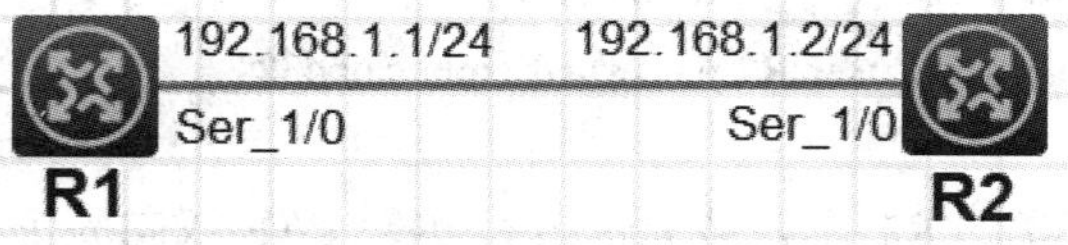

图 7-6 华三设备 PPP 配置的拓扑

1. PPP 基本配置

(1) 进行 PPP 基本配置，命令如下：

[R1]**interface Serial 1/0**　　//R1 的配置

[R1-Serial1/0]**ip address 192.168.1.1 24**

[R1-Serial1/0]**baudrate 2048000**

[R2]**interface Serial 1/0**　　//R2 的配置

[R2-Serial1/0]**link-protocol ppp**

[R2-Serial1/0]**ip address 192.168.1.2 24**

(2) 配置结果测试，命令如下：

[R2]**ping 192.168.1.1**　　//在 R2 上使用 ping 命令测试互通情况，可以互通

[R2]**display interface Serial 1/0**　　//在 R2 上查看路由器的 PPP 封装情况

Serial1/0

Internet address: 192.168.1.2/24 (Primary)　　//IP 地址

Link layer protocol: PPP　　//接口的数据链路层协议为 PPP

LCP: opened, IPCP: opened　　//LCP 和 NCP 协商已经成功。其中，NCP 采用的是 IPCP，PPP 链路上可以传递 IP 报文了

2. PAP 验证

(1) R1 作为主验证方，R2 作为被验证方，实现单向验证，命令如下：

[R1]**local-user R2 class network**　　//R1 的配置

[R1-luser-network-R2]**service-type ppp**

[R1-luser-network-R2]**password simple 654321**

[R1-luser-network-R2]**quit**

[R1]**interface Serial 1/0**

[R1-Serial1/0]**link-protocol ppp**

[R1-Serial1/0]**ppp authentication-mode pap**

[R2]**interface Serial 1/0**　　//R2 的配置

[R2-Serial1/0]**ppp pap local-user R2 password simple 654321**

[R2-Serial1/0]**shutdown**　　//IP 地址之前已经配置好，配置完认证后需复位接口

[R2-Serial1/0]**undo shutdown**

(2) R2 作为主验证方，R1 作为被验证方，实现双向验证，命令如下：

[R2]**local-user R1 class network**　　//R2 的配置

[R2-luser-network-R1]**service-type ppp**

[R2-luser-network-R1]**password simple 123456**

[R2-luser-network-R1]**quit**

[R2]**interface Serial 1/0**

[R2-Serial1/0]**ppp authentication-mode pap**

[R1]**interface Serial 1/0**　　//R1 的配置

[R1-Serial1/0]**ppp pap local-user R1 password simple 123456**

[R1-Serial1/0]**shutdown** //IP 地址之前已经配好，配完认证后需复位接口

[R1-Serial1/0]**undo shutdown**

(3) 测试命令如下：

[R1]**ping 192.168.1.2** //在 R1 上使用 ping 命令测试它与 R2 的互通性

[R1]**display interface Serial 1/0** //在 R1 上使用 display 命令显示接口信息

3. CHAP 验证

在 PAP 验证实验的基础上，继续完成 CHAP 验证实验。先配置 R2 为 CHAP 验证的主验证方、R1 为被验证方，实现单向验证；再配置 R1 为主验证方、R2 为被验证方，实现双向 CHAP 验证。

(1) R1 作为主验证方，R2 作为被验证方，实现 CHAP 单向验证，命令如下：

[R1]**interface Serial 1/0** //R1 的配置

[R1-Serial1/0]**undo ppp authentication-mode** //取消 R1 作为 PAP 验证的主验证方

[R1-Serial1/0]**ppp authentication-mode chap** //配置 R1 作为 CHAP 验证的主验证方

[R2]**interface Serial 1/0** //R2 的配置

[R2-Serial1/0]**undo ppp pap local-user** //取消 R2 作为 PAP 验证的被验证方

[R2-Serial1/0]**ppp chap user R2** //配置 R2 作为 CHAP 验证的被验证方

[R2-Serial1/0]**ppp chap password simple 654321** //配置 R2 作为 CHAP 验证的被验证方

[R2-Serial1/0]**shutdown** //IP 地址之前已经配好，配完认证后需复位接口

[R2-Serial1/0]**undo shutdown**

(2) R2 作为主验证方，R1 作为被验证方，实现双向验证，命令如下：

[R2]**interface Serial 1/0** //R2 的配置

[R2-Serial1/0]**undo ppp authentication-mode** //取消 R2 作为 PAP 验证的主验证方

[R2-Serial1/0]**ppp authentication-mode chap** //配置 R2 作为 CHAP 验证的主验证方

[R1]**interface Serial 1/0** //R1 的配置

[R1-Serial1/0]**undo ppp pap local-user** //取消 R1 作为 PAP 验证的被验证方

[R1-Serial1/0]**ppp chap user R1** //配置 R1 作为 CHAP 验证的被验证方

[R1-Serial1/0]**ppp chap password simple 123456** //配置 R1 作为 CHAP 验证的被验证方

[R1-Serial1/0]**shutdown** //IP 地址之前已经配置好，配置完认证后需复位接口

[R1-Serial1/0]**undo shutdown**

(3) 测试，命令如下：

[R1]**ping 192.168.1.2** //在 R1 上使用 ping 命令测试它与 R2 的互通性

[R1]**display interface Serial 1/0** //在 R1 上使用 display 命令显示接口信息

7.4 PPPoE 的配置

多台用户主机连接到同一台远程接入设备进行计费上网时，往往需要接入设备具有访问控制和计费等功能。PPP 能提供良好的访问控制和计费功能，以太网技术为多台主机经

济快捷地接入提供了方便，结合这两种技术的以太网上的点对点协议(Point-to-Point Protocol over Ethernet，PPPoE)就是这样能实现在以太网上传输 PPP 报文的技术。

7.4.1　思科设备的 PPPoE 配置

在 Packet Tracer6.2 中搭建如图 7-7 所示拓扑，完成思科设备 PPPoE 实验(Packet Tracer8 不支持 PPPoE)。

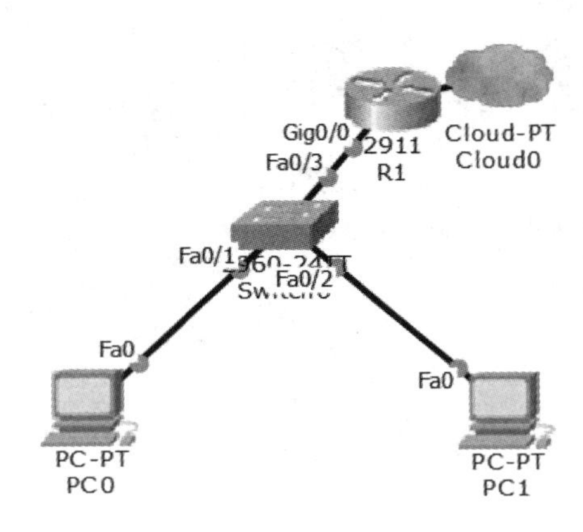

图 7-7　思科设备 PPPoE 配置的拓扑

(1) 在 R1 上完成 VPND 配置，命令如下：

R1(config)#**vpdn enable**　//开启 VPDN

R1(config)#**vpdn-group 1**　//创建和配置 VPDN 组

R1(config-vpdn)#**accept-dialin**　//允许客户端拨号

R1(config-vpdn-acc-in)#**protocol pppoe**　//封装 PPPOE 协议

R1(config-vpdn-acc-in)#**virtual-template 1**　//与虚拟模板关联、虚拟模板标号可自定义

R1(config)#**username user1 password 1234**　//创建用户及密码

R1(config)#**ip local pool 1 192.168.1.10 192.168.1.11**　//设置地址池

(2) 配置模板接口，命令如下：

R1(config)#**interface virtual-Template 1**　//配置之前定义的模板接口

R1(config-if)#**ip unnumbered G0/0**　//接口复用

R1(config-if)#**peer default ip address pool 1**　//地址池名字

R1(config-if)#**ppp authentication chap**

(3) 配置连接 PC 端的接口，命令如下：

R1(config)#**interface GigabitEthernet 0/0**

R1(config-if)#**pppoe enable**

R1(config-if)#**ip address 192.168.1.1 255.255.255.0**

R1(config-if)#**no shutdown**

(4) 如图 7-8 所示，在 PC0 上用 user1 进行拨号，显示成功。

图 7-8 PC0 上用 user1 进行拨号

(5) 在 PC0 上用命令 ipconfig 查看地址分配情况，命令如下：

PC>**ipconfig**

PPP adapter:

  IP Address......................: 192.168.1.10

  Subnet Mask..................: 255.255.255.255

  Default Gateway.............: 0.0.0.0

可以看到，PC0 分配到了 192.168.1.10 的 IP 地址。

7.4.2 华为设备的 PPPoE 配置

如图 7-9 所示，路由器 R1 是网络的出口路由器，路由器 R2 是 ISP 的 PPPoE 服务器，路由器 R1 和 R2 间通过以太网连接。路由器 R1 通过 PPPoE 拨号连接到路由器 R2，并接入 Internet。

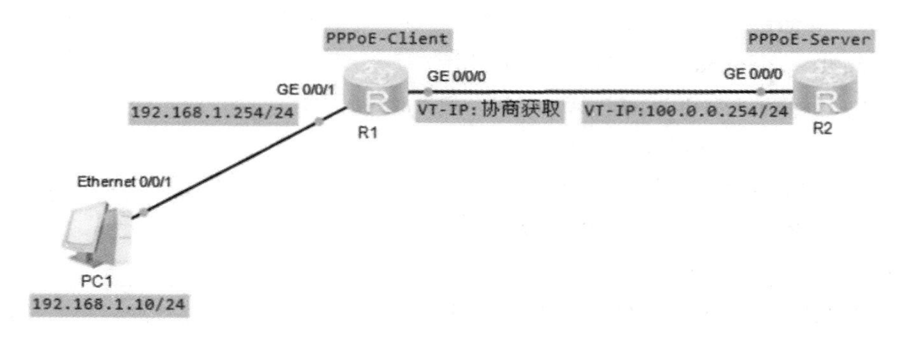

图 7-9 华为设备配置 PPPoE 的拓扑

1. PPPoE 服务端 R2 的配置

(1) 在 R2 上配置 Virtual-Template 虚拟模板接口，命令如下：

[R2]**interface Virtual-Template 1**　　//创建 VT 接口，编号为 1
[R2-Virtual-Template1]**ppp authentication-mode chap**　//定义 PPP 采用 CHAP 方式认证
[R2-Virtual-Template1]**remote address pool pool01**　　//为 PPPoE 客户端指定 IP 地址池
[R2-Virtual-Template1]**ip address 100.0.0.254 24**　　//设置 VT 接口的 IP

(2) 在 R2 上配置 PPP 的其他选项，命令如下：

[R2]**ip pool pool01**　//为客户端创建 IP 地址池
[R2-ip-pool-pool01]**gateway-list 100.0.0.254**　　//为地址池指定网关
[R2-ip-pool-pool01]**network 100.0.0.0 mask 24**　//为地址池指定分配的 IP 地址范围
[R2-ip-pool-pool01]**dns-list 114.114.114.114**　　//为地址池指定 DNS
[R2-ip-pool-pool01]**quit**
[R2]**aaa**　//进入 AAA 本地用户数据库
[R2-aaa]**local-user user1 password cipher 123**　　//创建用于 PPP 认证的用户
[R2-aaa]**local-user user1 service-type ppp**　　//指定创建的用户用于 PPP 认证

(3) 将 VT 虚拟接口和 PPPoE 服务端以太口绑定，命令如下：

[R2]**interface GigabitEthernet 0/0/0**
[R2-GigabitEthernet0/0/0]**pppoe-server bind virtual-template 1**　　//将 G0/0/0 接口与 VT 1 接口绑定

(4) 配置从 PPPoE Server 到 PPPoE Client 的静态路由，实现网络互通，命令如下：

[R2]**ip route-static 192.168.1.0 24 Virtual-Template 1**

2. PPPoE 客户端 R1 的配置

(1) 配置路由器 R1 的 G0/0/1 接口的 IP 地址，命令如下：

[R1]**interface GigabitEthernet 0/0/1**
[R1-GigabitEthernet0/0/1]**ip address 192.168.1.254 24**

(2) DCC(拨号控制中心) 虚拟拨号接口(dialer) 的配置，命令如下：

[R1]**interface Dialer 1**　//创建 DCC 的 Dialer 接口，编号为 1
[R1-Dialer1]**link-protocol ppp**　　//封装 PPP
[R1-Dialer1]**ppp chap user user1**　　//配置 PPP 的 CHAP 认证用户名
[R1-Dialer1]**ppp chap password simple 123**　　//配置 PPP 的 CHAP 认证密码
[R1-Dialer1]**ip address ppp-negotiate**　　//设置 PPPoE 客户端自动获取 IP 地址
[R1-Dialer1]**dialer user user1**　　//指定 Dialer 接口拨号使用的用户名
[R1-Dialer1]**dialer bundle 1**　　//指定 Dialer 接口的编号
[R1-Dialer1]**dialer-group 1**　　//将该接口置于拨号组 1 中

(3) 将 DCC 的 dialer 虚拟拨号接口和 PPPoE 客户端以太网接口绑定，命令如下：

[R1]**interface GigabitEthernet 0/0/0**
[R1-GigabitEthernet0/0/0]**pppoe-client dial-bundle-number 1**　　//将 G0/0/0 接口与 Dialer 1 接口绑定
[R1-GigabitEthernet0/0/0]**quit**

(4) 配置拨号访问控制列表允许 IPv4 协议的数据报文，命令如下：

[R1]**dialer-rule**　//配置拨号访问控制列表
[R1-dialer-rule]**dialer-rule 1 ip permit**　//允许 IPv4 协议的数据报文

(5) 配置从 PPPoE Client 到 PPPoE Server 的默认路由，命令如下：

[R1]ip route-static 0.0.0.0 0 Dialer 1

(6) 电脑 PC1 的配置：

IP 地址：192.168.1.10，子网掩码：255.255.255.0，缺省网关：192.168.1.254

(7) 效果测试，命令如下：

PC>**ping 100.0.0.254**　//在内网主机 PC1 上 ping 服务端 R2，可以互通

[R1]**display pppoe-client session summary**　//R1 查看 PPPoE Client 会话的状态和配置信息

PPPoE Client Session:

ID	Bundle	Dialer	Intf	Client-MAC	Server-MAC	State
1	1	1	GE0/0/0	00e0fc77185a	00e0fcda02f6	UP

[R2]**display pppoe-server session all**　//R2 查看 PPPoE Server 会话的状态和配置信息

SID	Intf	State	OIntf	RemMAC	LocMAC
1	Virtual-Template1:0	UP	GE0/0/0	00e0.fc77.185a	00e0.fcda.02f6

7.4.3　华三设备的 PPPoE 配置

在 HCL 中搭建如图 7-10 所示的拓扑，完成在华三设备上配置 PPPoE。

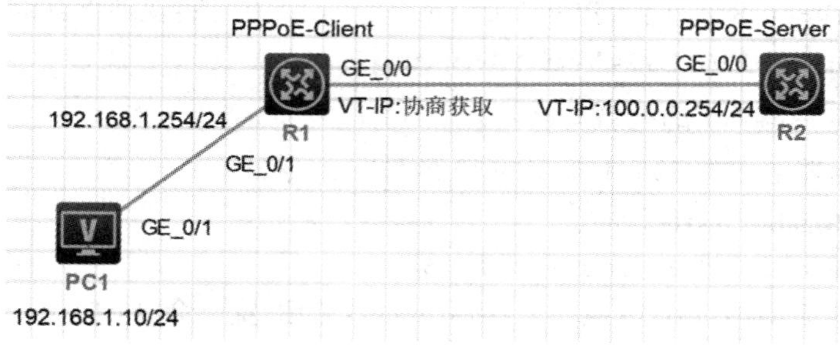

图 7-10　华三设备配置 PPPoE 的拓扑

1. PPPoE 服务端 R2 配置

(1) 配置 Virtual-Template 虚拟模板接口，命令如下：

[R2]**interface Virtual-Template 1**　//创建 VT 接口，编号为 1

[R2-Virtual-Template1]**ppp authentication-mode chap domain system** //定义 PPP 采用 CHAP 方式认证

[R2-Virtual-Template1]**remote address pool pool01**　//为 PPPoE 客户端指定 IP 地址池

[R2-Virtual-Template1]**ip address 100.0.0.254 24**　//设置 VT 接口的 IP

(2) 配置 PPP 的其他选项，命令如下：

[R2]**ip pool pool01 100.0.0.1 100.0.0.253**　//为客户端创建 IP 地址池

[R2]**local-user user1 class network**　//创建用于 PPP 认证的用户

[R2-luser-network-user1]**password simple 123**

[R2-luser-network-user1]**service-type ppp**　//指定创建的用户用于 PPP 认证

[R2-luser-network-user1]**quit**

[R2]**domain system**

[R2-isp-system]**authentication ppp local**

[R2-isp-system]**accounting ppp local**

[R2-isp-system]**authorization ppp local**

(3) 将 VT 虚拟接口和 PPPoE 服务端以太口绑定，命令如下：

[R2]**interface GigabitEthernet 0/0**

[R2-GigabitEthernet0/0]**pppoe-server bind virtual-template 1**　//将 G0/0 接口与 VT 1 接口绑定

2. PPPoE 客户端 R1 的配置

(1) 配置路由器 R1 的 G0/0/1 接口的 IP 地址，命令如下：

[R1]**interface GigabitEthernet 0/1**

[R1-GigabitEthernet0/1]**ip address 192.168.1.254 24**

(2) 配置 DCC(拨号控制中心) 虚拟拨号接口(dialer)，命令如下：

[R1]**interface Dialer 1**

[R1-Dialer1]**dialer bundle enable**

[R1-Dialer1]**ppp chap user user1**

[R1-Dialer1]**ppp chap password simple 123**

[R1-Dialer1]**ip address ppp-negotiate**

[R1-Dialer1]**dialer-group 1**

(3) 将 DCC 的 Dialer 虚拟拨号接口和 PPPoE 客户端以太网接口绑定，命令如下：

[R1]**interface GigabitEthernet 0/0**

[R1-GigabitEthernet0/0]**pppoe-client dial-bundle-number 1**

(4) 配置拨号访问控制列表允许 IPv4 协议的数据报文，命令如下：

[R1]**dialer-group 1 rule ip permit**

(5) 配置从 PPPoE Client 到 PPPoE Server 的默认路由，实现网络互通，命令如下：

[R1]**ip route-static 100.0.0.254 32 Dialer 1**

(6) 配置 EASY IP NAT，并在 Dialer 1 口下发，命令如下：

[R1]**access-list basic 2000**

[R1-acl-ipv4-basic-2000]**rule permit source 192.168.1.0 0.0.0.255**

[R1-acl-ipv4-basic-2000]**quit**

[R1]**interface Dialer 1**

[R1-Dialer1]**nat outbound 2000**

(7) 电脑 PC1 的配置：

IP 地址：192.168.1.10，子网掩码：255.255.255.0，缺省网关：192.168.1.254

(8) 在 PC1 上使用 ping 命令测试内网主机 PC1 与服务端 R2 的连通性，命令如下：

[H3C]**ping 100.0.0.254**

试验时可以看到，能 ping 通。

(9) 查看 PPPoE 客户端与服务端建立 PPPoE 会话。

[R1]**display pppoe-client session summary**

Bundle	ID	Interface	VA	RemoteMAC	LocalMAC	State
1	1	GE0/0	VA0	322e-9e91-0205	322e-93cb-0105	SESSION

练 习 与 思 考

1. 什么是广域网？请简单介绍广域网连接主要有哪几种方式？

2. PPP 会话包括哪些阶段？简述 PPP 会话的过程。

3. 什么是 PAP 验证？什么是 CHAP 验证？请比较 PAP 验证与 CHAP 验证的异同。

4. 搭建通过 PPP 链路连接两台路由器组成的网络，依此配置 PAP 双向验证与 CHAP 双向验证，通过实验掌握 PPP 验证的配置方法。

5. 什么是 PPPoE？请规划和搭建有 PPPoE 运用场景的拓扑，完成 PPPoE 实验。

第8章　动态路由协议

路由器通过查询路由表来为不同网段的数据进行转发，路由表的形成可依据是否为直连网段。直连网段的信息会自动添加到路由表中，非直连网段需要通过配置静态路由或动态路由来形成。

之前学习的静态路由需要管理员逐条对每个非直连网段进行手工配置，不适用于大中型网络或拓扑经常变化的网络。动态路由只需要管理员在初始时将各路由器直连的网段宣告出去，后续由各路由器自行互相学习。当网络拓扑发生变化时，各路由器也能迅速学到，无需人工干预。当然，路由器间交换信息、相互学习，需要占用一定的CPU资源和网络带宽，从而对路由器的性能和带宽有一定的要求。

动态路由协议主要分为两类：距离矢量路由协议和链路状态路由协议。距离矢量路由协议可以让路由器学到去往目标网段的下一条及距离目标网段的跳数，类似于看到了公路上目的地的路标和距离；链路状态路由协议则可让路由器学习到整个网络的拓扑和节点间的花销，类似于拥有了整幅地图，并在地图上标注城市间公路的车道数量和质量。

8.1　RIP 及其配置

1. RIP 简介

RIP(Routing Information Protocol，路由信息协议)属于距离矢量路由协议。启用了RIP协议的路由器端口会每隔30 s定期将自己的路由表通过广播地址255.255.255.255广播给邻居(版本1)，或通过组播地址224.0.0.9组播给邻居(版本2)，邻居将收到的信息与自己的路由表比较，若收到的路由项在自己路由表中还不存在，则将其添加到路由表中；若收到的路由项在自己路由表中已存在且优于自己，则更新路由表；若收到的路由项在自己路由表中已存在且不优于自己，但来源于同一个源，也更新路由表。

RIP路由协议以跳数作为度量值，RIP环路避免机制将跳数最大值定为15跳，16跳被认为不可达。当通过逐跳扩散的方式，所有路由器都学习完成后，网络就收敛了。

2. RIP 避免环路的措施

距离矢量路由协议容易引起环路，为了避免环路，RIP路由协议采取了以下六条措施。前三条措施是针对如图8-1所示的非环形的单路径网络的。

(1) 路由毒化。当某个网段变成不可达时，不是将其删除，而是将其度量值改为无穷大并通告给邻居，以免其他路由器不知道拓扑发生了变化(随后的第四条措施将无穷大定为16跳)。

(2) 水平分割。类似于我告诉你的信息，你不能再告诉我，只能告诉其他路由器，以避免故障发生时我还没来得及通告给你，你反过来将我原来告诉你的重新告诉我，误导我产生故障通路变可达的错觉，从而避免你误导我，我进一步又误导你的无休止环路。

(3) 毒性逆转。作用与水平分割类似，但比水平分割做得更主动，即我告诉你的路由信息，你反过来主动跟我说你自己是去不到这个网段的。具体做法是：你将去该网段的度量值设为无穷大后从原接口发回给我(随后的第四条措施将无穷大定为 16 跳)。

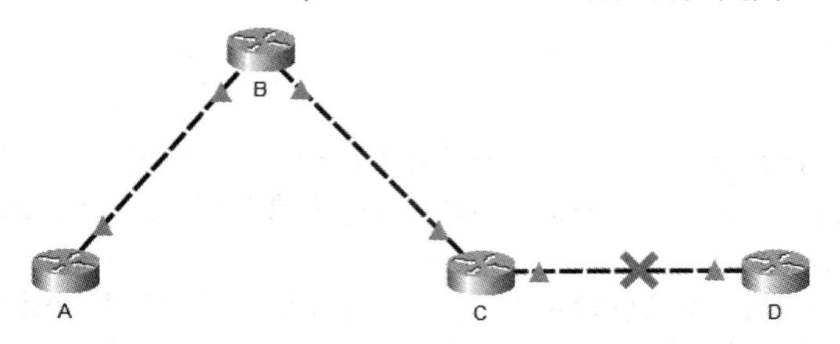

图 8-1　RIP 避免环路措施的拓扑 1

第四到第六条措施是针对如图 8-2 所示的环形多路径网络的。环形网络会导致诸如我告诉你的信息你传给他，他再传给我，导致我发出的信息又返回给我了，单靠水平分割等措施在多路径网络环境下已无法避免环路。

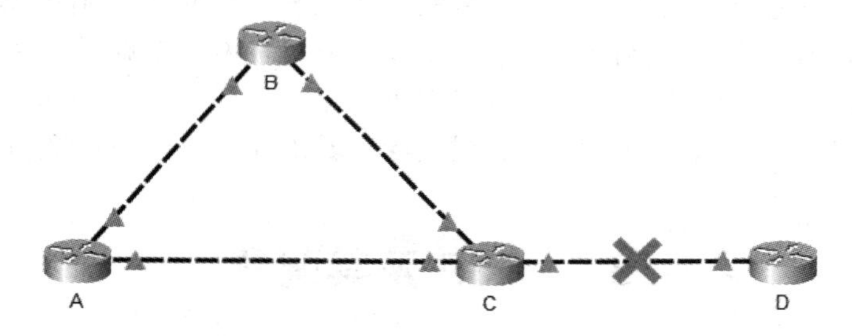

图 8-2　RIP 避免环路措施的拓扑 2

(4) 定义最大值。将最大值定为 16 跳，表示不可达，避免多路径网络中产生环路后度量值不断增大、循环无法停下。

(5) 抑制时间。与路由毒化结合使用。以 A、B、C 三台路由器组成的三角形网络拓扑为例，当 C 发现故障导致某一条路由不可达时，通知给 B 此路不可达，B 收到后，进入抑制状态，在抑制时间内，B 只接受 C 通知此路由是否恢复可达的信息，而不接受 A 通知此路由是否可达的信息，从而避免物理环路造成的误导。

(6) 触发更新。当路由器中路由信息有变，立即发送更新信息而不必等到更新周期到来。例如，若不采用触发更新措施，当 C 发现故障导致某网段不可达后，因 C 的更新周期未到，无法及时将不可达信息通告给 A 和 B。若 B 的更新周期先到，B 会将之前从 C 学来的该网段以前可达的信息传给 A，A 再传给 C，导致 C 误以为该故障网段又变得可达了。

3. RIP 的版本

RIP 协议的两个版本 v1 和 v2 比较如下：

(1) RIP v1 不支持认证，只能以广播方式发布协议报文，发送协议报文时不携带子网掩码，是一种有类路由协议。路由器收到协议报文时，对子网掩码的处理方式是：如果收到的子网路由条目与接收接口的 IP 地址同属一个主网络，就以该接口的子网掩码长度作为该路由条目的掩码长度；否则，仅以该路由条目所对应的 A 类、B 类或 C 类的主网络掩码长度来匹配。这样的后果是，RIP v1 不支持不连续子网间路由信息的传递。

(2) RIP v2 对 RIP v1 进行了改进，是一种无类路由协议，即不再以 A 类、B 类或 C 类作为分类标准，而是在发送协议报文时携带子网掩码信息、支持可变长子网掩码 VLSM 和无类域间路由 CIDR，RIP v2 以组播的方式更新报文，组播地址是 224.0.0.9，支持对协议报文进行验证。

8.1.1　思科设备配置 RIP

如图 8-3 所示，在 Packet Tracer 中搭建拓扑。通过实验体验 RIP v1 不支持不连续子网间路由信息的传递。

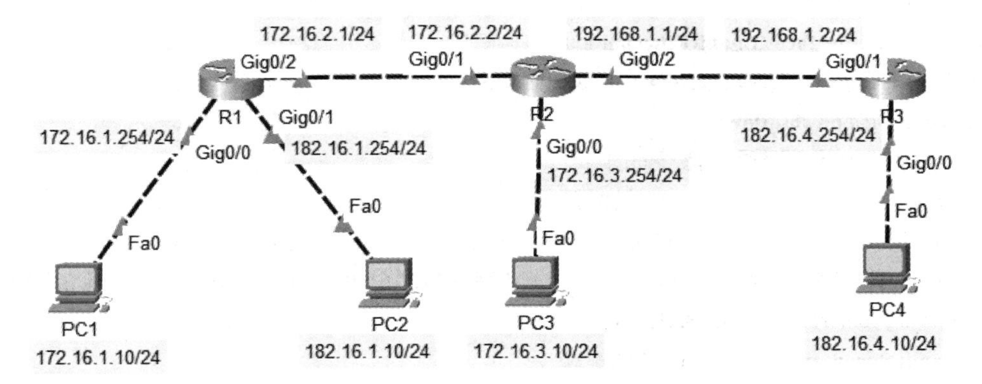

图 8-3　思科设备 RIP 配置的拓扑

1. 思科 RIP v1 的配置方法

(1) 进行基本配置，命令如下：

```
R1(config)#interface G0/0            //R1 的配置
R1(config-if)#ip address 172.16.1.254 255.255.255.0
R1(config-if)#no shutdown
R1(config-if)#exit
R1(config)#interface GigabitEthernet 0/1
R1(config-if)#ip address 182.16.1.254 255.255.255.0
R1(config-if)#no shutdown
R1(config-if)#exit
R1(config)#interface GigabitEthernet 0/2
R1(config-if)#ip address 172.16.2.1 255.255.255.0
R1(config-if)#no shutdown
R2(config)#interface GigabitEthernet 0/1            //R2 的配置
R2(config-if)#ip address 172.16.2.2 255.255.255.0
R2(config-if)#no shutdown
```

```
R2(config-if)#exit
R2(config)#interface GigabitEthernet 0/0
R2(config-if)#ip address 172.16.3.254 255.255.255.0
R2(config-if)#no shutdown
R2(config-if)#exit
R2(config)#interface GigabitEthernet 0/2
R2(config-if)#ip address 192.168.1.1 255.255.255.0
R2(config-if)#no shutdown
R3(config)#interface GigabitEthernet 0/1          //R3 的配置
R3(config-if)#ip address 192.168.1.2 255.255.255.0
R3(config-if)#no shutdown
R3(config-if)#exit
R3(config)#interface GigabitEthernet 0/0
R3(config-if)#ip address 182.16.4.254 255.255.255.0
R3(config-if)#no shutdown
```

(2) 进行 RIP v1 配置，命令如下：

```
R1(config)#router rip          //R1 的配置
R1(config-router)#network 172.16.0.0      //默认情况下，RIP 协议采用 v1 版本，因为 RIP v1 是有类路由协议，而 G0/0 和 G0/2 接口所在的网段都属于 B 类主网络 172.16.0.0，所以两个接口宣告的都是这个网段
R1(config-router)#network 182.16.0.0
R2(config)#router rip          //R2 的配置
R2(config-router)#network 172.16.0.0
R2(config-router)#network 192.168.1.0
R3(config)#router rip          //R3 的配置
R3(config-router)#network 192.168.1.0
R3(config-router)#network 182.16.0.0
```

(3) 查看 R2 的 RIP 路由表，命令如下：

```
R2#show ip route rip
      172.16.0.0/16 is variably subnetted, 5 subnets, 2 masks
R      172.16.1.0/24 [120/1] via 172.16.2.1, 00:00:15, GigabitEthernet0/1
R      182.16.0.0/16 [120/1] via 172.16.2.1, 00:00:15, GigabitEthernet0/1
                     [120/1] via 192.168.1.2, 00:00:10, GigabitEthernet0/2
```

RIP v1 是有类路由，它接收子网路由的原则是：

① 如果收到的子网路由条目与接收接口同属一个主网络，就以接收该路由条目的接口的掩码长度作为该子网路由条目的掩码长度。此处，R2 的 G0/1 接口所在子网 172.16.2.0/24 与收到的路由条目 172.16.1.0 属于同一个 B 类主网络 172.16.0.0/16，因此以 G0/1 接口的掩码长度/24 作为收到的子网路由条目 172.16.1.0 的掩码长度，得到 172.16.1.0/24 的路由条目。

② 如果收到的子网路由条目与接收接口不属于一个主网络，仅以该子网路由条目所对应的 A 类、B 类或 C 类的主网络掩码长度来匹配。此处，R2 的 G0/2 接口所在子网

192.168.1.0/24 与收到的路由条目 182.16.4.0 不属于同一个主网络，所以，仅以收到的路由条目 182.16.4.0 对应的 B 类主网络掩码长度/16 来匹配，得到 182.16.0.0/16 的路由条目。同理，R2 的 G0/1 接口也得到了 182.16.0.0/16 的路由条目，导致 R2 无法明确去往 182.16.1.0/24 和去往 182.16.4.0/24 的准确路由。可见，RIP v1 不支持不连续子网间路由信息的传递。

2. RIPv2 的配置

如图 2-9 所示，我们以 2.2 节“思科设备配置静态路由”的案例拓扑为例，进行 RIP v2 的配置，其中地址的配置与“思科设备配置静态路由”案例的配置相同。

(1) 进行 RIP v2 的配置，命令如下：

```
R1(config)#router rip                 //R1 进入 RIP 配置模式
R1(config-router)#version 2           //将 RIP 版本设置为 2
R1(config-router)#no auto-summary     //关闭自动汇总
R1(config-router)#network  192.168.1.0     //宣告 192.168.1.0 网段，携带的子网掩码与接口 F0/0 的一致，即 255.255.255.0
R1(config-router)#network  192.168.2.0     //宣告 192.168.2.0 网段，携带的子网掩码与接口 F0/1 的一致，即 255.255.255.0
R2(config)#router rip                 //R2 进入 RIP 配置模式
R2(config-router)#version 2           //将 RIP 版本设置为 2
R2(config-router)#no auto-summary     //关闭自动汇总
R2(config-router)#network 192.168.2.0     //宣告 192.168.2.0 网段
R2(config-router)#network 192.168.3.0     //宣告 192.168.3.0 网段
R3(config)#router rip                 //R3 进入 RIP 配置模式
R3(config-router)#version 2           //将 RIP 版本设置为 2
R3(config-router)#no auto-summary      //关闭自动汇总
R3(config-router)#network 192.168.3.0      //宣告 192.168.3.0 网段
R3(config-router)#network 192.168.4.0      //宣告 192.168.4.0 网段
```

(2) 在 PC0 上通过 ping 命令测试它与 PC2 的互通性，可以看到能互通，然后在 R1 上查看路由表，命令如下：

```
R1#show ip route
Codes: C - connected, S - static, I - IGRP, R - RIP, M - mobile, B - BGP
C      192.168.1.0/24 is directly connected, FastEthernet0/0
C      192.168.2.0/24 is directly connected, FastEthernet0/1
R      192.168.3.0/24 [120/1] via 192.168.2.2, 00:00:12, FastEthernet0/1
R      192.168.4.0/24 [120/2] via 192.168.2.2, 00:00:12, FastEthernet0/1
```

可以看到，直连的两个网段 192.168.1.0/24 和 192.168.2.0/24 自动加入了路由表；通过 RIP 动态路由协议学习到的两个网段也加入了路由表：去往网段 192.168.3.0/24 的下一跳是 192.168.2.2、出接口是 F0/1；去往网段 192.168.4.0/24 的下一跳是 192.168.2.2、出接口是 F0/1。每个路由条目左边的大写字母是路由协议代码，C 表示直连，R 表示 RIP。

RIP 路由条目中的[120/1]分别表示管理距离(路由协议优先级)和度量值。如果有多条路由能去往同一个目标网段，路由器会选择管理距离小的路由。在思科设备中，RIP 协议的管理距离是 120，静态路由的管理距离是 1，所以，如果同时配置了 RIP 和静态路由，都能到达同一网段，路由器会选择按静态路由的条目转发数据。

不同路由协议定义度量值的方式不一样，RIP 使用跳数定义度量值。可以看到，从 R1 出发，到达 192.168.3.0/24 网段需要 1 跳，到达 192.168.4.0/24 网段需要 2 跳。

(3) 在 R1 上查看动态路由协议进程状况，命令如下：

```
R1#show ip protocols
Default version control: send version 2, receive 2   //默认只发送和接收版本 2 的路由更新
  Interface            Send  Recv  Triggered RIP  Key-chain
  FastEthernet0/0      2     2     //实际配置 F0/0 只发送和接收版本 2 的路由更新
  FastEthernet0/1      2     2     //实际配置 F0/1 只发送和接收版本 2 的路由更新
Automatic network summarization is not in effect   //自动网络汇总功能已经关闭
Routing for Networks:
    192.168.1.0      //对外宣告的网段
    192.168.2.0      //对外宣告的网段
Routing Information Sources:
    Gateway          Distance       Last Update
    192.168.2.2         120        00:00:24    //获取到的 RIP 路由更新是从 192.168.2.2 发送来的
```

(4) 在 R1 上开启调试，监视 RIP 协议发送和接收更新的过程，命令如下：

```
R1#debug ip rip      //开启 RIP 调试
R1#clear ip route *  //清空路由条目，以便观察 RIP 的完整收发过程
```

(5) 调试结束后关闭 debug，命令如下：

```
R1#no debug ip rip
```

8.1.2 华为设备配置 RIP

如图 8-4 所示，在 eNSP 中搭建拓扑。通过实验体验 RIP v1 不支持不连续子网间路由信息的传递。

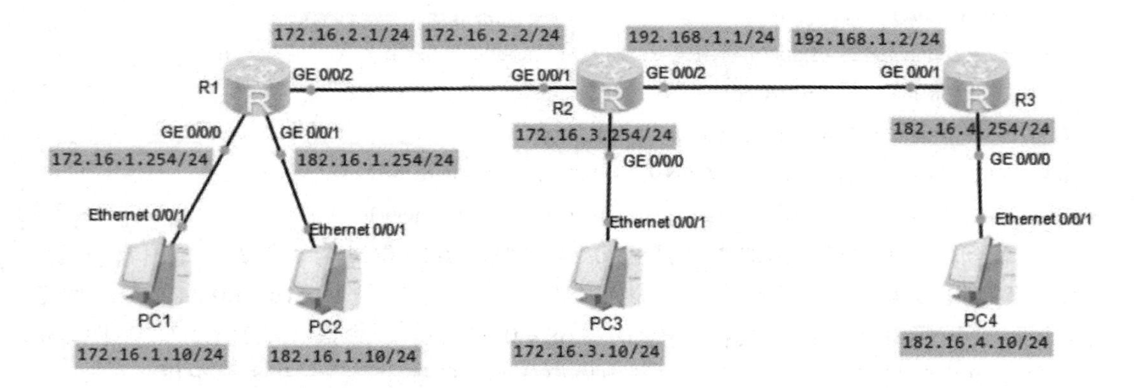

图 8-4 华为设备 RIP 配置的拓扑

1. 华为 RIP v1 的配置

(1) 进行基本配置，命令如下：

```
[R1]interface GigabitEthernet 0/0/0              //R1 的配置
[R1-GigabitEthernet0/0/0]ip address 172.16.1.254 24
[R1-GigabitEthernet0/0/0]quit
[R1]interface GigabitEthernet 0/0/1
[R1-GigabitEthernet0/0/1]ip address 182.16.1.254 24
[R1-GigabitEthernet0/0/1]quit
[R1]interface GigabitEthernet 0/0/2
[R1-GigabitEthernet0/0/2]ip address 172.16.2.1 24
[R2]interface GigabitEthernet 0/0/1              //R2 的配置
[R2-GigabitEthernet0/0/1]ip address 172.16.2.2 24
[R2-GigabitEthernet0/0/1]quit
[R2]interface GigabitEthernet 0/0/0
[R2-GigabitEthernet0/0/0]ip address 172.16.3.254 24
[R2]interface GigabitEthernet 0/0/2
[R2-GigabitEthernet0/0/2]ip address 192.168.1.1 24
[R3]interface GigabitEthernet 0/0/1              //R3 的配置
[R3-GigabitEthernet0/0/1]ip address 192.168.1.2 24
[R3-GigabitEthernet0/0/1]quit
[R3]interface GigabitEthernet 0/0/0
[R3-GigabitEthernet0/0/0]ip address 182.16.4.254 24
```

(2) 进行 RIP v1 配置，命令如下：

```
[R1]rip           //R1 的配置。默认情况下，RIP 协议采用的是 v1 版本
[R1-rip-1]network 172.16.0.0
[R1-rip-1]network 182.16.0.0
[R2]rip           //R2 的配置
[R2-rip-1]network 172.16.0.0
[R2-rip-1]network 192.168.1.0
[R3]rip           //R3 的配置
[R3-rip-1]network 192.168.1.0
[R3-rip-1]network 182.16.0.0
```

(3) 查看 R2 的 RIP 路由表，命令如下：

```
[R2]display ip routing-table protocol rip
Destination/Mask   Proto  Pre  Cost  Flags  NextHop       Interface
 172.16.1.0/24     RIP    100  1       D    172.16.2.1    GigabitEthernet 0/0/1
 182.16.0.0/16     RIP    100  1       D    172.16.2.1    GigabitEthernet 0/0/1
                   RIP    100  1       D    192.168.1.2   GigabitEthernet 0/0/2
```

RIP v1 属于有类路由，它接收子网路由的原则是：

如果收到的子网路由条目与接收接口同属一个主网络，就以接收该路由条目的接口的掩码长度作为该子网路由条目的掩码长度。此处，R2 的 G0/0/1 接口所在子网 172.16.2.0/24 与收到的路由条目 172.16.1.0 属于同一个 B 类主网络 172.16.0.0/16，因此以 G0/1 接口的掩码长度/24 作为收到的子网路由条目 172.16.1.0 的掩码长度，得到 172.16.1.0/24 的路由条目。

否则，仅以该子网路由条目所对应的 A 类、B 类或 C 类的主网络掩码长度来匹配。此处，R2 的 G0/0/2 接口所在子网 192.168.1.0/24 与收到的路由条目 182.16.4.0 不属于同一个主网络，所以，仅以收到的路由条目 182.16.4.0 对应的 B 类主网络掩码长度/16 来匹配，得到 182.16.0.0/16 的路由条目。同理，R2 的 G0/0/1 接口收到了路由条目 182.16.1.0，并得出了与 182.16.4.0 相同的主网络路由条目 182.16.0.0/16。从而路由表中有了去往 182.16.0.0/16 的两条等价路由，却无法识别哪条是去往 182.16.1.0/24 的、哪条是去往 182.16.4.0/24 的。可见 RIP v1 不支持不连续子网的路由信息传递。

2. 华为 RIP v2 的配置

下面，在华为 RIP v1 实验的基础上，继续本实验，通过 RIP v2 实现不连续子网间路由信息的传递。

(1) 分别在 R1、R2、R3 上启用版本 v2，命令如下：

```
[R1]rip              //R1 的配置
[R1-rip-1]version 2
[R2]rip              //R2 的配置
[R2-rip-1]version 2
[R3]rip              //R3 的配置
[R3-rip-1]version 2
```

(2) 查看 R2 的路由表，命令如下：

```
[R2]display ip routing-table protocol rip
Destination/Mask   Proto  Pre  Cost  Flags  NextHop       Interface
 172.16.1.0/24     RIP    100  1     D      172.16.2.1    GigabitEthernet 0/0/1
 182.16.1.0/24     RIP    100  1     D      172.16.2.1    GigabitEthernet 0/0/1
 182.16.4.0/24     RIP    100  1     D      192.168.1.2   GigabitEthernet 0/0/2
```

可以看到，与 RIP v1 中 R2 只学习到 182.16.0.0/16 这样一个网段不同，RIP v2 中 R2 学习到了 182.16.1.0/24 和 182.16.2.0/24 两个明细网段。这是因为在华为设备上，以太接口和串口虽然默认都开启了自动汇总，但同时也默认开启了水平分割，在启用了水平分割或毒性逆转的接口上，默认的自动汇总是不生效的，路由器间传递的是未经汇总的明细路由，实现了不连续子网间路由信息的传递和互通。

若要使 RIP v2 的自动汇总生效，可以用命令“undo rip split-horizon”关闭相应接口下的水平分割功能，也可以用命令“summary always”让默认的自动汇总在水平分割启用的情况下也生效。

8.1.3 华三设备配置 RIP

如图 8-5 所示，搭建拓扑。通过实验体验 RIP v1 不支持不连续子网间的路由。

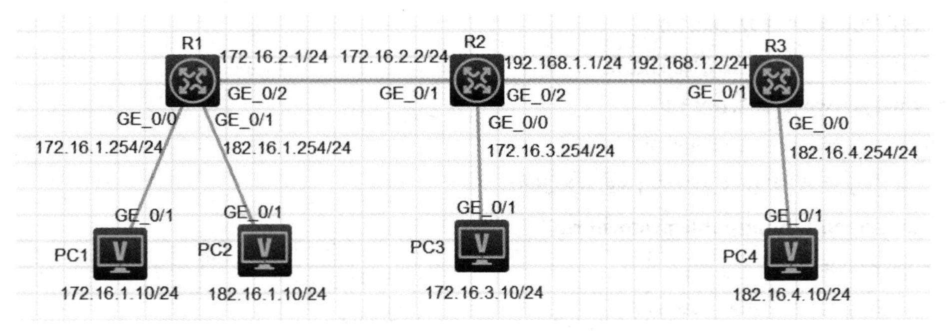

图 8-5　华三设备 RIP 配置的拓扑

1. 华三 RIP v1 的配置方法

(1) 进行基本配置，命令如下：

```
[R1]interface GigabitEthernet 0/0            //R1 的配置
[R1-GigabitEthernet0/0]ip address 172.16.1.254 24
[R1-GigabitEthernet0/0]quit
[R1]interface GigabitEthernet 0/1
[R1-GigabitEthernet0/1]ip address 182.16.1.254 24
[R1-GigabitEthernet0/1]quit
[R1]interface GigabitEthernet 0/2
[R1-GigabitEthernet0/2]ip address 172.16.2.1 24
[R2]interface GigabitEthernet 0/1            //R2 的配置
[R2-GigabitEthernet0/1]ip address 172.16.2.2 24
[R2-GigabitEthernet0/1]quit
[R2]interface GigabitEthernet 0/0
[R2-GigabitEthernet0/0]ip address 172.16.3.254 24
[R2-GigabitEthernet0/0]quit
[R2]interface GigabitEthernet 0/2
[R2-GigabitEthernet0/2]ip address 192.168.1.1 24
[R3]interface GigabitEthernet 0/1            //R3 的配置
[R3-GigabitEthernet0/1]ip address 192.168.1.2 24
[R3-GigabitEthernet0/1]quit
[R3]interface GigabitEthernet 0/0
[R3-GigabitEthernet0/0]ip address 182.16.4.254 24
```

(2) 进行 RIP v1 配置，命令如下：

```
[R1]rip            //R1 的配置。默认情况下，RIP 协议采用的是 v1 版本
[R1-rip-1]network 172.16.0.0
[R1-rip-1]network 182.16.0.0
[R2]rip            //R2 的配置
[R2-rip-1]network 172.16.0.0
```

[R2-rip-1]**network 192.168.1.0**

[R3]**rip** //R3 的配置

[R3-rip-1]**network 192.168.1.0**

[R3-rip-1]**network 182.16.0.0**

(3) 查看 R2 的 RIP 路由表，命令如下：

[R2]**display ip routing-table protocol rip**

Summary count : 6

RIP Routing table status : <Active>

Summary count : 3

Destination/Mask	Proto	Pre Cost	NextHop	Interface
172.16.1.0/24	RIP	100 1	172.16.2.1	GE0/1
182.16.0.0/16	RIP	100 1	172.16.2.1	GE0/1
	RIP	100 1	192.168.1.2	GE0/2

RIP Routing table status : <Inactive>

Summary count : 3

Destination/Mask	Proto	Pre Cost	NextHop	Interface
172.16.2.0/24	RIP	100 0	0.0.0.0	GE0/1
172.16.3.0/24	RIP	100 0	0.0.0.0	GE0/0
192.168.1.0/24	RIP	100 0	0.0.0.0	GE0/2

RIP v1 属于有类路由，它接收子网路由的原则是：

如果收到的子网路由条目与接收接口同属一个主网络，就以接收该路由条目的接口的掩码长度作为该子网路由条目的掩码长度。此处，R2 的 G0/1 接口所在子网 172.16.2.0/24 与收到的路由条目 172.16.1.0 属于同一个 B 类主网络 172.16.0.0/16，因此以 G0/1 接口的掩码长度/24 作为收到的子网路由条目 172.16.1.0 的掩码长度，得到 172.16.1.0/24 的路由条目。

否则，仅以该子网路由条目所对应的 A 类、B 类或 C 类的主网络掩码长度来匹配。此处，R2 的 G0/2 接口所在子网 192.168.1.0/24 与收到的路由条目 182.16.4.0 不属于同一个主网络，所以，仅以收到的路由条目 182.16.4.0 对应的 B 类主网络掩码长度/16 来匹配，得到 182.16.0.0/16 的路由条目。同理，R2 的 G0/1 接口收到了路由条目 182.16.1.0 并得出了与 182.16.4.0 相同的主网络路由条目 182.16.0.0/16。从而路由表中有了去往 182.16.0.0/16 的两条等价路由，却无法识别哪条是去往 182.16.1.0/24 的、哪条是去往 182.16.4.0/24 的。可见 RIP v1 不支持不连续子网的路由信息传递。

2. 华三设备 RIP v2 的配置

下面，在实验 RIP v1 的基础上，继续本实验，通过 RIP v2 实现不连续子网间路由信息的传递。

(1) 分别在 R1、R2、R3 上启用版本 v2，并禁用自动汇总，命令如下：

[R1]**rip** //R1 的配置

[R1-rip-1]**version 2**

[R1-rip-1]**undo summary**

[R2]**rip** //R2 的配置

[R2-rip-1]**version 2**

[R2-rip-1]**undo summary**

[R3]**rip** //R3 的配置

[R3-rip-1]**version 2**

[R3-rip-1]**undo summary**

(2) 查看 R2 的路由表，命令如下：

[R2]**display ip routing-table protocol rip**

Summary count : 7

RIP Routing table status : <Active>

Summary count : 4

Destination/Mask	Proto	Pre Cost	NextHop	Interface
172.16.1.0/24	RIP	100 1	172.16.2.1	GE0/1
182.16.0.0/16	RIP	100 1	192.168.1.2	GE0/2
182.16.1.0/24	RIP	100 1	172.16.2.1	GE0/1
182.16.4.0/24	RIP	100 1	192.168.1.2	GE0/2

RIP Routing table status : <Inactive>

Summary count : 3

Destination/Mask	Proto	Pre Cost	NextHop	Interface
172.16.2.0/24	RIP	100 0	0.0.0.0	GE0/1
172.16.3.0/24	RIP	100 0	0.0.0.0	GE0/0
192.168.1.0/24	RIP	100 0	0.0.0.0	GE0/2

可以看到，与 RIP v1 中 R2 只学习到 182.16.0.0/16 这样一个网段不同，RIP v2 中 R2 学习到了 182.16.1.0/24 和 182.16.2.0/24 这两个明细网段。

8.2 OSPF 路由协议基础

8.2.1 OSPF 概述

1. RIP 与 OSPF 的比较

(1) 之前学习的 RIP 属于距离矢量路由协议，路由器间通过传递各自的路由表互相学习路由信息。路由器不了解整个网络的拓扑结构，只知道去往某个网段需要经过几跳以及下一跳应该是往哪跳。由此产生的环路问题需要通过设置最大跳数来解决，限制了网络规模；路径成本仅以跳数作为度量、无法顾及带宽因素；每 30 s 广播一次整个路由表、资源消耗大，收敛慢，仅适用于小规模的网络。

(2) 与 RIP 不同，OSPF(Open Shortest Path First，开放式最短路径优先)属于链路状态路由协议，路由器间通过传递链路状态互相学习路由信息，从而能了解整个网络的拓扑结构，不会产生环路问题，不必限制最大跳数；路径成本依据带宽来计算；每 10 s 组播一次的 Hello

报文比广播或组播整个路由表小得多；通过划分区域还能减少数据量的传输、减小资源消耗；OSPF收敛快，可适应更大规模的网络环境。

2. OSPF的三张表

与运行RIP的路由器仅需保存一张路由表不同，运行OSPF的路由器需要保存三张表：

(1) 邻居列表，用来保存与自己建立了邻居关系的路由器。发现邻居的方法是定时向组播地址224.0.0.5发送携带参数的Hello报文，接收方通过比较双方参数是否一致来确定能否建立邻居关系。

(2) 链路状态数据库(LSDB)，有时也称为拓扑表。运行了OSPF的路由器之间不是交换路由表而是交换彼此对链路状态描述的信息，交换完成后，同一区域中的路由器的链路状态信息是一致的。LSDB包含了网络中所有路由器的信息及全网拓扑。处于邻居关系的路由器不一定会建立邻接关系(Adjacency)，只有互相交换链路状态通告(LSA)并完成LSDB同步的邻居路由器，才会建立邻接关系。

(3) 路由表，OSPF采用Dijkstra算法(一种SPF算法，最短路径优先算法)，根据LSDB求出以自己为根的最短路径树，获得去往每个网络的最佳路由，形成路由表。

8.2.2　OSPF的基本概念

1. Router ID

OSPF通过一个32位的Router ID标识不同的路由器。为便于管理，Router ID一般通过命令手工指定，若没有指定，路由器会先从所有环回(Loopback)接口中找出数值最大的IP地址作为该路由器的Router ID，若没配置Loopback接口，则自动从活动的物理接口中选出值最大的IP地址作为Router ID，且不要求这些路由器接口运行OSPF协议。

2. OSPF的度量值

OSPF使用Cost(代价)作为衡量路径优劣的度量值。以思科路由器为例，Cost的计算方法是用参考带宽除以接口带宽，默认的参考带宽是10^8b/s。可以计算出10M接口的Cost值是10，100M接口的Cost值是1，更高带宽接口的默认Cost值会小于1。为了避免Cost值小于1，思科从IOS11.2版本开始增加了更改参考带宽的命令“auto-cost reference-bandwidth”，单位是Mb/s，该命令要在OSPF进程模式下使用。我们也可直接在全局模式下通过命令“ip ospf cost”直接配置接口的Cost值。

3. OSPF的网络类型

OSPF支持的二层网络类型有4种，分别是广播、非广播多路访问、点到多点、点到点类型。

(1) Broadcast(广播)是以太网和FDDI的默认网络类型，该类型的网络以组播形式(224.0.0.5和224.0.0.6)发送协议报文。

(2) NBMA(Non-Broadcast Multi-Access，非广播多路访问)是帧中继、ATM和X.25的默认网络类型，该项类型的网络必须是全连通的，即任意两台路由器间都有虚电路可达。它以单播形式发送协议报文，无法通过报文的形式发现相邻路由器，需要手动为接口指定相邻路由器的IP地址。

(3) P2MP(Point-to-MultiPoint，点到多点)必须由其他类型的网络更改而来。与 NBMA 不同，它不要求网络是全连通的。如果 NBMA 网络不是全连通的，需要改为 P2MP。P2MP 类型的网络，以组播形式(224.0.0.5)发送协议报文，可通过报文自动发现邻居，无需手动配置邻居。

(4) P2P(Point-to-Point，点到点)是 PPP、HDLC 和 LAPB 的默认网络类型，该类型的网络以组播形式(224.0.0.5)发送协议报文。

4. DR 和 BDR

(1) 什么是 DR 和 BDR。

① 在 P2P 或 P2MP 的二层网络类型中，两台互为邻居关系的路由器一定会建立邻接关系；但对于广播(Broadcast)网络和非广播多路访问(NBMA)网络，如果所有路由器之间都建立邻接关系，会引起大量开销，所以广播和 NBMA 网络会选出两台路由器分别担任指定路由器(Designate Router，DR)和备份指定路由器(Backup Designate Router，BDR)的角色，未被选上的路由器称为 DRother。

② DR 和 BDR 会与其他所有路由器建立邻接关系，DR 和 BDR 间也会建立邻接关系，其他路由器之间不建立邻接关系。这样可以减少不必要的 OSPF 报文发送，提高链路带宽的利用率。BDR 的作用是当 DR 出现故障时迅速替代 DR 的角色。

③ DR 和 BDR 是路由器接口的特性，而不是整个路由器的特性。所有 OSPF 路由器(包括 DR 和 BDR)的组播地址是 224.0.0.5，只针对 DR 和 BDR 的组播地址是 224.0.0.6。

(2) DR 与 BDR 的选举规则。

① 首先是时间因素，最先启动的路由器被选举为 DR。

② 其次是优先级，如果同时启动，则选举优先级(Router Priority)高的路由器为 DR。优先级的范围是 0～255，优先级为 0 的接口不参加选举，广播网络和非广播多路访问网络的默认优先级时 1，点到点和点到多点网络的默认优先级是 0。思科设备修改接口优先级的命令是“ip ospf priority”。

③ 最后比较 Router-ID，如果优先级(Router Priority)也相等，则 Router-ID 值最大的路由器会被选为 DR。

④ DR 的选举是非强占的。如果需要重新选举，方法是重启路由器或通过命令重启 OSPF 进程。BDR 的选举与 DR 的选举规则完全一样，BDR 的选举发生在 DR 的选举之后，在同一个网络中，DR 和 BDR 不能是同一台路由器。

8.2.3　OSPF 区域及链路状态通告

1. OSPF 区域

(1) 为了适应比 RIP 更大规模的网络环境，OSPF 还将自治系统(AS)划分成了多个区域(area)。区域内部的路由器互相学习完整的链路状态信息，区域间只需传输汇总后的信息。路由器的不同接口可以属于不同的区域，每个接口只能属于一个区域。

(2) 区域 ID 为 0(也用 0.0.0.0 表示)的是骨干区域，其他区域称为标准区域。标准区域间不能直接相连，需要先连接到区域 0，再由区域 0 中转。

(3) 同时连接了骨干区域和其他区域的路由器称为区域边界路由器(ABR)。

(4) OSPF 自治系统中连接了其他自治系统的路由器称为自治系统边界路由器(ASBR)。

2. 链路状态通告

(1) OSPF 路由器间通过各自的链路状态通告(LSA)，传递链路状态描述信息，实现 LSDB 的同步，并由同步后的 LSDB 生成路由表。

(2) LSA 有不同的类型，常用的如下：

① Type-1 LSA(类型 1 的 LSA)是用来描述路由器自身的链路信息，即 Router LSA。它是每台路由器都会产生并向邻居传播的，内容包括区域内与该路由器直连的链路类型和链路开销等信息，只在区域内部传播。

② Type-2 LSA(类型 2 的 LSA)是用来描述某链路上各路由器的链路信息，即 Network LSA 的。它是由 DR 产生的，用来描述该广播网络或 NBMA 网络连接了哪些路由器，这些路由器的 Router ID 及这条链路的网段掩码信息。P2MP 和 P2P 类型的链路不会产生该类 LSA。

③ Type-3 LSA(类型 3 的 LSA)是汇总 LSA，即 Summary LSA。它是由 ABR 生成的，用来将一个区域的链路信息传播到另一个区域。即将该区域内部的 Type-1 和 Type-2 LSA 信息汇总后以“子网+通告发起人的 Router ID(Advertising Router)”的形式传播到另一个区域。若该 ABR 收到同区域其他 ABR 传来的 Summary LSA，会将该 Summary LSA 的通告发起人改为自己后，传播到另一个区域。类似于 RIP 协议，Summary LSA 传播的是子网的路由信息，不是链路状态描述，所以它和 RIP 协议一样会导致路由环路。为了避免环路，规定非骨干区域必须通过骨干区域 Area0 转发，非骨干区域之间不能直接连接。

④ Type-5 LSA((类型 5 的 LSA)是自治系统外部 LSA，即 AS External LSA。它是由 ASBR 产生的，用来描述到 AS 外部的路由信息。与 Type-3 LSA 类似，它以“子网+通告发起人的 Router ID”的形式传播，传播的是子网的路由信息，而不是链路状态信息。Type-5 LSA 携带的外部路由信息可以分为两类。第一类是外部路由，是指接收到的外部路由可信度较高，如 RIP 路由、静态路由等，它开销等于本路由器到相应的 ASBR 的开销加上 ASBR 到达目的地址的开销；第二类外部路由，是指接收到的外部路由可信度较低，如 BGP 路由等，它开销等于 ASBR 到达目的地址的开销。如果计算出开销值相等的两条路由，再考虑本路由器到相应 ASBR 的开销。

⑤ Type-4 LSA(类型 4 的 LSA) 是 ASBR 汇总 LSA，即 ASBR Summary LSA。它是由 ABR 产生的，产生的触发条件是 ABR 收到一个 Type-5 LSA，它可以让区域内其他路由器知道如何到达该 ASBR，从而到达该 ASBR 所连的 AS 外部路由。它以“ASBR 的 Router ID + 通告发起人的 Router ID”的形式传播。

3. OSPF 的特殊区域

OSPF 中除了骨干区域和标准区域外，还有末梢区域(Stub 区域)、完全末梢区域(Totally Stub 区域)和非纯末梢区域(Not-So-Stubby Area，NSSA 区域)。

(1) Stub 区域的 ABR 会产生一条 0.0.0.0/0 的 Type-3 LSA，发布给 Stub 区域内的其他路由器，通知它们如果要访问外网，可以通过 ABR 访问。由于访问外网可以通过这条默认路由访问，不再需要外部的明细路由，用于访问外网的 Type-4 和 Type-5 LSA 在 Stub 区域中就没有了存在的必要了，所以 Type-4 和 Type-5 LSA 是不允许注入 Stub 区域的。Stub 区域的路由器(除了 ABR 外)都不用记录外部路由，它们的路由表里只需要有自治系统内部的路由条目(包括本区域和其他区域的路由条目)和一条默认路由，大大降低了对路由器性能的要求。

(2) Totally Stub 区域是 Stub 区域的一种改进区域，它的路由表更精简，只有本区域内部的路由条目和一条默认路由，自治系统中其他区域的路由条目也都由这条默认路由代替。也就是说，它连 Type-3 LSA 也不需要了。所以，Totally Stub 区域不仅不允许注入 Type-4 和 Type-5 LSA，还不允许注入 Type-3 LSA。Totally Stub 区域对路由器性能的要求就更低了。

(3) NSSA 区域也是 Stub 区域的一种改进区域。Stub 区域内部是不允许存在 ASBR 的(即不允许直接连接引入其他自治系统的路由条目)，但 NSSA 区域内允许存在 ASBR 连接引入其他自治系统的路由条目，其产生的外部路由条目通过 Type-7 LSA 在 NSSA 区域内传播，NSSA 的 ABR 收到 Type-7 LSA 后，会将其转换成 Type-5 LSA 传播到其他区域。

8.3　单区域 OSPF 及配置

8.3.1　思科设备单区域 OSPF 配置

1. 点到点链路上的 OSPF 配置

在点到点链路上，两台互为邻居关系的路由器一定会建立邻接关系，无需选举 DR 和 BDR。

如图 8-6 所示，在 Packet Tracer 中搭建拓扑，实现思科设备单区域 OSPF 配置。

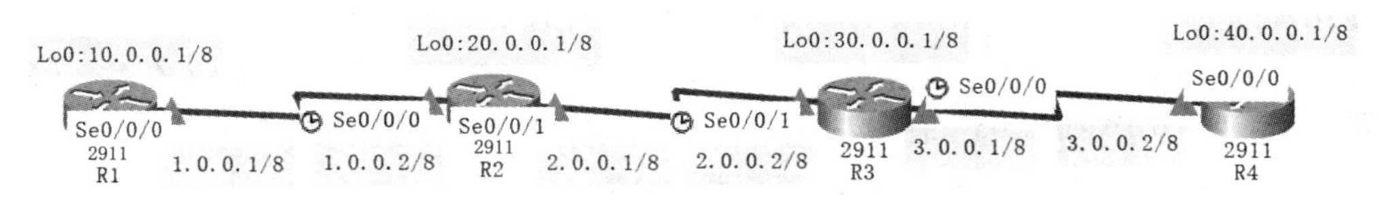

图 8-6　思科设备点到点链路上的 OSPF 配置的拓扑

(1) 进行基本配置，命令如下：

R1(config)#**interface S0/0/0**　　　　　　//R1 的配置

R1(config-if)#**ip add 1.0.0.1 255.0.0.0**

R1(config-if)#**no shutdown**

R1(config-if)#**exit**

R1(config)#**interface Loopback 0**

R1(config-if)#**ip add 10.0.0.1 255.0.0.0**

R2(config)#**interface serial 0/0/0**　　　　　//R2 的配置

R2(config-if)#**ip address 1.0.0.2 255.0.0.0**

R2(config-if)#**no shutdown**

R2(config-if)#**interface S0/0/1**

R2(config-if)#**ip address 2.0.0.1 255.0.0.0**

R2(config-if)#**no shutdown**

R2(config-if)#**interface Loopback 0**

R2(config-if)#**ip address 20.0.0.1 255.0.0.0**

R3(config)#**interface serial 0/0/1** //R3 的配置

R3(config-if)#**ip address 2.0.0.2 255.0.0.0**

R3(config-if)#**no shutdown**

R3(config-if)#**exit**

R3(config)#**interface Serial 0/0/0**

R3(config-if)#**ip address 3.0.0.1 255.0.0.0**

R3(config-if)#**no shutdown**

R3(config-if)#**exit**

R3(config)#**nterface Loopback 0**

R3(config-if)#**ip address 30.0.0.1 255.0.0.0**

R4(config)#**interface Serial 0/0/0** //R4 的配置

R4(config-if)#**ip address 3.0.0.2 255.0.0.0**

R4(config-if)#**no shutdown**

R4(config-if)#**exit**

R4(config)#**interface Loopback 0**

R4(config-if)#**ip address 40.0.0.1 255.0.0.0**

(2) 进行 OSPF 配置，命令如下:

R1(config)#**router ospf 1** //R1 启动 OSPF 进程 1。OSPF 进程号的范围是 1～65 535，进程号只在本地有效，不同路由器的 OSPF 进程号可以不同

R1(config-router)#**router-id 1.1.1.1** //指定 R1 的 Router ID。Router ID 用来唯一标识这台路由器

R1(config-router)#**network 10.0.0.0 0.255.255.255 area 0** //宣告指定接口所在网段。本条命令会找到属于指定范围“10.0.0.0 0.0.0.255”的所有接口，将这些接口所在的网段在区域 0(骨干区域)中进行宣告

R1(config-router)#**network 1.0.0.0 0.255.255.255 area 0**

R2(config)#**router ospf 1** //R2 启动 OSPF 进程 1

R2(config-router)#**router-id 2.2.2.2**

R2(config-router)#**network 20.0.0.0 0.255.255.255 area 0**

R2(config-router)#**network 1.0.0.0 0.255.255.255 area 0**

R2(config-router)#**network 2.0.0.0 0.255.255.255 area 0**

R3(config)#**router ospf 1** //R3 启动 OSPF 进程 1

R3(config-router)#**router-id 3.3.3.3**

R3(config-router)#**network 30.0.0.0 0.255.255.255 area 0**

R3(config-router)#**network 2.0.0.0 0.255.255.255 area 0**

R3(config-router)#**network 3.0.0.0 0.255.255.255 area 0**

R4(config)#**router ospf 1** //R4 启动 OSPF 进程 1

R4(config-router)#**router-id 4.4.4.4**

R4(config-router)#**network 40.0.0.0 0.255.255.255 area 0**

R4(config-router)#**network 3.0.0.0 0.255.255.255 area 0**

(3) 查看和分析路由表，命令如下：

```
R1#show ip route ospf
O       2.0.0.0 [110/128] via 1.0.0.2, 00:05:06, Serial0/0/0     20.0.0.0/32 is subnetted, 1 subnets
O       20.0.0.1 [110/65] via 1.0.0.2, 00:05:21, Serial0/0/0
```

以上查看到的结果分析如下：

① 行首的字母“O”表示该路由条目是通过 OSPF 路由协议学习到的。

② 环回接口本身的特性造成此处环回接口所在网段“20.0.0.0”的子网掩码长度显示为 32 位。但该环回接口所在网段的子网掩码实际长度是 8 位。若要显示为实际长度，需将其指定为点到点类型，即在环回接口模式下执行命令“ip ospf network point-to-point”。

③ 管理距离(OSPF 路由协议优先级) 是 110。

④ 去往 2.0.0.0 的度量值是 128，去往 20.0.0.1 的度量值是 65。

(4) OSPF 链路的度量值 Cost 等于途径的所有链路入接口的 OSPF 度量值 Cost 之和，各接口的 OSPF 度量值等于 10^8 除以带宽后取整。下面通过查看接口 S0/0/0 的带宽，计算相关度量值，命令如下：

```
R1#show interfaces s0/0/0
Serial0/0/0 is up, line protocol is up (connected)
  Hardware is HD64570
  Internet address is 1.0.0.1/8
  MTU 1500 bytes, BW 1544 Kbit, DLY 20000 usec
```

从结果可以看到：

① 接口 S0/0/0 的带宽是 1544 kb。其度量值 Cost 等于(100 000k ÷ 1544k)取整 = (64.766 839 378 238 34)取整 = 64。

② 环回接口的度量值为 1。所以去往 20.0.0.1 的度量值= 64 + 1 = 65，去往 2.0.0.0 的度量值= 64 + 64 = 128。

(5) 通过更改环回接口的类型为点到点类型，查看路由表中环回接口目标网段的掩码长度从 32 位恢复为 8 位，命令如下：

```
R2(config)#int Loopback 0
R2(config-if)#ip ospf network point-to-point
R1#show ip route ospf
O       20.0.0.0 [110/65] via 1.0.0.2, 00:00:01, Serial0/0/0
```

可以看到，环回接口所在网段 20.0.0.0 的掩码已经恢复成 A 类地址的默认值，即 8 位的长度。因为 8 位是 A 类地址的默认掩码长度，所以结果中没有特地标注。

(6) 查看路由器运行的路由协议，命令如下：

```
R1#show ip protocols
Routing Protocol is "ospf 1"          //进程 ID 为 1
    Router ID 1.1.1.1                 //路由器 ID 为 1.1.1.1
  Number of areas in this router is 1. 1 normal 0 stub 0 nssa   //本路由器参与的区域数量是 1
  Maximum path: 4                     //默认支持的等价路径数是 4
  Routing for Networks:
    10.0.0.0 0.0.0.255 area 0         //属于该网段的接口，其所在网段会被宣告到区域 0 中
```

```
  1.0.0.0 0.0.0.255 area 0   //属于该网段的接口，其所在网段会被宣告到区域 0 中
Routing Information Sources:
  Gateway         Distance     Last Update
  1.1.1.1           110        00:09:19        //路由信息源
  2.2.2.2           110        00:09:19        //路由信息源
  3.3.3.3           110        00:20:59        //路由信息源
  4.4.4.4           110        00:09:37        //路由信息源
Distance: (default is 110)   //默认管理距离(即优先级) 是 110
```

(7) 查看 OSPF 进程 ID、路由器 ID、OSPF 区域及计算 SPF 算法的时间等信息，命令如下：

R1#**show ip ospf**

(8) 查看运行 OSPF 接口的信息，命令如下：

R2#**show ip ospf interface**

(9) 查看 OSPF 邻居的信息，命令如下：

R1#**show ip ospf neighbor**

(10) 查看 OSPF 链路状态数据库信息，命令如下：

R1#**show ip ospf database**

2. 基于区域的 OSPF 简单口令验证

为了提高网络安全性，可以为 OSPF 配置口令验证。下面基于区域配置简单口令验证。如图 8-7 所示，在 Packet Tracer 中搭建拓扑。

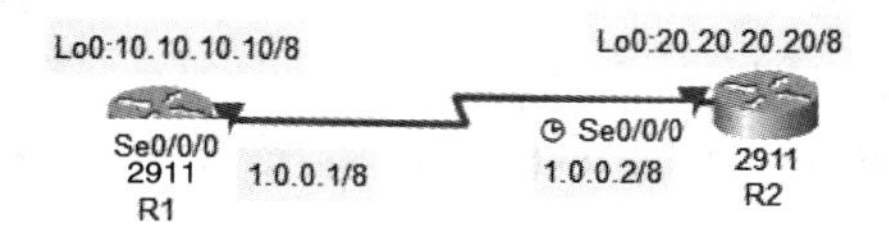

图 8-7　思科设备基于区域的 OSPF 简单口令验证的拓扑

(1) 进行各路由器的基本配置，命令如下：

R1(config)#**interface Loopback 0**　　　　//R1 的配置

R1(config-if)#**ip add 10.10.10.10 255.0.0.0**

R1(config-if)#**exit**

R1(config)#**interface Serial 0/0/0**

R1(config-if)#**ip address 1.0.0.1 255.0.0.0**

R1(config-if)#**no shutdown**

R2(config)#**interface Loopback 0**　　　　//R2 的配置

R2(config-if)#**ip address 20.20.20.20 255.0.0.0**

R2(config-if)#**exit**

R2(config)#**interface Serial 0/0/0**

R2(config-if)#**ip address 1.0.0.2 255.0.0.0**

R2(config-if)#**no shutdown**

(2) 进行各路由器的简单口令验证配置，命令如下：

R1(config)#**router ospf 1**　　　　//R1 的配置

R1(config-router)#**router-id 1.1.1.1**

R1(config-router)#**network 10.0.0.0 0.0.0.255 area 0**

R1(config-router)#**network 1.0.0.0 0.0.0.255 area 0**

R1(config-router)#**area 0 authentication**　//区域 0 启用简单口令验证

R1(config-router)#**exit**

R1(config)#**interface serial 0/0/0**

R1(config-if)#**ip ospf authentication-key 1234**　//配置验证密码

R2(config)#**router ospf 1**　//R2 的配置

R2(config-router)#**router-id 2.2.2.2**

R2(config-router)#**network 20.0.0.0 0.255.255.255 area 0**

R2(config-router)#**network 1.0.0.0 0.255.255.255 area 0**

R2(config-router)#**area 0 authentication**　//区域 0 启用简单口令验证

R2(config-router)#**exit**

R2(config)#**int s0/0/0**

R2(config-if)#**ip ospf authentication-key 1234**　//配置验证密码

(3) 查看 OSPF 接口信息，命令如下：

R1#**show ip ospf interface**

Serial0/0/0 is up, line protocol is up

  Simple password authentication enabled　//表明该接口启用了简单口令验证

(4) 查看 OSPF 信息中，命令如下：

R1#**show ip ospf**

 Routing Process "ospf 1" with ID 1.1.1.1

  Area BACKBONE(0)

   Number of interfaces in this area is 1

   Area has simple password authentication　//表明区域 0 启用了简单口令验证

(5) 动态查看接收到的 OSPF 数据包，命令如下：

R1#**show ip ospf packet**

(6) 通过 debug 命令查看验证过程，命令如下：

R1#**debug ip ospf event**

① 如果验证成功，可以看到如下信息：

00:56:52: OSPF: Rcv hello from 2.2.2.2 area 0 from Serial0/0/0 1.0.0.2

00:56:52: OSPF: End of hello processing

② 如果 R1 区域 0 启用了验证，R2 没有启用，会出现“Mismatch Authentication type”的信息。

③ 如果双方都启用了验证，但 R1 没配密码或密码有误，会出现“Mismatch Authentication Key”的信息。

(7) 关闭 debug，命令如下：

R1#**no debug ip ospf events**

3. 基于区域的 OSPF MD5 验证

(1) 在“基于区域的 OSPF 简单口令验证”实验的基础上，取消简单口令验证，完成 MD5 验证的配置，命令如下：

```
R1(config)#router ospf 1                 //R1 的配置
R1(config-router)#no area 0 authentication        //取消区域 0 的简单口令验证
R1(config-router)#area 0 authentication message-digest    //区域 0 启用 MD5 验证
R1(config-router)#exit
R1(config)#interface s0/0/0
R1(config-if)#no ip ospf authentication-key 1234        //取消简单口令验证密码
R1(config-if)#ip ospf message-digest-key 1 md5 123      //配置认证 Key ID 及密钥
R2(config)#router ospf 1                 //R2 的配置
R2(config-router)#no area 0 authentication        //取消区域 0 的简单口令验证
R2(config-router)#area 0 authentication message-digest    //区域 0 启用 MD5 验证
R2(config-router)#exit
R2(config)#interface serial 0/0/0
R2(config-if)#no ip ospf authentication-key 1234        //取消简单口令验证密码
R2(config-if)#ip ospf message-digest-key 1 md5 123      //配置认证 Key ID 及密钥
```

(2) 在 R1 上查看 OSPF 接口信息，命令如下：

```
R1#show ip ospf interface serial 0/0/0
  Message digest authentication enabled       //表明该接口启用了 MD5 验证
Youngest key id is 1                          //密钥 ID 为 1
```

(3) 在 R1 上查看 OSPF 信息，命令如下：

```
R1#show ip ospf
    Area BACKBONE(0)
        Area has message digest authentication      //表明区域 0 采用 MD5 验证
```

(4) 在 R1 上通过 debug 命令查看验证过程，命令如下：

```
R1#debug ip ospf events
01:09:22: OSPF: Rcv hello from 2.2.2.2 area 0 from Serial0/0/0 1.0.0.2
01:09:22: OSPF: End of hello processing
01:09:28: OSPF: Send with youngest Key 1
```

(5) 在 R1 上关闭 debug，命令如下：

```
R1#no debug ip ospf events
```

4. 基于链路的 OSPF 简单口令验证

本实验采用如图 8-7 所示的“基于区域的 OSPF 简单口令验证”实验的拓扑。其中的 IP 地址配置、基本 OSPF 配置等与之前的实验相同，不再赘述。

(1) 进行各路由器上基于链路的 OSPF 简单口令验证配置，命令如下：

```
R1(config)#interface serial 0/0/0          //配置 R1
R1(config-if)#ip ospf authentication
R1(config-if)#ip ospf authentication-key 123
```

```
R2(config)#interface serial 0/0/0          //配置 R2
R2(config-if)#ip ospf authentication
R2(config-if)#ip ospf authentication-key 123
```

(2) 在 R1 上查看 OSPF 接口信息，命令如下：

```
R1#show ip ospf interface serial 0/0/0
  Simple password authentication enabled   //表明该接口启用了简单口令验证
```

5. 基于链路的 OSPF MD5 验证

本实验采用如图 8-7 所示的“基于区域的 OSPF 简单口令验证”实验的拓扑。其中的 IP 地址配置、基本 OSPF 配置等与之前的实验相同，不再赘述。

(1) 进行基于链路的 OSPF MD5 验证配置，命令如下：

```
R1(config)#interface Serial 0/0/0     //配置 R1
R1(config-if)#ip ospf authentication message-digest
R1(config-if)#ip ospf message-digest-key 1 md5 123
R2(config)#int Serial 0/0/0           //配置 R2
R2(config-if)#ip ospf authentication message-digest
R2(config-if)#ip ospf message-digest-key 1 md5 123
```

(2) 在 R1 上查看 OSPF 接口信息，命令如下：

```
R1#show ip ospf interface Serial 0/0/0
 Message digest authentication enabled   //表明该接口启用了 MD5 验证
   Youngest key id is 1    //密钥 ID 为 1
```

6. 广播多路访问链路上的 OSPF 配置

广播和非广播多路访问网络，都需要选举 DR 和 BDR。DR 和 BDR 与其他路由器建立邻接关系，其他路由器之间只建立邻居关系、不建立邻接关系，避免了完全邻接关系引起的不必要开销。DR 的选举是非强占的，如果需要重新选举，方法是：重启路由器或重启 OSPF 进程。思科重启 OSPF 进程的命令是“clear ip ospf process”。

搭建如图 8-8 所示的拓扑，完成广播多路访问链路上的 OSPF 配置，图中四台路由器的 F0/0 接口处于同一个广播域中，需要选举出 DR 和 BDR。

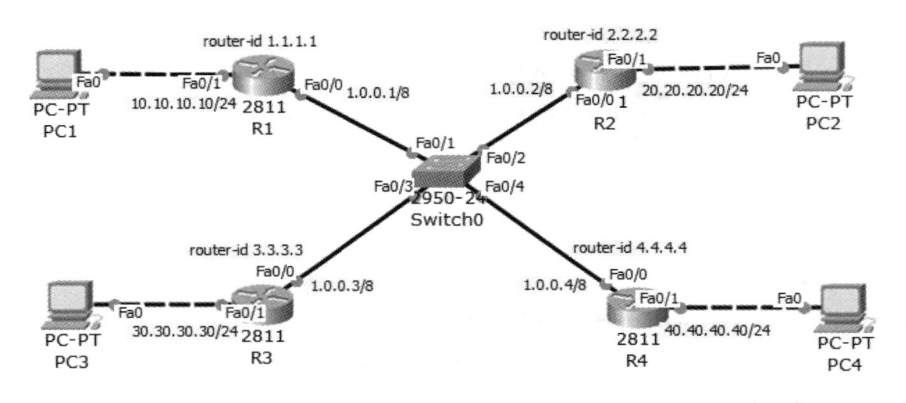

图 8-8　思科设备广播多路访问链路上 OSPF 配置的拓扑

(1) 进行各路由器的基本配置，命令如下：

R1(config)#**interface F0/0** //配置 R1
R1(config-if)#**ip address 1.0.0.1 255.0.0.0**
R1(config-if)#**no shutdown**
R1(config)#**interface F0/1**
R1(config-if)#**ip address 10.10.10.10 255.255.255.0**
R1(config-if)#**no shutdown**
R1(config)#**router ospf 1**
R1(config-router)#**router-id 1.1.1.1**
R1(config-router)#**network 10.10.10.0 0.0.0.255 area 0**
R1(config-router)#**network 1.0.0.0 0.255.255.255 area 0**
R2(config)#**interface F0/0** //配置 R2
R2(config-if)#**ip address 1.0.0.2 255.0.0.0**
R2(config-if)#**no shutdown**
R2(config)#**interface F0/1**
R2(config-if)#**ip address 20.20.20.20 255.255.255.0**
R2(config-if)#**no shutdown**
R2(config)#**router ospf 1**
R2(config-router)#**router-id 2.2.2.2**
R2(config-router)#**network 20.20.20.0 0.0.0.255 area 0**
R2(config-router)#**network 1.0.0.0 0.255.255.255 area 0**
R3(config)#**interface F0/0** //配置 R3
R3(config-if)#**ip address 1.0.0.3 255.0.0.0**
R3(config-if)#**no shutdown**
R3(config)#**interface F0/1**
R3(config-if)#**ip address 30.30.30.30 255.255.255.0**
R3(config-if)#**no shutdown**
R3(config)#**router ospf 1**
R3(config-router)#**router-id 3.3.3.3**
R3(config-router)#**network 30.30.30.0 0.0.0.255 area 0**
R3(config-router)#**network 1.0.0.0 0.255.255.255 area 0**
R4(config)#**interface F0/0** //配置 R4
R4(config-if)#**ip address 1.0.0.4 255.0.0.0**
R4(config-if)#**no shutdown**
R4(config)#**interface F0/1**
R4(config-if)#**ip address 40.40.40.40 255.255.255.0**
R4(config-if)#**no shutdown**
R4(config)#**router ospf 1**
R4(config-router)#**router-id 4.4.4.4**

```
R4(config-router)#network 40.40.40.0 0.0.0.255 area 0
R4(config-router)#network 1.0.0.0 0.255.255.255 area 0
```

(2) 参考带宽以 Mb/秒为单位，默认值是 100 Mb/s，下面修改为 1000 Mb/s 后查看变化。

① 更改参考带宽前，查看路由表，命令如下：

```
R1#show ip route
     20.0.0.0/24 is subnetted, 1 subnets
O        20.20.20.0 [110/2] via 1.0.0.2, 00:00:01, FastEthernet0/0
```

可以看到，从 R1 出发到 20.0.0.0 网段的 OSPF 度量值是 2。

② 在所有路由器都做完 OSPF 的基本配置后，为各路由器修改参考带宽。参考带宽以 Mb/s 为单位，默认值是 100 Mb/s，现改为 1000 Mb/s，命令如下:

```
R1(config)#router ospf 1          //配置 R1
R1(config-router)#auto-cost reference-bandwidth 1000
R2(config)#router ospf 1          //配置 R2
R2(config-router)#auto-cost reference-bandwidth 1000
R3(config)#router ospf 1          //配置 R3
R3(config-router)#auto-cost reference-bandwidth 1000
R4(config)#router ospf 1          //配置 R4
R4(config-router)#auto-cost reference-bandwidth 1000
```

(3) 更改参考带宽后，在 R1 上查看路由表，命令如下：

```
R1#show ip route
     20.0.0.0/24 is subnetted, 1 subnets
O        20.20.20.0 [110/20] via 1.0.0.2, 00:00:10, FastEthernet0/0
```

可以看到，参考带宽从 100 改为 1000 后，从 R1 出发到 20.0.0.0 网段的 OSPF 度量值从 2 变成了 20。

(4) 在 R1 上查看广播类型网络的邻居及其关系，命令如下：

```
R1#show ip ospf neighbor
Neighbor ID   Pri   State           Dead Time   Address    Interface
2.2.2.2       1     2WAY/DROTHER    00:00:37    1.0.0.2    FastEthernet0/0
3.3.3.3       1     FULL/BDR        00:00:30    1.0.0.3    FastEthernet0/0
4.4.4.4       1     FULL/DR         00:00:30    1.0.0.4    FastEthernet0/0
```

可以看到，R1 的三个邻居路由器中，R4 为 DR、R3 为 BDR、R2 为 DROTHER。由于 DR 与 BDR 都已选出，所以 R1 自己是 DROTHER。R1 自身与 R4 及 R3 都建立了邻接关系，处于 FULL 状态；与 R2 未建立邻接关系，仅建立了邻居关系，处于 2WAY 状态。邻居关系与邻接关系状态的区别在于，邻居关系的两台路由器处于 2WAY 状态，邻接关系的两台路由器都处于 FULL 状态。

DR 选举首要因素是时间、其次是接口优先级、最后是 Router ID，值大的成为 DR。若要将 R1 指定为 DR，需要将 R1 接口的优先级设为四台路由器中最高的，并让它成为首先启用 OSPF 协议的两台路由器之一。广播网络接口的默认优先级是 1，将 R1 相应接口的优先级设为 100，高于其他路由器相应接口的优先级 1 即可。思科设备修改接口优先级的命令是“ip ospf priority”，命令如下：

```
R1(config)#interface fastEthernet 0/0
R1(config-if)#ip ospf priority 100
```

(5) 在 R4 上查看 OSPF 接口状态，命令如下：

```
R4#show ip ospf interface f0/0
FastEthernet0/0 is up, line protocol is up
  Process ID 1, Router ID 4.4.4.4, Network Type BROADCAST, Cost: 10   //网络类型是广播类型
  Transmit Delay is 1 sec, State DR, Priority 1      //自己是 DR，接口优先级是 1
  Designated Router (ID) 4.4.4.4, Interface address 1.0.0.4      //DR 的 route-id 和接口地址
  Backup Designated Router (ID) 3.3.3.3, Interface address 1.0.0.3    //BDR 的 route-id 和接口地址
  Neighbor Count is 3, Adjacent neighbor count is 3   //自己有 3 个邻居，与 3 个邻居都形成了邻接关系
```

8.3.2 华为设备单区域 OSPF 配置

在点到点链路上，两台互为邻居关系的路由器一定会建立邻接关系，无需选举 DR 和 BDR。下面介绍点到点链路上单区域 OSPF 的配置。

如图 8-9 所示，在 eNSP 中拖出四台路由器，为这些路由器添加 2SA 接口卡(2 端口-同异步 WAN 接口卡)。

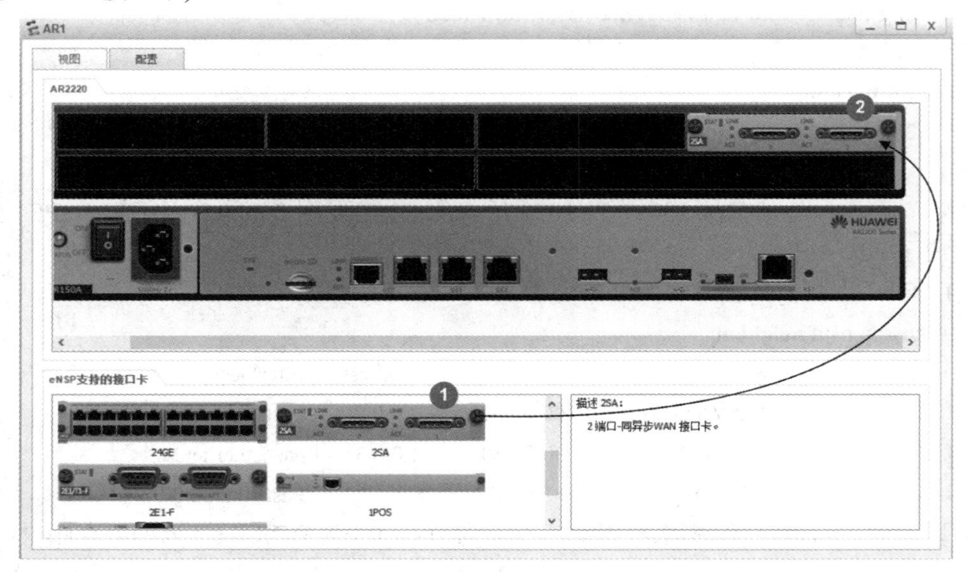

图 8-9 为华为设备路由器添加 2SA 接口卡

如图 8-10 所示，路由器间使用 Serial 线连接，完成华为设备单区域 OSPF 配置。

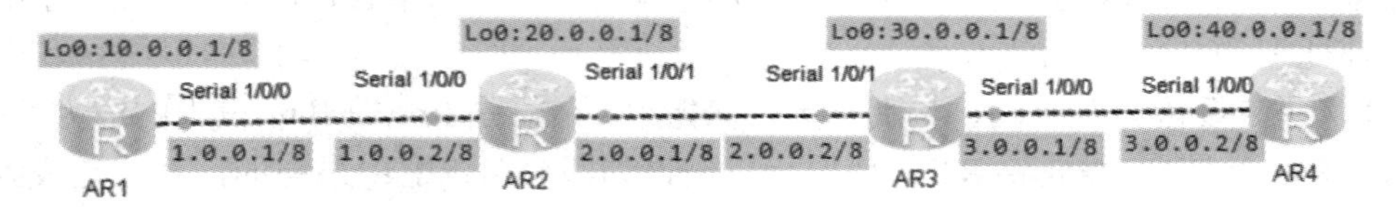

图 8-10 华为设备单区域 OSPF 配置的拓扑

(1) 进行各路由器的基本配置，命令如下：

[R1]**interface Serial 1/0/0**　　　　//R1 的配置

[R1-Serial1/0/0]**ip address 1.0.0.1 8**

[R1-Serial1/0/0]**quit**

[R1]**interface LoopBack 0**

[R1-LoopBack0]**ip address 10.0.0.1 8**

[R2]**interface Serial 1/0/0**　　　　//R2 的配置

[R2-Serial1/0/0]**ip address 1.0.0.2 8**

[R2-Serial1/0/0]**quit**

[R2]**interface Serial 1/0/1**

[R2-Serial1/0/1]**ip address 2.0.0.1 8**

[R2-Serial1/0/1]**quit**

[R2]**interface LoopBack 0**

[R2-LoopBack0]**ip address 20.0.0.1 8**

[R3]**interface Serial 1/0/1**　　　　//R3 的配置

[R3-Serial1/0/1]**ip address 2.0.0.2 8**

[R3-Serial1/0/1]**quit**

[R3]**interface Serial 1/0/0**

[R3-Serial1/0/0]**ip address 3.0.0.1 8**

[R3-Serial1/0/0]**quit**

[R3]**interface LoopBack 0**

[R3-LoopBack0]**ip address 30.0.0.1 8**

[R4]**interface Serial 1/0/0**　　　　//R4 的配置

[R4-Serial1/0/0]**ip address 3.0.0.2 8**

[R4-Serial1/0/0]**quit**

[R4]**interface LoopBack 0**

[R4-LoopBack0]**ip address 40.0.0.1 8**

(2) 进行各路由器的 OSPF 配置，命令如下：

[R1]**ospf 1 router-id 1.1.1.1**　//在 R1 上启动 OSPF 进程，设置 Router ID，进入 OSPF 视图

[R1-ospf-1]**area 0**　//创建并进入 OSPF 区域视图

[R1-ospf-1-area-0.0.0.0]**network 10.0.0.0 0.255.255.255**　//宣告符合条件接口的所在网段

[R1-ospf-1-area-0.0.0.0]**network 1.0.0.0 0.255.255.255**　//宣告符合条件接口的所在网段

[R1-ospf-1-area-0.0.0.0]**return**

[R2]**ospf 1 router-id 2.2.2.2**　//R2 的配置

[R2-ospf-1]**area 0**

[R2-ospf-1-area-0.0.0.0]**network 1.0.0.0 0.255.255.255**

[R2-ospf-1-area-0.0.0.0]**network 2.0.0.0 0.255.255.255**

[R2-ospf-1-area-0.0.0.0]**network 20.0.0.0 0.255.255.255**

[R2-ospf-1-area-0.0.0.0]**return**

```
[R3]ospf 1 router-id 3.3.3.3    //R3 的配置
[R3-ospf-1]area 0
[R3-ospf-1-area-0.0.0.0]network 2.0.0.0 0.255.255.255
[R3-ospf-1-area-0.0.0.0]network 3.0.0.0 0.255.255.255
[R3-ospf-1-area-0.0.0.0]network 30.0.0.0 0.255.255.255
[R3-ospf-1-area-0.0.0.0]return
[R4]ospf 1 router-id 4.4.4.4    //R4 的配置
[R4-ospf-1]area 0
[R4-ospf-1-area-0.0.0.0]network 3.0.0.0 0.255.255.255
[R4-ospf-1-area-0.0.0.0]network 40.0.0.0 0.255.255.255
```

(3) 在 R4 上查看 OSPF 邻居的信息，命令如下：

```
[R4]display ospf 1 peer    //查看 OSPF 邻居的信息
      OSPF Process 1 with Router ID 4.4.4.4      //OSPF 路由进程及 Router ID
            Neighbors     //邻居
 Area 0.0.0.0 interface 3.0.0.2(Serial1/0/0)'s neighbors   //连接邻居的接口所在区域及地址
 Router ID: 3.3.3.3             Address: 3.0.0.1       //邻居 R3 的 Router ID 及接口地址
   State: Full    Mode:Nbr is Slave    Priority: 1      //邻居状态、DD 交换中的角色及接口优先级
   DR: None      BDR: None      MTU: 0      //DR 和 BDR 无，MTU 为 0
   Dead timer due in 37 sec        //距邻居失效还有 37 s
   Retrans timer interval: 5       //重传 LSA 的时间间隔为 5 s
   Neighbor is up for 00:01:54          //邻居建立的时长
   Authentication Sequence: [ 0 ]       //验证序列号为 0，为 0 是因为没启用验证
```

(4) 在 R4 上查看 OSPF 路由表，命令如下：

```
[R4]display ospf 1 routing
      OSPF Process 1 with Router ID 4.4.4.4
 Destination          Cost   Type        NextHop         AdvRouter        Area
 3.0.0.0/8            48     Stub        3.0.0.2         4.4.4.4          0.0.0.0
 40.0.0.1/32          0      Stub        40.0.0.1        4.4.4.4          0.0.0.0
 1.0.0.0/8            144    Stub        3.0.0.1         2.2.2.2          0.0.0.0
 2.0.0.0/8            96     Stub        3.0.0.1         3.3.3.3          0.0.0.0
 10.0.0.1/32          144    Stub        3.0.0.1         1.1.1.1          0.0.0.0
 20.0.0.1/32          96     Stub        3.0.0.1         2.2.2.2          0.0.0.0
 30.0.0.1/32          48     Stub        3.0.0.1         3.3.3.3          0.0.0.0
 Intra Area: 7    Inter Area: 0    ASE: 0    NSSA: 0
```

可以看到，R4 上的路由表全网 7 个网段的路由条目都具备了。

8.3.3　华三设备单区域 OSPF 配置

在 HCL 中搭建如图 8-11 所示拓扑，完成华三设备单区域 OSPF 配置。

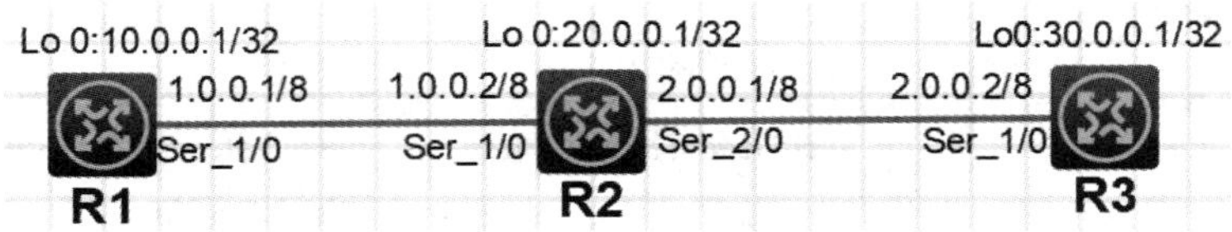

图 8-11　华三设备单区域 OSPF 配置的拓扑

(1) 进行各路由器的基本配置，命令如下：

```
[R1]interface LoopBack 0          //R1 的配置
[R1-LoopBack0]ip address 10.0.0.1 32
[R1-LoopBack0]quit
[R1]interface Serial 1/0
[R1-Serial1/0]ip address 1.0.0.1 8
[R2]interface LoopBack 0          //R2 的配置
[R2-LoopBack0]ip address 20.0.0.1 32
[R2-LoopBack0]quit
[R2]interface Serial 1/0
[R2-Serial1/0]ip address 1.0.0.2 8
[R2-Serial1/0]quit
[R2]interface Serial 2/0
[R2-Serial2/0]ip address 2.0.0.1 8
[R3]interface LoopBack 0          //R3 的配置
[R3-LoopBack0]ip address 30.0.0.1 32
[R3-LoopBack0]quit
[R3]interface Serial 1/0
[R3-Serial1/0]ip address 2.0.0.2 8
```

(2) 进行 OSPF 单区域配置，命令如下：

```
[R1]ospf 1 router-id 10.0.0.1       //R1 的配置
[R1-ospf-1]area 0
[R1-ospf-1-area-0.0.0.0]network 1.0.0.0 0.255.255.255
[R1-ospf-1-area-0.0.0.0]network 10.0.0.1 0.0.0.0
[R2]ospf 1 router-id 20.0.0.1       //R2 的配置
[R2-ospf-1]area 0
[R2-ospf-1-area-0.0.0.0]network 1.0.0.0 0.255.255.255
[R2-ospf-1-area-0.0.0.0]network 2.0.0.0 0.255.255.255
[R2-ospf-1-area-0.0.0.0]network 20.0.0.1 0.0.0.0
[R3]ospf 1 router-id 30.0.0.1       //R3 的配置
[R3-ospf-1]area 0
[R3-ospf-1-area-0.0.0.0]network 2.0.0.0 0.255.255.255
[R3-ospf-1-area-0.0.0.0]network 30.0.0.1 0.0.0.0
```

(3) 查看 R2 的 OSPF 邻居表，命令如下：

[R2]**display ospf peer**

Area: 0.0.0.0

Router ID	Address	Pri	Dead-Time	State	Interface
10.0.0.1	1.0.0.1	1	34	Full/ -	Ser1/0
30.0.0.1	2.0.0.2	1	39	Full/ -	Ser2/0

可以看到，R2 已经分别与 R1、R3 建立了邻居关系。

(4) 查看 R1 的路由表，命令如下：

[R1]**display ip routing-table**

Destinations : 15　　Routes : 15

Destination/Mask	Proto	Pre	Cost	NextHop	Interface
2.0.0.0/8	O_INTRA	10	3124	1.0.0.2	Ser1/0
20.0.0.1/32	O_INTRA	10	1562	1.0.0.2	Ser1/0
30.0.0.1/32	O_INTRA	10	3124	1.0.0.2	Ser1/0

可以看到，R1 通过 OSPF 学到了各网段的路由。

8.4　多区域 OSPF 及配置

8.4.1　思科设备多区域 OSPF 配置

1. 思科设备多区域 OSPF 的配置

在 Packet Tracer 中搭建如图 8-12 所示的拓扑，完成思科设备多区域 OSPF 的配置。

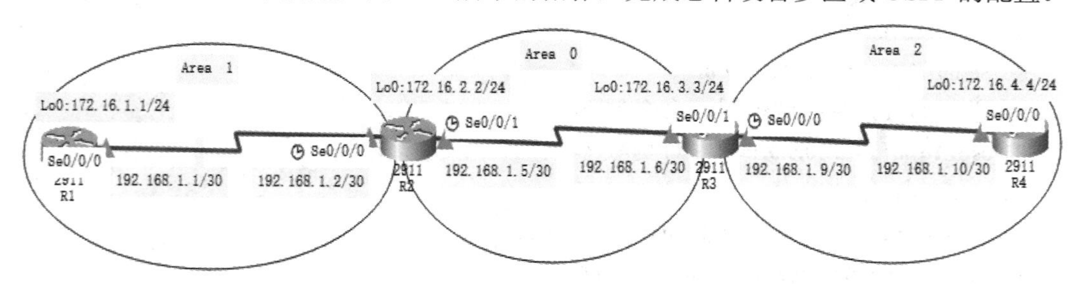

图 8-12　思科设备多区域 OSPF 配置的拓扑

(1) 进行各路由器的基本配置，命令如下：

R1(config)#**int Loopback 0**　　　　//R1 的配置

R1(config-if)#**ip address 172.16.1.1 255.255.255.0**

R1(config-if)#**exit**

R1(config)#**interface Serial 0/0/0**

R1(config-if)#**ip address 192.168.1.1 255.255.255.252**

R1(config-if)#**no shutdown**

R2(config)#**interface Loopback 0**　　　　//R2 的配置

R2(config-if)#**ip address 172.16.2.2 255.255.255.0**

R2(config-if)#**exit**

R2(config)#**interface Serial 0/0/0**

R2(config-if)#**ip address 192.168.1.2 255.255.255.252**

R2(config-if)#**no shutdown**

R2(config-if)#**exit**

R2(config)#**interface Serial 0/0/1**

R2(config-if)#**ip address 192.168.1.5 255.255.255.252**

R2(config-if)#**no shutdown**

R3(config)#**interface Loopback 0**　　//R3 的配置

R3(config-if)#**ip address 172.16.3.3 255.255.255.0**

R3(config-if)#**exit**

R3(config)#**interface Serial 0/0/1**

R3(config-if)#**ip address 192.168.1.6 255.255.255.252**

R3(config-if)#**no shutdown**

R3(config-if)#**exit**

R3(config)#**interface S0/0/0**

R3(config-if)#**ip address 192.168.1.9 255.255.255.252**

R3(config-if)#**no shutdown**

R4(config)#**int Loopback 0**　　//R4 的配置

R4(config-if)#**ip address 172.16.4.4 255.255.255.0**

R4(config-if)#**exit**

R4(config)#**int Serial 0/0/0**

R4(config-if)#**ip address 192.168.1.10 255.255.255.252**

R4(config-if)#**no shutdown**

(2) 进行各路由器的多区域 OSPF 配置，命令如下：

R1(config)#**router ospf 1**　　//R1 的配置

R1(config-router)#**router-id 1.1.1.1**

R1(config-router)#**network 172.16.1.0 0.0.0.255 area 1**

R1(config-router)#**network 192.168.1.0 0.0.0.3 area 1**

R2(config)#**router ospf 1**　　//R2 的配置

R2(config-router)#**router-id 2.2.2.2**

R2(config-router)#**network 192.168.1.0 0.0.0.3 area 1**

R2(config-router)#**network 172.16.2.0 0.0.0.255 area 0**

R2(config-router)#**network 192.168.1.4 0.0.0.3 area 0**

R3(config)#**router ospf 1**　　//R3 的配置

R3(config-router)#**router-id 3.3.3.3**

R3(config-router)#**network 172.16.3.0 0.0.0.255 area 0**

R3(config-router)#**network 192.168.1.4 0.0.0.3 area 0**

R3(config-router)#**network 192.168.1.8 0.0.0.3 area 2**

R4(config)#**router ospf 1**　　//R4 的配置

```
R4(config-router)#router-id 4.4.4.4
R4(config-router)#network 192.168.1.8 0.0.0.3 area 2
R4(config-router)#redistribute connected subnets    //将直连路由重分布到 OSPF
R4(config-router)#exit
```

(3) 在各路由器上查看 OSPF 路由表，以 R1 为例，命令如下：

```
R1#show ip route ospf
        172.16.0.0/16 is variably subnetted, 5 subnets, 2 masks
O IA        172.16.2.2 [110/65] via 192.168.1.2, 05:31:20, Serial0/0/0
O IA        172.16.3.3 [110/129] via 192.168.1.2, 05:31:20, Serial0/0/0
O E2        172.16.4.0 [110/20] via 192.168.1.2, 05:31:20, Serial0/0/0
        192.168.1.0/24 is variably subnetted, 4 subnets, 2 masks
O IA        192.168.1.4 [110/128] via 192.168.1.2, 05:31:20, Serial0/0/0
O IA        192.168.1.8 [110/192] via 192.168.1.2, 05:31:20, Serial0/0/0
```

(4) 在各路由器上查看 OSPF 链路状态数据库，以 R1 为例，命令如下：

```
R1#show ip ospf database
                OSPF Router with ID (1.1.1.1) (Process ID 1)
                    Router Link States (Area 1)
Link ID         ADV Router      Age         Seq#            Checksum Link count
1.1.1.1         1.1.1.1         1119        0x80000014      0x00c739 3
2.2.2.2         2.2.2.2         1120        0x80000013      0x004a81 2
                    Summary Net Link States (Area 1)
Link ID         ADV Router      Age         Seq#            Checksum
172.16.2.2      2.2.2.2         1115        0x80000056      0x00fc43
192.168.1.4     2.2.2.2         1115        0x80000057      0x002c29
172.16.3.3      2.2.2.2         1110        0x80000059      0x006595
192.168.1.8     2.2.2.2         1110        0x8000005a      0x00808d
                    Summary ASB Link States (Area 1)
Link ID         ADV Router      Age         Seq#            Checksum
4.4.4.4         2.2.2.2         1115        0x80000058      0x005a54
                    Type-5 AS External Link States
Link ID         ADV Router      Age         Seq#            Checksum Tag
172.16.4.0      4.4.4.4         1127        0x80000012      0x007d61 0
```

如果模拟器查看效果不明显，可将所有路由器用“write”命令保存并重启后再查看。

(5) 在各路由器上查看 OSPF 信息，以 R1 为例，命令如下：

```
R1#show ip ospf
```

2. OSPF 区域间手动路由汇总及路由重分布

搭建如图 8-13 所示的拓扑，配置 OSPF 区域间路由汇总，将区域 1 的 172.16.0.0/24、172.16.1.0/24、172.16.2.0/24、172.16.3.0/24 汇总成 172.16.0.0/22 后传播到其他区域；将 RIP

路由重分布到 OSPF 中，将 OSPF 路由重分布到 RIP 中。

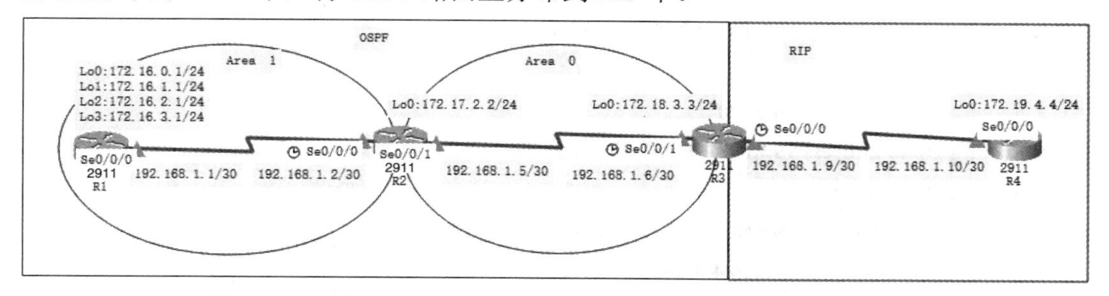

图 8-13　思科设备 OSPF 区域间手动路由汇总及路由重分布的拓扑

(1) 进行各路由器的基本配置，命令如下：

```
R1(config)#interface Loopback 0              //R1 的配置
R1(config-if)#ip address 172.16.0.1 255.255.255.0
R1(config-if)#exit
R1(config)#interface Loopback 1
R1(config-if)#ip address 172.16.1.1 255.255.255.0
R1(config-if)#exit
R1(config)#interface Loopback 2
R1(config-if)#ip address 172.16.2.1 255.255.255.0
R1(config-if)#exit
R1(config)#interface Loopback 3
R1(config-if)#ip address 172.16.3.1 255.255.255.0
R1(config-if)#exit
R1(config)#interface Serial 0/0/0
R1(config-if)#ip address 192.168.1.1 255.255.255.252
R1(config-if)#no shutdown
R2(config)#interface Loopback 0              //R2 的配置
R2(config-if)#ip address 172.17.2.2 255.255.255.0
R2(config-if)#exit
R2(config)#interface Serial 0/0/0
R2(config-if)#ip address 192.168.1.2 255.255.255.252
R2(config-if)#no shutdown
R2(config-if)#exit
R2(config)#interface Serial 0/0/1
R2(config-if)#ip address 192.168.1.5 255.255.255.252
R2(config-if)#no shutdown
R3(config)#interface Serial 0/0/1            //R3 的配置
R3(config-if)#ip address 192.168.1.6 255.255.255.252
R3(config-if)#no shutdown
R3(config-if)#exit
```

R3(config)#**interface Loopback 0**

R3(config-if)#**ip address 172.18.3.3 255.255.255.0**

R3(config-if)#**exit**

R3(config)#**interface Serial 0/0/0**

R3(config-if)#**ip address 192.168.1.9 255.255.255.252**

R3(config-if)#**no shutdown**

R4(config)#**interface Loopback 0** //R4 的配置

R4(config-if)#**ip address 172.19.4.4 255.255.255.0**

R4(config-if)#**exit**

R4(config)#**interface Serial 0/0/0**

R4(config-if)#**ip address 192.168.1.10 255.255.255.252**

R4(config-if)#**no shutdown**

(2) 进行各路由器的 OSPF 配置，命令如下：

R1(config)#**router ospf 1** //R1 的配置

R1(config-router)#**router-id 1.1.1.1**

R1(config-router)#**network 172.16.0.0 0.0.3.255 area 1**

R1(config-router)#**network 192.168.1.0 0.0.0.3 area 1**

R2(config)#**router ospf 1** //R2 的配置

R2(config-router)#**router-id 2.2.2.2**

R2(config-router)#**network 192.168.1.0 0.0.0.3 area 1**

R2(config-router)#**network 172.17.2.0 0.0.0.255 area 0**

R2(config-router)#**network 192.168.1.4 0.0.0.3 area 0**

R2(config-router)#**area 1 range 172.16.0.0 255.255.252.0** //配置区域间路由汇总

R3(config)#**router ospf 1** //R3 的配置

R3(config-router)#**router-id 3.3.3.3**

R3(config-router)#**network 192.168.1.4 0.0.0.3 area 0**

R3(config-router)#**network 172.18.3.0 0.0.0.255 area 0**

R3(config-router)#**redistribute rip subnets** //将 RIP 路由重分布到 OSPF 中

R3(config-router)#**exit**

R3(config)#**router rip**

R3(config-router)#**version 2**

R3(config-router)#**no auto-summary**

R3(config-router)#**network 192.168.1.8**

R3(config-router)#**redistribute ospf 1 metric 10** //将 OSPF 路由重分布到 RIP 中

R4(config)#**router rip** //R4 的配置

R4(config-router)#**version 2**

R4(config-router)#**no auto-summary**

R4(config-router)#**network 192.168.1.8**

R4(config-router)#**network 172.19.4.0**

(3) 在各路由器上查看 OSPF 路由表，命令如下：

```
R2#show ip route ospf        //在 R2 上查看 OSPF 路由表
     172.16.0.0/32 is subnetted, 4 subnets
O        172.16.0.1 [110/65] via 192.168.1.1, 00:14:18, Serial0/0/0
O        172.16.1.1 [110/65] via 192.168.1.1, 00:14:18, Serial0/0/0
O        172.16.2.1 [110/65] via 192.168.1.1, 00:14:18, Serial0/0/0
O        172.16.3.1 [110/65] via 192.168.1.1, 00:14:18, Serial0/0/0
     172.18.0.0/32 is subnetted, 1 subnets
O        172.18.3.3 [110/65] via 192.168.1.6, 00:14:23, Serial0/0/1
     172.19.0.0/24 is subnetted, 1 subnets
O E2     172.19.4.0 [110/20] via 192.168.1.6, 00:14:23, Serial0/0/1
     192.168.1.0/24 is variably subnetted, 5 subnets, 2 masks
O E2     192.168.1.8 [110/20] via 192.168.1.6, 00:14:23, Serial0/0/1
```

可以看到，R2 上学到了 R1 上四个环回口的明细路由 172.16.0.1、172.16.1.1、172.16.2.1、172.16.3.1。这四条路由通过区域间路由汇总命令“area 1 range 172.16.0.0 255.255.252.0”，汇总成 172.16.0.0/22 后，将被传播到区域 0。

```
R3#show ip route ospf        //在 R3 上查看 OSPF 路由表
     172.16.0.0/22 is subnetted, 1 subnets
O IA     172.16.0.0 [110/129] via 192.168.1.5, 00:14:28, Serial0/0/1
     172.17.0.0/32 is subnetted, 1 subnets
O        172.17.2.2 [110/65] via 192.168.1.5, 00:14:28, Serial0/0/1
     192.168.1.0/24 is variably subnetted, 5 subnets, 2 masks
O IA     192.168.1.0 [110/128] via 192.168.1.5, 00:14:28, Serial0/0/1
```

可以看到，R3 从 R2 学到了汇总后的路由条目 172.16.0.0/22。

3. 末梢区域和完全末梢区域的配置

搭建如图 8-14 所示的拓扑，将区域 1 设为末梢区域，将区域 2 设为完全末梢区域。

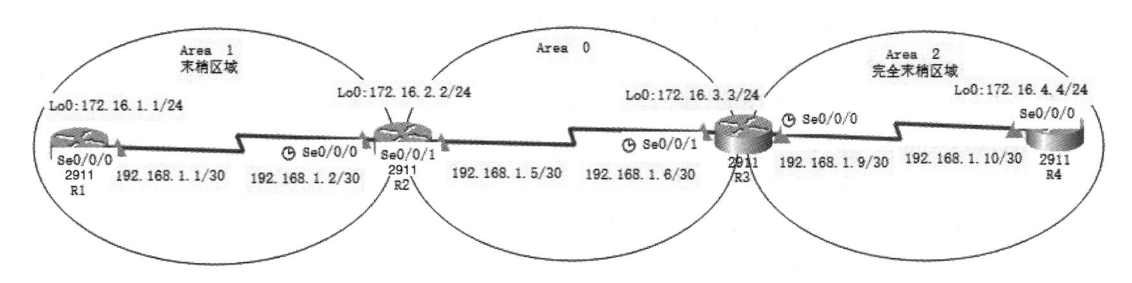

图 8-14　思科设备末梢区域和完全末梢区域配置的拓扑

(1) 进行各路由器的基本配置，命令如下：

```
R1(config)#interface Loopback 0              //R1 的配置
R1(config-if)#ip add 172.16.1.1 255.255.255.0
R1(config-if)#exit
R1(config)#interface Serial 0/0/0
```

R1(config-if)#**ip address 192.168.1.1 255.255.255.252**
R1(config-if)#**no shutdown**
R2(config)#**interface Loopback 0** //R2 的配置
R2(config-if)#**ip address 172.16.2.2 255.255.255.0**
R2(config-if)#**exit**
R2(config)#**interface Serial 0/0/0**
R2(config-if)#**ip address 192.168.1.2 255.255.255.252**
R2(config-if)#**no shutdown**
R2(config-if)#**exit**
R2(config)#**interface Serial 0/0/1**
R2(config-if)#**ip address 192.168.1.5 255.255.255.252**
R2(config-if)#**no shutdown**
R3(config)#**interface Loopback 0** //R3 的配置
R3(config-if)#**ip address 172.16.3.3 255.255.255.0**
R3(config-if)#**exit**
R3(config)#**interface Serial 0/0/1**
R3(config-if)#**ip address 192.168.1.6 255.255.255.252**
R3(config-if)#**no shutdown**
R3(config-if)#**exit**
R3(config)#**interface Serial 0/0/0**
R3(config-if)#**ip address 192.168.1.9 255.255.255.252**
R3(config-if)#**no shutdown**
R4(config)#**interface Loopback 0** //R4 的配置
R4(config-if)#**ip address 172.16.4.4 255.255.255.0**
R4(config-if)#**exit**
R4(config)#**interface Serial 0/0/0**
R4(config-if)#**ip address 192.168.1.10 255.255.255.252**
R4(config-if)#**no shutdown**

(2) 进行各路由器的 OSPF 配置，命令如下：

R1(config)#**router ospf 1** //R1 的配置
R1(config-router)#**router-id 1.1.1.1**
R1(config-router)#**network 172.16.1.0 0.0.0.255 area 1**
R1(config-router)#**network 192.168.1.0 0.0.0.3 area 1**
R1(config-router)#**area 1 stub** //将区域 1 设为末梢区域
R2(config)#**router ospf 1** //R2 的配置
R2(config-router)#**router-id 2.2.2.2**
R2(config-router)#**network 192.168.1.2 0.0.0.0 area 1**
R2(config-router)#**network 192.168.1.5 0.0.0.0 area 0**
R2(config-router)#**redistribute connected subnets** //将直连路由重分布进 OSPF 区域

R2(config-router)#**area 1 stub**　　　//将区域 1 设为末梢区域

R3(config)#**router ospf 1**　　　//R3 的配置

R3(config-router)#**router-id 3.3.3.3**

R3(config-router)#**network 172.16.3.3 0.0.0.0 area 0**

R3(config-router)#**network 192.168.1.6 0.0.0.0 area 0**

R3(config-router)#**network 192.168.1.9 0.0.0.0 area 2**

R3(config-router)#**area 2 stub no-summary**　//将区域 2 设为完全末梢区域，本路由器为 ABR，参数 no-summary 只需在 ABR(即本路由器)上设置

R4(config)#**router ospf 1**　　　//R4 的配置

R4(config-router)#**router-id 4.4.4.4**

R4(config-router)#**network 172.16.4.4 0.0.0.0 area 2**

R4(config-router)#**network 192.168.1.10 0.0.0.0 area 2**

R4(config-router)#**area 2 stub**　　//将区域 2 设为完全末梢区域，参数 no-summary 只需在 ABR(即路由器 R3)上设置，无需在本路由器上设置

(3) 在各路由器上查看 OSPF 路由表，以 R1 为例，命令如下：

R1#**show ip route ospf**

```
     172.16.0.0/16 is variably subnetted, 4 subnets, 2 masks
O IA    172.16.3.3 [110/129] via 192.168.1.2, 00:02:40, Serial0/0/0
O IA    172.16.4.4 [110/193] via 192.168.1.2, 00:02:30, Serial0/0/0
     192.168.1.0/24 is variably subnetted, 4 subnets, 2 masks
O IA    192.168.1.4 [110/128] via 192.168.1.2, 00:02:40, Serial0/0/0
O IA    192.168.1.8 [110/192] via 192.168.1.2, 00:02:30, Serial0/0/0
O*IA 0.0.0.0/0 [110/65] via 192.168.1.2, 00:02:50, Serial0/0/0
```

(4) 在各路由器上查看 OSPF 进程，以 R1 为例，命令如下：

R1#**show ip ospf 1**

4. 非纯末梢区域 NSSA 的配置

搭建如图 8-15 所示的拓扑，将区域 1 设为非纯末梢区域。

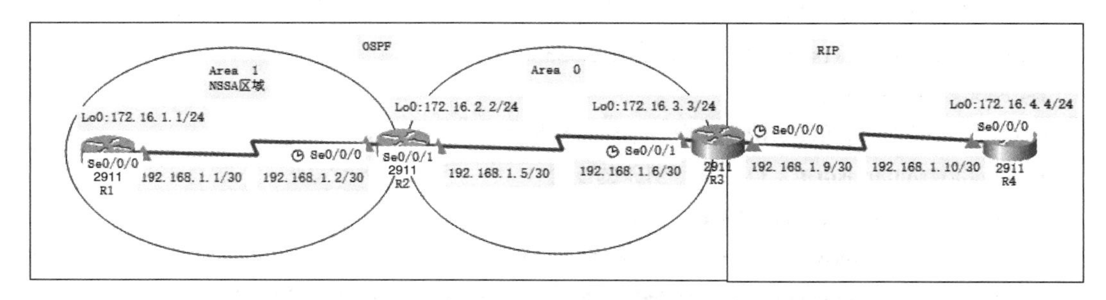

图 8-15　思科设备非纯末梢区域 NSSA 配置的拓扑

(1) 进行各路由器的基本配置，命令如下：

R1(config)#**int Loopback 0**　　　//R1 的配置

R1(config-if)#**ip address 172.16.1.1 255.255.255.0**

R1(config-if)#**exit**

R1(config)#**int Serial 0/0/0**

R1(config-if)#**ip address 192.168.1.1 255.255.255.252**

R1(config-if)#**no shutdown**

R2(config)#**int Loopback 0**　　　　　　//R2 的配置

R2(config-if)#**ip address 172.16.2.2 255.255.255.0**

R2(config-if)#**exit**

R2(config)#**interface Serial 0/0/0**

R2(config-if)#**ip address 192.168.1.2 255.255.255.252**

R2(config-if)#**no shutdown**

R2(config-if)#**exit**

R2(config)#**interface Serial 0/0/1**

R2(config-if)#**ip address 192.168.1.5 255.255.255.252**

R2(config-if)#**no shutdown**

R3(config)#**interface Loopback 0**　　　//R3 的配置

R3(config-if)#**ip address 172.16.3.3 255.255.255.0**

R3(config-if)#**exit**

R3(config)#**interface Serial 0/0/1**

R3(config-if)#**ip address 192.168.1.6 255.255.255.252**

R3(config-if)#**no shutdown**

R3(config-if)#**exit**

R3(config)#**interface Serial 0/0/0**

R3(config-if)#**ip address 192.168.1.9 255.255.255.252**

R3(config-if)#**no shutdown**

R4(config)#**interface Loopback 0**　　　//R4 的配置

R4(config-if)#**ip address 172.16.4.4 255.255.255.0**

R4(config-if)#**exit**

R4(config)#**int Serial 0/0/0**

R4(config-if)#**ip address 192.168.1.10 255.255.255.252**

R4(config-if)#**no shutdown**

(2) 进行各路由器的 OSPF 配置，命令如下：

R1(config)#**router ospf 1**　　　　　　//R1 的配置

R1(config-router)#**router-id 1.1.1.1**

R1(config-router)#**network 192.168.1.1 0.0.0.0 area 1**

R1(config-router)#**redistribute connected subnets**　　//将直连路由重分布进 OSPF 区域

R1(config-router)#**area 1 nssa**

R2(config)#**router ospf 1**　　　　　　//R2 的配置

R2(config-router)#**router-id 2.2.2.2**

R2(config-router)#**network 192.168.1.2 0.0.0.0 area 1**

R2(config-router)#**network 172.16.2.2 0.0.0.0 area 0**

R2(config-router)#**network 192.168.1.5 0.0.0.0 area 0**

R2(config-router)#**area 1 nssa no-summary**　//本路由器是 ABR，需在 nssa 参数后加上参数“no-summary”。在 ABR 上的 nssa 参数后加上 no-summary 参数的作用是不往 NSSA 宣告区域间路由，同时注入一条默认路由。若不加参数 no-summary 则不会主动注入一条默认路由，若不加参数 no-summary 又想注入默认路由，可在 nssa 参数后加上参数“default-information-originate”，完整命令是“area 1 nssa default-information-originate”

R3(config)#**router ospf 1**　//R3 的配置

R3(config-router)#**router-id 3.3.3.3**

R3(config-router)#**network 172.16.3.3 0.0.0.0 area 0**

R3(config-router)#**network 192.168.1.6 0.0.0.0 area 0**

R3(config-router)#**redistribute rip subnets**

R3(config-router)#**exit**

R3(config)#**router rip**

R3(config-router)#**version 2**

R3(config-router)#**no auto-summary**

R3(config-router)#**network 192.168.1.8**

R3(config-router)#**redistribute ospf 1 metric 10**

R4(config)#**router rip**　//R4 的配置

R4(config-router)#**version 2**

R4(config-router)#**no auto-summary**

R4(config-router)#**network 172.16.4.0**

R4(config-router)#**network 192.168.1.8**

(3) 查看 R1、R2、R3 的 OSPF 路由表，命令如下：

R1#**show ip route ospf**　//查看 R1 的 OSPF 路由表

R2#**show ip route ospf**　//查看 R2 的 OSPF 路由表

R3#**show ip route ospf**　//查看 R3 的 OSPF 路由表

(4) 查看 R3、R4 的 RIP 路由表，命令如下：

R3#**show ip route rip**　//查看 R3 的 RIP 路由表

R4#**show ip route rip**　//查看 R4 的 RIP 路由表

(5) 查看 R2 的 LSDB，命令如下：

R2#**show ip ospf database**

(6) 查看 R2 的 OSPF 进程，命令如下：

R2#**show ip ospf**

8.4.2　华为设备多区域 OSPF 配置

如图 8-16 所示，搭建拓扑完成华为设备多区域 OSPF 的配置。其中，BJ-R1 路由器自带三个 GE 接口，需要为其添加一块 4GEW-T 接口卡，增加其 GE 接口的数量。

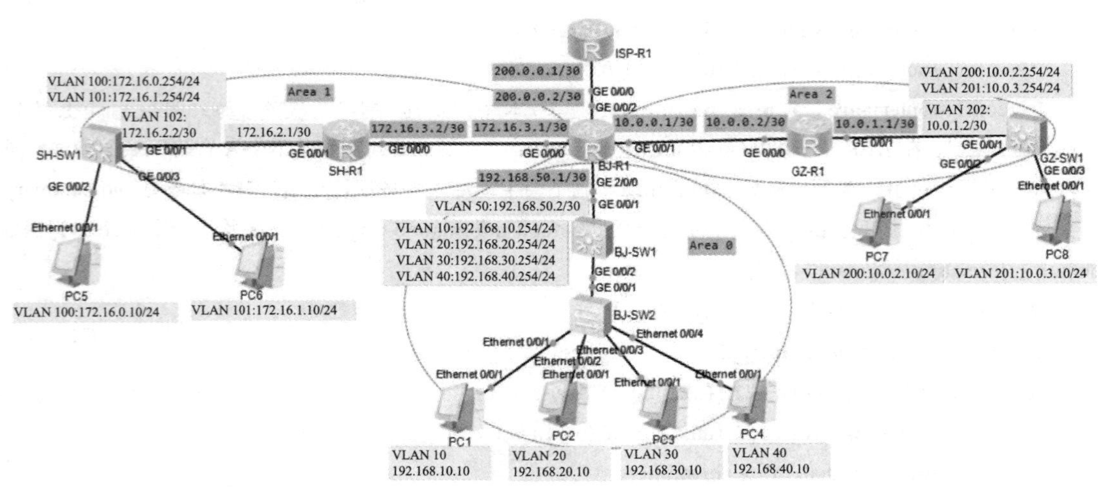

图 8-16　华为设备多区域 OSPF 配置的拓扑

1. 多区域 OSPF 的配置

(1) 进行北京总部各交换机的基本配置，命令如下：

```
[BJ-SW1]vlan batch 10 20 30 40 50              //北京总部交换机 BJ-SW1 的配置
[BJ-SW1]interface GigabitEthernet 0/0/1
[BJ-SW1-GigabitEthernet0/0/1]port link-type access
[BJ-SW1-GigabitEthernet0/0/1]port default vlan 50
[BJ-SW1-GigabitEthernet0/0/1]quit
[BJ-SW1]interface GigabitEthernet 0/0/2
[BJ-SW1-GigabitEthernet0/0/2]port link-type trunk
[BJ-SW1-GigabitEthernet0/0/2]port trunk allow-pass vlan all
[BJ-SW1-GigabitEthernet0/0/2]quit
[BJ-SW1]interface Vlanif 10
[BJ-SW1-Vlanif10]ip address 192.168.10.254 24
[BJ-SW1-Vlanif10]quit
[BJ-SW1]interface Vlanif 20
[BJ-SW1-Vlanif20]ip address 192.168.20.254 24
[BJ-SW1-Vlanif20]quit
[BJ-SW1]interface Vlanif 30
[BJ-SW1-Vlanif30]ip address 192.168.30.254 24
[BJ-SW1-Vlanif30]quit
[BJ-SW1]interface Vlanif 40
[BJ-SW1-Vlanif40]ip address 192.168.40.254 24
[BJ-SW1-Vlanif40]quit
[BJ-SW1]interface Vlanif 50
[BJ-SW1-Vlanif50]ip address 192.168.50.2 30
```

[BJ-SW2]**vlan batch 10 20 30 40**　　　　//北京总部交换机 BJ-SW2 的配置
[BJ-SW2]**interface Ethernet0/0/1**
[BJ-SW2-Ethernet0/0/1]**port link-type access**
[BJ-SW2-Ethernet0/0/1]**port default vlan 10**
[BJ-SW2-Ethernet0/0/1]**quit**
[BJ-SW2]**interface Ethernet0/0/2**
[BJ-SW2-Ethernet0/0/2]**port link-type access**
[BJ-SW2-Ethernet0/0/2]**port default vlan 20**
[BJ-SW2-Ethernet0/0/2]**quit**
[BJ-SW2]**interface Ethernet0/0/3**
[BJ-SW2-Ethernet0/0/3]**port link-type access**
[BJ-SW2-Ethernet0/0/3]**port default vlan 30**
[BJ-SW2-Ethernet0/0/3]**quit**
[BJ-SW2]**interface Ethernet0/0/4**
[BJ-SW2-Ethernet0/0/4]**port link-type access**
[BJ-SW2-Ethernet0/0/4]**port default vlan 40**
[BJ-SW2-Ethernet0/0/4]**quit**
[BJ-SW2]**interface GigabitEthernet 0/0/1**
[BJ-SW2-GigabitEthernet0/0/1]**port link-type trunk**
[BJ-SW2-GigabitEthernet0/0/1]**port trunk allow-pass vlan all**
[BJ-SW2-GigabitEthernet0/0/1]**quit**

(2) 北京总部 PC 的配置如下：

PC1：192.168.10.10/24 缺省网关：192.168.10.254
PC2：192.168.20.10/24 缺省网关：192.168.20.254
PC3：192.168.30.10/24 缺省网关：192.168.30.254
PC4：192.168.40.10/24 缺省网关：192.168.40.254

测试：北京总部各 PC 可以互相 ping 通。

(3) 进行上海分部交换机 SH-SW1 的基本配置，命令如下：

[SH-SW1]**vlan batch 100 101 102**
[SH-SW1]**interface GigabitEthernet 0/0/1**
[SH-SW1-GigabitEthernet0/0/1]**port link-type access**
[SH-SW1-GigabitEthernet0/0/1]**port default vlan 102**
[SH-SW1-GigabitEthernet0/0/1]**quit**
[SH-SW1]**interface GigabitEthernet 0/0/2**
[SH-SW1-GigabitEthernet0/0/2]**port link-type access**
[SH-SW1-GigabitEthernet0/0/2]**port default vlan 100**
[SH-SW1-GigabitEthernet0/0/2]**quit**
[SH-SW1]**interface GigabitEthernet 0/0/3**
[SH-SW1-GigabitEthernet0/0/3]**port link-type access**

```
[SH-SW1-GigabitEthernet0/0/3]port default vlan 101
[SH-SW1-GigabitEthernet0/0/3]quit
[SH-SW1]interface Vlanif 100
[SH-SW1-Vlanif100]ip address 172.16.0.254 24
[SH-SW1-Vlanif100]quit
[SH-SW1]interface Vlanif 101
[SH-SW1-Vlanif101]ip address 172.16.1.254 24
[SH-SW1-Vlanif101]quit
[SH-SW1]interface Vlanif 102
[SH-SW1-Vlanif102]ip address 172.16.2.2 30
```

(4) 上海分部 PC 的配置如下：

PC5：172.16.0.10/24 缺省网关：172.16.0.254

PC6：172.16.1.10/24 缺省网关：172.16.1.254

测试：上海分部各 PC 可以互相 ping 通。

(5) 进行广州分部交换机 GZ-SW1 的基本配置，命令如下：

```
[GZ-SW1]vlan batch 200 201 202
[GZ-SW1]interface GigabitEthernet 0/0/1
[GZ-SW1-GigabitEthernet0/0/1]port link-type access
[GZ-SW1-GigabitEthernet0/0/1]port default vlan 202
[GZ-SW1-GigabitEthernet0/0/1]quit
[GZ-SW1]interface GigabitEthernet 0/0/1
[GZ-SW1-GigabitEthernet0/0/1]quit
[GZ-SW1]interface GigabitEthernet 0/0/2
[GZ-SW1-GigabitEthernet0/0/2]port link-type access
[GZ-SW1-GigabitEthernet0/0/2]port default vlan 200
[GZ-SW1-GigabitEthernet0/0/2]quit
[GZ-SW1]interface GigabitEthernet 0/0/3
[GZ-SW1-GigabitEthernet0/0/3]port link-type access
[GZ-SW1-GigabitEthernet0/0/3]port default vlan 201
[GZ-SW1-GigabitEthernet0/0/3]quit
[GZ-SW1]interface Vlanif 200
[GZ-SW1-Vlanif200]ip address 10.0.2.254 24
[GZ-SW1-Vlanif200]quit
[GZ-SW1]interface Vlanif 201
[GZ-SW1-Vlanif201]ip address 10.0.3.254 24
[GZ-SW1-Vlanif201]quit
[GZ-SW1]interface Vlanif 202
[GZ-SW1-Vlanif202]ip address 10.0.1.2 30
```

(6) 广州分部 PC 的配置如下：

PC7：10.0.2.10/24 缺省网关：10.0.2.254

PC8：10.0.3.10/24 缺省网关：10.0.3.254

测试：广州分部各 PC 可以互相 ping 通。

(7) 北京总部路由器 BJ-R1 的基本配置，命令如下：

```
[BJ-R1]interface GigabitEthernet 0/0/0
[BJ-R1-GigabitEthernet0/0/0]ip address 172.16.3.1 30
[BJ-R1-GigabitEthernet0/0/0]quit
[BJ-R1]interface GigabitEthernet 0/0/1
[BJ-R1-GigabitEthernet0/0/1]ip address 10.0.0.1 30
[BJ-R1-GigabitEthernet0/0/1]quit
[BJ-R1]interface GigabitEthernet 0/0/2
[BJ-R1-GigabitEthernet0/0/2]ip address 200.0.0.2 30
[BJ-R1-GigabitEthernet0/0/2]quit
[BJ-R1]interface GigabitEthernet 2/0/0
[BJ-R1-GigabitEthernet2/0/0]ip address 192.168.50.1 30
```

(8) 进行北京总部路由器 BJ-R1 的 NAT 配置，命令如下：

```
[BJ-R1]acl 2000
[BJ-R1-acl-basic-2000]rule permit source 192.168.0.0 0.0.255.255
[BJ-R1-acl-basic-2000]rule permit source 172.16.0.0 0.0.255.255
[BJ-R1-acl-basic-2000]rule permit source 10.0.0.0 0.0.255.255
[BJ-R1-acl-basic-2000]quit
[BJ-R1]interface GigabitEthernet 0/0/2
[BJ-R1-GigabitEthernet0/0/2]nat outbound 2000
```

通过 NAT 配置，可使总部和分部的电脑通过总部路由器 BJ-R1 访问 Internet，关于 NAT 的详细内容将在第 10 章学习。

(9) 进行上海分部路由器 SH-R1 的基本配置，命令如下：

```
[SH-R1]interface GigabitEthernet 0/0/0
[SH-R1-GigabitEthernet0/0/0]ip address 172.16.3.2 30
[SH-R1-GigabitEthernet0/0/0]quit
[SH-R1]interface GigabitEthernet 0/0/1
[SH-R1-GigabitEthernet0/0/1]ip address 172.16.2.1 30
```

(10) 进行广州分部路由器 GZ-R1 的配置，命令如下：

```
[GZ-R1]interface GigabitEthernet 0/0/0
[GZ-R1-GigabitEthernet0/0/0]ip address 10.0.0.2 30
[GZ-R1-GigabitEthernet0/0/0]quit
[GZ-R1]interface GigabitEthernet 0/0/1
[GZ-R1-GigabitEthernet0/0/1]ip address 10.0.1.1 30
```

(11) 进行外网路由器 ISP-R1 的基本配置，命令如下：

```
[ISP-R1]interface GigabitEthernet 0/0/0
```

[ISP-R1-GigabitEthernet0/0/0]**ip address 200.0.0.1 30**

(12) 进行各路由器的 OSPF 配置，命令如下：

[BJ-R1]**ospf 1 router-id 1.1.1.1**　　//北京总部路由器 BJ-R1 的配置

[BJ-R1-ospf-1]**bandwidth-reference 1000**

[BJ-R1-ospf-1]**area 0**

[BJ-R1-ospf-1-area-0.0.0.0]**network 192.168.50.0 0.0.0.3**

[BJ-R1-ospf-1-area-0.0.0.0]**quit**

[BJ-R1-ospf-1]**area 1**

[BJ-R1-ospf-1-area-0.0.0.1]**network 172.16.3.0 0.0.0.3**

[BJ-R1-ospf-1-area-0.0.0.1]**quit**

[BJ-R1-ospf-1]**area 2**

[BJ-R1-ospf-1-area-0.0.0.2]**network 10.0.0.0 0.0.0.3**

[BJ-SW1]**ospf 1 router-id 2.2.2.2**　　//北京总部交换机 BJ-SW1 的配置

[BJ-SW1-ospf-1]**bandwidth-reference 1000**

[BJ-SW1-ospf-1]**area 0**

[BJ-SW1-ospf-1-area-0.0.0.0]**network 192.168.50.0 0.0.0.3**

[BJ-SW1-ospf-1-area-0.0.0.0]**network 192.168.10.0 0.0.0.255**

[BJ-SW1-ospf-1-area-0.0.0.0]**network 192.168.20.0 0.0.0.255**

[BJ-SW1-ospf-1-area-0.0.0.0]**network 192.168.30.0 0.0.0.255**

[BJ-SW1-ospf-1-area-0.0.0.0]**network 192.168.40.0 0.0.0.255**

[SH-R1]**ospf 1 router-id 3.3.3.3**　　//上海分部路由器 SH-R1 的配置

[SH-R1-ospf-1]**bandwidth-reference 1000**

[SH-R1-ospf-1]**area 1**

[SH-R1-ospf-1-area-0.0.0.1]**network 172.16.3.0 0.0.0.3**

[SH-R1-ospf-1-area-0.0.0.1]**network 172.16.2.0 0.0.0.3**

[SH-SW1]**ospf 1 router-id 4.4.4.4**　　//上海分部交换机 SH-SW1 的配置

[SH-SW1-ospf-1]**bandwidth-reference 1000**

[SH-SW1-ospf-1]**silent-interface Vlanif 100**　//配置静默接口

OSPF 静默接口仍然会将其所在网段从其他 OSPF 接口宣告出去，但不收发 hello 报文，不建立邻居关系，从而避免了终端收到不必要的 OSPF 报文、链路带宽的浪费、非法路由器接入进行路由欺骗等。

[SH-SW1-ospf-1]**silent-interface Vlanif 101**　//配置静默接口

[SH-SW1-ospf-1]**area 1**

[SH-SW1-ospf-1-area-0.0.0.1]**network 172.16.2.0 0.0.0.3**

[SH-SW1-ospf-1-area-0.0.0.1]**network 172.16.0.0 0.0.0.255**

[SH-SW1-ospf-1-area-0.0.0.1]**network 172.16.1.0 0.0.0.255**

[GZ-R1]**ospf 1 router-id 5.5.5.5**　　//广州分部路由器 GZ-R1 的配置

[GZ-R1-ospf-1]**bandwidth-reference 1000**

[GZ-R1-ospf-1]**area 2**

```
[GZ-R1-ospf-1-area-0.0.0.2]network 10.0.0.0 0.0.0.3
[GZ-R1-ospf-1-area-0.0.0.2]network 10.0.1.0 0.0.0.3
[GZ-SW1]ospf 1 router-id 6.6.6.6        //广州分部交换机 GZ-SW1 的配置
[GZ-SW1-ospf-1]bandwidth-reference 1000
[GZ-SW1-ospf-1]silent-interface Vlanif 200     //配置静默接口
[GZ-SW1-ospf-1]silent-interface Vlanif 201     //配置静默接口
[GZ-SW1-ospf-1]area 2
[GZ-SW1-ospf-1-area-0.0.0.2]network 10.0.1.0 0.0.0.3
[GZ-SW1-ospf-1-area-0.0.0.2]network 10.0.2.0 0.0.0.255
[GZ-SW1-ospf-1-area-0.0.0.2]network 10.0.3.0 0.0.0.255
```

测试北京总部的电脑、上海分部的电脑、广州分部电脑可以互相 ping 通。

2. OSPF 特殊区域的配置

下面，将 area 2 配置为完全末梢区域，命令如下：

```
[BJ-R1]ospf 1            //北京总部路由器 BJ-R1 的配置
[BJ-R1-ospf-1]area 2
[BJ-R1-ospf-1-area-0.0.0.2]stub no-summary
[GZ-R1]ospf 1            //广州分部路由器 GZ-R1 的配置
[GZ-R1-ospf-1]area 2
[GZ-R1-ospf-1-area-0.0.0.2]stub
[GZ-SW1]ospf 1           //广州分部交换机 GZ-SW1 的配置
[GZ-SW1-ospf-1]area 2
[GZ-SW1-ospf-1-area-0.0.0.2]stub
```

3. OSPF 的 MD5 验证

(1) 在北京总部到上海分部、北京总部到广州分部两条链路上配置 OSPF 的 MD5 验证，命令如下：

```
[BJ-R1]interface GigabitEthernet 0/0/0        //BJ-R1 的配置
[BJ-R1-GigabitEthernet0/0/0]ospf authentication-mode md5 1 cipher 123
[BJ-R1-GigabitEthernet0/0/0]quit
[BJ-R1]interface GigabitEthernet 0/0/1
[BJ-R1-GigabitEthernet0/0/1]ospf authentication-mode md5 1 cipher 123
[SH-R1]interface GigabitEthernet 0/0/0        //SH-R1 的配置
[SH-R1-GigabitEthernet0/0/0]ospf authentication-mode md5 1 cipher 123
[GZ-R1]interface GigabitEthernet 0/0/0        //GZ-R1 的配置
[GZ-R1-GigabitEthernet0/0/0]ospf authentication-mode md5 1 cipher 123
```

(2) 在北京总部的设备 BJ-R1 和 BJ-SW1 上配置 OSPF area 0 的 MD5 验证，命令如下：

```
[BJ-R1]ospf 1          //BJ-R1 的配置
[BJ-R1-ospf-1]area 0
[BJ-R1-ospf-1-area-0.0.0.0]authentication-mode md5 1 cipher 123
```

[BJ-SW1]**ospf 1**　　　//BJ-SW1 的配置

[BJ-SW1-ospf-1]**area 0**

[BJ-SW1-ospf-1-area-0.0.0.0]**authentication-mode md5 1 cipher 123**

4. OSPF 路由聚合的配置

在北京总部路由器 BJ-R1 上配置 OSPF Area 0、Area 1、Area 2 的 ABR 路由聚合，命令如下：

[BJ-R1]**ospf 1**

[BJ-R1-ospf-1]**area 0**

[BJ-R1-ospf-1-area-0.0.0.0]**abr-summary 192.168.0.0 255.255.192.0**

[BJ-R1-ospf-1-area-0.0.0.0]**area 1**

[BJ-R1-ospf-1-area-0.0.0.1]**abr-summary 172.16.0.0 255.255.252.0**

[BJ-R1-ospf-1-area-0.0.0.1]**area 2**

[BJ-R1-ospf-1-area-0.0.0.2]**abr-summary 10.0.0.0 255.255.252.0**

5. OSPF 默认路由注入的配置

(1) 在 BJ-R1 路由器上配置指向 ISP-R1 的默认路由，并向 OSPF 注入默认路由，命令如下：

[BJ-R1]**ip route-static 0.0.0.0 0 200.0.0.1**

[BJ-R1]**ospf 1**

[BJ-R1-ospf-1]**default-route-advertise**

(2) 在其他路由器上查看通过 OSPF 学到的默认路由，命令如下：

[SH-R1]**display ip routing-table**

Destination/Mask Proto　　Pre　Cost　Flags　NextHop　　Interface

0.0.0.0/0　　　O_ASE　150　1　　D　　172.16.3.1　GigabitEthernet 0/0/0

(3) 在各 PC 上 ping ISP-R1，测试内网与外网的连通性，命令如下：

PC>**ping 200.0.0.1**

6. 指定 OSPF DR

(1) 通过命令将 BJ-R1 指定为它与 BJ-SW1 连接的相应网段的 DR，命令如下:

[BJ-R1]**interface GigabitEthernet 2/0/0**

[BJ-R1-GigabitEthernet2/0/0]**ospf dr-priority 2**

(2) 在参与选举的路由器和交换机上重启 OSPF 进程，命令如下：

<BJ-R1>**reset ospf process**　　//BJ-R1 重启 OSPF 进程

<BJ-SW1>**reset ospf process**　　//BJ-SW1 重启 OSPF 进程

[BJ-R1]**display ospf brief**　　//在 BJ-R1 上查看谁是重新选举后的 DR

Area: 0.0.0.0　　　　(MPLS TE not enabled)

Interface: 192.168.50.1 (GigabitEthernet2/0/0)

Cost: 1　　State: DR　　Type: Broadcast　　MTU: 1500

Priority: 2

Designated Router: 192.168.50.1　　　//DR

Backup Designated Router: 192.168.50.2　　//BDR

(3) 在 BJ-R1 上查看 OSPF 中各区域邻居的信息，命令如下：

[BJ-R1]**display ospf peer**

(4) 在 BJ-R1 上查看 OSPF 中各区域邻居的摘要信息，命令如下：

[BJ-R1]**display ospf peer brief**

(5) 在 BJ-R1 上查看 OSPF 的接口信息，命令如下：

[BJ-R1]**display ospf interface**

(6) 在 BJ-R1 上查看 OSPF 的 LSDB 摘要信息，命令如下：

[BJ-R1]**display ospf lsdb**

(7) 在 BJ-R1 上查看 OSPF 的摘要信息，命令如下：

[BJ-R1]**display ospf brief**

8.4.3　华三设备多区域 OSPF 配置

在 HCL 中搭建如图 8-17 所示拓扑，完成华三设备多区域 OSPF 的配置。

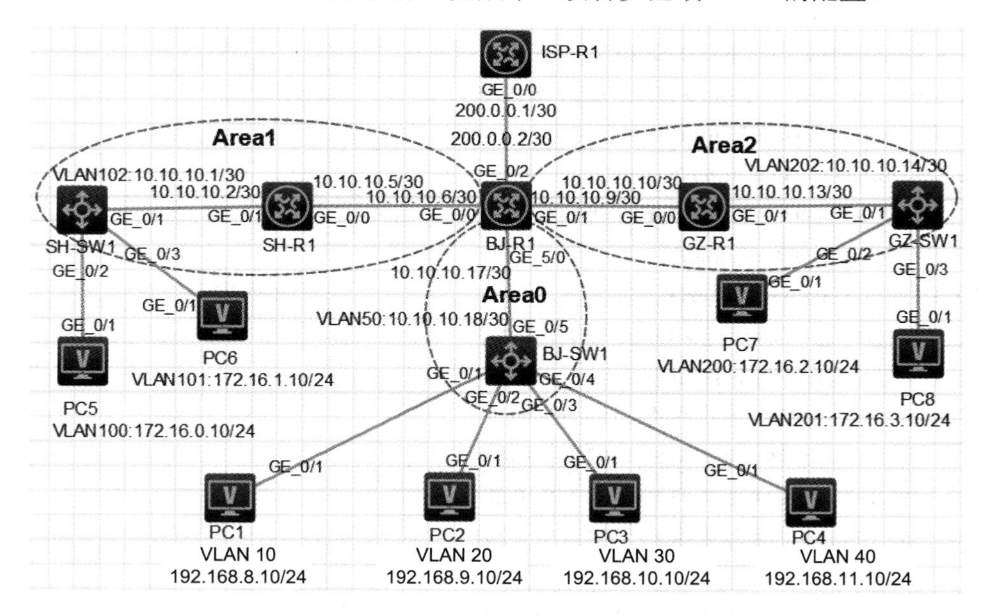

图 8-17　华三设备多区域 OSPF 配置的拓扑

1. 多区域 OSPF 的配置

(1) 进行北京总部交换机 BJ-SW1 的基本配置，命令如下：

[BJ-SW1]**vlan 10**

[BJ-SW1-vlan10]**port GigabitEthernet 1/0/1**

[BJ-SW1-vlan10]**quit**

[BJ-SW1]**vlan 20**

[BJ-SW1-vlan20]**port GigabitEthernet 1/0/2**

[BJ-SW1-vlan20]**quit**

[BJ-SW1]**vlan 30**

[BJ-SW1-vlan30]**port GigabitEthernet 1/0/3**

[BJ-SW1-vlan30]**quit**

[BJ-SW1]**vlan 40**

[BJ-SW1-vlan40]**port GigabitEthernet 1/0/4**

[BJ-SW1-vlan40]**quit**

[BJ-SW1]**vlan 50**

[BJ-SW1-vlan50]**port GigabitEthernet 1/0/5**

[BJ-SW1-vlan50]**quit**

[BJ-SW1]**interface Vlan-interface 10**

[BJ-SW1-Vlan-interface10]**ip address 192.168.8.254 24**

[BJ-SW1-Vlan-interface10]**quit**

[BJ-SW1]**interface Vlan-interface 20**

[BJ-SW1-Vlan-interface20]**ip address 192.168.9.254 24**

[BJ-SW1-Vlan-interface20]**quit**

[BJ-SW1]**interface Vlan-interface 30**

[BJ-SW1-Vlan-interface30]**ip address 192.168.10.254 24**

[BJ-SW1-Vlan-interface30]**quit**

[BJ-SW1]**interface Vlan-interface 40**

[BJ-SW1-Vlan-interface40]**ip address 192.168.11.254 24**

[BJ-SW1-Vlan-interface40]**quit**

[BJ-SW1]**interface Vlan-interface 50**

[BJ-SW1-Vlan-interface50]**ip address 10.10.10.18 30**

(2) 北京总部 PC 的配置如下：

PC1：192.168.8.10/24　缺省网关：192.168.8.254

PC2：192.168.9.10/24　缺省网关：192.168.9.254

PC3：192.168.10.10/24 缺省网关：192.168.10.254

PC4：192.168.11.10/24 缺省网关：192.168.11.254

测试：北京总部各 PC 可以互相 ping 通

(3) 进行上海分部交换机 SH-SW1 的基本配置，命令如下：

[SH-SW1]**vlan 100**

[SH-SW1-vlan100]**port GigabitEthernet 1/0/2**

[SH-SW1-vlan100]**quit**

[SH-SW1]**vlan 101**

[SH-SW1-vlan101]**port GigabitEthernet 1/0/3**

[SH-SW1-vlan101]**quit**

[SH-SW1]**vlan 102**

[SH-SW1-vlan102]**port GigabitEthernet 1/0/1**

[SH-SW1-vlan102]**quit**

[SH-SW1]**interface Vlan-interface 100**

[SH-SW1-Vlan-interface100]**ip address 172.16.0.10 24**

[SH-SW1-Vlan-interface100]**quit**

[SH-SW1]**interface Vlan-interface 101**

[SH-SW1-Vlan-interface101]**ip address 172.16.1.10 24**

[SH-SW1-Vlan-interface101]**quit**

[SH-SW1]**interface Vlan-interface 102**

[SH-SW1-Vlan-interface102]**ip address 10.10.10.1 30**

[SH-SW1-Vlan-interface102]**quit**

(4) 上海分部 PC 的配置如下：

PC5：172.16.0.10/24 缺省网关：172.16.0.254

PC6：172.16.1.10/24 缺省网关：172.16.1.254

测试：上海分部各 PC 可以互相 ping 通。

(5) 进行广州分部交换机 GZ-SW1 的基本配置，命令如下：

[GZ-SW1]**vlan 200**

[GZ-SW1-vlan200]**port GigabitEthernet 1/0/2**

[GZ-SW1-vlan200]**quit**

[GZ-SW1]**vlan 201**

[GZ-SW1-vlan201]**port GigabitEthernet 1/0/3**

[GZ-SW1-vlan201]**vlan 200**

[GZ-SW1-vlan200]**quit**

[GZ-SW1]**vlan 202**

[GZ-SW1-vlan202]**port GigabitEthernet 1/0/1**

[GZ-SW1-vlan202]**quit**

[GZ-SW1]**interface Vlan-interface 200**

[GZ-SW1-Vlan-interface200]**ip address 172.16.2.254 24**

[GZ-SW1-Vlan-interface200]**quit**

[GZ-SW1]**interface Vlan-interface 201**

[GZ-SW1-Vlan-interface201]**ip address 172.16.3.254 24**

[GZ-SW1-Vlan-interface201]**quit**

[GZ-SW1]**interface Vlan-interface 202**

[GZ-SW1-Vlan-interface202]**ip address 10.10.10.14 30**

(6) 广州分部 PC 的配置如下：

PC7：172.16.2.10/24 缺省网关：172.16.2.254

PC8：172.16.3.10/24 缺省网关：172.16.3.254

测试：广州分部各 PC 可以互相 ping 通。

(7) 进行北京总部路由器 BJ-R1 的基本配置，命令如下：

[BJ-R1]**interface GigabitEthernet 0/0**

[BJ-R1-GigabitEthernet0/0]**ip address 10.10.10.6 30**

```
[BJ-R1-GigabitEthernet0/0]quit
[BJ-R1]interface GigabitEthernet 0/1
[BJ-R1-GigabitEthernet0/1]ip address 10.10.10.9 30
[BJ-R1-GigabitEthernet0/1]quit
[BJ-R1]interface GigabitEthernet 5/0
[BJ-R1-GigabitEthernet5/0]ip address 10.10.10.17 30
[BJ-R1-GigabitEthernet5/0]quit
[BJ-R1]interface GigabitEthernet 0/2
[BJ-R1-GigabitEthernet0/2]ip address 200.0.0.2 30
```

(8) 进行北京总部路由器 BJ-R1 的 NAT 配置，命令如下：

```
[BJ-R1]acl number 2000
[BJ-R1-acl-ipv4-basic-2000]rule permit source 192.168.8.0 0.0.3.255    //总部电脑
[BJ-R1-acl-ipv4-basic-2000]rule permit source 172.16.0.0 0.0.1.255     //上海电脑
[BJ-R1-acl-ipv4-basic-2000]rule permit source 172.16.2.0 0.0.1.255     //广州电脑
[BJ-R1-acl-ipv4-basic-2000]quit
[BJ-R1]interface GigabitEthernet 0/2
[BJ-R1-GigabitEthernet0/2]nat outbound 2000
```

通过 NAT 配置，可使总部和分部的电脑通过总部路由器 BJ-R1 访问 Internet，关于 NAT 的详细内容将在第 10 章学习。

(9) 进行上海分部路由器 SH-R1 的基本配置，命令如下：

```
[SH-R1]interface GigabitEthernet 0/1
[SH-R1-GigabitEthernet0/1]ip address 10.10.10.2 30
[SH-R1-GigabitEthernet0/1]quit
[SH-R1]interface GigabitEthernet 0/0
[SH-R1-GigabitEthernet0/0]ip address 10.10.10.5 30
```

(10) 进行广州分部路由器 GZ-R1 的基本配置，命令如下：

```
[GZ-R1]interface GigabitEthernet 0/0
[GZ-R1-GigabitEthernet0/0]ip address 10.10.10.10 30
[GZ-R1-GigabitEthernet0/0]quit
[GZ-R1]interface g0/1
[GZ-R1-GigabitEthernet0/1]ip address 10.10.10.13 30
```

(11) 进行外网路由器 ISP-R1 的基本配置，命令如下：

```
[ISP-R1]interface GigabitEthernet 0/0
[ISP-R1-GigabitEthernet0/0]ip address 200.0.0.1 30
```

(12) 进行各设备的 OSPF 配置，命令如下：

```
[BJ-R1]ospf 1 router-id 1.1.1.1    //北京总部路由器 BJ-R1 的配置
[BJ-R1-ospf-1]bandwidth-reference 1000
[BJ-R1-ospf-1]area 0
[BJ-R1-ospf-1-area-0.0.0.0]network 10.10.10.16 0.0.0.3
```

[BJ-R1-ospf-1-area-0.0.0.0]**quit**

[BJ-R1-ospf-1]**area 1**

[BJ-R1-ospf-1-area-0.0.0.1]**network 10.10.10.4 0.0.0.3**

[BJ-R1-ospf-1-area-0.0.0.1]**quit**

[BJ-R1-ospf-1]**area 2**

[BJ-R1-ospf-1-area-0.0.0.2]**network 10.10.10.8 0.0.0.3**

[BJ-SW1]**ospf 1 router-id 2.2.2.2**　　//北京总部交换机 BJ-SW1 的配置

[BJ-SW1-ospf-1]**bandwidth-reference 1000**

[BJ-SW1-ospf-1]**area 0**

[BJ-SW1-ospf-1-area-0.0.0.0]**network 192.168.8.0 0.0.3.255**

[BJ-SW1-ospf-1-area-0.0.0.0]**network 10.10.10.16 0.0.0.3**

[BJ-SW1-ospf-1-area-0.0.0.0]**return**

[BJ-SW1-ospf-1]**silent-interface Vlan-interface 10**　//配置静默接口。OSPF 静默接口仍然会将其所在网段从其他 OSPF 接口宣告出去，但不收发 hello 报文，不建立邻居关系，从而避免了终端收到不必要的 OSPF 报文、链路带宽的浪费、非法路由器接入进行路由欺骗等

[BJ-SW1-ospf-1]**silent-interface Vlan-interface 20**　//配置静默接口

[BJ-SW1-ospf-1]**silent-interface Vlan-interface 30**　//配置静默接口

[BJ-SW1-ospf-1]**silent-interface Vlan-interface 40**　//配置静默接口

[SH-R1]**ospf 1 router-id 3.3.3.3**　　//上海分部路由器 SH-R1 的配置

[SH-R1-ospf-1]**bandwidth-reference 1000**

[SH-R1-ospf-1]**area 1**

[SH-R1-ospf-1-area-0.0.0.1]**network 10.10.10.0 0.0.0.7**

[SH-SW1]**ospf 1 router-id 4.4.4.4**　　//上海分部交换机 SH-SW1 的配置

[SH-SW1-ospf-1]**bandwidth-reference 1000**

[SH-SW1-ospf-1]**silent-interface Vlan-interface 100**　//配置静默接口

[SH-SW1-ospf-1]**silent-interface Vlan-interface 101**　//配置静默接口

[SH-SW1-ospf-1]**area 1**

[SH-SW1-ospf-1-area-0.0.0.1]**network 10.10.10.0 0.0.0.1**

[SH-SW1-ospf-1-area-0.0.0.1]**network 172.16.0.0 0.0.1.255**

[GZ-R1]**ospf 1 router-id 5.5.5.5**　　//广州分部路由器 GZ-R1 的配置

[GZ-R1-ospf-1]**bandwidth-reference 1000**

[GZ-R1-ospf-1]**area 2**

[GZ-R1-ospf-1-area-0.0.0.2]**network 10.10.10.8 0.0.0.7**

[GZ-SW1]**ospf 1 router-id 6.6.6.6**　　//广州分部交换机 GZ-SW1 的配置

[GZ-SW1-ospf-1]**bandwidth-reference 1000**

[GZ-SW1-ospf-1]**silent-interface Vlan-interface 200**　//配置静默接口

[GZ-SW1-ospf-1]**silent-interface Vlan-interface 201**　//配置静默接口

[GZ-SW1-ospf-1]**area 2**

[GZ-SW1-ospf-1-area-0.0.0.2]**network 10.10.10.12 0.0.0.3**

[GZ-SW1-ospf-1-area-0.0.0.2]**network 172.16.2.0 0.0.1.255**

测试北京总部的电脑、上海分部的电脑、广州分部电脑可以互相 ping 通。

2. OSPF 特殊区域的配置

下面，将 Area 2 配置为完全末梢区域，命令如下：

[BJ-R1]**ospf 1**　　//北京总部路由器 BJ-R1 的配置

[BJ-R1-ospf-1]**area 2**

[BJ-R1-ospf-1-area-0.0.0.2]**stub no-summary**

[GZ-R1]**ospf 1**　　//广州分部路由器 GZ-R1 的配置

[GZ-R1-ospf-1]**area 2**

[GZ-R1-ospf-1-area-0.0.0.2]**stub**

[GZ-SW1]**ospf 1**　　//广州分部交换机 GZ-SW1 的配置

[GZ-SW1-ospf-1]**area 2**

[GZ-SW1-ospf-1-area-0.0.0.2]**stub**

3. OSPF 的 MD5 验证

(1) 在北京总部到上海分部、北京总部到广州分部两条链路上配置 OSPF 的 MD5 验证，命令如下：

[BJ-R1]**interface GigabitEthernet 0/0**　　//BJ-R1 的配置

[BJ-R1-GigabitEthernet0/0]**ospf authentication-mode md5 1 plain 123**

[BJ-R1-GigabitEthernet0/0]**quit**

[BJ-R1]**interface GigabitEthernet 0/1**

[BJ-R1-GigabitEthernet0/1]**ospf authentication-mode md5 1 plain 123**

[SH-R1]**interface GigabitEthernet 0/0**　　//SH-R1 的配置

[SH-R1-GigabitEthernet0/0]**ospf authentication-mode md5 1 plain 123**

[GZ-R1]**interface GigabitEthernet 0/0**　　//GZ-R1 的配置

[GZ-R1-GigabitEthernet0/0]**ospf authentication-mode md5 1 plain 123**

(2) 在北京总部的设备 BJ-R1 和 BJ-SW1 上配置 OSPF Area 0 的 MD5 验证，命令如下：

[BJ-R1]**ospf 1**　　//BJ-R1 的配置

[BJ-R1-ospf-1]**area 0**

[BJ-R1-ospf-1-area-0.0.0.0]**authentication-mode md5 1 plain 123**

[BJ-SW1]**ospf 1**　　//BJ-SW1 的配置

[BJ-SW1-ospf-1]**area 0**

[BJ-SW1-ospf-1-area-0.0.0.0]**authentication-mode md5 1 plain 123**

4. OSPF 路由聚合的配置

下面，在北京总部路由器 BJ-R1 上配置 OSPF Area 0、Area 1、Area 2 的 ABR 路由聚合。将区域 0 的 172.16.0.0/24、192.168.9.0/24、192.168.10.0/24 和 192.168.11.0/24 聚合成 192.168.168.8.0/22，将区域 1 的 172.16.0.0/24 和 172.16.1.0/24 聚合成 172.16.0.0/23，将区域 2 的 172.16.2.0/24、172.16.3.0/24 聚合成 172.16.2.0/23，命令如下：

[BJ-R1]**ospf 1**

[BJ-R1-ospf-1]**area 0**

[BJ-R1-ospf-1-area-0.0.0.0]**abr-summary 192.168.8.0 255.255.252.0**

[BJ-R1-ospf-1-area-0.0.0.0]**area 1**

[BJ-R1-ospf-1-area-0.0.0.1]**abr-summary 172.16.0.0 255.255.254.0**

[BJ-R1-ospf-1-area-0.0.0.1]**area 2**

[BJ-R1-ospf-1-area-0.0.0.2]**abr-summary 172.16.2.0 255.255.254.0**

5. OSPF 默认路由注入的配置

(1) 在路由器 BJ-R1 上配置默认路由并将其向 OSPF 注入，命令如下：

[BJ-R1]**ip route-static 0.0.0.0 0 200.0.0.1**

[BJ-R1]**ospf 1**

[BJ-R1-ospf-1]**default-route-advertise**

(2) 在其他路由器上查看通过 OSPF 学到的默认路由，命令如下：

[SH-SW1]**display ip routing-table**

Destination/Mask	Proto	Pre	Cost	NextHop	Interface
0.0.0.0/0	O_ASE2	150	1	10.10.10.2	Vlan102

(3) 在各 PC 上 ping ISP-R1，测试内网与外网的连通性，命令如下：

PC>**ping 200.0.0.1**

6. 指定 OSPF DR

(1) 将 BJ-R1 指定为它与 BJ-SW1 相连网段的 DR，命令如下：

[BJ-R1]**interface GigabitEthernet 5/0**

[BJ-R1-GigabitEthernet5/0]**ospf dr-priority 2**

(2) 在参与选举的路由器和交换机上执行重启 OSPF 进程命令，命令如下：

<BJ-R1>**reset ospf process**　　//BJ-R1 重启 OSPF 进程

<BJ-SW1>**reset ospf process**　　//BJ--SW1 重启 OSPF 进程

(3) 查看谁是重新选举后的 DR，命令如下：

[BJ-R1]**display ospf**

```
 Area: 0.0.0.0              (MPLS TE not enabled)
  Interface: 10.10.10.17 (GigabitEthernet5/0)
 Cost: 1          State: DR          Type: Broadcast      MTU: 1500
 Priority: 2
 Designated router: 10.10.10.17           //DR
 Backup designated router: 10.10.10.18    //BDR
```

(4) 查看 BJ-R1 的 OSPF 邻居表，命令如下；

[BJ-R1]**display ospf peer**

(5) 查看 BJ-R1 的 OSPF 接口信息，命令如下：

[BJ-R1]**display ospf interface**

(6) 查看 OSPF 的 LSDB 摘要信息，命令如下：

[BJ-R1]**display ospf lsdb**

练习与思考

1. 动态路由协议主要分为哪两类？RIP 和 OSPF 分别属于哪类协议？请比较它们的优缺点。

2. RIP 路由协议采取了哪些防环措施？单区域 OSPF 需要防环措施吗？多区域 OSPF 呢？

3. 什么情况下需要选举 DR 和 BDR？DR 与 BDR 的选举规则是怎样的？

4. 构建一个包括三台路由器的网络，为该网络规划网段，分别采用 RIP 路由协议、单区域 OSPF 路由协议和多区域 OSPF 路由协议进行配置，使全网互通。

5. OSPF 有哪些特殊区域？请比较它们的异同。

6. 请构建一个包括五台路由器的网络，为该网络规划网段。要求该网络包括两个自治系统，其中一个运行 OSPF 协议，另一个运行 RIP 协议。运行 OSPF 协议的自治系统需要包含一个非纯末梢区域。请通过实验实现全网互通。

第 9 章　网络间的访问控制

之前已经实现了公司总部与分部间、公司各部门间的互联互访，但考虑到网络安全的需求，各子网间的互访需要进行一些控制，如禁止公司分部访问总部的财务部门、禁止公司总部的市场部门访问分部、只允许网络管理人员远程访问和管理网络设备等。

这些子网间访问控制的需求可以通过 ACL(Access Control List，访问控制列表) 实现。ACL 是应用在路由器接口的指令规则列表，这些列表可根据数据包的源地址、目的地址、源端口、目的端口等信息，控制路由器放行这些数据包还是拦截这些数据包，达到对子网间访问控制的目的。

9.1　标准 ACL

(1) 标准 ACL 也叫基本 ACL，它只根据报文的源 IP 地址来允许或拒绝数据包，不考虑目的地址、端口等信息。

(2) ACL 创建好后，需要在接口上应用才会生效。在接口应用 ACL 时，要指明是应用在路由器的入方向还是出方向上。

对于进入路由器的数据包，路由器会先检查入方向的 ACL，只有 ACL 允许通行才查询路由表；对于从路由器外出的数据包则先查询路由表，明确出接口后才查看出方向的 ACL。可见，把 ACL 应用到入站接口比应用到出站接口效率更高。

(3) 应用 ACL 时，还要考虑应用到哪台路由器上更好。由于标准 ACL 只能根据源地址过滤数据包，为了避免过早拒绝导致拒绝范围被扩大，标准 ACL 应该应用到离目的地最近的路由器上。

(4) ACL 被应用在路由器接口的入或出方向后，方向一致的数据包流经接口时，就会被从 ACL 的第一个表项开始、自上而下的进行检查，一旦当前被检查的数据包匹配某一表项的条件，就停止对后续表项的检查，并执行当前表项的动作。动作有两个，一个是允许通过 permit，另一个是拒绝通过 deny。

9.1.1　思科设备配置标准 ACL

思科设备规定了一条默认表项，会自动添加到所有 ACL 表项的后面，内容是拒绝所有数据包通过，即 deny any，若当前数据包与之前的 ACL 表项都不匹配，就会被拒绝通过。思科设备的标准 ACL 编号是 1～99。

在 Packet Tracer 中搭建如图 9-1 所示的拓扑，通过配置标准 ACL 实现只允许 PC0 访问路由器 R1、R2、R3 的 Telnet 服务；拒绝 PC1 所在网段访问 Server0(192.168.4.10)。

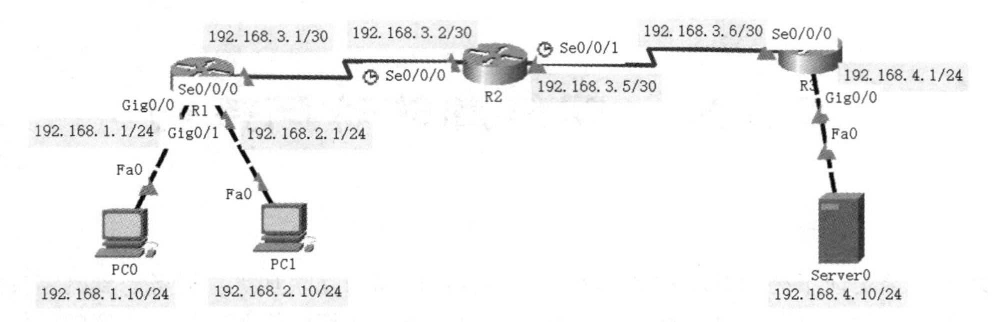

图 9-1　思科设备配置标准 ACL 的拓扑

(1) 进行各路由器的基本配置，命令如下：

R1(config)#**interface GigabitEthernet 0/0**　　//R1 的配置

R1(config-if)#**ip address 192.168.1.1 255.255.255.0**

R1(config-if)#**no shutdown**

R1(config-if)#**exit**

R1(config)#**interface GigabitEthernet 0/1**

R1(config-if)#**ip address 192.168.2.1 255.255.255.0**

R1(config-if)#**no shutdown**

R1(config-if)#**exit**

R1(config)#**interface serial 0/0/0**

R1(config-if)#**ip address 192.168.3.1 255.255.255.252**

R1(config-if)#**no shutdown**

R2(config)#**interface Serial 0/0/0**　　//R2 的配置

R2(config-if)#**ip address 192.168.3.2 255.255.255.252**

R2(config-if)#**no shutdown**

R2(config-if)#**exit**

R2(config)#**interface Serial 0/0/1**

R2(config-if)#**ip address 192.168.3.5 255.255.255.252**

R2(config-if)#**no shutdown**

R3(config)#**interface Serial 0/0/0**　　//R3 的配置

R3(config-if)#**ip address 192.168.3.6 255.255.255.252**

R3(config-if)#**no shutdown**

R3(config-if)#**exit**

R3(config)#**interface GigabitEthernet 0/0**

R3(config-if)#**ip address 192.168.4.1 255.255.255.0**

R3(config-if)#**no shutdown**

(2) 配置单区域 OSPF 使全网互通，命令如下：

R1(config)#**router ospf 1**　　//R1 的配置

R1(config-router)#**router-id 1.1.1.1**

R1(config-router)#**network 192.168.1.0 0.0.0.255 area 0**

R1(config-router)#**network 192.168.2.0 0.0.0.255 area 0**

R1(config-router)#**network 192.168.3.0 0.0.0.3 area 0**

R2(config)#**router ospf 1**　　//R2 的配置

R2(config-router)#**router-id 2.2.2.2**

R2(config-router)#**network 192.168.3.0 0.0.0.3 area 0**

R2(config-router)#**network 192.168.3.4 0.0.0.3 area 0**

R3(config)#**router ospf 1**　　//R3 的配置

R3(config-router)#**router-id 3.3.3.3**

R3(config-router)#**network 192.168.3.4 0.0.0.3 area 0**

R3(config-router)#**network 192.168.4.0 0.0.0.255 area 0**

(3) 查看 R1、R2、R3 的 OSPF 路由表，命令如下：

R1#**show ip route ospf**　　//查看 R1 的 OSPF 路由表

R2#**show ip route ospf**　　//查看 R2 的 OSPF 路由表

R3#**show ip route ospf**　　//查看 R3 的 OSPF 路由表

(4) 为 R1、R2、R3 开启 Telnet 服务，允许管理员通过密码“123”对这些设备进行 Telnet 远程管理。通过 ACL 实现只允许 PC0 访问路由器 R1、R2、R3 的 Telnet 服务；拒绝 PC1 所在网段访问 Server0(192.168.4.10)，命令如下：

R1(config)#**access-list 1 permit host 192.168.1.10**　　//为 R1 定义 ACL 1 的第一个表项，允许 PC0 通过，默认表项“拒绝所有”将自动添加在最后，成为 ACL 1 的第二个表项

R1(config)#**line vty 0 4**　//进入 0～4 这五个远程虚拟终端的配置界面

R1(config-line)#**access-class 1 in**　　//将 ACL 1 应用在远程连接的入方向，此处 access-class 命令只对标准 ACL 有效

R1(config-line)#**password 123**　//远程连接验证时的密码

R1(config-line)#**login**　//远程连接时需要密码验证

R2(config)#**access-list 1 permit host 192.168.1.10**　　//为 R2 定义 ACL 1 第一个表项，允许 PC0 通过，默认表项“拒绝所有”将自动添加在最后，成为 ACL 1 的第二个表项

R2(config)#**line vty 0 4**

R2(config-line)#**access-class 1 in**　　//将 ACL 1 应用在远程连接的入方向

R2(config-line)#**password 123**

R2(config-line)#**login**

R3(config)#**access-list 1 permit host 192.168.1.10**　　//为 R3 定义 ACL 1 的第一个表项，允许 PC0 通过，默认表项“拒绝所有”将自动添加在最后，成为 ACL 1 的第二个表项

R3(config)#**access-list 2 deny 192.168.2.0 0.0.0.255**　//ACL 2 第一个表项拒绝 PC1 所在网段

R3(config)#**access-list 2 permit any**　//ACL 2 第二个表项允许所有网段通过，默认表项“拒绝所有”将自动添加在最后，成为 ACL 1 的第三个表项，由于第二个表项已经允许所有网段通过，所以第三个表项将不会被用到

R3(config)#**line vty 0 4**

```
R3(config-line)#access-class 1 in    //将 ACL 1 应用在远程连接的入方向
R3(config-line)#password 123
R3(config-line)#login
R3(config-line)#exit
R3(config)#interface serial 0/0/0
R3(config-if)#ip access-group 2 in   //将 ACL 2 应用在当前接口的入方向
```

(5) 测试方法如下：

① 在 PC0 上进行连接 R1 的 Telnet 测试，命令如下：

```
C:\>ipconfig    //查看 PC0 的 IP 地址
C:\>telnet 192.168.1.1   //远程连接 R1
Password:    //输入密码 123
R1>exit   //成功连接到 R1，输入命令返回
```

② 在 PC0 上进行连接 R2 的 Telnet 测试，命令如下：

```
C:\>telnet 192.168.3.2    //远程连接 R2
Password:    //输入密码 123
R2>exit   //成功连接到 R2，输入命令返回
```

③ 在 PC0 上进行连接 R3 的 Telnet 测试，命令如下：

```
C:\>telnet 192.168.3.6    //远程连接 R3
Password:    //输入密码 123
R3>exit   //成功连接到 R3，输入命令返回
```

④ 在 PC0 上 ping 服务器 Server0，测试它们之间的连通性，命令如下：

```
C:\>ping 192.168.4.10    //可以 ping 通
```

⑤ 在 PC1 上 Telnet R1，命令如下：

```
C:\>ipconfig    //查看 PC1 的 IP 地址
C:\>telnet 192.168.1.1    //远程连接 R1
% Connection refused by remote host   //提示连接被拒绝
```

⑥ 在 PC1 上 Telnet R2，命令如下：

```
C:\>telnet 192.168.3.2    //远程连接 R2
% Connection refused by remote host   //提示连接被拒绝
```

⑦ 在 PC1 上 Telnet R3，命令如下：

```
C:\>telnet 192.168.3.6    //远程连接 R3
% Connection timed out; remote host not responding   //提示超时
```

⑧ 在 PC1 ping 服务器 Server0，命令如下：

```
C:\>ping 192.168.4.10    //通过 ping 测试 PC1 与服务器 Server0 的连通性，ping 不通
```

⑨ 在 R3 上查看访问控制列表，命令如下：

```
R3#show ip access-lists
Standard IP access list 1
    10 permit host 192.168.1.10 (2 match(es))   //ACL 1 表项 1 的匹配量
Standard IP access list 2
```

```
    10 deny 192.168.2.0 0.0.0.255 (28 match(es))    //ACL 2 表项 1 的匹配量
    20 permit any (136 match(es))    //ACL 2 表项 2 的匹配量
```

⑩ 在 R3 上清空 ACL 各表项的匹配，命令如下：

```
R3#clear access-list counters    //清空 ACL 各表项的匹配
R3#show ip access-lists    //查看访问控制列表，可以看到各表项的匹配量被清空
Standard IP access list 1
    10 permit host 192.168.1.10
Standard IP access list 2
    10 deny 192.168.2.0 0.0.0.255
    20 permit any
```

⑪ 在 R3 上查看接口 S0/0/0 的信息，命令如下：

```
R3#show ip interface Serial 0/0/0
  Outgoing access list is not set
  Inbound    access list is 2    //表明接口的入方向上应用了 ACL 2
```

9.1.2　华为设备配置标准 ACL

一个 ACL 中可以包含多条规则，华为设备为流策略和 Telnet 分别规定了一条默认规则，默认规则会自动添加到所有规则的最后。其中，流策略的 ACL 默认规则是“允许所有”，Telnet 的 ACL 默认规则是“拒绝所有”。华为设备的标准 ACL 编号是 2000～2999。

在 eNSP 中搭建如图 9-2 所示的拓扑，配置地址，配置单区域 OSPF 使全网互通。为 R3 开启 Telnet 服务，允许通过密码“123”对它进行 Telnet 远程管理。通过配置标准 ACL，只允许 PC0 访问路由器 R3 的 Telnet 服务；拒绝 PC1 所在网段访问 Server0(192.168.4.10)。

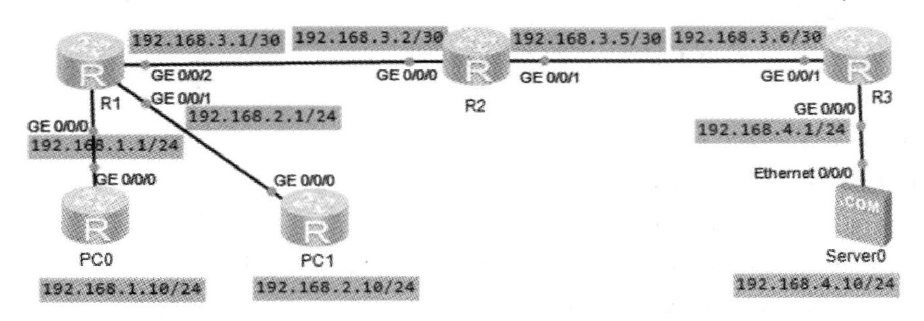

图 9-2　华为设备配置基本 ACL 的拓扑

(1) 进行各路由器和 PC 的基本配置，命令如下：

```
[R1]interface GigabitEthernet 0/0/0    //R1 的配置
[R1-GigabitEthernet0/0/0]ip address 192.168.1.1 24
[R1-GigabitEthernet0/0/0]quit
[R1]interface GigabitEthernet 0/0/1
[R1-GigabitEthernet0/0/1]ip address 192.168.2.1 24
[R1-GigabitEthernet0/0/1]quit
[R1]interface g0/0/2
```

[R1-GigabitEthernet0/0/2]**ip address 192.168.3.1 30**

[R2]**interface GigabitEthernet 0/0/0** //R2 的配置

[R2-GigabitEthernet0/0/0]**ip address 192.168.3.2 30**

[R2-GigabitEthernet0/0/0]**quit**

[R2]**interface GigabitEthernet 0/0/1**

[R2-GigabitEthernet0/0/1]**ip address 192.168.3.5 30**

[R3]**interface GigabitEthernet 0/0/1** //R3 的配置

[R3-GigabitEthernet0/0/1]**ip address 192.168.3.6 30**

[R3-GigabitEthernet0/0/1]**quit**

[R3]**interface GigabitEthernet 0/0/0**

[R3-GigabitEthernet0/0/0]**ip address 192.168.4.1 24**

[PC0]**interface GigabitEthernet 0/0/0** //PC0 的配置，用路由器模拟

[PC0-GigabitEthernet0/0/0]**ip address 192.168.1.10 24**

[PC0-GigabitEthernet0/0/0]**quit**

[PC0]**ip route-static 0.0.0.0 0 192.168.1.1**

[PC1]**interface GigabitEthernet 0/0/0** //PC1 的配置，用路由器模拟

[PC1-GigabitEthernet0/0/0]**ip address 192.168.2.10 24**

[PC1-GigabitEthernet0/0/0]**quit**

[PC1]**ip route-static 0.0.0.0 0 192.168.2.1**

(2) 进行 Server0 的配置，命令如下：

IP 地址：192.168.4.10 //Server0 的配置

子网掩码：255.255.255.0

网关：192.168.4.1

(3) 在 R3 上开启 Telnet 服务，命令如下：

[R3]**telnet server enable**

[R3]**user-interface vty 0 4**

[R3-ui-vty0-4]**protocol inbound telnet**

[R3-ui-vty0-4]**authentication-mode password**

Please configure the login password (maximum length 16):123 //直接指定密码

[R3-ui-vty0-4]**set authentication password cipher 123** //还可以通过命令设置密码

[R3-ui-vty0-4]**user privilege level 15**

(4) 配置单区域 OSPF 使全网互通，命令如下：

[R1]**ospf 1 router-id 1.1.1.1** //R1 的配置

[R1-ospf-1]**area 0**

[R1-ospf-1-area-0.0.0.0]**network 192.168.1.0 0.0.0.255**

[R1-ospf-1-area-0.0.0.0]**network 192.168.2.0 0.0.0.255**

[R1-ospf-1-area-0.0.0.0]**network 192.168.3.0 0.0.0.3**

[R2]**ospf 1 router-id 2.2.2.2** //R2 的配置

[R2-ospf-1]**area 0**

[R2-ospf-1-area-0.0.0.0]**network 192.168.3.0 0.0.0.3**

[R2-ospf-1-area-0.0.0.0]**network 192.168.3.4 0.0.0.3**

[R3]**ospf 1 router-id 3.3.3.3**　　//R3 的配置

[R3-ospf-1]**area 0**

[R3-ospf-1-area-0.0.0.0]**network 192.168.3.4 0.0.0.3**

[R3-ospf-1-area-0.0.0.0]**network 192.168.4.0 0.0.0.255**

(5) 查看各路由器的 OSPF 路由表，命令如下：

[R1]**display ip routing-table protocol ospf**　//查看 R1 的路由表

[R2]**display ip routing-table protocol ospf**　//查看 R2 的路由表

[R3]**display ip routing-table protocol ospf**　//查看 R3 的路由表

(6) 用于 Telnet 的 ACL 配置和测试如下：

① ACL 配置的命令如下：

[R3]**acl 2000**

[R3-acl-basic-2000]**rule permit source 192.168.1.10 0**　//为 R3 定义 ACL 2000 的第一条规则，允许 192.168.1.10(即 PC0) 通过，Telnet 的 ACL 默认规则动作“拒绝所有”将自动添加在最后，成为 ACL 2000 的第二条规则

[R3-acl-basic-2000]**quit**

[R3]**user-interface vty 0 4**　//进入 0～4 这五个远程虚拟终端的配置界面

[R3-ui-vty0-4]**acl 2000 inbound**　//将 ACL 2000 应用在远程连接的入方向

[R3-ui-vty0-4]**quit**

② PC0 远程连接 R3 测试，命令如下：

<PC0>**telnet 192.168.4.1**　//PC0 远程连接 R3

Login authentication

Password:　//输入密码 123

<R3>**quit**　//成功连接到 R1，输入命令返回

③ PC1 远程连接 R3 测试，命令如下：

<PC1>**telnet 192.168.4.1**　//PC1 远程连接 R3

Error: Can't connect to the remote host　//PC1 无法远程连接到 R3

(7) 用于流策略的 ACL 配置和测试如下：

① ACL 配置的命令如下：

[R3]**acl 2001**

[R3-acl-basic-2001]**rule deny source 192.168.2.0 0.0.0.255**　//为 R3 定义 ACL 2001 的第一条规则，拒绝 192.168.2.0(即 PC 所在网段) 通过，流策略的 ACL 默认规则动作“允许所有”将自动添加在最后，成为 ACL 2001 的第二条规则

[R3-acl-basic-2001]**quit**

[R3]**interface GigabitEthernet 0/0/0**

[R3-GigabitEthernet0/0/0]**traffic-filter outbound acl 2001**　//将 ACL 2001 应用在当前接口的出方向

② 进行 PC0 ping Server0 测试，命令如下：

<PC0>**ping 192.168.4.10**　//PC0 ping Server0

```
    Reply from 192.168.4.10: bytes=56 Sequence=5 ttl=252 time=30 ms    //ping 通了
```

③ 进行 PC1 ping Server0 测试，命令如下：

```
<PC1>ping 192.168.4.10        //PC1 ping Server0
    Request time out          //ping 不通
```

9.1.3　华三设备配置标准 ACL

一个 ACL 中可以包含多条规则，华三设备与华为设备一样，为流策略和 Telnet 分别规定了一条默认规则，默认规则会自动添加到所有规则的最后。其中，流策略的 ACL 默认规则是“允许所有”，Telnet 的 ACL 默认规则是“拒绝所有”。华三设备的标准 ACL 编号是 2000～2999。

如图 9-3 所示，在 HCL 中搭建拓扑、配置地址、配置单区域 OSPF 使全网互通，为 R3 开启 Telnet 服务，允许通过密码“123@h3c”对它进行 Telnet 远程管理。配置标准 ACL 只允许 PC0 访问路由器 R3 的 Telnet 服务；拒绝 PC1 所在网段访问 Server0(192.168.4.10)。

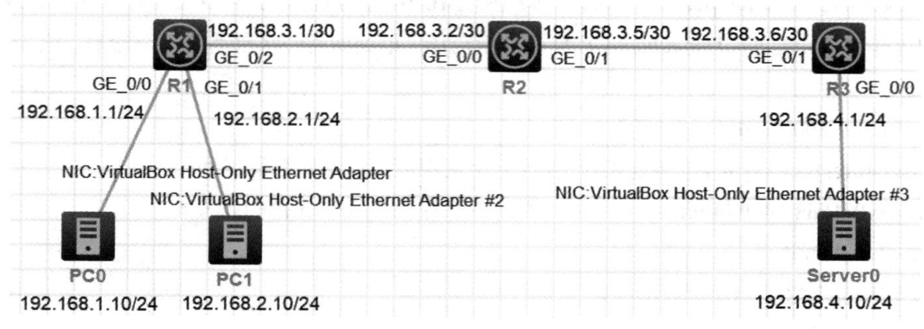

图 9-3　华三设备配置基本 ACL 的拓扑

(1) PC0、PC1 和 Server0 采用 VMware 的 Windows 虚拟机连接，具体方法如下：

① 如图 9-4 所示，在桌面打开 Oracle VM VirtualBox 管理器，选择“全局工具”中的“主机网络管理器”，创建“VirtualBox Host-Only Ethernet Adapter #2”和“VirtualBox Host-Only Ethernet Adapter #3”。

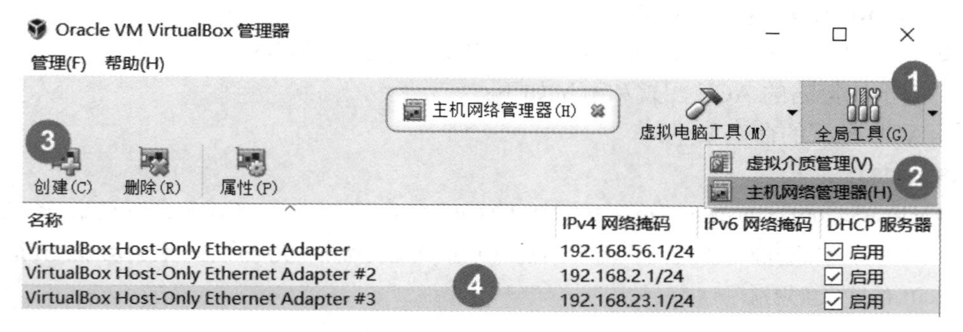

图 9-4　Oracle VM VirtualBox 管理器

② 如图 9-5 所示，打开桌面的 VMware Workstation，参照“华三设备无密码的远程 Telnet 连接”实验中给 VMware 的虚拟网卡和 VirtualBox 的虚拟网卡间建立联系的方法，将 VMnet1 桥接到 VirtualBox Host-Only Ethernet Adapter，将 VMnet2 桥接到 VirtualBox

Host-Only Ethernet Adapter #2，将 VMnet3 桥接到 VirtualBox Host-Only Ethernet Adapter #3。

图 9-5　VMware Workstation 虚拟网络编辑器

③ PC0 的配置如下：

IP 地址：192.168.1.10，子网掩码：255.255.255.0，网关：192.168.1.1

④ PC1 的配置如下：

IP 地址：192.168.2.10，子网掩码：255.255.255.0，网关：192.168.2.1

⑤ Server0 的配置如下：

IP 地址：192.168.4.10，子网掩码：255.255.255.0，网关：192.168.4.1

(2) 进行路由器的基本配置，命令如下：

```
[R1]interface GigabitEthernet 0/0    //R1 的配置
[R1-GigabitEthernet0/0]ip address 192.168.1.1 24
[R1-GigabitEthernet0/0]quit
[R1]interface GigabitEthernet 0/1
[R1-GigabitEthernet0/1]ip address 192.168.2.1 24
[R1-GigabitEthernet0/1]quit
[R1]interface GigabitEthernet 0/2
[R1-GigabitEthernet0/2]ip address 192.168.3.1 30
[R2]interface GigabitEthernet 0/0    //R2 的配置
[R2-GigabitEthernet0/0]ip address 192.168.3.2 30
[R2-GigabitEthernet0/0]quit
[R2]interface GigabitEthernet 0/1
```

[R2-GigabitEthernet0/1]**ip address 192.168.3.5 30**

[R3]**interface GigabitEthernet 0/1**　　//R3 的配置

[R3-GigabitEthernet0/1]**ip address 192.168.3.6 30**

[R3-GigabitEthernet0/1]**quit**

[R3]**interface GigabitEthernet 0/0**

[R3-GigabitEthernet0/0]**ip address 192.168.4.1 24**

(3) 在 R3 上配置 Telnet，命令如下：

[R3]**telnet server enable**

[R3]**line vty 0 4**

[R3-line-vty0-4]**protocol inbound telnet**

[R3-line-vty0-4]**authentication-mode password**

[R3-line-vty0-4]**set authentication password simple 123@h3c**

[R3-line-vty0-4]**user level-15**

(4) 进行各路由器上动态路由的配置，命令如下：

[R1]**ospf 1 router-id 1.1.1.1**　　//R1 的配置

[R1-ospf-1]**area 0**

[R1-ospf-1-area-0.0.0.0]**network 192.168.1.0 0.0.0.255**

[R1-ospf-1-area-0.0.0.0]**network 192.168.2.0 0.0.0.255**

[R1-ospf-1-area-0.0.0.0]**network 192.168.3.0 0.0.0.3**

[R2]**ospf 1 router-id 2.2.2.2**　　//R2 的配置

[R2-ospf-1]**area 0**

[R2-ospf-1-area-0.0.0.0]**network 192.168.3.0 0.0.0.3**

[R2-ospf-1-area-0.0.0.0]**network 192.168.3.4 0.0.0.3**

[R3]**ospf 1 router-id 3.3.3.3**　　//R3 的配置

[R3-ospf-1]**area 0**

[R3-ospf-1-area-0.0.0.0]**network 192.168.3.4 0.0.0.3**

[R3-ospf-1-area-0.0.0.0]**network 192.168.4.0 0.0.0.255**

(5) 在各路由器上查看 OSPF 路由表，命令如下：

[R1]**display ip routing-table protocol ospf**　//查看 R1 的路由表

[R2]**display ip routing-table protocol ospf**　//查看 R2 的路由表

[R3]**display ip routing-table protocol ospf**　//查看 R3 的路由表

(6) 用于 Telnet 的 ACL 配置方法和测试过程如下：

① ACL 的配置命令如下：

[R3]**acl number 2000**

[R3-acl-ipv4-basic-2000]**rule permit source 192.168.1.10 0**　　//为 R3 定义 ACL 2000 的第一条规则，允许 192.168.1.10(即 PC0) 通过，Telnet 的 ACL 默认规则动作“拒绝所有”将自动添加在最后，成为 ACL 2000 的第二条规则

[R3-acl-ipv4-basic-2000]**quit**

[R3]**telnet server acl 2000**　//将 ACL 2000 应用在 Telnet 远程连接上

② 进行 PC0 远程连接 R3 测试，命令如下：

```
C:\Documents and Settings\Administrator>telnet 192.168.3.6
Password:        //输入密码 123@h3c
<R3>    //成功连接到 R3
<R3>quit    //输入命令返回
```

③ 进行 PC1 远程连接 R3 测试，命令如下：

```
C:\Documents and Settings\Administrator>telnet 192.168.3.6
```

返回提示：正在连接到 192.168.3.6...不能打开到主机的连接，在端口 23：连接失败。

(7) 用于流策略的 ACL 配置方法和测试过程如下：

① ACL 的配置命令如下：

```
[R3]acl number 2001
[R3-acl-ipv4-basic-2001]rule deny source 192.168.2.0 0.0.0.255  //为 R3 定义 ACL 2001 的第一条规则，拒绝 192.168.2.0(即 PC 所在网段)通过，流策略的 ACL 默认规则动作“允许所有”将自动添加在最后，成为 ACL 2001 的第二条规则
[R3-acl-basic-2001]quit
[R3]interface GigabitEthernet 0/0
[R3-GigabitEthernet0/0]packet-filter 2001 outbound  //将 ACL 2001 应用在当前接口的出方向
[R3-GigabitEthernet0/0]quit
```

② 进行 PC0 ping Server0 测试，命令如下：

```
C:\Documents and Settings\Administrator>ping 192.168.4.10
Reply from 192.168.4.10: bytes=32 time=3ms TTL=125   //可以 ping 通
```

③ 进行 PC1 ping Server0 测试，命令如下：

```
C:\Documents and Settings\Administrator>ping 192.168.4.10
Request timed out.      //无法 ping 通
```

9.2 扩展 ACL

扩展 ACL 也称为高级 ACL，扩展 ACL 可根据数据包的源 IP 地址、目的 IP 地址、指定协议、源端口、目的端口和标志来允许或拒绝数据包。

9.2.1 思科设备配置扩展 ACL

思科扩展 ACL 的列表号范围是 100～199。下面，我们使用扩展 ACL 实现以下功能：

(1) 只允许 PC1 所在网段访问 R3 的 Telnet 服务；

(2) 拒绝 PC0 所在网段 ping Server0(192.168.4.10)；

(3) 拒绝 PC0 所在网段访问 Server0(192.168.4.10)的 Web 服务和 FTP 服务；

(4) 单向 ping 限制：不允许 PC1 ping Server0，但允许 Server0 ping PC1。

在 Packet Tracer 中搭建如图 9-6 所示的拓扑。

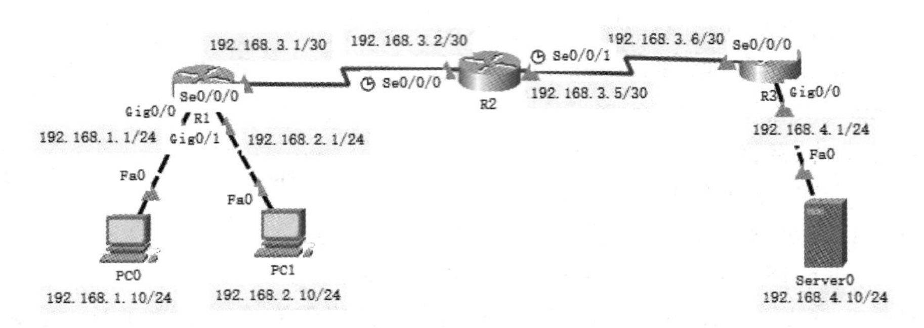

图 9-6 思科设备配置扩展 ACL 的拓扑

(1) 开启 R3 的 Telnet 服务，命令如下：

R3(config)#**line vty 0 4**

R3(config-line)#**transport input telnet**

R3(config-line)#**password 123**

R3(config-line)#**login**

(2) 在 R1 上进行扩展 ACL 的配置，方法如下：

① 定义扩展 ACL，命令如下：

R1(config)#**access-list 100 permit tcp 192.168.2.0 0.0.0.255 host 192.168.3.6 eq 23** //此命令定义了 ACL 100 的第一个列表项。列表号 100 表示当前 ACL 是扩展 ACL；permit 表示符合条件则允许通过；tcp 表示根据 tcp 协议的端口号来进行是否符合条件的判断；条件的前半部分 192.168.2.0 0.0.0.255 省略了源端口号，指的是"192.168.2.0 0.0.0.255+任意源端口号"，表示 PC2 所在网段作为源 IP，且对源端口号不做限制；条件的后半部分 host 192.168.3.6 eq 23 等价于 192.168.3.6 0.0.0.0 eq 23，指的是目标地址为 192.168.3.6，即 R3 的 IP 地址，且目标 TCP 端口号 eq 23，即等于 23，指的是目标 TCP 端口号等于 23，即 Telnet 服务

R1(config)#**access-list 100 permit tcp 192.168.2.0 0.0.0.255 host 192.168.4.1 eq 23** //此命令定义了 ACL 100 的第二个列表项，此处目标地址 192.168.4.1 是 R3 另一个接口的地址

R1(config)#**access-list 100 deny tcp any host 192.168.3.6 eq 23** //此命令定义了 ACL 100 的第三个列表项，拒绝了任意源 IP 地址、任意源端口号访问地址 192.168.3.6 且 TCP 端口号等于 23 的目标

R1(config)#**access-list 100 deny tcp any host 192.168.4.1 eq 23** //此命令定义了 ACL 100 的第四个列表项，此处目标地址 192.168.4.1 是 R3 另一个接口的地址

以上四条 ACL 100 的列表项实现了只允许 PC2 所在网段访问 R3 的 Telnet 服务。

R1(config)#**access-list 100 deny icmp 192.168.1.0 0.0.0.255 host 192.168.4.10** //此命令定义了 ACL 100 的第五个列表项，拒绝 PC0 所在网段(192.168.1.0) ping Server0(192.168.4.10)

R1(config)#**access-list 100 deny tcp 192.168.1.0 0.0.0.255 host 192.168.4.10 eq 80** //此命令定义了 ACL 100 的第六个列表项，拒绝 PC0 所在网段(192.168.1.0) 访问 Server0(192.168.4.10)的 TCP 80 端口，即 Web 服务

R1(config)#**access-list 100 deny tcp 192.168.1.0 0.0.0.255 host 192.168.4.10 eq 21** //此命令定义了 ACL 100 的第七个列表项，拒绝 PC0 所在网段(192.168.1.0) 访问 Server0(192.168.4.10)的 TCP 21 端口，即 FTP 服务的控制通道

R1(config)#**access-list 100 deny tcp 192.168.1.0 0.0.0.255 host 192.168.4.10 eq 20** //此命令定义了 ACL 100 的第八个列表项，拒绝 PC0 所在网段(192.168.1.0) 访问 Server0(192.168.4.10)的 TCP 20 端口，即 FTP 服务的数据通道

以上三条 ACL 100 的列表项拒绝了 PC0 所在网段访问 Server0(192.168.4.10) 的 Web 服务和 FTP 服务。

R1(config)#**access-list 100 deny icmp host 192.168.2.10 host 192.168.4.10 echo**　//此命令定义了 ACL 100 的第九个列表项，作用是不允许 PC1(192.168.2.10)　ping Server0(192.168.4.10)，但不拒绝 Server0 ping PC1。Ping 成功意味着去到了目标并且成功返回，即有去有回。其中 icmp 协议的 echo 表示去的过程，即源向目标发出回显请求；icmp 协议的 echo reply 表示回的过程，即目标向源发回的回显答复

R1(config)#**access-list 100 permit ip any any**　//此命令定义了 ACL 100 的第十个列表项，作用是允许所有源访问所有目标的 IP 协议。对于以太网来说，IP 是第三层协议，承载了第四层的 TCP 协议和 UDP 协议，所以允许对 IP 协议的访问意味着允许对 TCP 和 UDP 等所有四层协议的访问，所以本列表项的作用是允许所有

还有一条默认 ACL 条目排在最后，内容是拒绝所有。由于 ACL 100 的上一条列表已经允许所有了，所以排在最后的默认 ACL 条目不会被执行到。

② 在接口下应用 ACL，命令如下：

R1(config)#**interface serial 0/0/0**

R1(config-if)#**ip access-group 100 out**　//在接口下应用 ACL。定义好的 ACL 只有被应用了才会生效

(3) 分别在 PC1 和 PC0 上访问 R3，比较访问效果，命令如下：

C:\>**ipconfig**　//在 PC1 上，查看自身的 IP 地址

C:\>**telnet 192.168.3.6**　//在 PC1 上通过 Telnet 远程管理 R3

Password:　//输入密码 123

R3>exit　//成功连接

C:\>**ipconfig**　//在 PC0 上查看自身的 IP 地址

C:\>**telnet 192.168.3.6**　//在 PC0 上通过 Telnet 远程管理 R3

Trying 192.168.3.6 ...

% Connection timed out; remote host not responding　//无法成功连接

9.2.2　华为设备配置扩展 ACL

如图 9-7 所示，在标准 ACL 实验的基础上，继续使用扩展 ACL 实现以下功能：

(1) 只允许 PC1 所在网段访问 R3 的 Telnet 服务；

(2) 拒绝 PC0 所在网段 ping Server0(192.168.4.10)；

(3) 拒绝 PC0 所在网段访问 Server0(192.168.4.10)的 Web 服务和 FTP 服务；

(4) 单向 ping 限制：不允许 PC1 ping Server0，但允许 Server0 ping PC1。

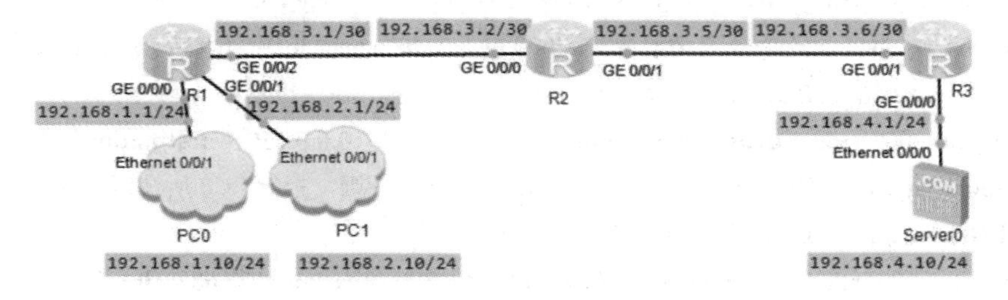

图 9-7　华为设备配置扩展 ACL 的拓扑

下面，介绍华为设备配置高级 ACL 的方法。

(1) 在 R3 上清空原来的 ACL 配置，命令如下：

[R3]**interface GigabitEthernet 0/0/0**

[R3-GigabitEthernet0/0/0]**undo traffic-filter outbound**

[R3-GigabitEthernet0/0/0]**quit**

[R3]**user-interface vty 0 4**

[R3-ui-vty0-4]**undo acl inbound**

[R3-ui-vty0-4]**quit**

[R3]**undo acl all**

(2) 在 R1 上配置扩展 ACL，命令如下：

[R1]**acl 3000**

[R1-acl-adv-3000]**rule permit tcp source 192.168.2.0 0.0.0.255 destination 192.168.3.6 0 destination-port eq 23** //此命令定义了 ACL 3000 的第一条规则，permit 表示符合条件则允许通过；TCP 表示根据 TCP 协议的端口号来进行是否符合条件的判断；条件的前半部分 192.168.2.0 0.0.0.255 省略了源端口号，指的是“192.168.2.0 0.0.0.255+任意源端口号”，表示 PC2 所在网段作为源 IP，且对源端口号不做限制；条件的后半部分“destination 192.168.3.6 0 destination-port eq 23”指的是目标地址为 192.168.3.6，即 R3 的 IP 地址，且目标 TCP 端口号等于 23，即 Telnet 服务

[R1-acl-adv-3000]**rule permit tcp source 192.168.2.0 0.0.0.255 destination 192.168.4.1 0 destination-port eq 23** //此命令定义了 ACL 3000 的第二条规则，此处目标地址 192.168.4.1 是 R3 另一个接口的地址

[R1-acl-adv-3000]**rule deny tcp source any destination 192.168.3.6 0 destination-port eq 23** //此命令定义了 ACL 3000 的第三条规则，拒绝了任意源 IP 地址、任意源端口号访问地址 192.168.3.6 且 TCP 端口号等于 23 的目标

[R1-acl-adv-3000]**rule deny tcp source any destination 192.168.4.1 0 destination-port eq 23** //此命令定义了 ACL 3000 的第四条规则，此处目标地址 192.168.4.1 是 R3 另一个接口的地址

以上四条 ACL 100 的列表项实现了只允许 PC2 所在网段访问 R3 的 Telnet 服务。

[R1-acl-adv-3000]**rule deny icmp source 192.168.1.0 0.0.0.255 destination 192.168.4.10 0** //此命令定义了 ACL 3000 的第五条规则，拒绝 PC0 所在网段(192.168.1.0) ping Server0(192.168.4.10)

[R1-acl-adv-3000]**rule deny tcp source 192.168.1.0 0.0.0.255 destination 192.168.4.10 0 destination-port eq 80** //此命令定义了 ACL 3000 的第六条规则，拒绝 PC0 所在网段(192.168.1.0) 访问 Server0(192.168.4.10)的 TCP 80 端口，即 Web 服务

[R1-acl-adv-3000]**rule deny tcp source 192.168.1.0 0.0.0.255 destination 192.168.4.10 0 destination-port eq 21** //此命令定义了 ACL 3000 的第七条规则，拒绝 PC0 所在网段(192.168.1.0) 访问 Server0(192.168.4.10)的 TCP 21 端口，即 FTP 服务的控制通道

[R1-acl-adv-3000]**rule deny tcp source 192.168.1.0 0.0.0.255 destination 192.168.4.10 0 destination-port eq 20** //此命令定义了 ACL 3000 的第八条规则，拒绝 PC0 所在网段(192.168.1.0) 访问 Server0(192.168.4.10)的 TCP 20 端口，即 FTP 服务的数据通道

[R1-acl-adv-3000]**rule deny icmp source 192.168.2.10 0 destination 192.168.4.10 0 icmp-type echo** //此命令定义了 ACL 100 的第九个列表项，作用是不允许 PC1(192.168.2.10) ping Server0(192.168.4.10)，但不拒

绝 Server0 ping PC1。Ping 成功意味着去到了目标并且成功返回，即有去有回。其中 icmp 协议的 echo 表示去的过程，即源向目标发出回显请求；icmp 协议的 echo reply 表示回的过程，即目标向源发回的回显答复

以上三条 ACL 3000 的列表项拒绝了 PC0 所在网段访问 Server0(192.168.4.10) 的 Web 服务和 FTP 服务。

还有一条默认 ACL 条目排在最后，内容是允许所有源访问所有目标的 IP 协议。

(3) 在 R1 的 G0/0/2 接口下应用 ACL，命令如下：

[R1]**interface GigabitEthernet 0/0/2**

[R1-GigabitEthernet0/0/2]**traffic-filter outbound acl 3000**

(4) 分别在 PC1 和 PC0 上访问 R3，比较访问效果。

① 在 PC1 上通过 Telnet 远程管理 R3，命令如下：

C:\Documents and Settings\Administrator>**telnet 192.168.3.6**

Login authentication

Password:　　　//输入密码 123

<R3>　　　//成功连接

<R3>**quit**

② 在 PC0 上通过 Telnet 远程管理 R3，命令如下：

C:\Documents and Settings\Administrator>**telnet 192.168.3.6**

返回提示：正在连接到 192.168.3.6...不能打开到主机的连接，在端口 23:连接失败。

(5) 验证“拒绝 PC0 所在网段 ping Server0(192.168.4.10)”，方法如下：

① PC0 ping Server0(192.168.4.10) 测试，命令如下：

C:\Documents and Settings\Administrator>**ping 192.168.4.10**

Request timed out.　　//无法 ping 通

② PC1 ping 192.168.4.1 测试，命令如下：

C:\Documents and Settings\Administrator>**ping 192.168.4.1**

Reply from 192.168.4.1: bytes=32 time=32ms TTL=253　　//可以 ping 通

(6) 验证“拒绝 PC0 所在网段访问 Server0(192.168.4.10)的 Web 服务和 FTP 服务”，方法如下：

① 如图 9-8 所示，在 PC0 上访问 Server0 的 Web 服务，无法访问。

② 如图 9-9 所示，在 PC1 访问 Server0 的 Web 服务，可以访问。

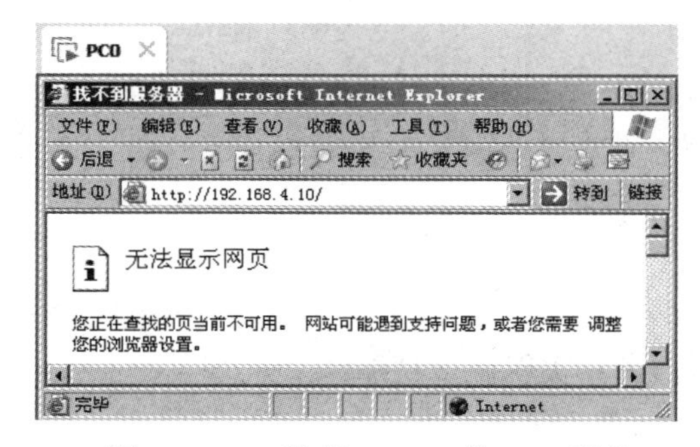

图 9-8　PC0 访问 Server0 的 Web 服务

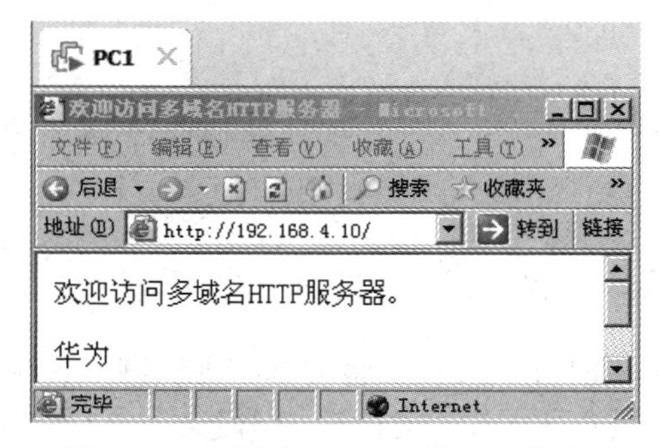

图 9-9　PC1 访问 Server0 的 Web 服务

③ PC0 访问 Server0 的 FTP 服务，命令如下：

C:\Documents and Settings\Administrator>**ftp 192.168.4.10**

> ftp: connect :连接超时

④ PC1 访问 Server0 的 FTP 服务，命令如下：

C:\Documents and Settings\Administrator>**ftp 192.168.4.10**

Connected to 192.168.4.10.

220 FtpServerTry FtpD for free

User (192.168.4.10:(none)): admin //输入用户名

331 Password required for admin .

Password: //输入密码

230 User admin logged in , proceed //成功连接登录

ftp> **quit** //返回

(7) 验证“单向 ping 限制：不允许 PC1 ping Server0，但允许 Server0 ping PC1”，方法如下：

① PC1 ping Server0 测试，命令如下：

C:\Documents and Settings\Administrator>**ping 192.168.4.10**

Request timed out. //无法 ping 通

② 如图 9-10 所示，在 Server0 上执行 ping PC1 的测试。

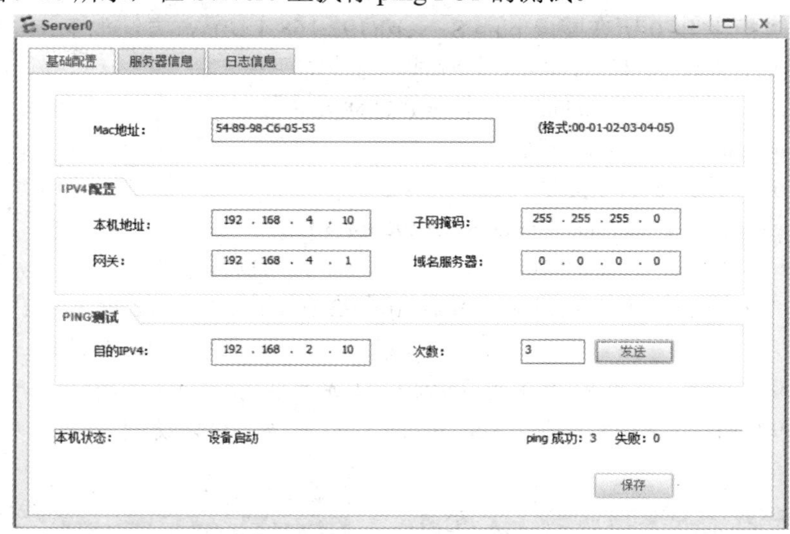

图 9-10 Server0 ping PC1 测试的界面

可以看到，Server0 能 ping 通 PC1。

9.2.3 华三设备配置扩展 ACL

在标准 ACL 实验的基础上继续，使用扩展 ACL 实现以下功能：

(1) 只允许 PC1 所在网段访问 R3 的 Telnet 服务；

(2) 拒绝 PC0 所在网段 ping Server0(192.168.4.10)；

(3) 拒绝 PC0 所在网段访问 Server0(192.168.4.10) 的 Web 服务和 FTP 服务；

(4) 单向 ping 限制：不允许 PC1 ping Server0，但允许 Server0 ping PC1。

下面介绍华三设备配置高级 ACL 的方法。

(1) 清空 R3 上原来的 ACL 配置，命令如下：

[R3]**interface GigabitEthernet 0/0**

[R3-GigabitEthernet0/0]**undo packet-filter 2001 outbound**

[R3-GigabitEthernet0/0]**quit**

[R3]**undo telnet server acl**

[R3]**undo acl all**

All IPv4 ACLs will be deleted. Continue?[Y/N]:**y**

(2) R1 上的 ACL 配置，命令如下：

[R1]**acl number 3000**

[R1-acl-ipv4-adv-3000]**rule permit tcp source 192.168.2.0 0.0.0.255 destination 192.168.3.6 0 destination-port eq 23**　//此命令定义了 ACL 3000 的第一条规则，permit 表示符合条件则允许通过；TCP 表示根据 TCP 协议的端口号来进行是否符合条件的判断；条件的前半部分 192.168.2.0 0.0.0.255 省略了源端口号，指的是“192.168.2.0 0.0.0.255+任意源端口号”，表示 PC2 所在网段作为源 IP，且对源端口号不做限制；条件的后半部分“destination 192.168.3.6 0 destination-port eq 23”指的是目标地址为 192.168.3.6，即 R3 的 IP 地址，且目标 TCP 端口号等于 23，即 Telnet 服务

[R1-acl-ipv4-adv-3000]**rule deny tcp source 192.168.2.0 0.0.0.255 destination 192.168.4.1 0 destination-port eq 23**　//此命令定义了 ACL 3000 的第二条规则，此处目标地址 192.168.4.1 是 R3 另一个接口的地址

[R1-acl-ipv4-adv-3000]**rule deny tcp source any destination 192.168.3.6 0 destination-port eq 23**　//此命令定义了 ACL 3000 的第三条规则，拒绝了任意源 IP 地址、任意源端口号访问地址 192.168.3.6 且 TCP 端口号等于 23 的目标

[R1-acl-ipv4-adv-3000]rule deny tcp source any destination 192.168.4.1 0 destination-port eq 23　//此命令定义了 ACL 3000 的第四条规则，此处目标地址 192.168.4.1 是 R3 另一个接口的地址

以上四条 ACL 100 的列表项实现了只允许 PC2 所在网段访问 R3 的 Telnet 服务。

[R1-acl-ipv4-adv-3000]**rule deny icmp source 192.168.1.0 0.0.0.255 destination 192.168.4.10 0**　//此命令定义了 ACL 3000 的第五条规则，拒绝 PC0 所在网段(192.168.1.0)　ping Server0(192.168.4.10)

[R1-acl-ipv4-adv-3000]**rule deny tcp source 192.168.1.0 0.0.0.255 destination 192.168.4.10 0 destination-port eq 80**　//此命令定义了 ACL 3000 的第六条规则，拒绝 PC0 所在网段(192.168.1.0) 访问 Server0(192.168.4.10) 的 TCP 80 端口，即 Web 服务

[R1-acl-ipv4-adv-3000]**rule deny tcp source 192.168.1.0 0.0.0.255 destination 192.168.4.10 0 destination-port eq 21**　//此命令定义了 ACL 3000 的第七条规则，拒绝 PC0 所在网段(192.168.1.0) 访问 Server0(192.168.4.10) 的 TCP 21 端口，即 FTP 服务的控制通道

[R1-acl-ipv4-adv-3000]**rule deny tcp source 192.168.1.0 0.0.0.255 destination 192.168.4.10 0 destination-port eq 20**　//此命令定义了 ACL 3000 的第八条规则，拒绝 PC0 所在网段(192.168.1.0) 访问 Server0(192.168.4.10) 的 TCP 20 端口，即 FTP 服务的数据通道

[R1-acl-ipv4-adv-3000]**rule deny icmp source 192.168.2.10 0 destination 192.168.4.10 0 icmp-type echo**

//此命令定义了 ACL 100 的第九个列表项，作用是不允许 PC1(192.168.2.10)　ping Server0(192.168.4.10)，但不拒绝 Server0 ping PC1。Ping 成功意味着去到了目标并且成功返回，即有去有回。其中 icmp 协议的 echo 表示去的过程，即源向目标发出回显请求；icmp 协议的 echo reply 表示回的过程，即目标向源发回的回显答复

以上三条 ACL 3000 的列表项拒绝了 PC0 所在网段访问 Server0(192.168.4.10) 的 Web 服务和 FTP 服务。

还有一条默认 ACL 条目排在最后，内容是允许所有源访问所有目标的 IP 协议。

(3) 在 R1 的 G0/2 接口下应用 ACL，命令如下：

[R1]interface GigabitEthernet 0/2

[R1-GigabitEthernet0/2]packet-filter 3000 outbound　//在接口下应用 ACL，定义好的 ACL 只有被应用了才会生效

(4) 分别在 PC1 和 PC0 上访问 R3，比较访问效果。方法如下：

① 在 PC0 上通过 Telnet 远程管理 R3，命令如下：

C:\Documents and Settings\Administrator>**telnet 192.168.3.6**

返回提示“正在连接到 192.168.3.6...不能打开到主机的连接，在端口 23: 连接失败”。

② 在 PC1 上通过 Telnet 远程管理 R3，命令如下：

C:\Documents and Settings\Administrator>**telnet 192.168.3.6**

Password:　//输入密码 123@h3c

<R3>quit　//连接成功，用 quit 命令返回

(5) 验证“拒绝 PC0 所在网段 ping Server0(192.168.4.10)”。方法如下：

① PC0 ping Server0(192.168.4.10) 测试，命令如下：

C:\Documents and Settings\Administrator>**ping 192.168.4.10**

Request timed out.　//无法 ping 通

② PC0 ping 192.168.4.1 测试，命令如下：

C:\Documents and Settings\Administrator>**ping 192.168.4.1**

Reply from 192.168.4.1: bytes=32 time=20ms TTL=253　//可以 ping 通

(6) 验证“拒绝 PC0 所在网段访问 Server0(192.168.4.10) 的 Web 服务和 FTP 服务”。方法如下：

① 如图 9-11 所示，在 Server0 上搭建 Web 服务和 FTP 服务。

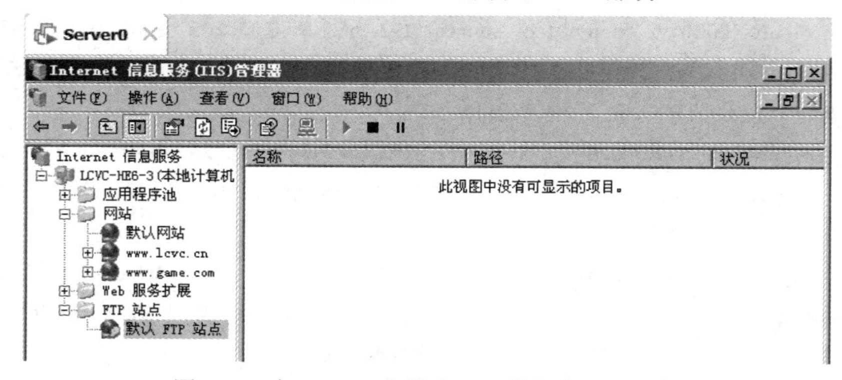

图 9-11　在 Server0 上搭建 Web 服务和 FTP 服务

② 如图 9-12 所示，在 Server0 上创建用户 user1，为其设置密码，用于 FTP 连接。

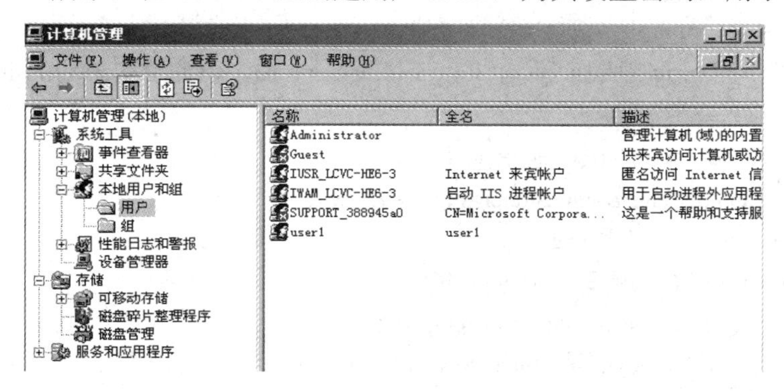

图 9-12　在 Server0 上创建用户 user1

③ 如图 9-13 所示，在 PC0 上访问 Server0 的 Web 服务，无法访问。

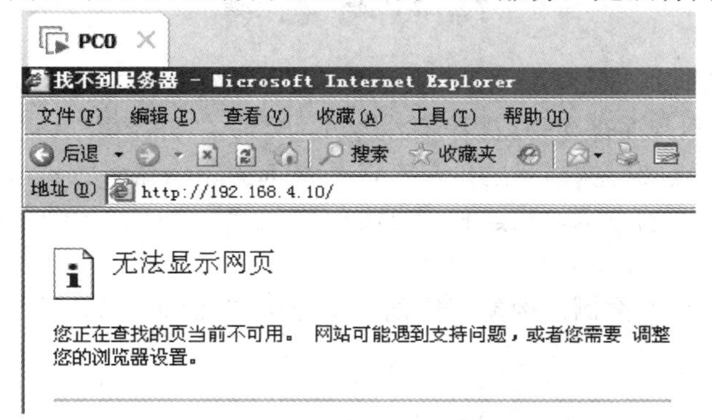

图 9-13　PC0 访问 Server0 的 Web 服务

④ 如图 9-14 所示，在 PC1 上访问 Server0 的 Web 服务，可以访问。

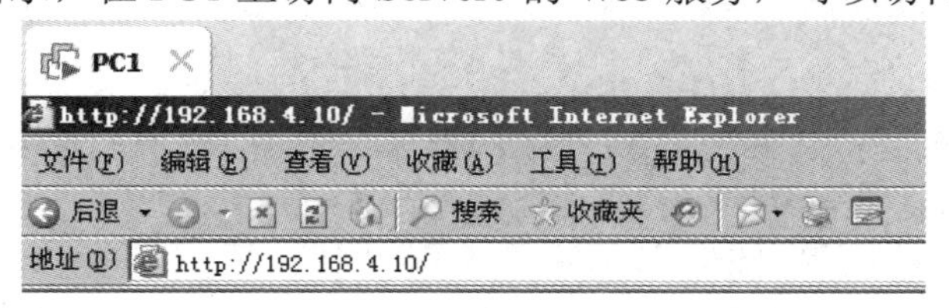

欢迎光临Server0

图 9-14　PC1 访问 Server0 的 Web 服务

⑤ PC0 访问 Server0 的 FTP 服务，命令如下：

C:\Documents and Settings\Administrator>**ftp 192.168.4.10**

> ftp: connect :连接超时

⑥ PC1 访问 Server0 的 FTP 服务，命令如下：

C:\Documents and Settings\Administrator>**ftp 192.168.4.10**

Connected to 192.168.4.10.

220 Microsoft FTP Service

User (192.168.4.10:(none)): **user1**　　//输入用户名

331 Password required for user1.

Password:　　//输入密码

230 User user1 logged in.　　//成功连接

(7) 验证“单向 ping 限制：不允许 PC1 ping Server0，但允许 Server0 ping PC1”。方法如下：

① PC1 ping Server0 测试，命令如下：

C:\Documents and Settings\Administrator>**ping 192.168.4.10**

Request timed out.　　//无法 ping 通

② Server0 ping PC1 测试，命令如下：

C:\Documents and Settings\Administrator>**ping 192.168.2.10**

Reply from 192.168.2.10: bytes=32 time=2ms TTL=125　//可以 ping 通

练 习 与 思 考

1. 标准 ACL 根据什么来允许或拒绝数据包？扩展 ACL 根据什么来允许或拒绝数据包？

2. 标准 ACL 一般应用在离目的地最近还是最远的路由器上？扩展 ACL 呢？为什么？

3. 参考标准 ACL 的案例，构建和规划一个应用标准 ACL 的场景，用模拟器实现配置并验证效果。

4. 参考扩展 ACL 的案例，构建和规划一个应用扩展 ACL 的场景，用模拟器实现配置并验证效果。

第 10 章　私有地址与公有地址间的转换

随着网络的发展，学校、公司内部的 IP 地址需求量不断增加，为缓解 IPv4 地址的不足，也为了保护内部网络的安全，隐藏内部网络的地址，局域网内部可采用私有地址，访问外网或对外网提供服务时，再通过网络地址转换(Network Address Translation，NAT)技术，将私有地址转换为公有地址，实现外网访问和对外提供服务，同时从一定程度上避免遭受网络外部的攻击。

NAT 的实现方式包括静态转换(Static Translation)、动态转换(Dynamic Translation)和端口多路复用(Port Address Translation，PAT)等。

10.1　静态网络地址转换和端口映射

静态 NAT 是将内部网络的私有 IP 地址一对一地转换为公有 IP 地址，私有和公有地址的对应关系固定，除了能实现内网访问外网，还能实现外网对内网服务器等的访问。

10.1.1　思科设备的静态 NAT 和端口映射

1. 静态 NAT 配置

案例：公司从运营商获得的公网地址是 200.0.0.128～200.0.0.135，公司连接外网的路由器接口地址是 200.0.0.130/29，对端是 200.0.0.129。公司希望内网中 IP 地址为 192.168.1.10 的服务器和 192.168.1.20 的电脑既能访问 Internet 又能被外网访问，外网访问它们的地址分别是 200.0.0.131 和 200.0.0.132。

在 Packet Tracer 中搭建如图 10-1 所示的拓扑，完成思科设备的静态 NAT 配置，实现案例需求。

(1) 进行各路由器的基本配置，命令如下：

```
R1(config)#interface GigabitEthernet 0/0      //R1 的配置
R1(config-if)#ip address 192.168.1.1 255.255.255.0
R1(config-if)#no shutdown
R1(config-if)#exit
R1(config)#interface Serial 0/0/0
R1(config-if)#ip address 200.0.0.130 255.255.255.248
R1(config-if)#no shutdown
```

R2(config)#**interface Serial 0/0/0** //R2 的配置

R2(config-if)#**ip address 200.0.0.129 255.255.255.248**

R2(config-if)#**no shutdown**

R2(config-if)#**exit**

R2(config)#**interface GigabitEthernet 0/0**

R2(config-if)#**ip address 200.1.1.1 255.255.255.252**

R2(config-if)#**no shutdown**

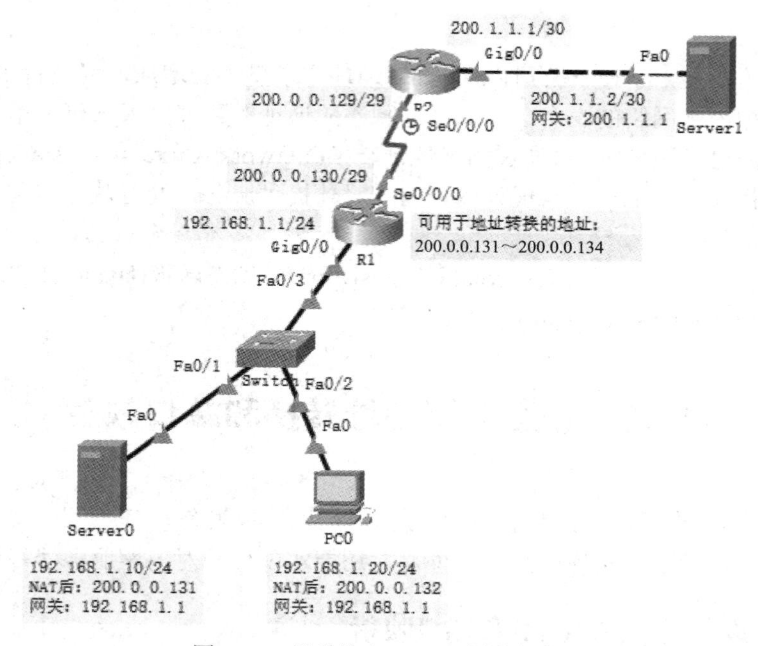

图 10-1 思科静态 NAT 配置的拓扑

(2) 在 R1 上配置内网外出的默认路由，命令如下：

R1(config)#**ip route 0.0.0.0 0.0.0.0 200.0.0.129**

(3) 在 R1 上，在内部局部地址和内部全局地址之间建立静态 NAT，命令如下：

R1(config)#**interface GigabitEthernet 0/0**

R1(config-if)#**ip nat inside** //将当前接口设为 inside 口

R1(config-if)#**exit**

R1(config)#**interface Serial 0/0/0**

R1(config-if)#**ip nat outside** //将当前接口设为 outside 口

R1(config)#**ip nat inside source static 192.168.1.10 200.0.0.131** //将私有地址 192.168.1.10 转换为公有地址 200.0.0.131

R1(config)#**ip nat inside source static 192.168.1.20 200.0.0.132** //将私有地址 192.168.1.20 转换为公有地址 200.0.0.132

命令中的“inside source static”表示从 inside 口进入的流量将源地址(source)进行静态(static)转换。

(4) 内网 ping 外网测试，命令如下：

```
C:\>ipconfig
    IPv4 Address....................: 192.168.1.10        //查看本机 IP 地址
C:\>ping 200.1.1.2
Reply from 200.1.1.2: bytes=32 time=21ms TTL=126      //内网可以 ping 通外网
```

(5) 外网 ping 内网测试，命令如下：

```
C:\>ipconfig
    IPv4 Address........................: 200.1.1.2       //查看本机 IP 地址
C:\>ping 200.0.0.131
Reply from 200.0.0.131: bytes=32 time=15ms TTL=126      //外网可以 ping 通内网
```

2. NAT 端口映射配置

内网的 Server0 服务器成了公司的 Web 服务器(80 端口)，公司出于安全考虑，决定取消它访问 Internet 和被外网访问的权限，仅允许外网通过 8080 端口访问它。

(1) 如图 10-2 所示，为 Server0 搭建 Web 服务。如果点击“index.html”文件的“(edit)”按钮，可对网站首页进行编辑。

图 10-2　为 Server0 搭建 Web 服务

(2) 先取消 R1 上原来的静态 NAT 地址转换，命令如下：

```
R1(config)#no ip nat inside source static 192.168.1.10 200.0.0.131
```

(3) 在 R1 上配置 NAT 端口映射，命令如下：

```
R1(config)#ip nat inside source static tcp 192.168.1.10 80 200.0.0.131 8080   //将内网的 TCP 80 端口转换为外网的 TCP 8080 端口
```

(4) 外网的电脑通过 http://200.0.0.131:8080 可以访问内网 Web 服务器提供的 Web 服务。

10.1.2　华为设备的静态 NAT 和端口映射

1. 静态 NAT 配置

案例：公司从运营商获得的公网地址是 200.0.0.128～200.0.0.135，公司连接外网的路由器接口地址是 200.0.0.130/29，对端是 200.0.0.129。公司希望内网中 IP 地址为 192.168.1.10

的服务器和 192.168.1.20 的电脑既能访问 Internet 又能被外网访问，外网访问它们的地址分别是 200.0.0.131 和 200.0.0.132。

在 eNSP 中搭建如图 10-3 所示的拓扑，通过配置静态 NAT，实现案例需求。步骤如下：

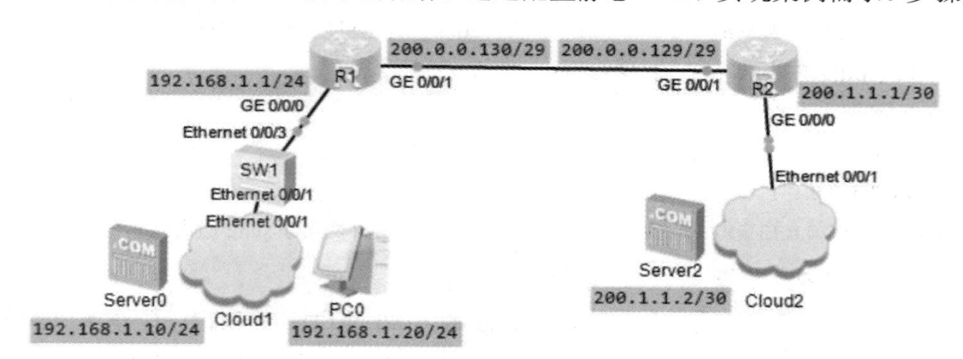

图 10-3　华为静态 NAT 配置的拓扑

(1) 各路由器的基本配置，命令如下：

[R1]**interface GigabitEthernet 0/0/0**　　//R1 的配置

[R1-GigabitEthernet0/0/0]**ip address 192.168.1.1 24**

[R1-GigabitEthernet0/0/0]**quit**

[R1]**interface GigabitEthernet 0/0/1**

[R1-GigabitEthernet0/0/1]**ip address 200.0.0.130 29**

[R2]**interface GigabitEthernet 0/0/1**　　//R2 的配置

[R2-GigabitEthernet0/0/1]**ip address 200.0.0.129 29**

[R2]**interface GigabitEthernet 0/0/0**

[R2-GigabitEthernet0/0/0]**ip address 200.1.1.1 30**

(2) 内网服务器 Server0 通过图形界面按以下规划进行配置：

IP 地址：192.168.1.10，子网掩码：255.255.255.0，网关：192.168.1.1

(3) 内网电脑 PC0 通过图形界面按以下规划进行配置：

IP 地址：192.168.1.20，子网掩码：255.255.255.0，网关：192.168.1.1

(4) 外网服务器 Server1 通过图形界面按以下规划进行配置：

IP 地址：200.1.1.2，子网掩码：255.255.255.252，网关：200.1.1.1

(5) 配置内网外出的默认路由，命令如下：

[R1]**ip route-static 0.0.0.0 0 200.0.0.129**

(6) 在 R1 上，在内部局部地址和内部全局地址之间建立静态 NAT，命令如下：

[R1]**interface GigabitEthernet 0/0/1**

[R1-GigabitEthernet0/0/1]**nat static global 200.0.0.131 inside 192.168.1.10**　//将当前接口作为 outside 接口，将公网地址 200.0.0.131 映射到私网地址 192.168.1.10

[R1-GigabitEthernet0/0/1]**nat static global 200.0.0.132 inside 192.168.1.20**　//将当前接口作为 outside 接口，将公网地址 200.0.0.132 映射到私网地址 192.168.1.20

(7) 内网 PC0 ping 外网 Server1 测试，命令如下：

C:\Documents and Settings\Administrator>**ipconfig**　//查看本机地址

IP Address. . . . . : 192.168.1.20

C:\Documents and Settings\Administrator>**ping 200.1.1.2**　//ping 外网 Server1

Reply from 200.1.1.2: bytes=32 time=44ms TTL=126　//可以 ping 通

(8) 内网 Server0 ping 外网 Server1 测试，命令如下：

C:\Documents and Settings\Administrator>**ipconfig** //查看本机地址

IP Address. . . . . : 192.168.1.10

C:\Documents and Settings\Administrator>**ping 200.1.1.2**　//ping 外网 Server1

Reply from 200.1.1.2: bytes=32 time=36ms TTL=126　//可以 ping 通

(9) 外网 Server1 ping 内网 PC0，命令如下：

C:\Documents and Settings\Administrator>**ping 200.0.0.132**

Reply from 200.0.0.132: bytes=32 time=53ms TTL=126　//可以 ping 通

(10) 外网 Server1 ping 内网 Server0，命令如下：

C:\Documents and Settings\Administrator>**ping 200.0.0.131**

Reply from 200.0.0.131: bytes=32 time=67ms TTL=126　//可以 ping 通

2. NAT 端口映射配置

内网的 Server0 服务器成了公司的 Web 服务器(80 端口)，公司出于安全考虑，决定取消它访问 Internet 和被外网访问的权限，仅允许外网通过 8080 端口访问它。

(1) 取消原来 R1 上的静态 NAT 地址转换，命令如下：

[R1-GigabitEthernet0/0/1]**undo nat static global 200.0.0.131 inside 192.168.1.10**

[R1-GigabitEthernet0/0/1]**undo nat static global 200.0.0.132 inside 192.168.1.20**

(2) 在 R1 上配置 NAT 端口映射，命令如下：

[R1-GigabitEthernet0/0/1]**nat static protocol tcp global 200.0.0.131 8080 inside 192.168.1.10 80**　//将当前接口作为 outside 接口，将公网地址 200.0.0.132 的 TCP 8080 端口映射到私网地址 192.168.1.10 的 TCP 80 端口

(3) 如图 10-4 所示，外网服务器(或电脑) 通过 http://200.0.0.131:8080，可以访问内网 Web 服务器提供的 Web 服务。

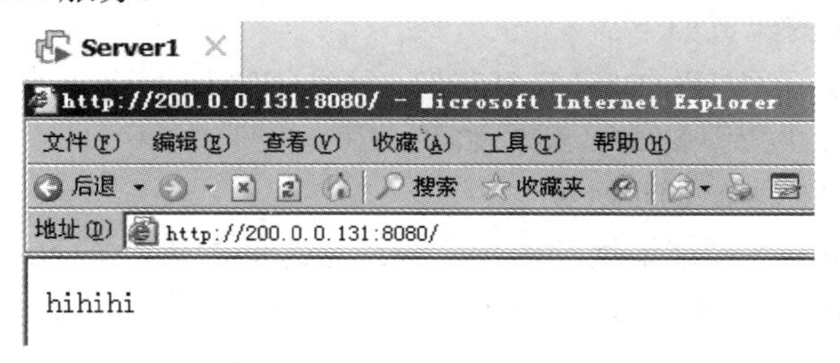

图 10-4　外网访问内网的 Web 服务

10.1.3　华三设备的静态 NAT 和 NAT Server

1. 静态 NAT 配置

案例： 公司从运营商获得的公网地址是 200.0.0.128～200.0.0.135，公司连接外网的路由器接口地址是 200.0.0.130/29，对端是 200.0.0.129。公司希望内网中 IP 地址为 192.168.1.10

的服务器和 192.168.1.20 的电脑既能访问 Internet 又能被外网访问，外网访问它们的地址分别是 200.0.0.131 和 200.0.0.132。

在 HCL 中搭建如图 10-5 所示的拓扑，通过静态 NAT 配置完成案例需求。

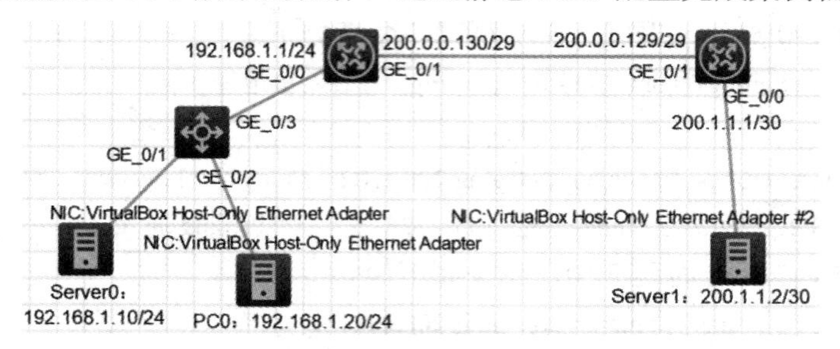

图 10-5　华三静态 NAT 配置的拓扑

(1) 进行各路由器的基本配置，命令如下：

[R1]**interface GigabitEthernet 0/0**　　//R1 的配置

[R1-GigabitEthernet0/0]**ip address 192.168.1.1 24**

[R1-GigabitEthernet0/0]**quit**

[R1]**interface GigabitEthernet 0/1**

[R1-GigabitEthernet0/1]**ip address 200.0.0.130 29**

[R2]**interface GigabitEthernet 0/1**　　//R2 的配置

[R2-GigabitEthernet0/1]**ip address 200.0.0.129 29**

[R2-GigabitEthernet0/1]**quit**

[R2]**interface GigabitEthernet 0/0**

[R2-GigabitEthernet0/0]**ip address 200.1.1.1 30**

(2) 内网 Server0 的配置如下：

IP 地址：192.168.1.10，子网掩码：255.255.255.0，网关：192.168.1.1

(3) 内网 PC0 的配置如下：

IP 地址：192.168.1.20，子网掩码：255.255.255.0，网关：192.168.1.1

(4) 外网 Server1 的配置如下：

IP 地址：200.1.1.2，子网掩码：255.255.255.252，网关：200.1.1.1

(5) 配置内网外出的默认路由，命令如下：

[R1]**ip route-static 0.0.0.0 0 200.0.0.129**

(6) 在 R1 上，在内部局部地址和内部全局地址之间配置静态 NAT，命令如下：

[R1]**nat static outbound 192.168.1.10 200.0.0.131**　　//将公网地址 200.0.0.131 映射到私网地址 192.168.1.10

[R1]**nat static outbound 192.168.1.20 200.0.0.132**　　//将公网地址 200.0.0.132 映射到私网地址 192.168.1.20

[R1]**interface GigabitEthernet 0/1**

[R1-GigabitEthernet0/1]**nat static enable**　　//开启接口上的 NAT 静态地址转换功能

(7) 内网 PC0 ping 外网 Server1 测试，命令如下：

C:\Documents and Settings\Administrator>**ipconfig**　　//查看本机地址

```
    IP Address. . . . . . . . . . . . : 192.168.1.20
C:\Documents and Settings\Administrator>ping 200.1.1.2    //ping 外网 Server1
Reply from 200.1.1.2: bytes=32 time=44ms TTL=126   //可以 ping 通
```

(8) 内网 Server0 ping 外网 Server1 测试，命令如下：

```
C:\Documents and Settings\Administrator>ipconfig    //查看本机地址
    IP Address. . . . . . . . . . . . : 192.168.1.10
C:\Documents and Settings\Administrator>ping 200.1.1.2    //ping 外网 Server1
Reply from 200.1.1.2: bytes=32 time=36ms TTL=126   //可以 ping 通
```

(9) 外网 Server1 ping 内网 PC0 测试，命令如下：

```
C:\Documents and Settings\Administrator>ping 200.0.0.132
Reply from 200.0.0.132: bytes=32 time=53ms TTL=126   //可以 ping 通
```

(10) 外网 Server1 ping 内网 Server0 测试，命令如下：

```
C:\Documents and Settings\Administrator>ping 200.0.0.131
Reply from 200.0.0.131: bytes=32 time=67ms TTL=126   //可以 ping 通
```

2. NAT Server 配置

内网的 Server0 服务器成了公司的 Web 服务器(80 端口)，公司出于安全考虑，决定取消它访问 Internet 的权限，仅允许外网通过 8080 端口访问它。

(1) 取消原来 R1 上的静态 NAT 地址转换，命令如下：

```
[R1]undo nat static outbound 192.168.1.10 200.0.0.131
[R1]undo nat static outbound 192.168.1.20 200.0.0.132
[R1]interface GigabitEthernet 0/1
[R1-GigabitEthernet0/1]undo nat static enable
```

(2) 在 R1 上配置 NAT Server，命令如下：

```
[R1-GigabitEthernet0/1]nat server protocol tcp global 200.0.0.131 8080 inside 192.168.1.10 80    //将当前接口作为 outside 接口，允许公网主机主动向私网主机发起连接，将公网地址 200.0.0.132 的 TCP 8080 端口映射到私网地址 192.168.1.10 的 TCP 80 端口
```

(3) 外网服务器(或电脑) 通过“http://200.0.0.131:8080”，可以访问内网 Web 服务器提供的 Web 服务。

10.2　动态网络地址转换

动态 NAT 也称为 Basic NAT，是指内部网络的私有地址转换为公有地址前，要先指定允许转换的内部私有地址范围和可用的公有地址范围，私有地址和公有地址间的对应关系动态建立、动态释放，释放后，只要还有可用的公有地址就可以与之重新建立关联。动态 NAT 适用于内部主机数大于可用的公有地址数，但内部主机不要求同时全部上网的情况。内部有同时上网需求的主机数超过可用的公有地址数时，超出的主机只能等待，直到有公有地址被释放，才允许当前未与公有地址建立关联但又想上网的主机与其建立关联并上网。

10.2.1 思科设备的动态 NAT 配置

案例：公司从运营商获得的公网地址是 200.0.0.128～200.0.0.191。其中，公司连接外网的路由器接口地址是 200.0.0.130/26，对端是 200.0.0.129/26，可用于地址转换的公有地址范围是 200.0.0.131～200.0.0.190。公司内网需要访问 Internet 的私有地址范围是 192.168.1.1～192.168.1.254。

在 Packet Tracer 中搭建如图 10-6 所示的拓扑，通过配置思科设备的动态 NAT 实现案例需求。

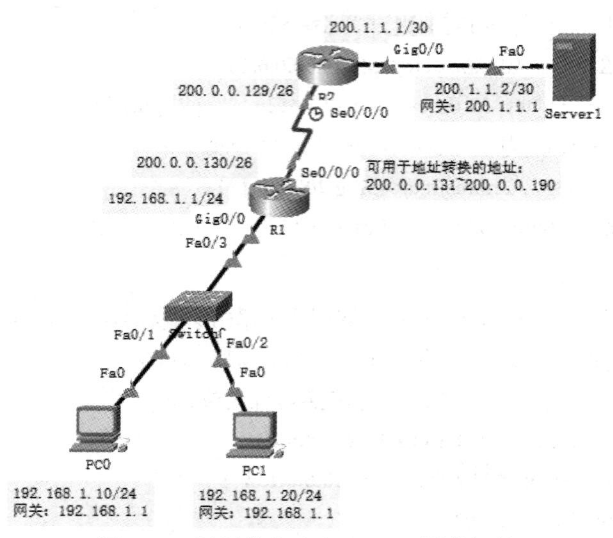

图 10-6 思科设备动态 NAT 配置的拓扑

(1) 进行各路由器的基本配置，命令如下：

```
R1(config)#interface GigabitEthernet 0/0        //R1 的配置
R1(config-if)#ip address 192.168.1.1 255.255.255.0
R1(config-if)#no shutdown
R1(config-if)#exit
R1(config)#interface Serial 0/0/0
R1(config-if)#ip address 200.0.0.130 255.255.255.192
R1(config-if)#no shutdown
R1(config-if)#exit
R1(config)#ip route 0.0.0.0 0.0.0.0 200.0.0.129
R2(config)#interface serial 0/0/0        //R2 的配置
R2(config-if)#ip address 200.0.0.129 255.255.255.192
R2(config-if)#no shutdown
R2(config-if)#exit
R2(config)#interface GigabitEthernet 0/0
R2(config-if)#ip address 200.1.1.1 255.255.255.252
R2(config-if)#no shutdown
```

(2) 在 R1 上的动态 NAT 配置，命令如下：

R1(config)#**interface GigabitEthernet 0/0**

R1(config-if)#**ip nat inside**　　//将当前接口设为 inside 口

R1(config-if)#**exit**

R1(config)#**interface Serial 0/0/0**

R1(config-if)#**ip nat outside**　//将当前接口设为 outside 口

R1(config-if)#**exit**

R1(config)#**access-list 1 permit 192.168.1.0 0.0.0.255** //通过 ACL 定义允许外出的私有地址范围

R1(config)#**ip nat pool pool1 200.0.0.131 200.0.0.190 netmask 255.255.255.192**　//通过 NAT 地址池定义用于 NAT 地址转换的公有地址范围

R1(config)#**ip nat inside source list 1 pool pool1**　//定义 NAT 将 ACL 1 中的私有地址将转换为地址池 pool1 中的公有地址

(3) 内网的电脑 ping 外网的服务器测试，命令如下：

C:\>**ipconfig**　　　//查看内网电脑的 IP 地址

　IPv4 Address....................: 192.168.1.10

C:\>**ping 200.1.1.2**　　//内网的电脑 ping 外网的服务器

Reply from 200.1.1.2: bytes=32 time=1ms TTL=126　　//可以 ping 通

R1#**show ip nat translations**　　//ping 完后在 R1 上查看网络地址的转换关系

Pro	Inside global	Inside local	Outside local	Outside global
icmp	200.0.0.131:1	192.168.1.10:1	200.1.1.2:1	200.1.1.2:1

可以看到，内部私有地址 192.168.1.10 出到外网时转换为对应的公有地址 200.0.0.131；外部的公有地址 200.1.1.2 进到内网时仍然保留为 200.1.1.2。

10.2.2　华为设备的动态 NAT 配置

案例：公司从运营商获得的公网地址是 200.0.0.128～200.0.0.135。其中，公司连接外网的路由器接口地址是 200.0.0.130/29，对端是 200.0.0.129/29，可用于地址转换的公有地址范围是 200.0.0.131～200.0.0.134。公司内网需要访问 Internet 的私有地址范围是 192.168.1.1～192.168.1.254。

如图 10-7 所示，在华为“端口映射配置”案例的基础上继续学习华为设备的动态 NAT 配置，完成案例需求。

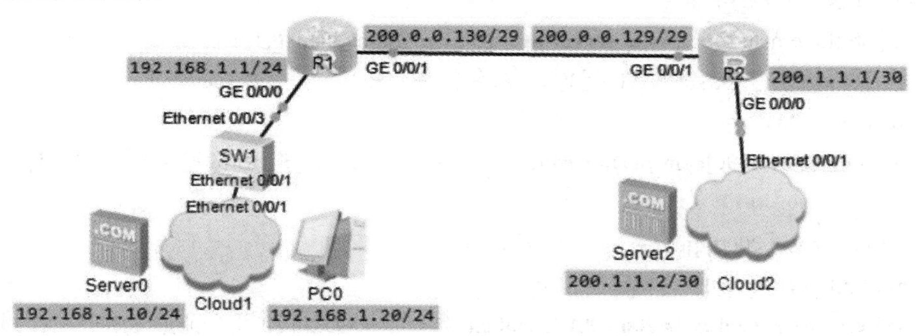

图 10-7　华为设备动态 NAT 配置的拓扑

(1) 取消原来 R1 上的 NAT 端口映射，命令如下：

[R1]**int GigabitEthernet 0/0/1**

[R1-GigabitEthernet0/0/1]**undo nat static protocol tcp global 200.0.0.131 8080 inside 192.168.1.10 80**

(2) R1 上的动态 NAT 配置，命令如下：

[R1]**acl 2000**

[R1-acl-basic-2000]**rule permit source 192.168.1.0 0.0.0.255** //通过 ACL 定义允许外出的私有地址范围

[R1-acl-basic-2000]**quit**

[R1]**nat address-group 1 200.0.0.131 200.0.0.134** //通过 NAT 地址池定义用于 NAT 地址转换的公有地址范围

[R1]**interface GigabitEthernet 0/0/1**

[R1-GigabitEthernet0/0/1]**nat outbound 2000 address-group 1 no-pat** //定义 NAT，将当前接口作为 outside 接口，将 ACL 2000 中的私有地址将转换为地址池 pool1 中的公有地址

(3) 在 R1 上查看 NAT 地址池配置信息，命令如下：

[R1]**display nat address-group 1**

```
 Index   Start-address   End-address
 1       200.0.0.131     200.0.0.134
```

(4) 在 R1 上查看动态 NAT 配置信息，命令如下:

[R1]**display nat outbound**

```
 Interface               Acl    Address-group/IP/Interface   Type
 GigabitEthernet0/0/1    2000              1                 no-pat
```

10.2.3 华三设备的 Basic NAT 配置

案例：公司从运营商获得的公网地址是 200.0.0.128～200.0.0.135。其中，公司连接外网的路由器接口地址是 200.0.0.130/29，对端是 200.0.0.129/29，可用于地址转换的公有地址范围是 200.0.0.131～200.0.0.134。公司内网需要访问 Internet 的私有地址范围是 192.168.1.1～192.168.1.254。

在华三“NAT Server”案例的基础上继续学习华三设备的 Basic NAT 配置，完成案例需求。

(1) 取消原来 R1 上的 NAT Server 配置，命令如下：

[R1]**int GigabitEthernet 0/0/1**

[R1-GigabitEthernet0/1]**undo nat server protocol tcp global 200.0.0.131 8080**

(2) 在 R1 上进行 Basic NAT 配置，命令如下：

[R1]**acl basic 2000**

[R1-acl-ipv4-basic-2000]**rule permit source 192.168.1.0 0.0.0.255** //通过 ACL 定义允许外出的私有地址范围

[R1-acl-ipv4-basic-2000]**quit**

[R1]**nat address-group 1**

[R1-address-group-1]**address 200.0.0.131 200.0.0.134** //通过 NAT 地址池定义用于 NAT 地址转换的

公有地址范围

```
[R1-address-group-1]quit
[R1]interface GigabitEthernet 0/1
[R1-GigabitEthernet0/1]nat outbound 2000 address-group 1 no-pat    //定义 NAT，将当前接口作为
outside 接口，将 ACL 2000 中的私有地址将转换为地址池 pool1 中的公有地址
```

(3) 在 R1 上查看 NAT 地址池配置信息，命令如下：

```
[R1]display nat address-group 1
  Address group ID: 1
    Port range: 1-65535
    Address information:
      Start address          End address
      200.0.0.131            200.0.0.134
```

(4) 在 R1 上查看动态 NAT 配置信息，命令如下：

```
[R1]display nat outbound
NAT outbound information:
  Totally 1 NAT outbound rules.
  Interface: GigabitEthernet0/1
    ACL: 2000
    Address group ID: 1
    Port-preserved: N          NO-PAT: Y    Reversible: N
    NAT counting: 0
    Config status: Active
```

10.3　基于端口的网络地址转换

PAT(Port Address Translation) 也称为 NAPT(Network Address Port Translation)，该技术使内网的不同主机可以共享同一个公有 IP 地址访问互联网，方法是给这些主机的外出数据包分配相同的公有地址和不同的端口号。以端口号而不是以 IP 地址来区分主机，这种网络地址转换方式不但最大程度地节约了 IP 地址资源，而且能有效地避免来自互联网的攻击，是目前最常用的 NAT 方式。

10.3.1　思科设备的 PAT 配置

1. 使用外部全局地址实现 PAT 转换

案例：公司从运营商获得的公网地址是 200.0.0.128～200.0.0.135，公司连接外网的路由器接口地址是 200.0.0.130/29，对端是 200.0.0.129/29，可用于地址转换的公有地址是 200.0.0.131/29。公司内网需要访问 Internet 的私有地址范围是 192.168.1.1～192.168.1.254。

在 Packet Tracer 中搭建如图 10-8 所示的拓扑，完成思科设备的 PAT 配置，实现案例需要。

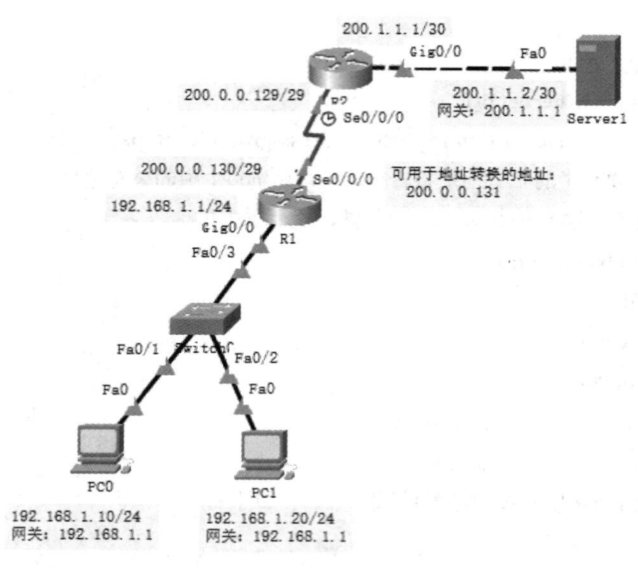

图 10-8　思科设备的 PAT 配置的拓扑

(1) 进行各路由器的基本配置，命令如下：

```
R1(config)#interface GigabitEthernet 0/0        //R1 的配置
R1(config-if)#ip address 192.168.1.1 255.255.255.0
R1(config-if)#no shutdown
R1(config-if)#exit
R1(config)#interface Serial 0/0/0
R1(config-if)#ip address 200.0.0.130 255.255.255.192
R1(config-if)#no shutdown
R1(config-if)#exit
R1(config)#ip route 0.0.0.0 0.0.0.0 200.0.0.129
R2(config)#interface serial 0/0/0        //R2 的配置
R2(config-if)#ip address 200.0.0.129 255.255.255.192
R2(config-if)#no shutdown
R2(config-if)#exit
R2(config)#interface GigabitEthernet 0/0
R2(config-if)#ip address 200.1.1.1 255.255.255.252
R2(config-if)#no shutdown
```

(2) 在 R1 上进行 PAT 配置，命令如下：

```
R1(config)#interface GigabitEthernet 0/0
R1(config-if)#ip nat inside        //将当前接口设为 inside 口
R1(config-if)#exit
R1(config)#interface Serial 0/0/0
R1(config-if)#ip nat outside        //将当前接口设为 outside 口
R1(config-if)#exit
```

R1(config)#**access-list 1 permit 192.168.1.0 0.0.0.255**　　//通过 ACL 定义允许外出的私有地址范围

R1(config)#**ip nat pool pool1 200.0.0.131 200.0.0.131 netmask 255.255.255.248**　　//通过 NAT 地址池定义用于 NAT 地址转换的公有地址范围

R1(config)#**ip nat inside source list 1 pool pool1 overload**　　//定义 NAT 将 ACL 1 中的私有地址转换为地址池 pool1 中的公有地址，overload 表示可以通过分配不同的端口号复用相同的公有地址

(3) 在 PC0 和 PC1 上分别 ping 外网服务器后，在 R1 上进行查看 NAT 转换情况，命令如下：

R1#**show ip nat translations**

Pro	Inside global	Inside local	Outside local	Outside global
icmp	200.0.0.131:13	192.168.1.10:13	200.1.1.2:13	200.1.1.2:13
icmp	200.0.0.131:14	192.168.1.10:14	200.1.1.2:14	200.1.1.2:14
icmp	200.0.0.131:15	192.168.1.10:15	200.1.1.2:15	200.1.1.2:15
icmp	200.0.0.131:16	192.168.1.10:16	200.1.1.2:16	200.1.1.2:16
icmp	200.0.0.131:5	192.168.1.20:5	200.1.1.2:5	200.1.1.2:5
icmp	200.0.0.131:6	192.168.1.20:6	200.1.1.2:6	200.1.1.2:6
icmp	200.0.0.131:7	192.168.1.20:7	200.1.1.2:7	200.1.1.2:7
icmp	200.0.0.131:8	192.168.1.20:8	200.1.1.2:8	200.1.1.2:8

可以看到，192.168.1.10 和 192.168.1.20 出到外网时都转换成相同的公有地址 200.0.0.131，PC0 和 PC1 的外出数据包使用相同的公有地址和不同的端口号。

2. 复用路由器外部接口地址实现 PAT 转换

如果公司只有一个可用的公有地址，这个地址已经被用在路由器的外部接口上，此时，这个地址也可作为内网私有地址经过 NAT 转换后的公有地址。

案例：公司从运营商获得的公有地址是 200.0.0.128～200.0.0.131，公司连接外网的路由器接口地址是 200.0.0.130/30，对端是 200.0.0.129/30。公司内网需要访问 Internet 的私有地址范围是 192.168.1.1～192.168.1.254，用于 NAT 地址转换的地址是公司路由器连接外网的接口地址 200.0.0.130/30。

(1) 进行各路由器的基本配置，命令如下：

R1(config)#**interface GigabitEthernet 0/0**　　//R1 的配置

R1(config-if)#**ip address 192.168.1.1 255.255.55.0**

R1(config-if)#**no shutdown**

R1(config-if)#**exit**

R1(config)#**interface Serial 0/0/0**

R1(config-if)#**ip address 200.0.0.130 255.255.255.192**

R1(config-if)#**no shutdown**

R1(config-if)#**exit**

R1(config)#**ip route 0.0.0.0 0.0.0.0 200.0.0.129**

R2(config)#**interface serial 0/0/0**　　//R2 的配置

R2(config-if)#**ip address 200.0.0.129 255.255.255.192**

```
R2(config-if)#no shutdown
R2(config-if)#exit
R2(config)#interface GigabitEthernet 0/0
R2(config-if)#ip address 200.1.1.1 255.255.255.252
R2(config-if)#no shutdown
```

(2) 在 R1 上复用路由器外部接口的 PAT 配置，命令如下：

```
R1(config)#interface GigabitEthernet 0/0
R1(config-if)#ip nat inside     //将当前接口设为 inside 口
R1(config-if)#exit
R1(config)#interface Serial 0/0/0
R1(config-if)#ip nat outside     //将当前接口设为 outside 口
R1(config-if)#exit
R1(config)#access-list 1 permit 192.168.1.0 0.0.0.255   //通过 ACL 定义允许外出的私有地址范围
R1(config)#ip nat inside source list 1 interface Serial 0/0/0 overload   //定义 NAT 转换时将 ACL 1 中的私有地址转换为接口 S0/0/0 的地址，overload 表示可以通过分配不同的端口号复用接口 S0/0/0 的公有地址
```

(3) 在 PC0 和 PC1 上分别 ping 外网服务器后，在 R1 上进行查看 NAT 转换情况，命令如下：

```
R1#show ip nat translations
Pro  Inside global      Inside local       Outside local      Outside global
icmp 200.0.0.130:13     192.168.1.20:13    200.1.1.2:13       200.1.1.2:13
icmp 200.0.0.130:14     192.168.1.20:14    200.1.1.2:14       200.1.1.2:14
icmp 200.0.0.130:15     192.168.1.20:15    200.1.1.2:15       200.1.1.2:15
icmp 200.0.0.130:16     192.168.1.20:16    200.1.1.2:16       200.1.1.2:16
icmp 200.0.0.130:21     192.168.1.10:21    200.1.1.2:21       200.1.1.2:21
icmp 200.0.0.130:22     192.168.1.10:22    200.1.1.2:22       200.1.1.2:22
icmp 200.0.0.130:23     192.168.1.10:23    200.1.1.2:23       200.1.1.2:23
icmp 200.0.0.130:24     192.168.1.10:24    200.1.1.2:24       200.1.1.2:24
```

可以看到，PC1 和 PC0 的私有地址 192.168.1.20 和 192.168.1.10 出到外网时，都转换成了相同的公有地址 200.0.0.131(即接口 S0/0/0 的地址)，并使用了不同的端口号加以区分。

10.3.2 华为设备的 NAPT 配置

1. 使用外部全局地址实现 NAPT 转换

案例：公司从运营商获得的公网地址是 200.0.0.128～200.0.0.135，公司连接外网的路由器接口地址是 200.0.0.130/29，对端是 200.0.0.129/29，可用于地址转换的公有地址是 200.0.0.131/29。公司内网需要访问 Internet 的私有地址范围是 192.168.1.1～192.168.1.254。

如图 10-9 所示，在华为设备“动态 NAT 配置”的基础上继续 NAPT 配置，实现案例需求。

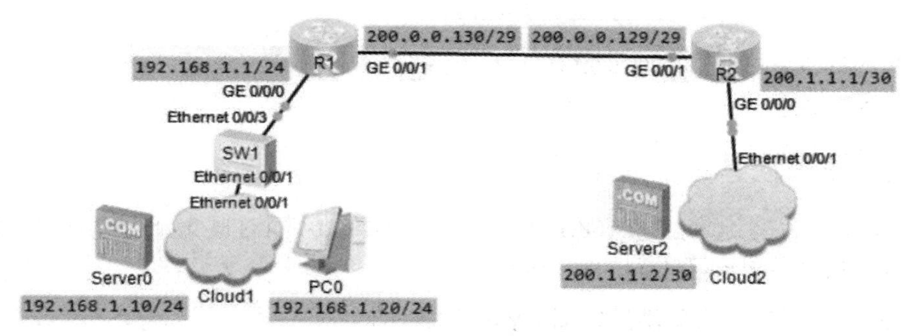

图 10-9　华为设备 NAPT 配置的拓扑

(1) 保留如下用于定义“需要访问 Internet 的私有地址范围”的 ACL 命令：

[R1]**acl 2000**

[R1-acl-basic-2000]**rule permit source 192.168.1.0 0.0.0.255**

(2) 在 R1 上更改 NAT 地址池，命令如下：

[R1]**undo nat address-group 1**

[R1]**nat address-group 1 200.0.0.131 200.0.0.131**

(3) 在 R1 上取消原来的动态 NAT 配置，改为 NAPT，命令如下：

[R1]**interface GigabitEthernet 0/0/1**

[R1-GigabitEthernet0/0/1]**undo nat outbound 2000 address-group 1 no-pat**

[R1-GigabitEthernet0/0/1]**nat outbound 2000 address-group 1**

(4) 在内网 Server0 和 PC0 上 ping 外网 Server1，测试内网与外网的连通性，以 Server0 为例，命令如下：

C:\Documents and Settings\Administrator>**ping 200.1.1.2**

Reply from 200.1.1.2: bytes=32 time=27ms TTL=126

可以看到，Server0 能 ping 通外网 Server1。同样的 PC0 同样也能 ping 通。

(5) 在 R1 上查看 NATP 会话信息，命令如下：

[R1]**display nat session all**

```
  NAT Session Table Information:
     Protocol              : ICMP(1)
     SrcAddr    Vpn        : 192.168.1.10
     DestAddr   Vpn        : 200.1.1.2
     Type Code IcmpId      : 0    8    2
     NAT-Info
       New SrcAddr         : 200.0.0.131
       New DestAddr        : ----
       New IcmpId          : 10242
     Protocol              : ICMP(1)
     SrcAddr    Vpn        : 192.168.1.20
     DestAddr   Vpn        : 200.1.1.2
     Type Code IcmpId      : 0    8    2
```

NAT-Info
  New SrcAddr : 200.0.0.131
  New DestAddr : ----
  New IcmpId : 10243
Total : 2

可以看到，私有地址 192.168.1.10 和 192.168.1.20 同时映射到了同一个公有地址200.0.0.131，只是映射到了不同的端口号。

2. 复用路由器外部接口地址的 Easy IP 配置示例

在华为设备“使用外部全局地址实现 NAPT 转换”案例的基础上继续配置。

(1) 保留如下用于定义“需要访问 Internet 的私有地址范围”的 ACL 命令：

[R1]**acl 2000**
[R1-acl-basic-2000]**rule permit source 192.168.1.0 0.0.0.255**

(2) 取消 R1 上原来的 NAPT 配置，改为 Easy IP，命令如下：

[R1]**interface GigabitEthernet 0/0/1**
[R1-GigabitEthernet0/0/1]**undo nat outbound 2000 address-group 1**
[R1-GigabitEthernet0/0/1]**nat outbound 2000**

(3) 删除 R1 上原来的 NAT 公有地址池，命令如下：

[R1]**undo nat address-group 1**

(4) 在 R1 上查看 NAT Outbound 的配置结果，命令如下：

[R1]**display nat outbound**

Interface	Acl	Address-group/IP/Interface	Type
GigabitEthernet0/0/1	2000	200.0.0.130	easyip

可以看到，ACL 2000 所允许的私有地址网段与 G0/0/1 接口的公有地址 200.0.0.130 进行了关联，NAT 类型为 easyip。

10.3.3 华三设备的 NAPT 配置

1. 使用外部全局地址实现 NAPT 转换

案例：公司从运营商获得的公网地址是 200.0.0.128～200.0.0.135，公司连接外网的路由器接口地址是 200.0.0.130/29，对端是 200.0.0.129/29，可用于地址转换的公有地址是200.0.0.131/29。公司内网需要访问 Internet 的私有地址范围是 192.168.1.1～192.168.1.254。

在华三设备“Basic NAT 配置”的基础上继续 NAPT 配置，实现案例需求。

(1) 保留 R1 上用于定义“需要访问 Internet 的私有地址范围”的 ACL，命令如下：

[R1]**acl basic 2000**
[R1-acl-ipv4-basic-2000]**rule permit source 192.168.1.0 0.0.0.255**
[R1-acl-ipv4-basic-2000]**quit**

(2) 更改 R1 上的 NAT 地址池，命令如下：

[R1]**undo nat address-group 1** //删除原来的 NAT 地址池
[R1]**nat address-group 1** //创建新的地址池

```
[R1-address-group-1]address 200.0.0.131 200.0.0.131
[R1-address-group-1]quit
```

(3) 取消 R1 上原来的动态 NAT 配置，改为 NAPT，命令如下：

```
[R1]interface GigabitEthernet 0/1
[R1-GigabitEthernet0/1]undo nat outbound 2000    //删除原来的动态 NAT
[R1-GigabitEthernet0/1]nat outbound 2000 address-group 1    //改为 NAPT
```

(4) 在内网 Server0 和 PC0 上 ping 外网 Server1，测试内网与外网的连通性，以 PC0 为例，命令如下：

```
C:\Documents and Settings\Administrator>ping 200.1.1.2 -n 1
Reply from 200.1.1.2: bytes=32 time=5ms TTL=126
```

测试结果是 PC0 能 ping 通外网 Server1。同样地，Server0 也能 ping 通 Server1。

(5) 在 R1 上查看 NATP 会话信息，命令如下：

```
[R1]display nat session brief
Protocol    Source IP/port       Destination IP/port     Global IP/port
ICMP         192.168.1.20/512     200.1.1.2/2048          200.0.0.131/0
ICMP         192.168.1.10/512     200.1.1.2/2048          200.0.0.131/0
```

可以看到，私有地址 192.168.1.10 和 192.168.1.20 同时映射到了同一个公有地址 200.0.0.131。

2. 复用路由器外部接口地址的 Easy IP 配置示例

(1) 保留 R1 上用于定义“需要访问 Internet 的私有地址范围”的 ACL，命令如下：

```
[R1]acl basic 2000
[R1-acl-ipv4-basic-2000]rule permit source 192.168.1.0 0.0.0.255
[R1-acl-ipv4-basic-2000]quit
```

(2) 删除 R1 上原来的 NAPT 配置，改为 Easy IP，命令如下：

```
[R1]interface GigabitEthernet 0/1
[R1-GigabitEthernet0/1]display this
 nat outbound 2000 address-group 1
[R1-GigabitEthernet0/1]undo nat outbound 2000    //删除原来的 NAPT 配置
[R1-GigabitEthernet0/1]nat outbound 2000    //改为 Easy IP
```

(3) 删除 R1 上原来的 NAT 公有地址池，命令如下：

```
[R1]undo nat address-group 1
```

(4) 在 R1 上查看 NAT Outbound 的配置结果，命令如下：

```
[R1]display nat outbound
NAT outbound information:
  Totally 1 NAT outbound rules.
  Interface: GigabitEthernet0/1
    ACL: 2000
    Address group ID: ---
```

```
Port-preserved: N            NO-PAT: N    Reversible: N
NAT counting: 0
Config status: Active
```

可以看到，ACL 2000 所允许的私有地址网段与 G0/1 接口的公有地址进行了关联。

练 习 与 思 考

1. 什么是 NAT？NAT 解决了什么问题？NAT 主要有哪些实现方式？这些实现方式有什么异同？

2. 公司从运营商处获得了 8 个公网地址。请你设计和搭建一个包含内网、外网的拓扑，为该网络规划 IP 地址，并通过配置动态 NAT 实现内网能访问外网，外网不能访问内网。

3. 若公司的所有电脑都共用公司路由器外网接口的地址上网，用什么技术实现？请规划和搭建拓扑，用模拟器完成配置和验证效果。

4. 公司的 Web 服务器要对外提供服务，可采用什么技术实现？请规划和搭建拓扑，用模拟器完成配置和验证效果。

第 11 章　组建无线局域网

在大学校园、火车站、机场、会议厅、运动场等场合，全部使用有线连接终端设备并不方便，使用无线网络(Wireless Network)则方便很多。无线网络是采用无线通信技术实现的网络，包括远距离连接的全球语音和数据网络，也包括近距离连接的红外线技术和射频技术。周边的无线终端可以通过无线电波与无线接入点连接，无线接入点再与有线网络连接，使无线终端可以访问有线网络的资源并进一步访问 Internet。

无线局域网(Wireless Local Area Network，WLAN)是指以无线信道作为传输媒介的局域网络。无线局域网的传输介质包括红外线、无线电波等，红外技术已逐渐被蓝牙技术(IEEE 802.15)取代。蓝牙工作在 2.4 GHz 频段，传输速率最高为 1 Mb/s，传输距离最大为 10 m，用于个人操作空间，蓝牙技术与 IEEE 802.11 协议互相补充。无线局域网基于 IEEE 802.11 协议簇工作。IEEE 802.11 协议簇包括 802.11a、802.11b、802.11g、802.11n(WiFi 4)、802.11ac(WiFi 5)和 802.11ax(WiFi 6)等多个标准。其中，2019 年推出的 802.11ax 工作频率为 2.4 GHz 或 5 GHz，宽带速率可达 600～9608 Mb/s。

11.1　无线局域网基础

11.1.1　常见的 WLAN 组网设备

常见的 WLAN 组网设备如下：

(1) 无线工作站(Wireless Station，STA)：连接到无线网络的计算机或智能终端，如 PC、平板电脑、智能手机、无线打印机等。

(2) 无线接入点(Access Point，AP)：为无线工作站连接到无线网络提供接入服务的无线网络设备，分为胖 AP(FAT AP)和瘦 AP(FIT AP)。胖 AP 适用于规模较小的环境，每台胖 AP 需要单独配置，胖 AP 除了具有基本的射频信号接入功能外，还具有 IP 地址分配、安全管理等网络管理功能；瘦 AP 适用于规模较大的环境，仅对外提供射频信号接入功能，各瘦 AP 无法单独配置，而是集中由一台专门的设备统一配置，减轻大规模环境下管理员的工作负担，提高工作效率。

(3) 无线接入控制器(Access Controller，AC)：用于集中控制管理瘦 AP 的网络设备。采用瘦 AP 组网时，由 AC 承担对 AP 的管理任务、向瘦 AP 下发配置，提供 IP 地址分配、DHCP 服务等网络管理功能。网络管理员一般只需关注 AC，无需逐一对 AP 进行配置，减少了工作量，增强了 WLAN 的扩展性。

(4) 天线：由发送端天线和接收端天线组成。发送端发射的射频信号通过馈线输送到发送端天线，由天线以电磁波的形式辐射出去；接收端天线接收到电磁波后，再通过馈线输送到接收端。两个无线设备相距较远时，可借助天线提升射频信号强度。

11.1.2　无线局域网的安全问题

如果无线接入点没有开启安全设置功能，那么周边的移动终端都可以查看到它的服务集标识符(Service Set Identifier，SSID)值，无须密码直接接入，造成安全隐患，因此为 WLAN 开启安全设置是很重要的。WLAN 安全设置包括禁用 SSID 广播、数据加密等。

(1) SSID 代表了一个无线局域网，只有连接到相同 SSID 值的终端才能直接通信。禁用 SSID 广播可以避免无线网络的 SSID 显示在用户无线网卡发现的 SSID 列表中，减少受到攻击的概率。另外，由于无线路由器或无线 AP 都有默认 SSID 值，为避免攻击者尝试使用默认 SSID 连接无线网络，启用 WLAN 时建议修改 SSID 值。

(2) 为避免非法用户入侵和窃听，需要开启加密、认证等功能。无线网络的数据加密技术有 WEP(Wired equivalent privacy，有线等效保密)、WPA(WiFi Protected access)、WPA2、WPA3 等。WEP 是 802.11 系列标准定义的链路层加密协议，协议核心是李斯特加密(Rivest Cipher 4，RC4)算法，算法采用静态共享密钥(PSK)，称为静态 WEP。由于静态 WEP 安全性较低，有些厂商结合 802.1X 技术，推出了动态 WEP 标准。

(3) 为克服静态 WEP 的弱点，WiFi 联盟也于 2003 年推出了 WPA(WiFi Protected Access，WiFi 保护接入)标准，该标准在 WEP 的基础上提出了 TKIP(Temporal Key Integrity Protocol，临时密钥完整性协议)加密方式。TKIP 保留了 WEP 的基本架构，仍使用 RC4 的流加密机制，但增加了初始向量的长度、不再采用所有用户共用密钥，而改用动态密钥机制为每个用户生成独立密钥、采用 MIC(Message Integrity Check，信息完整性校验)机制通过完整性校验保护源地址、为每个帧分配序列号防范重放攻击等。

(4) 随着 2004 年 IEEE 推出 802.11i 标准，WiFi 联盟也以此为基准修订 WPA，推出了 WPA2。WPA2 采用 802.11i 定义的默认加密方式 CCMP(Counter Mode with CBC-MAC Protocol，计数器模式密码块链信息认证协议)，CCMP 使用 AES(Advanced Encryption Standard，高级加密标准)作为加密算法，该算法弥补了 RC4 的缺陷，安全性更高。但 AES 对硬件要求较高，无法通过软件升级旧设备或旧网卡的方式支持 CCMP。

(5) 为了满足兼容性，目前 WPA 和 WPA2 都支持 802.1X 和 PSK 认证，也都支持 TKIP 和 CCMP 加密算法。WPA 和 WPA2 的不同主要表现在协议报文格式上的不同。WPA 和 WPA2 分为个人版和企业版。个人版在 AP 和 STA 间采用预共享密钥(PSK)的方式进行认证；企业版采用专门的认证服务器通过 802.1X 等方式进行认证。

(6) 2018 年 1 月，WiFi 联盟在 WPA2 的基础上发布了新一代的 WPA3，WPA3 个人版采用 SAE(Simultaneous Authentication of Equals，对等实体同时验证)协议取代了 WPA/WPA2 的 PSK 认证方式，可有效抵御离线字典攻击和增加暴力破解的难度。WPA3 个人版采用向前保密，使攻击者就算有密码也无法解密截获的数据。WPA3 企业版没有从根本上改变原有协议，主要从数据保护、流量保护和管理帧保护等方面进行了提升。

11.1.3　CAPWAP 隧道

1. AC 与 AP 间隧道的建立

在瘦 AP+AC 的组网模式中，全网的 AP 由 AC 统一管理，AC 承担了 AP 配置、用户接入认证等管理功能，AC 与 AP 之间采用称为 CAPWAP 的通信协议建立隧道。CAPWAP 隧道包括控制通道和数据通道两种，分别使用 UDP 的 5246 端口和 5247 端口。CAPWAP 隧道的建立过程如下：

(1) AP 获取地址。通过配置 DHCP 服务(可在 AC 或核心交换机等设备上配置)，为 AP 分配 IP 地址。

(2) AP 发现 AC。AP 可以通过 DHCP 服务的 Option 43 字段或通过 DNS 解析获取 AC 的 IP 地址。获取 AC 的地址后，AP 发送 Discovery Request 报文尝试关联 AC(三层网络通过单播、二层网络通过广播)，AC 收到请求后返回携带 AC 优先级和当前已关联 AP 数量等信息的 Discovery Response 给 AP，由 AP 决定与哪个 AC 建立连接。

(3) 建立 DTLS 连接。DTLS(Datagram Transport Level Security，数据报安全传输协议)是 UDP 版本的 TLS，用于防数据被窃听、篡改，以及身份冒充等。AC 在 Discovery Response 中会指示是否采用 DTLS 加密 CAPWAP 隧道中的 UDP 报文。

(4) AP 加入 AC。AP 发送 Join Request 报文请求加入 AC 并建立控制通道，AC 发送 Join Response 响应。

(5) AP 版本升级。AP 根据 Join Response 携带的版本要求判断自身版本是否符合，若不符合，则向 AC 申请下发新版本。

(6) AP 配置下发。AP 版本达到要求后，向 AC 发送 Configuration Status Request(配置状态请求)报文，请求报文携带了 AP 现有的配置，若 AC 发现 AP 的配置不符合要求，则发送 Configuration Status Response 报文通知 AP 同步配置。

(7) AP 配置确认。AP 配置完成后，向 AC 发送 Change State Event Request(配置确认请求)报文，其中包含射频、错误码、配置信息等。AC 回复 Change State Event Response(配置确认响应)。

(8) AP 运行。配置确认后，意味着 CAPWAP 的控制通道已成功建立，AP 进入运行状态，可以开始转发数据了。AP 运行后会定期向 AC 发送 Echo Request 报文(“控制心跳”请求，即“控制通道”保活报文)，AC 回应 Echo Response 报文(控制心跳响应报文)表示控制通道正常，同时启动控制通道超时定时器；另外，AP 还定期向 AC 发送 Keepalive 报文(“数据心跳”报文，即“数据通道”保活报文)，AC 回应 Keepalive 报文表示数据通道正常。

2. CAPWAP 数据的传输

CAPWAP 隧道承载的数据包括管理报文和业务报文。其中，管理报文必须封装在 CAPWAP 控制通道中，在 AP 和 AC 间传输；业务报文则可选择不经过 CAPWAP 封装直接由 AP 转发到上行网络(称为直接转发或本地转发)，也可选择先由 AP 封装到 CAPWAP 数据通道中传输给 AC，再由 AC 进一步转发(称为隧道转发或集中转发)。

(1) 以管理报文从 AC 发往 AP 为例分析管理报文的传输。管理载荷在 AC 上会先封装 CAPWAP 头部，再封装 UDP/IP 头部，然后封装 802.3 以太网头部，最后封装上管理 VLAN

ID 头部形成管理报文。封装好后的管理报文途经交换机转发给 AP。交换机在与 AP 相连的端口上一般要将 PVID 设置为管理 VLAN ID，这样交换机就会先去掉 PVID(即管理 VLAN ID)，再将管理报文转交给 AP。之所以要这样处理，是因为 AP 一般只将不带 VLAN 标记的报文识别为管理报文。AP 识别出管理报文后，依次去掉报文的 802.3 头部、UDP/IP 头部和 CAPWAP 头部，再对剩下的管理载荷进行处理。

(2) 再以业务报文从无线终端发往 AP 为例，分析业务报文的直接转发模式和隧道转发模式。在直接转发模式下，无线工作站的无线网卡给业务数据封装上无线的 802.11 头部，通过无线信道发送到 AP，AP 收到业务报文后，去除无线的 802.11 头部，封装上有线以太网的 802.3 头部，然后直接将其通过上行交换机转发到上行网络，无需经过 AC 集中处理，适用于中小规模的 WLAN；隧道模式下，业务报文在 AP 上进行 CAPWAP 封装后经 CAPWAP 数据通道传到 AC，由 AC 将其解封装后转发到上行网络。这样有利于数据传输的安全性以及 AC 对数据的集中控制和管理。这种方式适用于在现网中新增设备、减少对现网的改动。

11.2　无线设备的配置

11.2.1　思科无线设备的配置

在 Packet Tracer 中搭建如图 11-1 所示的拓扑，完成思科无线设备的配置。

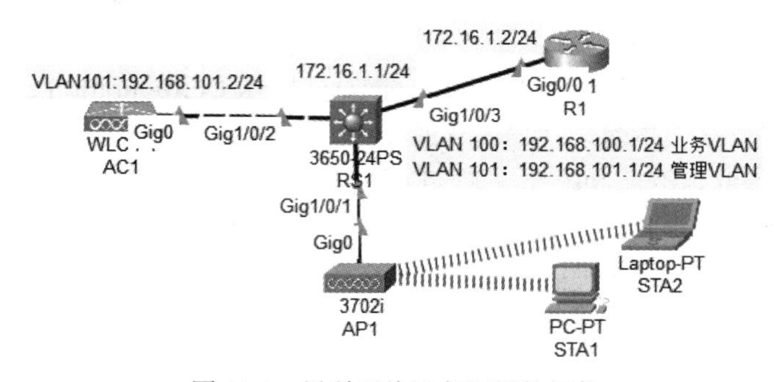

图 11-1　思科无线设备配置的拓扑

(1) 如图 11-2 所示，为 RS1 添加“AC-POWER-SUPPLY”模块。

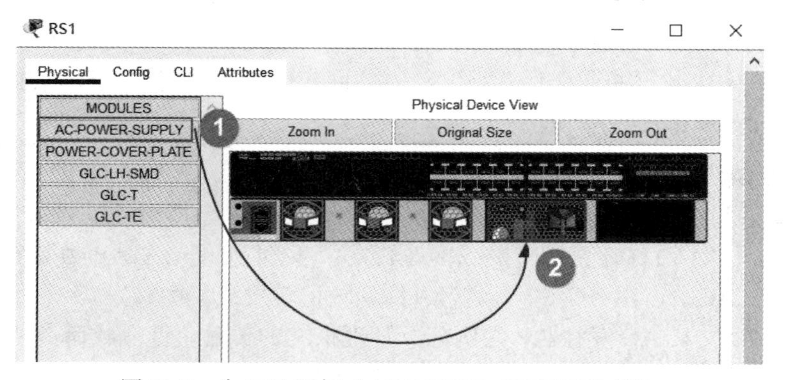

图 11-2　为 RS1 添加“AC-POWER-SUPPLY”模块

(2) 如图 11-3 所示，为 AP1 添加“ACCESS_POINT_POWER_ADAPTER”模块。

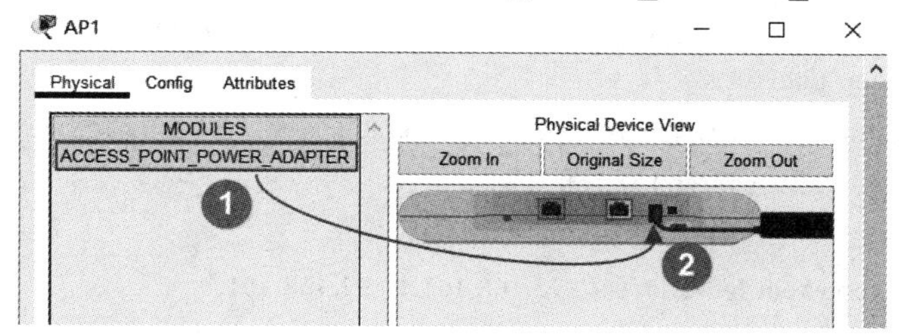

图 11-3 为 AP1 添加“ACCESS_POINT_POWER_ADAPTER”模块

(3) 进行 RS1 的配置，命令如下：

```
RS1(config)#vlan 100
RS1(config-vlan)#exit
RS1(config)#vlan 101
RS1(config-vlan)#exit
RS1(config)#interface GigabitEthernet 1/0/1
RS1(config-if)#switchport mode trunk
RS1(config-if)#switchport trunk native vlan 101
RS1(config-if)#exit
RS1(config)#interface GigabitEthernet 1/0/2
RS1(config-if)#switchport mode access
RS1(config-if)#switchport access vlan 101
RS1(config-if)#exit
RS1(config)#int GigabitEthernet 1/0/3
RS1(config-if)#no switchport
RS1(config-if)#ip address 172.16.1.1 255.255.255.0
RS1(config-if)#exit
RS1(config)#ip routing
RS1(config)#interface vlan 100
RS1(config-if)#ip address 192.168.100.1 255.255.255.0
RS1(config-if)#exit
RS1(config)#interface vlan 101
RS1(config-if)#ip address 192.168.101.1 255.255.255.0
RS1(config-if)#exit
RS1(config)#router ospf 1
RS1(config-router)#network 192.168.0.0 0.0.255.255 area 0
RS1(config-router)#network 172.16.1.0 0.0.0.255 area 0
RS1(config-router)#exit
RS1(config)#service dhcp
RS1(config)#ip dhcp pool AP
RS1(dhcp-config)#network 192.168.101.0 255.255.255.0
RS1(dhcp-config)#default-router 192.168.101.1
```

RS1(dhcp-config)#**option 43 ip 192.168.101.2**

RS1(dhcp-config)#**exit**

RS1(config)#**ip dhcp pool STA**

RS1(dhcp-config)#**network 192.168.100.0 255.255.255.0**

RS1(dhcp-config)#**default-router 192.168.100.1**

RS1(dhcp-config)#**exit**

RS1(config)#**ip dhcp excluded-address 192.168.101.1 192.168.101.2**

(4) 进行 R1 的配置，命令如下：

R1(config)#**interface GigabitEthernet 0/0**

R1(config-if)#**ip address 172.16.1.2 255.255.255.0**

R1(config-if)#**no shutdown**

R1(config-if)#**exit**

R1(config)#**router ospf 1**

R1(config-router)#**network 172.16.1.0 0.0.0.255 area 0**

(5) 如图 11-4 所示，在 AC1 的 Config 选项夹的“Management”选项中，将 AC1 的 IP 地址配置为 192.168.101.2，子网掩码配置为 255.255.255.0，缺省网关配置为 192.168.101.1。

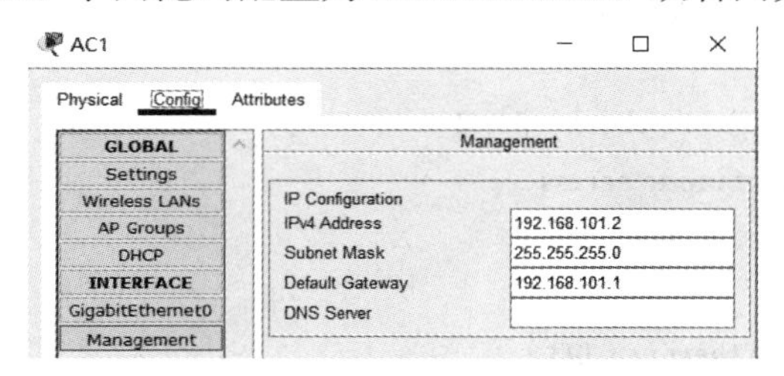

图 11-4 AC1 的 IP 地址配置

(6) 如图 11-5 所示，在 AC1 的 Config 选项夹的“Wireless LANs”选项中，将 AC 的 Name 设为“guest”，SSID 设置为“guest”，业务 VLAN 设置为“100”，认证方式选择“WPA2-PSK”，预共享密钥设置为“12345678”，加密算法选用“AES”，其他选默认值。最后点击“Save”按钮。

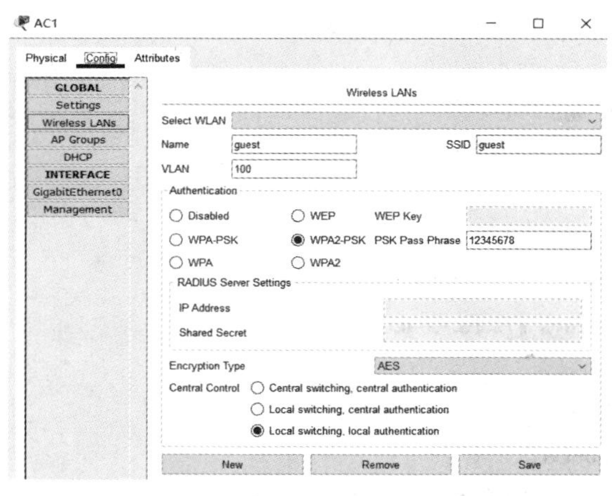

图 11-5 AC1 的“Wireless LANs”配置

(7) 如图 11-6 所示，在 AC1 的 Config 选项夹的“AP Groups”选项上可以看到，加入了默认 AP 组的无线局域网(Wireless LANs)有刚才配置的“guest”，加入了默认 AP 组的 AP 有 AP1。此处采用默认值。

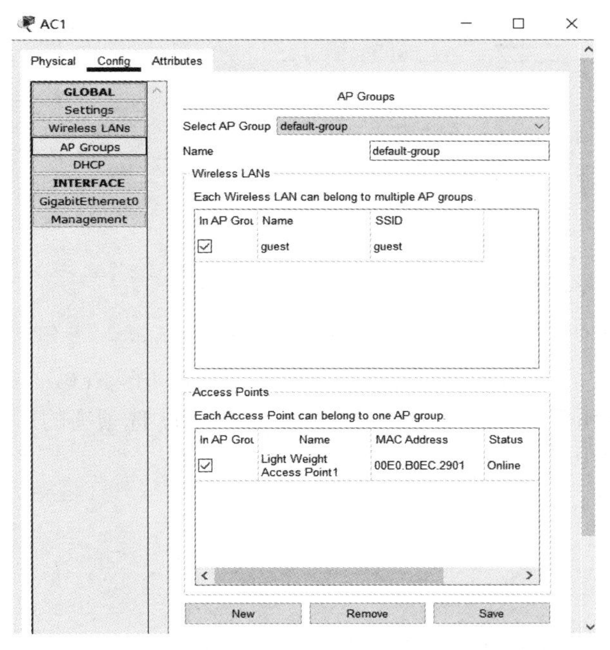

图 11-6　AC1 的“AP Groups”配置

(8) 如图 11-7 所示，AP1 的缺省网关已经通过 DHCP 自动获取到了，是 192.168.101.1。

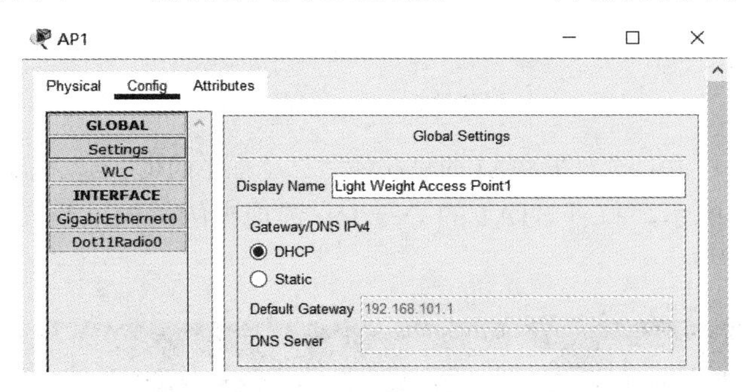

图 11-7　查看 AP1 的缺省网关(已经通过 DHCP 自动获取)

(9) 如图 11-8 所示，AP1 加入的 AC 地址通过 DHCP 的 option 43 自动获取到了，是 192.168.101.2。

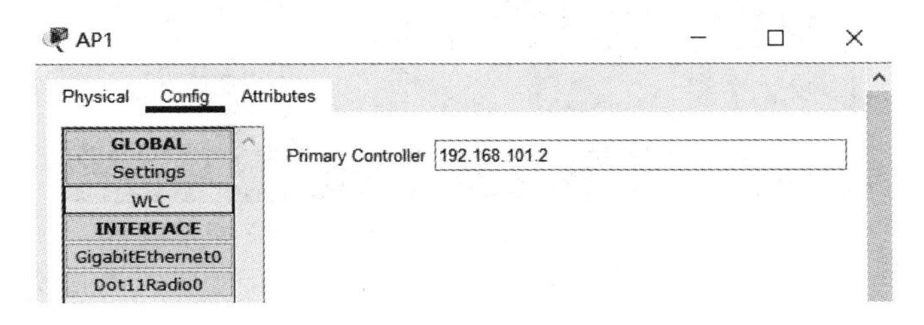

图 11-8　查看 AP1 获取到的 AC 地址

(10) 如图 11-9 所示，AP1 的 IP 地址和子网掩码已经通过 DHCP 自动获取到了，分别为 192.168.101.3 和 255.255.255.0。

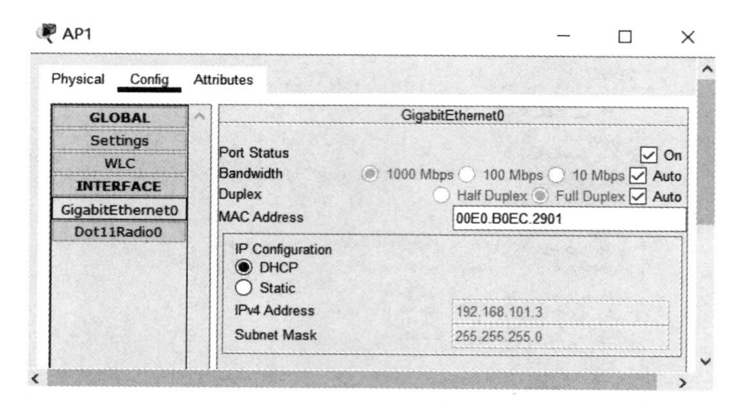

图 11-9　查看 AP1 获取到的 IP 地址和子网掩码

(11) 如图 11-10 所示，在无线工作站 STA1 的 Config 选项夹的“Settings”选项中，缺省网关已经通过 DHCP 自动获取到了，是 192.168.100.1。

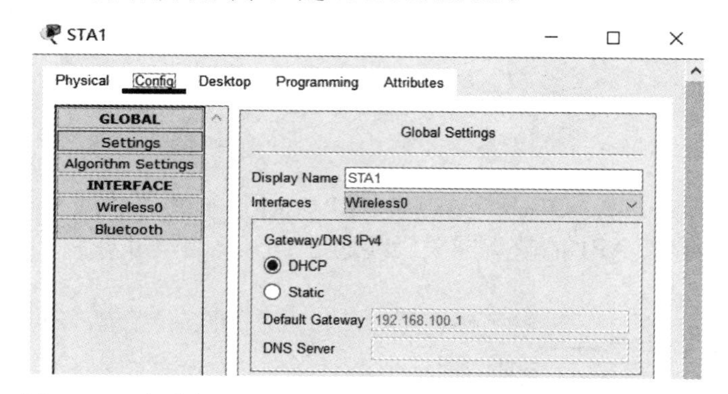

图 11-10　查看在 STA1 的缺省网关(已经通过 DHCP 自动获取)

(12) 如图 11-11 所示，打开 STA1 的 Desktop 选项夹的“PC Wireless”配置项。

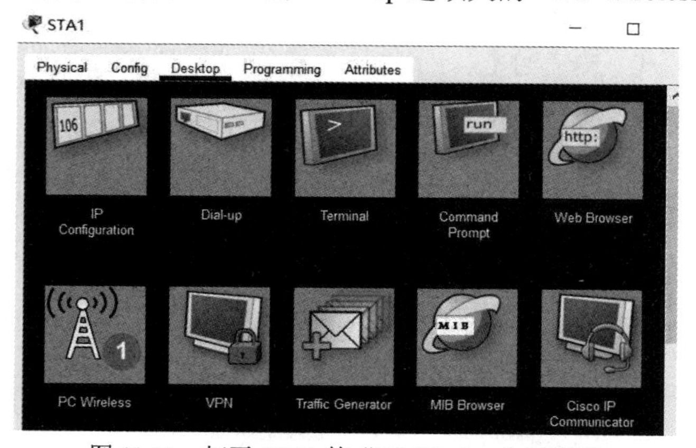

图 11-11　打开 STA1 的“PC Wireless”配置项

(13) 如图 11-12 所示，在弹出框中选择“Connect”选项夹，选中值为“guest”的 SSID，点击“Connect”按钮。

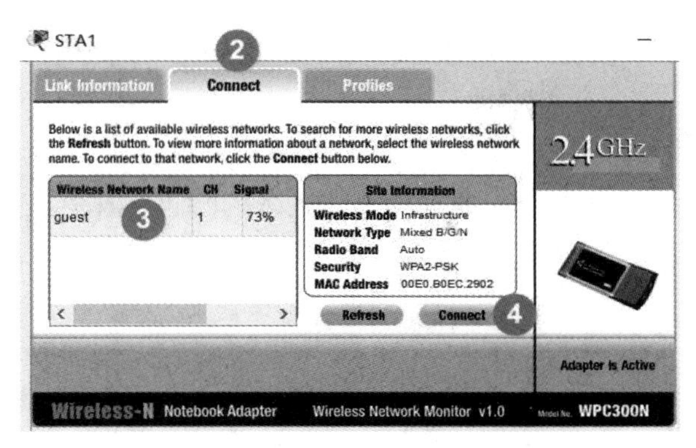

图 11-12　连接值为“guest”的 SSID

(14) 如图 11-13 所示，在弹出框中输入预共享密钥“12345678”，点击“Connect”按钮进行连接。

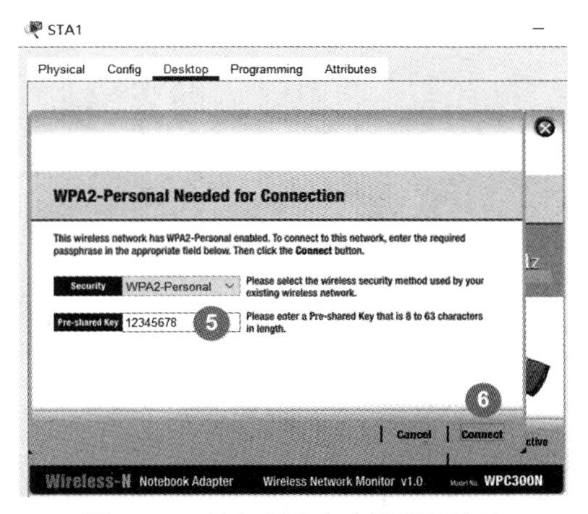

图 11-13　输入预共享密钥进行连接

(15) 如图 11-14 所示，成功连接后，点击 STA1 的“Config”选项夹的“Wireless0”选项，可以看到无线网络的相关信息，本工作站通过 DHCP 获取的地址为 192.168.100.2。

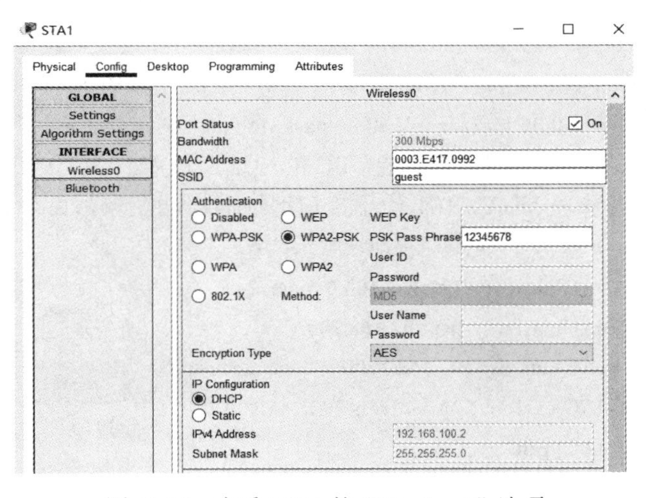

图 11-14　查看 STA1 的“Wireless0”选项

(16) 在两台工作站上 ping 路由器 R1 的地址 172.16.1.2，可以看到，都能 ping 通。

11.2.2 华为无线设备的配置

如图 11-15 所示，搭建拓扑，完成华为无线设备的配置。其中，AC 采用设备 AC6005，AP 采用设备 AP6050。规划 VLAN 100 为业务 VLAN、VLAN 101 为管理 VLAN。

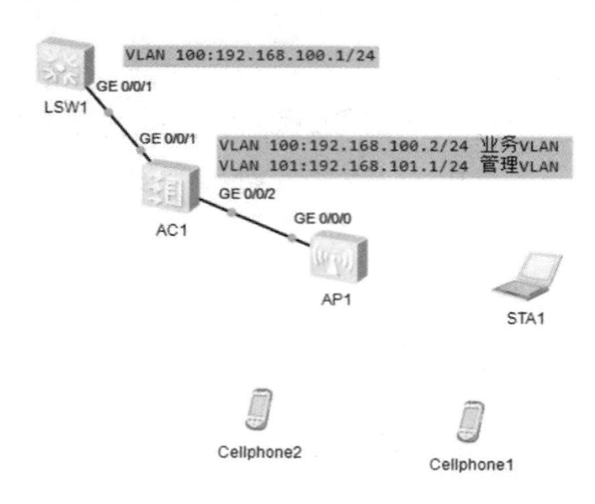

图 11-15 华为无线设备配置的拓扑

(1) 将 AC 与 AP 链接的端口配置为 Trunk 类型、端口 PVID 为管理 VLAN 101，命令如下：

```
[AC6005]vlan batch 100 101    //创建 VLAN 100 和 101
[AC6005]interface GigabitEthernet 0/0/1
[AC6005-GigabitEthernet0/0/1]port link-type trunk
[AC6005-GigabitEthernet0/0/1]port trunk allow-pass vlan all
[AC6005-GigabitEthernet0/0/1]quit
[AC6005]interface GigabitEthernet 0/0/2
[AC6005-GigabitEthernet0/0/2]port link-type trunk    //设置端口配置为 Trunk 类型
[AC6005-GigabitEthernet0/0/2]port trunk pvid vlan 101    //修改 PVID 为管理 VLAN 101
[AC6005-GigabitEthernet0/0/2]port trunk allow-pass vlan all
```

(2) 配置 VLANif 接口的 DHCP 功能，PC 的地址通过 VLAN 100 使用全局地址池自动获取；AP 的地址通过管理 VLAN 101 使用接口地址池自动获取，命令如下:

```
[AC6005]ip pool poolAC    //创建全局地址池 poolAC
[AC6005-ip-pool-poolAC]network 192.168.100.0 mask 24
[AC6005-ip-pool-poolAC]gateway-list 192.168.100.1
[AC6005-ip-pool-poolAC]dns-list 192.168.100.1
[AC6005-ip-pool-poolAC]excluded-ip-address 192.168.100.2
[AC6005-ip-pool-poolAC]quit
[AC6005]dhcp enable
```

[AC6005]**interface Vlanif 100**

[AC6005-Vlanif100]**ip address 192.168.100.2 255.255.255.0**

[AC6005-Vlanif100]**dhcp select global**　　　//配置 PC 通过全局地址池获取 IP 地址

[AC6005-Vlanif100]**quit**

[AC6005]**interface Vlanif 101**

[AC6005-Vlanif101]**ip address 192.168.101.1 24**

[AC6005-Vlanif101]**dhcp select interface**　　　//配置 AP 通过接口地址池自动获取 IP 地址，“dhcp select global”用于配置通过全局地址池分配 IP 地址，全局地址池指全局模式下建立的地址池(ip pool)，其中，网关、DNS 等在 ip pool 界面下配置。“dhcp select interface”用于配置通过接口地址池分配 IP 地址，接口地址池是指以“当前接口的 IP 地址与子网掩码”所在网段作为地址池，其中，网关由当前接口的 IP 地址充当，DNS 在接口界面下配置。

(3) 创建 AP 组,命令如下：

[AC6005]**capwap source interface Vlanif 101**　　　//配置 AC 管理 AP 的源接口

[AC6005]**wlan**

[AC6005-wlan-view]**ap-group name ap01**　　　//创建 AP 组 ap01

[AC6005-wlan-ap-group-ap01]**quit**

[AC6005-wlan-view]**regulatory-domain-profile name regDomainProf**　　　//创建监管域模板

[AC6005-wlan-regulate-domain-regDomainProf]**country-code CN**

[AC6005-wlan-regulate-domain-regDomainProf]**quit**

[AC6005-wlan-view]**ap-group name ap01**　　　//进入 AP 组 ap01

[AC6005-wlan-ap-group-ap01]**regulatory-domain-profile regDomainProf**　　　//绑定监管域模板

Warning: Modifying the country code will clear channel, power and antenna gain configurations of the radio and reset the AP. Continue?[Y/N]:**y**　　//选择 Y

[AC6005-wlan-ap-group-ap01]**quit**

[AC6005-wlan-view]**quit**

(4) 将 AP 绑定到 AP 组中,命令如下：

[AC6005]**wlan**

[AC6005-wlan-view]**ap auth-mode mac-auth**　　　//配置认证模式为 mac 认证，这是缺省值

[AC6005-wlan-view]**ap-id 0 ap-mac 00E0-FC82-1E90**　　　//指定接受管理的 AP 的 MAC

如图 11-16 所示，AP1 的 MAC 地址是 00-E0-FC-82-1E-90。

图 11-16　查看 AP1 的 MAC 地址

[AC6005-wlan-ap-0]**ap-name area_1**

[AC6005-wlan-ap-0]**ap-group ap01**　　//将该 AP 绑定到 AP 组 ap01 中

Warning: This operation may cause AP reset. If the country code changes, it will clear channel, power and antenna gain configurations of the radio, Whether to continue? [Y/N]:**y**

[AC6005-wlan-ap-0]**return**

(5) 将 AP 上电，执行命令“display ap all”，如果查看到 AP 的“State”字段为“nor”，表示 AP 正常上线。命令如下：

<AC6005>**display ap all**

```
--------------------------------------------------------------------------------------------------------------
ID  MAC             Name    Group   IP               Type      State  STA  Uptime
--------------------------------------------------------------------------------------------------------------
0   00e0-fc82-1e90  area_1  ap01    192.168.101.200  AP6050DN  nor    0    2M:14S
--------------------------------------------------------------------------------------------------------------
Total: 1
```

(6) 配置 WLAN 的业务参数，方法如下：

① 创建 SSID 模板，命令如下：

[AC6005]**wlan**

[AC6005-wlan-view]**ssid-profile name ssidProf**　//创建 SSID 模板 ssidProf

[AC6005-wlan-ssid-prof-ssidProf]**ssid huawei**　　//配置 SSID 名称为“huawei”

② 配置安全模板(可选)，命令如下：

[AC6005-wlan-view]**security-profile name secProf**　　//创建安全模板 secProf

[AC6005-wlan-sec-prof-secProf]**security wpa2 psk pass-phrase huawei@123 aes**　　//认证类型采用 wpa2，密码设为 huawei@123，加密算法采用 aes

③ 创建 VAP 模板，配置业务数据转发模式、业务 VLAN，并引用 SSID 模板和安全模板，命令如下：

[AC6005-wlan-view]**vap-profile name vapProf**　//创建 VAP 模板

[AC6005-wlan-vap-prof-vapProf]**forward-mode tunnel**　　//转发模式设置为隧道模式

[AC6005-wlan-vap-prof-vapProf]**service-vlan vlan-id 100**　//业务 VLAN 绑定到 VLAN 100

[AC6005-wlan-vap-prof-vapProf]**ssid-profile ssidProf**　　//绑定 ssid 模板

[AC6005-wlan-vap-prof-vapProf]**security-profile secProf**　//绑定安全模板

[AC6005-wlan-vap-prof-vapProf]**quit**

④ 配置 AP 组引用 VAP 模板，AP 上射频 0 使用 VAP 模板的配置，因为实验中只有一个 AP，所以使用射频 0，命令如下：

[AC6005-wlan-view]**ap-group name ap01**

[AC6005-wlan-ap-group-ap01]**vap-profile vapProf wlan 1 radio 0**

[AC6005-wlan-ap-group-ap01]**return**

⑤ WLAN 业务配置会自动下发给 AP，配置完成后，执行命令“display vap ssid huawei”，当“Status”项显示为“ON”时，表示 AP 对应的射频上的 VAP 已创建成功，命令如下：

<AC6005>**display vap ssid huawei**

WID : WLAN ID

AP ID	AP name	RfID	WID	BSSID	Status	Auth type	STA	SSID
0	area_1	0	1	00E0-FC82-1E90	ON	WPA2-PSK	0	huawei

(7) 如图 11-17 所示，在 STA1 上进行连接测试，双击值为“huawei”的 SSID，输入密码“huawei@123”进行连接。

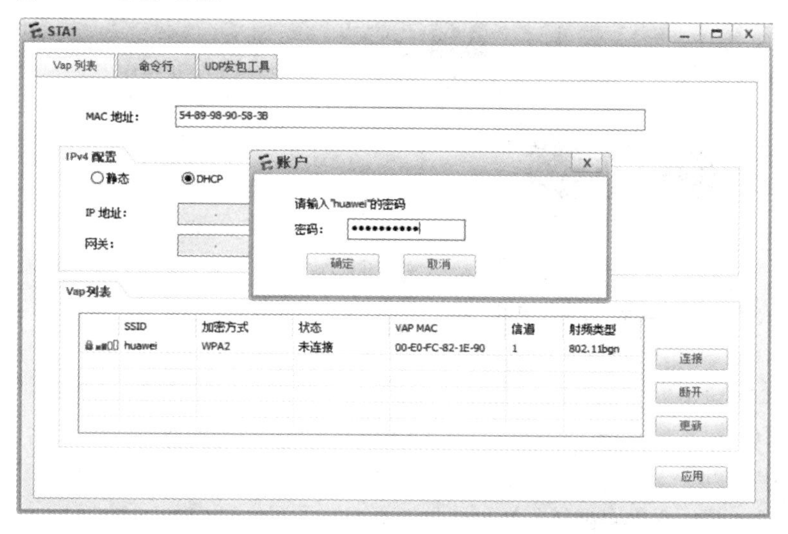

图 11-17　在 STA1 上进行连接测试

(8) 连接成功后的效果图如图 11-18 所示。

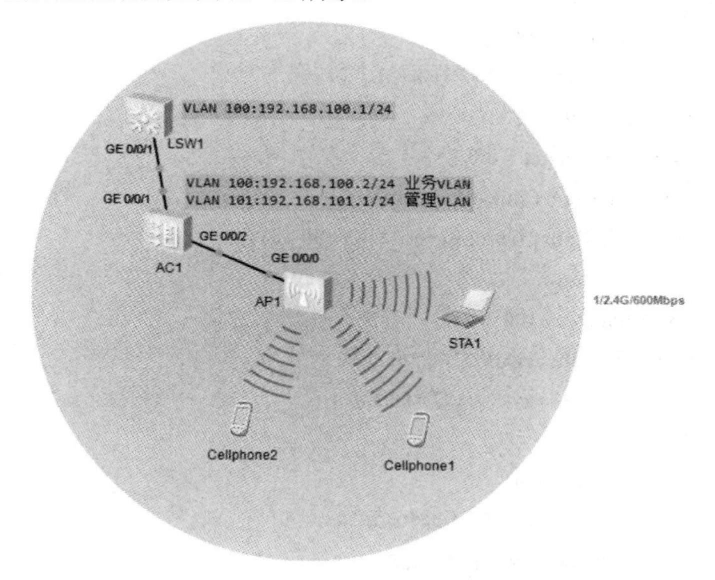

图 11-18　无线连接成功的效果图

11.2.3　华三无线设备的配置

在 HCL 中搭建如图 11-19 所示的拓扑，完成华三无线设备的配置。

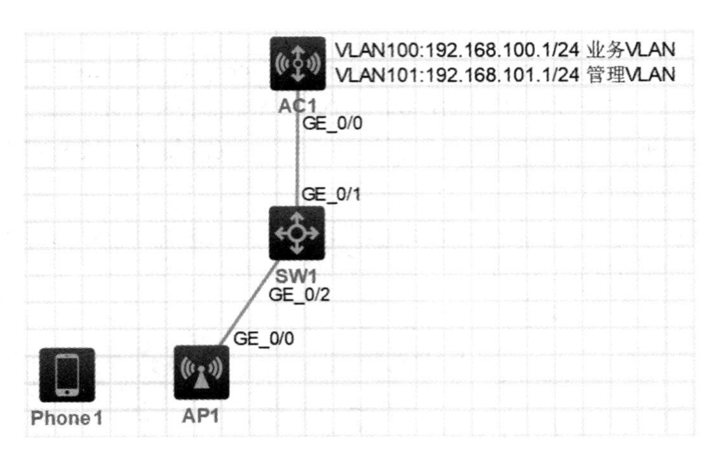

图 11-19 华三无线设备配置的拓扑

(1) 进行 AC 的 VLAN、DHCP 配置，命令如下：

[AC1]**vlan 100**

[AC1-vlan100]**quit**

[AC1]**vlan 101**

[AC1-vlan101]**quit**

[AC1]**interface Vlan-interface 100**

[AC1-Vlan-interface100]**ip address 192.168.100.1 24**

[AC1-Vlan-interface100]**quit**

[AC1]**interface Vlan-interface 101**

[AC1-Vlan-interface101]**ip address 192.168.101.1 24**

[AC1-Vlan-interface101]**quit**

[AC1]**interface GigabitEthernet 1/0/0**

[AC1-GigabitEthernet1/0/0]**port link-type trunk**

[AC1-GigabitEthernet1/0/0]**port trunk permit vlan 100 101**

[AC1-GigabitEthernet1/0/0]**quit**

[AC1]**dhcp server ip-pool vlan100**

[AC1-dhcp-pool-vlan100]**network 192.168.100.0 24**

[AC1-dhcp-pool-vlan100]**gateway-list 192.168.100.1**

[AC1-dhcp-pool-vlan100]**quit**

[AC1]**dhcp server ip-pool vlan101**

[AC1-dhcp-pool-vlan101]**network 192.168.101.0 24**

[AC1-dhcp-pool-vlan101]**gateway-list 192.168.101.1**

[AC1-dhcp-pool-vlan101]**forbidden-ip 192.168.101.1**

[AC1-dhcp-pool-vlan101]**quit**

[AC1]**dhcp enable**

(2) 进行交换机 SW1 的 VLAN 配置，命令如下：

[SW1]**vlan 100**

[SW1-vlan100]**quit**

[SW1]**vlan 101**

[SW1-vlan101]**quit**

[SW1]**interface GigabitEthernet 1/0/1**

[SW1-GigabitEthernet1/0/1]**port link-type trunk**

[SW1-GigabitEthernet1/0/1]**port trunk permit vlan 100 101**

[SW1-GigabitEthernet1/0/1]**undo port trunk permit vlan 1**

[SW1-GigabitEthernet1/0/1]**quit**

[SW1]**interface GigabitEthernet 1/0/2**

[SW1-GigabitEthernet1/0/2]**port link-type trunk**

[SW1-GigabitEthernet1/0/2]**port trunk permit vlan 100 101**

[SW1-GigabitEthernet1/0/2]**undo port trunk permit vlan 1**

[SW1-GigabitEthernet1/0/2]**port trunk pvid vlan 101**

(3) 在 AC1 上开启自动 AP，命令如下：

[AC1]**wlan auto-ap enable**　　//开启自动 AP

使用自动 AP 的功能是为了在无线网络中部署的 AP 数量较多时，使用自动 AP 功能可以减少管理员的配置工作量，并可以简化配置，避免多次配置 AP 序列号，同时降低配置出错的概率。开启自动 AP 一段时间后，在 AC 上出现以下提示：

%Aug 16 15:33:21:752 2023 AC1 APMGR/6/APMGR_AP_ONLINE: -MDC=1; AP 5ccc-d5d7-0300 came online. State changed to Run.

%Aug 16 15:33:21:753 2023 AC1 CWS/6/CWS_AP_UP: -MDC=1; Master CAPWAP tunnel to AP 5ccc-d5d7-0300 went up.

(4) 在 AC1 上查询 AP 信息，显示所有 AP 的信息。其主要目的是看自动上线的 AP 的名称及其他参数信息，命令如下：

[AC1]**display wlan ap all**

Total number of APs: 1

Total number of connected APs: 1

Total number of connected manual APs: 0

Total number of connected auto APs: 1

Total number of connected common APs: 1

Total number of connected WTUs: 0

Total number of inside APs: 0

Maximum supported APs: 60000

Remaining APs: 59999

Total AP licenses: 60000

Local AP licenses: 60000

Server AP licenses: 0

Remaining local AP licenses: 59999

Sync AP licenses: 0

AP information

State : I = Idle,　　J　= Join,　　JA = JoinAck,　　IL = ImageLoad

C = Config,　　DC = DataCheck,　　R　= Run,　　M = Master,　　B = Backup

AP name　　APID　　State　　Model　　Serial ID

5ccc-d5d7-0300　　1　　R/M　　WA6320-HCL　　H3C_5C-CC-D5-D7-03-00

可以看到，AP 名称被命名为 5ccc-d5d7-0300。

(5) 在 AC 上修改 AP 名称，命令如下：

[AC1]**wlan auto-ap persistent all**　//将自动 AP 固化为持久的可配置 AP，否则无法修改 AP 名称

[AC1]**wlan rename-ap 5ccc-d5d7-0300 ap1**　//修改 AP 名称，将“5ccc-d5d7-0300”重命名为“ap”

(6) 在 AC 上对 AP 进行配置，命令如下：

[AC1]**wlan service-template 1**　//创建无线服务模板

[AC1-wlan-st-1]**ssid guest**　//在无线服务模板视图下配置 SSID，即无线网络名称(WiFi 名称)

[AC1-wlan-st-1]**service-template enable**　//开启无线服务模板

[AC1-wlan-st-1]**quit**

[AC1]**wlan ap-group group1**　//创建 wlan 组

[AC1-wlan-ap-group-group1]**ap ap1**　//将名称为“ap1”的 AP 加入本组中

[AC1-wlan-ap-group-group1]**ap-model WA6320-HCL**　//创建并进入 AP 组下的 AP 型号视图

[AC1-wlan-ap-group-group1-ap-model-WA6320-HCL]**radio 1**　//进入 Radio 视图

[AC1-wlan-ap-group-group1-ap-model-WA6320-HCL-radio-1]**service-template 1 vlan 100**　//无线服务模板绑定 Radio 时绑定的 VLAN ID，此处 VLAN 就是用户 DHCP 获取的网关 VLAN ID

[AC1-wlan-ap-group-group1-ap-model-WA6320-HCL-radio-1]**radio enable**　//开启射频功能，即 WiFi 可被搜索

(7) 如图 11-20 所示，右击 Phone1，在弹出的菜单中选择“配置”。

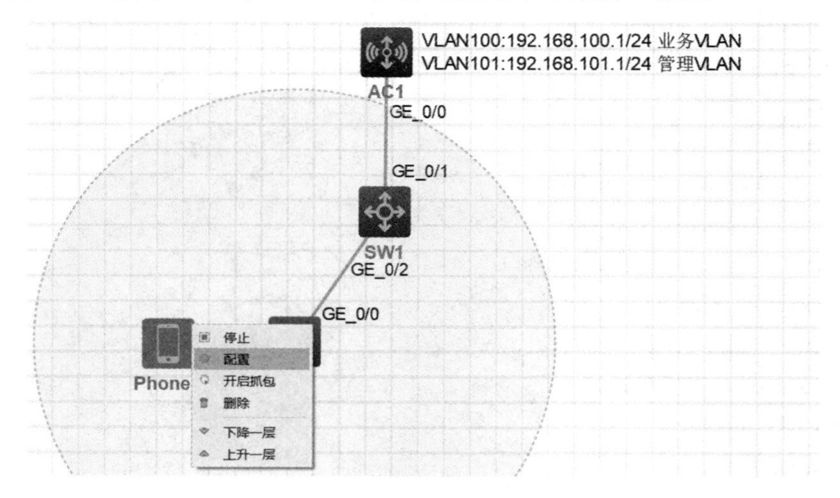

图 11-20　打开 Phone1 的配置界面

(8) 如图 11-21 所示，在“打开 WIFI？”栏中选择“是”，点开“连接状态”列的开关按钮，点击“IPv4 配置”栏“DHCP”选项的“启用”按钮。

此时如图 11-22 所示，终端成功联网。

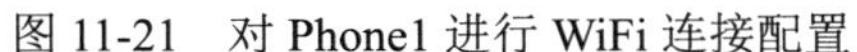

图 11-21　对 Phone1 进行 WiFi 连接配置

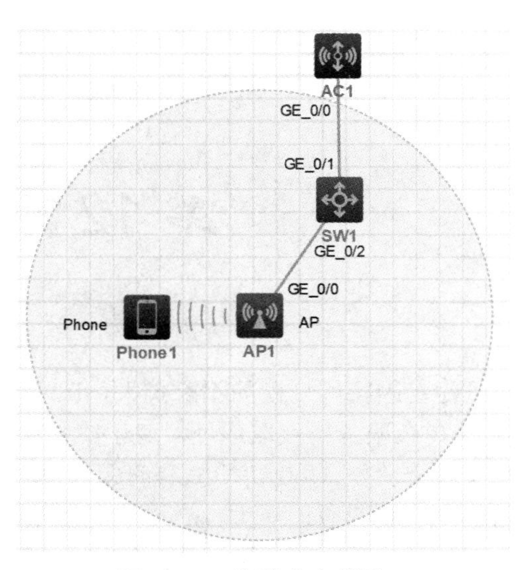

图 11-22　终端成功联网

练习与思考

1. 胖 AP 与瘦 AP 有什么区别？分别适用于怎样的场合？

2. 在瘦 AP+AC 的组网模式中，全网的 AP 由 AC 统一管理，它们之间是如何建立 CAPWAP 隧道的？

3. 请以管理报文从 AC 发往 AP 为例分析管理报文是如何传输的。

4. 请以业务报文从无线终端发往 AP 为例，分析业务报文在直接转发模式下是如何传输的。

5. 请以业务报文从无线终端发往 AP 为例，分析业务报文在隧道转发模式下是如何传输的。

6. 请规划和搭建一个瘦 AP+AC 组网模式的拓扑，用模拟器完成配置并验证效果。

第12章　IPv6技术

随着因特网规模的不断扩大，IPv4的可用地址日益缺乏；另外，无论是手工配置还是从DHCP服务器获取地址，对于终端用户来说IPv4地址都不够方便；同时，IPv4协议还存在安全性差、QoS功能弱等问题。因此，IETF(因特网工程任务组)从1990年便开始了IPng的制定，IPv6应运而生。IPv6从地址空间足量、配置简单方便、安全性好和QoS功能强等方面有所突破，顺应了网络的发展趋势。

12.1　IPv6基础

1. IPv6地址的表示和构成

IPv6地址采用128位二进制表示，分为8段，每段16位。书写时，每段的16位二进制转换为4位十六进制，段与段之间用冒号隔开。例如一个完整的IPv6地址可表示为：1234:5678:90AB:CDEF:0123:4567:89AB:CDEF。为缩短书写长度，每段的前导0可以去掉，如2001:0000:0000:000A:0000:0000:0000:0123可以压缩为：2001:0:0:A:0:0:0:123。另外，一个或多个的段内全为0时，可用::(双冒号)进一步压缩，但一个IPv6地址最多用一个::。如上例的IPv6地址可以进一步压缩为2001::A:0:0:0:123或2001:0:0:A::123，但不能压缩为2001::A::123。

IPv6地址取消了网络号、主机号、子网掩码等概念，改用前缀、接口标识符(接口ID)、前缀长度表示。例如：1234:5678:90AB:CDEF:0123:4567:89AB:CDEF/64表示该地址的前缀长度是64位，其前缀是1234:5678:90AB:CDEF，其接口标识符是0123:4567:89AB:CDEF。

2. IPv6地址的分类

IPv6地址可分为单播地址、组播地址和任播地址。其中，IPv6的单播地址、组播地址与IPv4的类似，任播地址则是IPv6特有的。

(1) 常见的单播地址有：① 未指定地址，用于节点未获得有效地址前作为源地址，表示暂无地址，前缀为::/128。② 环回地址，用于发送测试报文时将自己作为目的地址，与IPv4的127.0.0.1类似，前缀为::1/128。③ 链路本地地址，用于以路由器为边界的链路本地节点间的通信，前缀为FE80::/10。④ 全球单播地址，与IPv4的公有地址类似，由IANA(Internet Assigned Numbers Authority，Internet地址分配机构)统一分配，前缀是2000::/3。

(2) 组播地址前缀为FF00::/8。预留的组播地址FF02::1用于表示链路本地范围的所有节点；FF02::2 用于表示链路本地范围的所有路由器。

(3) 任播地址用来标识一组接口，发给任播地址的数据会被送给这组接口中距离源节点最近的接口。利用任播地址，可以实现诸如移动用户接入因特网时自动连入最近的接收站等功能。任播地址是从单播地址空间中分配的，配置时需明确指明它是任播地址。

3. 邻居发现协议

IPv6 中的主机无须任何配置就可以连通网络，依赖的就是 IPv6 的邻居发现协议(ND 协议)。邻居发现协议能实现地址解析、路由器发现/前缀发现、地址自动配置和地址重复检测等功能。

以地址解析为例，某主机为了实现与另一主机通信，需要先获取对方的链路层地址，这一功能在 IPv4 中是通过 ARP 地址解析协议实现的，IPv6 则是借助邻居发现协议(ND 协议)，以被请求节点的组播地址作为目标地址，向被请求节点发送邻居请求消息(NS 消息)，并从对方返回的邻居通告消息(NA 消息)中获取对方的链路层地址。

路由器发现/前缀发现是指主机能获取路由器及其所在网络的前缀以及链路 MTU 等其他配置参数。地址自动配置则是根据路由器发现/前缀发现所获得的信息自动配置 IPv6 地址。自动配置的地址最后要通过邻居发现协议(ND 协议)提供的地址重复检测功能进行检测，避免地址冲突。

12.2 IPv6 地址的配置

1. 链路地址的配置

链路本地地址(Link Local Address)是为单一链路的通信而设计的地址，可手动配置，也可自动配置。自动配置又分为由 mac 地址生成的 EUI64 格式、随网络环境变化的 stable_secret 格式、随机生成的 random 格式等三种。当接口变为可用时，可自动生成一个 128 位的 EUI64 格式链路本地地址，包括由 FE80::/10 补充 0 拓展得到的 64 位前缀 FE80::/64 和符合 IEEE EUI-64 格式的 64 位接口标识符。IEEE EUI-64 格式接口标识符的生成方法是将 48 位的 MAC 地址从中间切开，加入 16 位的 0xFFFE 得到一个 64 位数，再将这 64 位二进制数从高位往低位方向的第 7 位设置为 1。

2. 全球单播地址的配置

全球单播地址(Global Address)可手动配置，也可自动配置。自动配置又分为无状态(Stateless)和有状态(Stateful)两种。无状态是指网络中无专门的 IP 地址管理者，客户端只根据网关公告的消息自行配置 IPv6 地址；有状态是指网络中有 IP 地址管理者配置的 DHCPv6 服务器为客户端分配和管理 IPv6 地址、维护 IPv6 地址的租期等。

(1) 通过无状态地址自动配置获得全球单播地址。主机自动生成链路本地地址后，就可以与本链路上的路由器进行通信了。借助邻居发现协议(ND 协议)，主机向代表链路本地所有路由器的组播地址 FF02::2 发送路由器请求消息(RS 消息)，以获取网关响应的路由器公告消息(RA 消息)，然后从路由器公告消息(RA 消息)中提取出全球唯一的 IPv6 地址前缀，加上随机生成的后缀或以 EUI-64 地址作为后缀(后缀也称为接口标识符)，生成全球单播地址。

(2) 通过有状态地址自动配置获得全球单播地址。“有状态”又分为有状态DHCPv6(Stateful DHCPv6)和无状态DHCPv6(Stateless DHCPv6)。有状态DHCPv6是指客户端的IPv6地址、DNS等其他参数均通过DHCPv6获取；无状态DHCPv6是指客户端的IPv6地址通过路由器公告消息(RA消息)生成，DNS等其他参数则通过DHCPv6获取。

以上几种方式自动获取到的IPv6地址都要通过重复地址检测(DAD)，即通过ND协议的邻居请求(NS)和邻居公告(NA)消息来确认无地址重复后才可使用。

12.2.1 思科设备的IPv6地址配置

在Packet Tracer中搭建如图12-1所示的拓扑，通过无状态地址自动配置获取全球唯一地址。

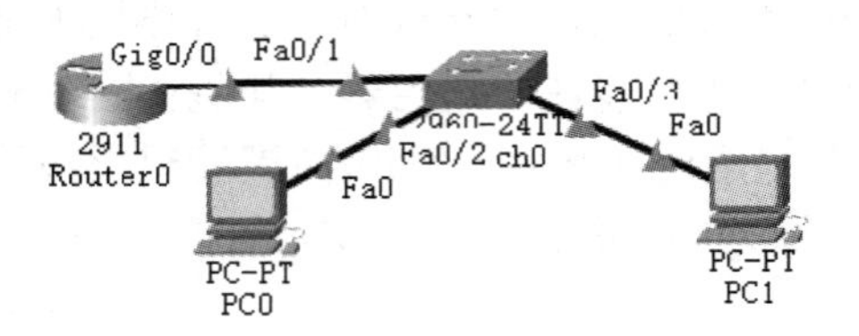

图12-1 思科设备IPv6地址配置的拓扑

(1) 如图12-2所示，在主机PC0的配置页面中，勾选“Automatic”选项。

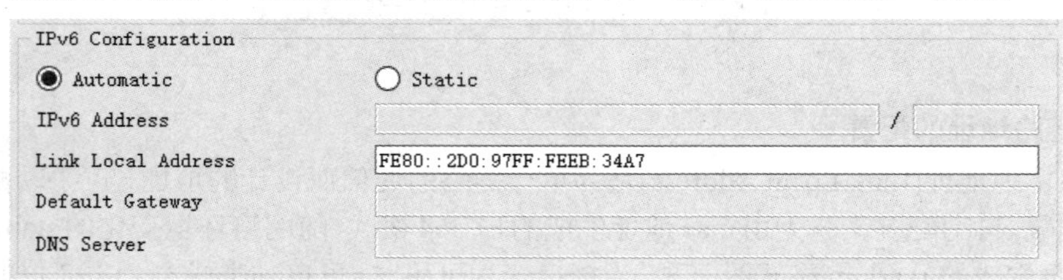

图12-2 主机PC0的配置页面

(2) 在PC0上查看PC0的IPv6地址情况，命令如下：

```
C:\>ipconfig
    Link-local IPv6 Address.........: FE80::2D0:97FF:FEEB:34A7
    IPv6 Address....................: ::
    IPv4 Address....................: 0.0.0.0
```

可以看到，PC0的链路本地地址是FE80::2D0:97FF:FEEB:34A7，这是由MAC地址自动生成的，借助它，可进一步从充当网关的路由器处获取全球单播地址前缀。

(3) 进行路由器R1的配置，命令如下：

```
R1(config)#ipv6 unicast-routing    //全局开启IPv6路由
R1(config)#interface GigabitEthernet 0/0
R1(config-if)#ipv6 enable     //接口使能IPv6
R1(config-if)#ipv6 address 2000::/64 eui-64   //指定地址前缀，使用EUI-64生成接口ID
R1(config-if)#no shutdown
```

```
R1(config-if)#exit
R1(config)#interface GigabitEthernet 0/1
R1(config-if)#ipv6 enable
R1(config-if)#ipv6 address 2001::/64 eui-64
R1(config-if)#no shutdown
R1(config-if)#end
```

(4) 查看路由器 R1 的配置结果，命令如下：

```
R1#show ipv6 interface brief
GigabitEthernet0/0          [up/up]
    FE80::202:16FF:FEC6:6701
    2000::202:16FF:FEC6:6701
GigabitEthernet0/1          [up/up]
    FE80::202:16FF:FEC6:6702
    2001::202:16FF:FEC6:6702
```

可以看到，接口 G0/0 和 G0/1 都有两个地址，一个是链路本地地址，另一个是全球单播地址。

(5) 路由器 R1 配置好后，查看和测试电脑自动获取的地址，命令如下：

```
C:\>ipv6config    //查看 PC0 自动获取的地址信息
FastEthernet0 Connection:(default port)
   Connection-specific DNS Suffix..:
   Link-local IPv6 Address.........: FE80::2D0:97FF:FEEB:34A7
   IPv6 Address..........................: 2000::2D0:97FF:FEEB:34A7
   Default Gateway.....................: FE80::202:16FF:FEC6:6701
   DHCPv6 IAID........................:
   DHCPv6 Client DUID...........: 00-01-00-01-9C-E1-1A-1E-00-D0-97-EB-34-A7
C:\>ipv6config    //查看 PC1 自动获取的地址信息
FastEthernet0 Connection:(default port)
   Connection-specific DNS Suffix..:
   Link-local IPv6 Address.........: FE80::20C:85FF:FEDA:6584
   IPv6 Address..........................: 2001::20C:85FF:FEDA:6584
   Default Gateway.....................: FE80::202:16FF:FEC6:6702
   DHCPv6 IAID........................:
   DHCPv6 Client DUID...........: 00-01-00-01-C1-91-D2-EA-00-0C-85-DA-65-84
C:\>ping 2001::20C:85FF:FEDA:6584     //PC0 ping PC1 测试
Pinging 2001::20C:85FF:FEDA:6584 with 32 bytes of data:
Reply from 2001::20C:85FF:FEDA:6584: bytes=32 time<1ms TTL=127
Reply from 2001::20C:85FF:FEDA:6584: bytes=32 time<1ms TTL=127
Reply from 2001::20C:85FF:FEDA:6584: bytes=32 time=1ms TTL=127
Reply from 2001::20C:85FF:FEDA:6584: bytes=32 time<1ms TTL=127
```

```
Ping statistics for 2001::20C:85FF:FEDA:6584:
    Packets: Sent = 4, Received = 4, Lost = 0 (0% loss),
Approximate round trip times in milli-seconds:
    Minimum = 0ms, Maximum = 1ms, Average = 0ms
```

12.2.2 华为设备的 IPv6 地址配置

在 eNSP 中搭建如图 12-3 所示的拓扑，完成以下任务：为 R1 配置自动生成链路本地地址，为 R1 配置全球单播地址 2000:0001::1/64；为 R2 配置自动生成链路本地地址，为 R2 配置全球单播地址 2000:0001::2/64。

图 12-3 华为设备 IPv6 地址配置的拓扑

(1) 进行 R1 的配置，命令如下：

```
[R1]ipv6    //全局开启 IPv6 路由
[R1]interface GigabitEthernet 0/0/0
[R1-GigabitEthernet0/0/0]ipv6 enable    //接口使能 IPv6
[R1-GigabitEthernet0/0/0]ipv6 address auto link-local    //自动生成链路本地地址
[R1-GigabitEthernet0/0/0]ipv6 address 2000:1::1 64    //配置全球单播地址
```

(2) 查看 R1 的配置结果，命令如下：

```
[R1]display ipv6 interface G0/0/0
GigabitEthernet0/0/0 current state : UP
IPv6 protocol current state : UP
IPv6 is enabled, link-local address is FE80::2E0:FCFF:FE43:2E63
  Global unicast address(es):
    2000:1::1, subnet is 2000:1::/64
```

可以看到接口 G0/0/0 的两个地址，其中链路本地地址是 FE80::2E0:FCFF:FE43:2E63、全球单播地址是 2000:1::1/64。

(3) 进行 R2 的配置，命令如下：

```
[R2]ipv6
[R2]interface GigabitEthernet 0/0/0
[R2-GigabitEthernet0/0/0]ipv6 enable
[R2-GigabitEthernet0/0/0]ipv6 address auto link-local
[R2-GigabitEthernet0/0/0]ipv6 address 2000:1::2 64
```

(4) 查看 R2 的配置结果，命令如下：

```
[R2]display ipv6 interface GigabitEthernet 0/0/0
GigabitEthernet0/0/0 current state : UP
```

IPv6 protocol current state : UP
IPv6 is enabled, link-local address is FE80::2E0:FCFF:FE0F:5704
  Global unicast address(es):
    2000:1::2, subnet is 2000:1::/64

(5) 在路由器 R1 上 ping R2 的 IPv6 链路本地地址，注意此时需要指定接口，命令如下：

[R1]**ping ipv6 FE80::2E0:FCFF:FE0F:5704 -i GigabitEthernet 0/0/0**
  PING FE80::2E0:FCFF:FE0F:5704 : 56   data bytes, press CTRL_C to break
    Reply from FE80::2E0:FCFF:FE0F:5704
    bytes=56 Sequence=1 hop limit=64   time = 20 ms   //能 ping 通

(6) R1 ping R2 的全局单播地址，命令如下：

[R1]**ping ipv6 2000:1::2**
  PING 2000:1::2 : 56   data bytes, press CTRL_C to break
    Reply from 2000:1::2
    bytes=56 Sequence=1 hop limit=64   time = 10 ms //能 ping 通

12.2.3　华三设备的 IPv6 地址配置

在 HCL 中搭建如图 12-4 所示的拓扑，完成以下任务：为 R1 配置自动生成链路本地地址，为 R1 配置全球单播地址 2000:0001::1/64；为 R2 配置自动生成链路本地地址，为 R2 配置全球单播地址 2000:0001::2/64。

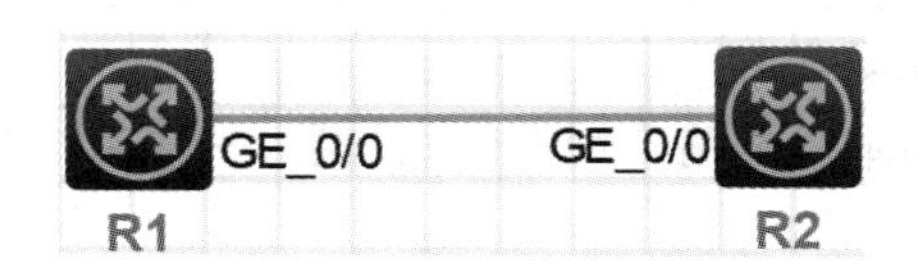

图 12-4　华三设备 IPv6 地址配置的拓扑

(1) 进行 R1 的配置，命令如下：

[R1]**interface GigabitEthernet 0/0**
[R1-GigabitEthernet0/0]**ipv6 address auto link-local**   //开启 IPv6 链路，本地地址自动生成
[R1-GigabitEthernet0/0]**ipv6 address 2000:1::1 64**   //配置全球单播地址
[R1-GigabitEthernet0/0]**undo ipv6 ?** //查看参数详解
  nd   IPv6 neighbor discovery
[R1-GigabitEthernet0/0]**undo ipv6 nd ?**
  ra   Router advertisement
[R1-GigabitEthernet0/0]**undo ipv6 nd ra ?**
  halt   Suppress IPv6 router advertisements
[R1-GigabitEthernet0/0]**undo ipv6 nd ra halt**   //允许接口发布 RA 消息

(2) 查看 R1 的配置结果，命令如下：

[R1]**display ipv6 interface GigabitEthernet 0/0**
GigabitEthernet0/0 current state: UP

Line protocol current state: UP

IPv6 is enabled, link-local address is FE80::5CFB:BBFF:FE1F:105

Global unicast address(es):

2000:1::1, subnet is 2000:1::/64

可以看到接口 G0/0/0 的两个地址，其中链路本地地址是 FE80::5CFB:BBFF:FE1F:105，全球单播地址是 2000:1::1/64。

(3) 进行 R2 的配置，命令如下：

[R2]**interface GigabitEthernet 0/0**

[R2-GigabitEthernet0/0]**ipv6 address auto link-local** //开启 IPv6 链路，本地地址自动生成

[R2-GigabitEthernet0/0]**ipv6 address 2000:1::2 64** //配置全球单播地址

[R2-GigabitEthernet0/0]**undo ipv6 nd ra halt** //允许其发布 RA 消息(缺省设置是所有接口不会发布 RA 消息)

(4) 查看 R2 的配置结果，命令如下：

[R2]**display ipv6 interface GigabitEthernet 0/0**

GigabitEthernet0/0 current state: UP

Line protocol current state: UP

IPv6 is enabled, link-local address is FE80::5CFB:DEFF:FEC2:205

Global unicast address(es):

2000:1::2, subnet is 2000:1::/64

可以看到接口 G0/0/0 的两个地址，其中链路本地地址是 FE80::5CFB:DEFF:FEC2:205，全球单播地址是 2000:1::2/64。

(5) 进行 R1 ping R2 的本地链路地址测试。注意，在路由器上 Ping IPv6 链路本地地址，需要指定接口，命令如下：

[R1]**ping ipv6 -i GigabitEthernet 0/0 FE80::5CFB:DEFF:FEC2:205**

Ping6(56 data bytes) FE80::5CFB:BBFF:FE1F:105 --> FE80::5CFB:DEFF:FEC2:205, press CTRL+C to break

56 bytes from FE80::5CFB:DEFF:FEC2:205, icmp_seq=0 hlim=64 time=1.000 ms

56 bytes from FE80::5CFB:DEFF:FEC2:205, icmp_seq=1 hlim=64 time=1.000 ms

56 bytes from FE80::5CFB:DEFF:FEC2:205, icmp_seq=2 hlim=64 time=1.000 ms

56 bytes from FE80::5CFB:DEFF:FEC2:205, icmp_seq=3 hlim=64 time=1.000 ms

56 bytes from FE80::5CFB:DEFF:FEC2:205, icmp_seq=4 hlim=64 time=0.000 ms

--- Ping6 statistics for FE80::5CFB:DEFF:FEC2:205 ---

5 packet(s) transmitted, 5 packet(s) received, 0.0% packet loss

round-trip min/avg/max/std-dev = 0.000/0.800/1.000/0.400 ms

[R1]%Aug 17 22:10:18:410 2023 R1 PING/6/PING_STATISTICS: Ping6 statistics for FE80::5CFB:DEFF:FEC2:205: 5 packet(s) transmitted, 5 packet(s) received, 0.0% packet loss, round-trip min/avg/max/std-dev = 0.000/0.800/1.000/0.400 ms.

(6) 进行 R1 ping R2 的全局单播地址测试，命令如下：

[R1]**ping ipv6 2000:1::2**

Ping6(56 data bytes) 2000:1::1 --> 2000:1::2, press CTRL+C to break

56 bytes from 2000:1::2, icmp_seq=0 hlim=64 time=2.000 ms

56 bytes from 2000:1::2, icmp_seq=1 hlim=64 time=1.000 ms

56 bytes from 2000:1::2, icmp_seq=2 hlim=64 time=1.000 ms

56 bytes from 2000:1::2, icmp_seq=3 hlim=64 time=1.000 ms

56 bytes from 2000:1::2, icmp_seq=4 hlim=64 time=0.000 ms

--- Ping6 statistics for 2000:1::2 ---

5 packet(s) transmitted, 5 packet(s) received, 0.0% packet loss

round-trip min/avg/max/std-dev = 0.000/1.000/2.000/0.632 ms

[R1]%Aug 17 22:11:00:049 2023 R1 PING/6/PING_STATISTICS: Ping6 statistics for 2000:1::2: 5 packet(s) transmitted, 5 packet(s) received, 0.0% packet loss, round-trip min/avg/max/std-dev = 0.000/1.000/2.000/0.632 ms.

12.3 IPv6 静态路由

12.3.1 思科设备 IPv6 静态路由的配置

在 Packet Tracer 中搭建如图 12-5 所示的拓扑，完成思科设备 IPv6 静态路由的配置。

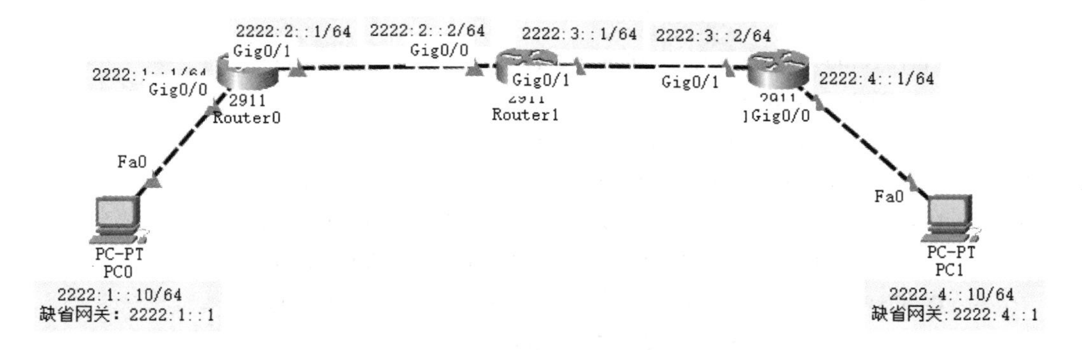

图 12-5　思科设备 IPv6 静态路由配置的拓扑

(1) 进行各路由器的基本配置，命令如下：

R1(config)#**interface GigabitEthernet 0/0**　　//R1 的配置

R1(config-if)#**ipv6 enable**

R1(config-if)#**ipv6 address 2222:1::1/64**

R1(config-if)#**no shutdown**

R1(config-if)#**exit**

R1(config)#**interface GigabitEthernet 0/1**

R1(config-if)#**ipv6 address 2222:2::1/64**

R1(config-if)#**no shutdown**

R2(config)#**interface GigabitEthernet 0/0**　　//R2 的配置

R2(config-if)#**ipv6 enable**

R2(config-if)#**ipv6 address 2222:2::2/64**
R2(config-if)#**no shutdown**
R2(config-if)#**exit**
R2(config)#**interface GigabitEthernet 0/1**
R2(config-if)#**ipv6 address 2222:3::1/64**
R2(config-if)#**no shutdown**
R3(config)#**interface GigabitEthernet 0/1**　　//R3 的配置
R3(config-if)#**ipv6 enable**
R3(config-if)#**ipv6 address 2222:3::2/64**
R3(config-if)#**no shutdown**
R3(config-if)#**exit**
R3(config)#**interface GigabitEthernet 0/0**
R3(config-if)#**ipv6 address 2222:4::1/64**
R3(config-if)#**no shutdown**

(2) 进行静态路由配置及查看 IPv6 路由表，命令如下：

R1(config)#**ipv6 unicast-routing**　　//R1 的配置
R1(config)#**ipv6 route 2222:3::/64 2222:2::2**
R1(config)#**ipv6 route 2222:4::/64 2222:2::2**
R1(config)#**exit**
R1#**show ipv6 route**　　//查看 R1 的 IPv6 路由表

```
IPv6 Routing Table - 7 entries
Codes: C - Connected, L - Local, S - Static, R - RIP, B - BGP
       U - Per-user Static route, M - MIPv6
       I1 - ISIS L1, I2 - ISIS L2, IA - ISIS interarea, IS - ISIS summary
       ND - ND Default, NDp - ND Prefix, DCE - Destination, NDr - Redirect
       O - OSPF intra, OI - OSPF inter, OE1 - OSPF ext 1, OE2 - OSPF ext 2
       ON1 - OSPF NSSA ext 1, ON2 - OSPF NSSA ext 2
       D - EIGRP, EX - EIGRP external
C    2222:1::/64 [0/0]
      via GigabitEthernet0/0, directly connected
L    2222:1::1/128 [0/0]
      via GigabitEthernet0/0, receive
C    2222:2::/64 [0/0]
      via GigabitEthernet0/1, directly connected
L    2222:2::1/128 [0/0]
      via GigabitEthernet0/1, receive
S    2222:3::/64 [1/0]
      via 2222:2::2
S    2222:4::/64 [1/0]
```

```
        via 2222:2::2
L    FF00::/8 [0/0]
        via Null0, receive
R2(config)#ipv6 unicast-routing        //R2 的配置
R2(config)#ipv6 route 2222:1::/64 2222:2::1
R2(config)#ipv6 route 2222:4::/64 2222:3::2
R2(config)#exit
R2#show ipv6 route        //查看 R2 的 IPv6 路由表
R3(config)#ipv6 unicast-routing        //R3 的配置
R3(config)#ipv6 route 2222:1::/64 2222:3::1
R3(config)#ipv6 route 2222:2::/64 2222:3::1
R3(config)#exit
R3#show ipv6 route        //查看 R3 的 IPv6 路由表
```

(3) 对 PC0 ping PC1 进行测试，命令如下：

```
C:\>ipv6config        //查看 PC0 的 IPv6 地址
FastEthernet0 Connection:(default port)
    Connection-specific DNS Suffix..:
    Link-local IPv6 Address.........: FE80::200:CFF:FE52:5C77
    IPv6 Address.........................: 2222:1::10
    Default Gateway...................: 2222:1::1
    DHCPv6 IAID.........................:
    DHCPv6 Client DUID..............: 00-01-00-01-B5-C9-D2-18-00-00-0C-52-5C-77
C:\>ping 2222:4::10        //PC0 ping PC1 测试
Pinging 2222:4::10 with 32 bytes of data:
Reply from 2222:4::10: bytes=32 time<1ms TTL=125    //可以 ping 通
```

12.3.2　华为设备 IPv6 静态路由的配置

在 eNSP 中搭建如图 12-6 所示的拓扑，完成华为设备 IPv6 静态路由的配置。

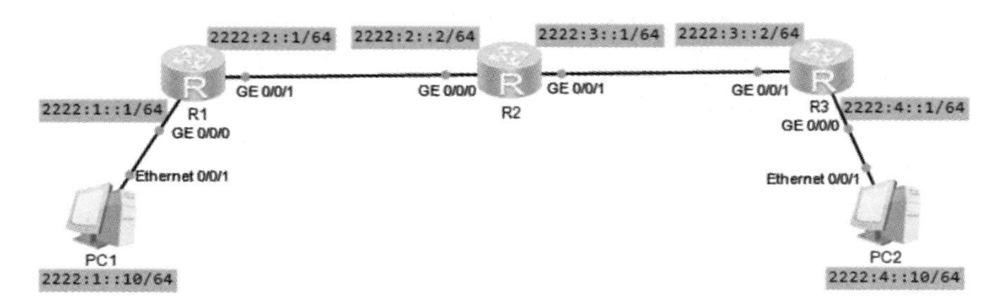

图 12-6　华为设备 IPv6 静态路由配置的拓扑

(1) 进行路由器的基本配置，命令如下：

```
[R1]ipv6    //在 R1 上全局开启 IPv6 功能
```

[R1]**interface GigabitEthernet 0/0/0**
[R1-GigabitEthernet0/0/0]**ipv6 enable** //接口开启 IPv6 功能
[R1-GigabitEthernet0/0/0]**ipv6 address 2222:1::1 64**
[R1-GigabitEthernet0/0/0]**quit**
[R1]**interface GigabitEthernet 0/0/1**
[R1-GigabitEthernet0/0/1]**ipv6 enable**
[R1-GigabitEthernet0/0/1]**ipv6 address 2222:2::1 64**
[R2]**ipv6** //R2 的基本配置
[R2]**interface GigabitEthernet 0/0/0**
[R2-GigabitEthernet0/0/0]**ipv6 enable**
[R2-GigabitEthernet0/0/0]**ipv6 address 2222:2::2 64**
[R2-GigabitEthernet0/0/0]**quit**
[R2]**interface GigabitEthernet 0/0/1**
[R2-GigabitEthernet0/0/1]**ipv6 enable**
[R2-GigabitEthernet0/0/1]**ipv6 address 2222:3::1 64**
[R3]**ipv6** //R3 的基本配置
[R3]**interface GigabitEthernet 0/0/1**
[R3-GigabitEthernet0/0/1]**ipv6 enable**
[R3-GigabitEthernet0/0/1]**ipv6 address 2222:3::2 64**
[R3-GigabitEthernet0/0/1]**quit**
[R3]**interface GigabitEthernet 0/0/0**
[R3-GigabitEthernet0/0/0]**ipv6 enable**
[R3-GigabitEthernet0/0/0]**ipv6 address 2222:4::1 64**

(2) 如图 12-7 所示，为 PC1 配置 IPv6 地址和 IPv6 网关。

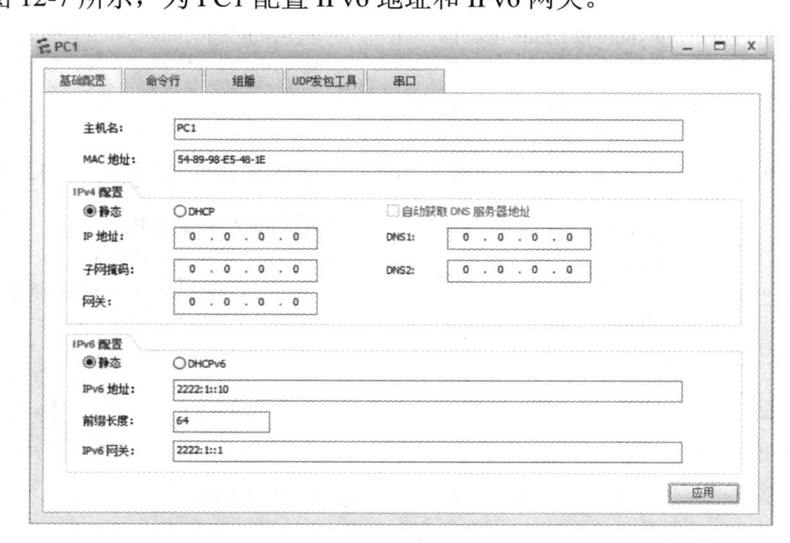

图 12-7 PC1 的 IPv6 地址配置

(3) 如图 12-8 所示，为 PC2 配置 IPv6 地址和 IPv6 网关。

PC2
基础配置 命令行 组播 UDP发包工具 串口
主机名: PC2
MAC 地址: 54-89-98-38-56-3A
IPv4 配置
静态 DHCP 自动获取 DNS 服务器地址
IP 地址: 0 . 0 . 0 . 0 DNS1: 0 . 0 . 0 . 0
子网掩码: 0 . 0 . 0 . 0 DNS2: 0 . 0 . 0 . 0
网关: 0 . 0 . 0 . 0
IPv6 配置
静态 DHCPv6
IPv6 地址: 2222:4::10
前缀长度: 64
IPv6 网关: 2222:4::1
应用

图 12-8 PC2 的 IPv6 地址配置

(4) 进行静态路由配置，命令如下：

[R1]**ipv6 route-static 2222:3:: 64 2222:2::2** //R1 的配置

[R1]**ipv6 route-static 2222:4:: 64 2222:2::2**

[R2]**ipv6 route-static 2222:1:: 64 2222:2::1** //R2 的配置

[R2]**ipv6 route-static 2222:4:: 64 2222:3::2**

[R3]**ipv6 route-static 2222:1:: 64 2222:3::1** //R3 的配置

[R3]**ipv6 route-static 2222:2:: 64 2222:3::1**

(5) 对 PC1 ping PC2 进行测试，命令如下：

PC>**ping 2222:4::10**

From 2222:4::10: bytes=32 seq=1 hop limit=252 time=31 ms //可以 ping 通

12.3.3 华三设备 IPv6 静态路由的配置

在 HCL 中搭建如图 12-9 所示的拓扑，完成华三设备 IPv6 静态路由的配置。

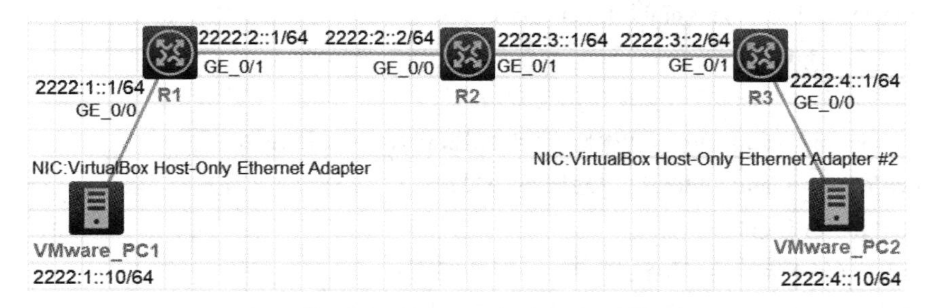

图 12-9 华三设备 IPv6 静态路由配置的拓扑

(1) 进行各路由器的基本配置，命令如下：

[R1]**interface GigabitEthernet 0/0** //R1 的基本配置

[R1-GigabitEthernet0/0]**ipv6 address 2222:1::1 64**

[R1-GigabitEthernet0/0]**undo ipv6 nd ra halt**
[R1-GigabitEthernet0/0]**quit**
[R1]**interface GigabitEthernet 0/1**
[R1-GigabitEthernet0/1]**ipv6 address 2222:2::1 64**
[R1-GigabitEthernet0/1]**undo ipv6 nd ra halt**
[R2]**interface GigabitEthernet 0/0** //R2 的基本配置
[R2-GigabitEthernet0/0]**ipv6 address 2222:2::2 64**
[R2-GigabitEthernet0/0]**undo ipv6 nd ra halt**
[R2-GigabitEthernet0/0]**quit**
[R2]**interface GigabitEthernet 0/1**
[R2-GigabitEthernet0/1]**ipv6 address 2222:3::1 64**
[R2-GigabitEthernet0/1]**undo ipv6 nd ra halt**
[R3]**interface GigabitEthernet 0/1** //R3 的基本配置
[R3-GigabitEthernet0/1]**undo ipv6 nd ra halt**
[R3-GigabitEthernet0/1]**ipv6 address 2222:3::2 64**
[R3-GigabitEthernet0/1]**quit**
[R3]**interface GigabitEthernet 0/0**
[R3-GigabitEthernet0/0]**ipv6 address 2222:4::1 64**
[R3-GigabitEthernet0/0]**undo ipv6 nd ra halt**

(2) PC1 采用 Win2003 系统，配置命令如下：

C:\Documents and Settings\Administrator>**netsh**
netsh>**interface ipv6**
netsh interface ipv6>**install** //安装 IPv6 协议栈
netsh interface ipv6>**add address "本地连接" 2222:1::10** //设置 IPv6 地址
netsh interface ipv6>**add address "本地连接" 2222:1::10** //设置缺省网关
netsh interface ipv6>**quit**

(3) PC2 采用 Win2003 系统，配置命令如下：

C:\Documents and Settings\Administrator>**netsh**
netsh>**interface ipv6**
netsh interface ipv6>**install** //安装 IPv6 协议栈
netsh interface ipv6>**add address "本地连接" 2222:4::10** //设置 IPv6 地址
netsh interface ipv6>**add address "本地连接" 2222:4::1** //设置缺省网关
netsh interface ipv6>**quit**

(4) 进行各路由器的静态路由配置，命令如下：

[R1]**ipv6 route-static :: 0 2222:2::2** //R1 的配置，配置 IPv6 默认路由
[R2]**ipv6 route-static 2222:1:: 64 2222:2::1** //R2 的配置
[R2]**ipv6 route-static 2222:4:: 64 2222:3::2** //R2 的配置
[R3]**ipv6 route-static :: 0 2222:3::1** //R3 的配置，配置 IPv6 默认路由

(5) 对 PC1 ping PC2 进行测试，命令如下：

```
C:\Documents and Settings\Administrator>ping 2222:4::10
Pinging 2222:4::10 from 2222:1::10 with 32 bytes of data:
Reply from 2222:4::10: time=4ms    //可以 ping 通
```

12.4　动态路由协议 RIPng

12.4.1　思科设备 RIPng 的配置

思科设备 RIPng 配置的拓扑与 12.3.1 小节“思科设备 IPv6 静态路由的配置”案例相同，下面我们完成思科设备 RIPng 的配置。

(1) 进行地址配置与思科设备 IPv6 静态路由的配置案例相同。

(2) 进行各路由器的 RIPng 配置，命令如下：

```
R1(config)#ipv6 unicast-routing         //R1 的配置
R1(config)#ipv6 router rip rip01
R1(config-rtr)#exit
R1(config)#interface range GigabitEthernet 0/0
R1(config-if)#ipv6 rip rip01 enable
R1(config-if)#exit
R1(config)#interface GigabitEthernet 0/1
R1(config-if)#ipv6 rip rip01 enable
R2(config)#ipv6 unicast-routing         //R2 的配置
R2(config)#ipv6 router rip rip02
R2(config-rtr)#exit
R2(config)#interfac GigabitEthernet 0/0
R2(config-if)#ipv6 rip rip02 enable
R2(config-if)#exit
R2(config)#interface GigabitEthernet 0/1
R2(config-if)#ipv6 rip rip02 enable
R3(config)#ipv6 unicast-routing         //R3 的配置
R3(config)#ipv6 router rip rip03
R3(config-rtr)#exit
R3(config)#interface range GigabitEthernet 0/0
R3(config-if)#ipv6 rip rip03 enable
R3(config-if)#exit
R3(config)#interface GigabitEthernet 0/1
R3(config-if)#ipv6 rip rip03 enable
```

(3) 进行测试，测试步骤如下：

① 查看 R1 的 IPv6 路由表，命令如下：

```
R1#show ipv6 route
IPv6 Routing Table - 7 entries
Codes: C - Connected, L - Local, S - Static, R - RIP, B - BGP
       U - Per-user Static route, M - MIPv6
       I1 - ISIS L1, I2 - ISIS L2, IA - ISIS interarea, IS - ISIS summary
       ND - ND Default, NDp - ND Prefix, DCE - Destination, NDr - Redirect
       O - OSPF intra, OI - OSPF inter, OE1 - OSPF ext 1, OE2 - OSPF ext 2
       ON1 - OSPF NSSA ext 1, ON2 - OSPF NSSA ext 2
       D - EIGRP, EX - EIGRP external
C   2222:1::/64 [0/0]
     via GigabitEthernet0/0, directly connected
L   2222:1::1/128 [0/0]
     via GigabitEthernet0/0, receive
C   2222:2::/64 [0/0]
     via GigabitEthernet0/1, directly connected
L   2222:2::1/128 [0/0]
     via GigabitEthernet0/1, receive
R   2222:3::/64 [120/2]
     via FE80::230:F2FF:FEC6:A601, GigabitEthernet0/1
R   2222:4::/64 [120/3]
     via FE80::230:F2FF:FEC6:A601, GigabitEthernet0/1
L   FF00::/8 [0/0]
     via Null0, receive
```

② 查看 PC0 的 IPv6 地址，命令如下：

```
C:\>ipv6config
FastEthernet0 Connection:(default port)
   Connection-specific DNS Suffix..:
   Link-local IPv6 Address.........: FE80::200:CFF:FE52:5C77
   IPv6 Address....................: 2222:1::10
   Default Gateway.................: 2222:1::1
   DHCPv6 IAID.....................:
   DHCPv6 Client DUID..............: 00-01-00-01-B5-C9-D2-18-00-00-0C-52-5C-77
```

③ 进行 PC0 ping PC1 测试，命令如下：

```
C:\>ping 2222:4::10
Pinging 2222:4::10 with 32 bytes of data:
Reply from 2222:4::10: bytes=32 time<1ms TTL=125    //可以 ping 通
```

12.4.2 华为设备 RIPng 的配置

我们在 12.3.2 小节“华为设备 IPv6 静态路由的配置”案例的基础上继续完成华为设备

RIPng 的配置。

(1) 取消各路由器原来配置的静态路由，命令如下：

[R1]**undo ipv6 route-static all**　　//在 R1 上取消原来配置的静态路由

[R2]**undo ipv6 route-static all**　　//在 R2 上取消原来配置的静态路由

[R3]**undo ipv6 route-static all**　　//在 R3 上取消原来配置的静态路由

(2) 进行各路由器的 RIPng 配置，命令如下：

[R1]**ripng 1**　　//R1 的配置

[R1-ripng-1]**quit**

[R1]**interface GigabitEthernet 0/0/0**

[R1-GigabitEthernet0/0/0]**ipv6 enable**

[R1-GigabitEthernet0/0/0]**ripng 1 enable**

[R1-GigabitEthernet0/0/0]**quit**

[R1]**interface GigabitEthernet 0/0/1**

[R1-GigabitEthernet0/0/1]**ipv6 enable**

[R1-GigabitEthernet0/0/1]**ripng 1 enable**

[R2]**ripng 1**　　//R2 的配置

[R2-ripng-1]**quit**

[R2]**interface GigabitEthernet 0/0/0**

[R2-GigabitEthernet0/0/0]**ipv6 enable**

[R2-GigabitEthernet0/0/0]**ripng 1 enable**

[R2-GigabitEthernet0/0/0]**quit**

[R2]**interface GigabitEthernet 0/0/1**

[R2-GigabitEthernet0/0/1]**ipv6 enable**

[R2-GigabitEthernet0/0/1]**ripng 1 enable**

[R3]**ripng 1**　　//R3 的配置

[R3-ripng-1]**quit**

[R3]**interface GigabitEthernet 0/0/1**

[R3-GigabitEthernet0/0/1]**ipv6 enable**

[R3-GigabitEthernet0/0/1]**ripng 1 enable**

[R3-GigabitEthernet0/0/1]**quit**

[R3]**interface GigabitEthernet 0/0/0**

[R3-GigabitEthernet0/0/0]**ipv6 enable**

[R3-GigabitEthernet0/0/0]**ripng 1 enable**

(3) 查看 R2 的邻居，命令如下：

[R2]**display ripng 1 neighbor**

```
 Neighbor : FE80::2E0:FCFF:FEE5:9BB GigabitEthernet0/0/1
     Protocol : RIPNG
 Neighbor : FE80::2E0:FCFF:FEFB:7D41 GigabitEthernet0/0/0
     Protocol : RIPNG
```

可以看到，R2 已经和 R3 及 R1 建立了正常的邻居关系。

(4) 查看 R2 的 RIPng 路由表，命令如下：

```
[R2]display ripng 1 route
   Route Flags: R - RIPng
                A - Aging, G - Garbage-collect
 ----------------------------------------------------------------
 Peer FE80::2E0:FCFF:FEE5:9BB on GigabitEthernet0/0/1
 Dest 2222:4::/64,
     via FE80::2E0:FCFF:FEE5:9BB, cost   1, tag 0, RA, 17 Sec
 Peer FE80::2E0:FCFF:FEFB:7D41 on GigabitEthernet0/0/0
 Dest 2222:1::/64,
     via FE80::2E0:FCFF:FEFB:7D41, cost   1, tag 0, RA, 34 Sec
```

可以看到，R2 已经学习到非直连的 2222:4::/64 和 2222:1::/64 这两个网段的路由信息。

(5) 进行 PC1 ping PC2 测试，命令如下：

```
PC>ping 2222:4::10
Ping 2222:4::10: 32 data bytes, Press Ctrl_C to break
From 2222:4::10: bytes=32 seq=1 hop limit=252 time=31 ms   //可以 ping 通
```

12.4.3　华三设备 RIPng 的配置

在 12.3.3 小节“华三设备 IPv6 静态路由的配置”案例的基础上继续完成华三设备 RIPng 的配置。

(1) 在各路由器上取消原来配置的静态路由，命令如下：

```
[R1]undo ipv6 route-static :: 0            //R1 的配置，取消原来配置的默认路由
[R2]undo ipv6 route-static 2222:1:: 64    //R2 的配置，取消原来配置的静态路由
[R2]undo ipv6 route-static 2222:4:: 64    //R2 的配置，取消原来配置的静态路由
[R3]undo ipv6 route-static :: 0            //R3 的配置，取消原来配置的默认路由
```

(2) 进行各路由器上的 RIPng 配置，命令如下：

```
[R1]ripng 1          //R1 的配置
[R1-ripng-1]quit
[R1]interface GigabitEthernet 0/0
[R1-GigabitEthernet0/0]ripng 1 enable
[R1-GigabitEthernet0/0]quit
[R1]interface GigabitEthernet 0/1
[R1-GigabitEthernet0/1]ripng 1 enable
[R2]ripng 1          //R2 的配置
[R2-ripng-1]quit
[R2]interface GigabitEthernet 0/0
[R2-GigabitEthernet0/0]ripng 1 enable
```

```
[R2-GigabitEthernet0/0]quit
[R2]interface GigabitEthernet 0/1
[R2-GigabitEthernet0/1]ripng 1 enable
[R2-GigabitEthernet0/1]quit
[R3]ripng 1            //R3 的配置
[R3-ripng-1]quit
[R3]interface GigabitEthernet 0/0
[R3-GigabitEthernet0/0]ripng 1 enable
[R3-GigabitEthernet0/0]quit
[R3]interface GigabitEthernet 0/1
[R3-GigabitEthernet0/1]ripng 1 enable
```

(3) 查看 R1 的 RIPng 路由表，命令如下：

```
[R1]display ripng 1 route
    Route Flags: A - Aging, S - Suppressed, G - Garbage-collect, D - Direct
                     O - Optimal, F - Flush to RIB
 ----------------------------------------------------------------------
 Peer FE80::64B9:BDFF:FE7C:205 on GigabitEthernet0/1
 Destination 2222:3::/64,
       via FE80::64B9:BDFF:FE7C:205, cost 1, tag 0, AOF, 43 secs
 Destination 2222:4::/64,
       via FE80::64B9:BDFF:FE7C:205, cost 2, tag 0, AOF, 43 secs
 Local route
 Destination 2222:1::/64,
       via ::, cost 0, tag 0, DOF
 Destination 2222:2::/64,
       via ::, cost 0, tag 0, DOF
```

(4) 进行 PC1 ping PC2 测试，命令如下：

```
C:\Documents and Settings\Administrator>ping 2222:4::10
Pinging 2222:4::10 from 2222:1::10 with 32 bytes of data:
Reply from 2222:4::10: time=3ms    //可以 ping 通
```

12.5　动态路由协议 OSPFv3

12.5.1　思科设备 OSPFv3 的配置

思科设备 OSPFv3 配置的拓扑与 12.3.1 小节“思科设备 IPv6 静态路由的配置”案例相同，下面我们完成思科设备 OSPFv3 的配置。

(1) 进行地址配置与思科设备 IPv6 静态路由的配置案例相同。

(2) 进行各路由器的 OSPFv3 配置，命令如下：

```
R1(config)#ipv6 unicast-routing        //R1 的配置
R1(config)#ipv6 router ospf 1
R1(config-rtr)#router-id 1.1.1.1
R1(config-rtr)#exit
R1(config)#interface GigabitEthernet 0/0
R1(config-if)#ipv6 ospf 1 area 0
R1(config-if)#exit
R1(config)#interface GigabitEthernet 0/1
R1(config-if)#ipv6 ospf 1 area 0
R2(config)#ipv6 unicast-routing        //R2 的配置
R2(config)#ipv6 router ospf 1
R2(config-rtr)#router-id 2.2.2.2
R2(config-rtr)#exit
R2(config)#interface GigabitEthernet 0/0
R2(config-if)#ipv6 ospf 1 area 0
R2(config-if)#exit
R2(config)#interface GigabitEthernet 0/1
R2(config-if)#ipv6 ospf 1 area 0
R3(config)#ipv6 unicast-routing        //R3 的配置
R3(config)#ipv6 router ospf 1
R3(config-rtr)#router-id 3.3.3.3
R3(config-rtr)#exit
R3(config)#interface GigabitEthernet 0/0
R3(config-if)#ipv6 ospf 1 area 0
R3(config-if)#exit
R3(config)#interface GigabitEthernet 0/1
R3(config-if)#ipv6 ospf 1 area 0
```

(3) 查看 R1 的 OSPFv3 路由表，命令如下：

```
R1#show ipv6 route ospf
IPv6 Routing Table - 7 entries
Codes: C - Connected, L - Local, S - Static, R - RIP, B - BGP
   U - Per-user Static route, M - MIPv6
   I1 - ISIS L1, I2 - ISIS L2, IA - ISIS interarea, IS - ISIS summary
   O - OSPF intra, OI - OSPF inter, OE1 - OSPF ext 1, OE2 - OSPF ext 2
   ON1 - OSPF NSSA ext 1, ON2 - OSPF NSSA ext 2
   D - EIGRP, EX - EIGRP external
O    2222:3::/64 [110/2]
      via FE80::230:F2FF:FEC6:A601, GigabitEthernet0/1
```

```
O     2222:4::/64 [110/3]
        via FE80::230:F2FF:FEC6:A601, GigabitEthernet0/1
```

(4) 查看 PC0 的 IPv6 地址，命令如下：

```
C:\>ipv6config
FastEthernet0 Connection:(default port)
    Connection-specific DNS Suffix..:
    Link-local IPv6 Address.........: FE80::200:CFF:FE52:5C77
    IPv6 Address..........................: 2222:1::10
    Default Gateway.....................: 2222:1::1
    DHCPv6 IAID........................:
    DHCPv6 Client DUID............: 00-01-00-01-B5-C9-D2-18-00-00-0C-52-5C-77
```

(5) 对 PC0 ping PC1 进行测试，命令如下：

```
C:\>ping 2222:4::10
Pinging 2222:4::10 with 32 bytes of data:
Reply from 2222:4::10: bytes=32 time<1ms TTL=125    //可以 ping 通
```

12.5.2　华为设备 OSPFv3 的配置

本小节在 12.4.2 小节“华为设备 RIPng 的配置”案例的基础上继续完成华为设备 OSPFv3 的配置。

(1) 取消各路由器上原来的 RIPng 配置，命令如下：

```
[R1]undo ripng 1        //在 R1 上取消原来的 RIPng 配置
Warning: The RIPNG process will be deleted. Continue?[Y/N]y
[R2]undo ripng 1        //在 R2 上取消原来的 RIPng 配置
Warning: The RIPNG process will be deleted. Continue?[Y/N]y
[R3]undo ripng 1        //在 R3 上取消原来的 RIPng 配置
Warning: The RIPNG process will be deleted. Continue?[Y/N]y
```

(2) 进行各路由器上的 OSPFv3 配置，命令如下：

```
[R1]ospfv3 1        //R1 的配置
[R1-ospfv3-1]router-id 1.1.1.1
[R1-ospfv3-1]quit
[R1]interface GigabitEthernet 0/0/0
[R1-GigabitEthernet0/0/0]ospfv3 1 area 0
[R1-GigabitEthernet0/0/0]quit
[R1]interface GigabitEthernet 0/0/1
[R1-GigabitEthernet0/0/1]ospfv3 1 area 0
[R2]ospfv3 1        //R2 的配置
[R2-ospfv3-1]router-id 2.2.2.2
[R2-ospfv3-1]quit
```

```
[R2]interface GigabitEthernet 0/0/0
[R2-GigabitEthernet0/0/0]ospfv3 1 area 0
[R2-GigabitEthernet0/0/0]quit
[R2]interface GigabitEthernet 0/0/1
[R2-GigabitEthernet0/0/1]ospfv3 1 area 0
[R3]ospfv3 1        //R3 的配置
[R3-ospfv3-1]router-id 3.3.3.3
[R3-ospfv3-1]quit
[R3]interface GigabitEthernet 0/0/0
[R3-GigabitEthernet0/0/0]ospfv3 1 area 0
[R3-GigabitEthernet0/0/0]quit
[R3]interface GigabitEthernet 0/0/1
[R3-GigabitEthernet0/0/1]ospfv3 1 area 0
```

(3) 查看 R2 的 OSPFv3 邻居状态，命令如下：

```
[R2]display ospfv3 peer
OSPFv3 Process (1)
OSPFv3 Area (0.0.0.0)
Neighbor ID        Pri   State            Dead Time Interface            Instance ID
1.1.1.1              1   Full/DR           00:00:32   GE0/0/0                0
3.3.3.3              1   Full/Backup       00:00:30   GE0/0/1                0
```

(4) 查看 R1 的 OSPFv3 路由表，命令如下：

```
[R2]display ospfv3 routing
Codes : E2 - Type 2 External, E1 - Type 1 External, IA - Inter-Area,
        N - NSSA, U - Uninstalled
OSPFv3 Process (1)
     Destination                                                    Metric
       Next-hop
     2222:1::/64                                                      2
       via FE80::2E0:FCFF:FEFB:7D41, GigabitEthernet0/0/0
     2222:2::/64                                                      1
       directly connected, GigabitEthernet0/0/0
     2222:3::/64                                                      1
       directly connected, GigabitEthernet0/0/1
     2222:4::/64                                                      2
       via FE80::2E0:FCFF:FEE5:9BB, GigabitEthernet0/0/1
```

(5) 进行 PC1 ping PC2 测试，命令如下：

```
PC>ping 2222:4::10
Ping 2222:4::10: 32 data bytes, Press Ctrl_C to break
From 2222:4::10: bytes=32 seq=1 hop limit=252 time=62 ms   //可以 ping 通
```

12.5.3　华三设备 OSPFv3 的配置

本小节在 12.4.3 小节"华三设备 RIPng 的配置"案例的基础上继续完成华三设备 OSPFv3 的配置。

(1) 取消各路由器上原来的 RIPng 配置，命令如下：

```
[R1]undo ripng 1        //在 vR1 上取消原来的 RIPng 配置
Undo RIPNG process? [Y/N]:y
[R2]undo ripng 1        //在 R2 上取消原来的 RIPng 配置
Undo RIPNG process? [Y/N]:y
[R3]undo ripng 1        //在 R3 上取消原来的 RIPng 配置
Undo RIPNG process? [Y/N]:y
```

(2) 进行各路由器上的 OSPFv3 配置，命令如下：

```
[R1]ospfv3 1        //R1 的配置
[R1-ospfv3-1]router-id 1.1.1.1
[R1-ospfv3-1]quit
[R1-GigabitEthernet0/0]ospfv3 1 area 0
[R1-GigabitEthernet0/0]quit
[R1]interface GigabitEthernet 0/1
[R1-GigabitEthernet0/1]ospfv3 1 area 0
[R2]ospfv3 1        //R2 的配置
[R2-ospfv3-1]router-id 2.2.2.2
[R2-ospfv3-1]quit
[R2]interface GigabitEthernet 0/0
[R2-GigabitEthernet0/0]ospfv3 1 area 0
[R2-GigabitEthernet0/0]quit
[R2]interface GigabitEthernet 0/1
[R2-GigabitEthernet0/1]ospfv3 1 area 0
[R3]ospfv3 1        //R3 的配置
[R3-ospfv3-1]router-id 3.3.3.3
[R3-ospfv3-1]quit
[R3]interface GigabitEthernet 0/0
[R3-GigabitEthernet0/0]ospfv3 1 area 0
[R3-GigabitEthernet0/0]quit
[R3]interface GigabitEthernet 0/1
[R3-GigabitEthernet0/1]ospfv3 1 area 0
```

(3) 查看 R2 的 OSPFv3 邻居状态，命令如下：

```
[R2]display ospfv3 peer
                    OSPFv3 Process 1 with Router ID 2.2.2.2
 Area: 0.0.0.0
```

```
------------------------------------------------------------------------------------------
 Router ID        Pri State              Dead-Time InstID Interface
 1.1.1.1           1   Full/DR            00:00:34   0      GE0/0
 3.3.3.3           1   Full/BDR           00:00:35   0      GE0/1
```

(4) 查看 R1 的 OSPFv3 路由表，命令如下：

```
[R1]display ospfv3 routing
                    OSPFv3 Process 1 with Router ID 1.1.1.1
------------------------------------------------------------------------------------------
 I   - Intra area route,   E1 - Type 1 external route,   N1 - Type 1 NSSA route
 IA - Inter area route,    E2 - Type 2 external route,   N2 - Type 2 NSSA route
 *    - Selected route
 *Destination: 2222:1::/64
  Type           : I                          Area          : 0.0.0.0
  AdvRouter      : 1.1.1.1                    Preference : 10
  NibID          : 0x23000001                 Cost          : 1
  Interface      : GE0/0                      BkInterface: N/A
  Nexthop        : ::
  BkNexthop      : N/A
 *Destination: 2222:2::/64
  Type           : I                          Area          : 0.0.0.0
  AdvRouter      : 1.1.1.1                    Preference : 10
  NibID          : 0x23000002                 Cost          : 1
  Interface      : GE0/1                      BkInterface: N/A
  Nexthop        : ::
  BkNexthop      : N/A
 *Destination: 2222:3::/64
  Type           : I                          Area          : 0.0.0.0
  AdvRouter      : 2.2.2.2                    Preference : 10
  NibID          : 0x23000003                 Cost          : 2
  Interface      : GE0/1                      BkInterface: N/A
  Nexthop        : FE80::64B9:BDFF:FE7C:205
  BkNexthop      : N/A
 *Destination: 2222:4::/64
  Type           : I                          Area          : 0.0.0.0
  AdvRouter      : 3.3.3.3                    Preference : 10
  NibID          : 0x23000003                 Cost          : 3
  Interface      : GE0/1                      BkInterface: N/A
  Nexthop        : FE80::64B9:BDFF:FE7C:205
  BkNexthop      : N/A
```

Total: 4

Intra area: 4　　Inter area: 0　　ASE: 0　　NSSA: 0

(5) 对 PC1 ping PC2 进行测试，命令如下：

C:\Documents and Settings\Administrator>**ping 2222:4::10**

Pinging 2222:4::10 from 2222:1::10 with 32 bytes of data:

Reply from 2222:4::10: time=3ms　//可以 ping 通

12.6　IPv6-over-IPv4 隧道

12.6.1　思科设备 IPv6-over-IPv4 隧道的配置

在 Packet Tracer 中搭建如图 12-10 所示的拓扑，完成思科设备 IPv6-over-IPv4 隧道的配置。

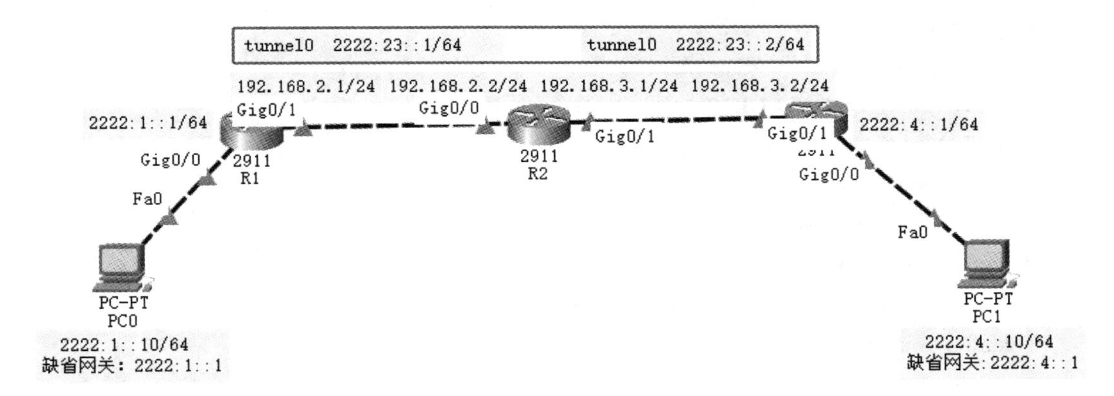

图 12-10　思科设备 IPv6-over-IPv4 隧道配置的拓扑

(1) 进行各路由器的基本配置，命令如下：

R1(config)#**interface GigabitEthernet 0/0**　//R1 的配置

R1(config-if)#**ipv6 enable**

R1(config-if)#**ipv6 address 2222:1::1/64**

R1(config-if)#**no shutdown**

R1(config-if)#**exit**

R1(config)#**interface GigabitEthernet 0/1**

R1(config-if)#**ip address 192.168.2.1 255.255.255.0**

R1(config-if)#**no shutdown**

R2(config)#**interface GigabitEthernet 0/0**　//R2 的配置

R2(config-if)#**ip address 192.168.2.2 255.255.255.0**

R2(config-if)#**no shutdown**

R2(config-if)#**exit**

R2(config)#**interface GigabitEthernet 0/1**

R2(config-if)#**ip address 192.168.3.1 255.255.255.0**

R2(config-if)#**no shutdown**

R3(config)#**interface GigabitEthernet 0/0** //R3 的配置

R3(config-if)#**ipv6 enable**

R3(config-if)#**ipv6 address 2222:4::1/64**

R3(config-if)#**no shutdown**

R3(config-if)#**exit**

R3(config)#**interface GigabitEthernet 0/1**

R3(config-if)#**ip address 192.168.3.2 255.255.255.0**

R3(config-if)#**no shutdown**

(2) PC0 的配置如下：

地址和掩码：2222:1::10/64，缺省网关：2222:1::1

(3) PC1 的配置如下：

地址和网关：2222:4::10/64，缺省网关：2222:4::1

(4) 给各路由器配置 IPv4 路由，命令如下：

R1(config)#**router ospf 1** //R1 的配置

R1(config-router)#**router-id 1.1.1.1**

R1(config-router)#**network 192.168.2.0 0.0.0.255 area 0**

R2(config)#**router ospf 1** //R2 的配置

R2(config-router)#**router-id 2.2.2.2**

R2(config-router)#**network 192.168.2.0 0.0.0.255 area 0**

R2(config-router)#**network 192.168.3.0 0.0.0.255 area 0**

R3(config)#**router ospf 1** //R3 的配置

R3(config-router)#**router-id 3.3.3.3**

R3(config-router)#**network 192.168.3.0 0.0.0.255 area 0**

(5) 在 R1 和 R3 上创建隧道，命令如下：

R1(config)#**interface tunnel 0** //R1 的配置

R1(config-if)#**tunnel source GigabitEthernet 0/1**

R1(config-if)#**tunnel destination 192.168.3.2**

R1(config-if)#**ipv6 address 2222:23::1/64**

R1(config-if)#**tunnel mode ipv6ip**

R3(config)#**interface tunnel 0** //R3 的配置

R3(config-if)#**tunnel source GigabitEthernet 0/1**

R3(config-if)#**tunnel destination 192.168.2.1**

R3(config-if)#**ipv6 address 2222:23::2/64**

R3(config-if)#**tunnel mode ipv6ip**

(6) 给路由器 R1 和 R3 配置 IPv6 路由，命令如下：

R1(config)#**ipv6 unicast-routing** //R1 的配置

R1(config)#**ipv6 router ospf 2**

R1(config-rtr)#**exit**

R1(config)#**interface GigabitEthernet 0/0**

R1(config-if)#**ipv6 ospf 2 area 0**

R1(config-if)#**exit**

R1(config)#**interface tunnel 0**

R1(config-if)#**ipv6 ospf 2 area 0**

R3(config)#**ipv6 unicast-routing**　　//R3 的配置

R3(config)#**ipv6 router ospf 2**

R3(config-rtr)#**exit**

R3(config)#**interface GigabitEthernet 0/0**

R3(config-if)#**ipv6 ospf 2 area 0**

R3(config-if)#**exit**

R3(config)#**interface tunnel 0**

R3(config-if)#**ipv6 ospf 2 area 0**

(7) 查看 R1 的 IPv6 路由表，命令如下：

R1#**show ipv6 route ospf**

IPv6 Routing Table - 6 entries

Codes: C - Connected, L - Local, S - Static, R - RIP, B - BGP

　　U - Per-user Static route, M - MIPv6

　　I1 - ISIS L1, I2 - ISIS L2, IA - ISIS interarea, IS - ISIS summary

　　O - OSPF intra, OI - OSPF inter, OE1 - OSPF ext 1, OE2 - OSPF ext 2

　　ON1 - OSPF NSSA ext 1, ON2 - OSPF NSSA ext 2

　　D - EIGRP, EX - EIGRP external

O　2222:4::/64 [110/1001]

　　via FE80::206:2AFF:FE84:8D70, Tunnel0

(8) 查看 PC0 的 IPv6 地址，命令如下：

C:\>**ipv6config**

FastEthernet0 Connection:(default port)

　Connection-specific DNS Suffix..:

　Link-local IPv6 Address.........: FE80::200:CFF:FE52:5C77

　IPv6 Address..........................: 2222:1::10

　Default Gateway.....................: 2222:1::1

　DHCPv6 IAID........................:

　DHCPv6 Client DUID............: 00-01-00-01-B5-C9-D2-18-00-00-0C-52-5C-77

(9) 进行 PC0 ping PC1 测试，命令如下：

C:\>**ping 2222:4::10**

Pinging 2222:4::10 with 32 bytes of data:

Reply from 2222:4::10: bytes=32 time<1ms TTL=126　//可以 ping 通

12.6.2 华为设备 IPv6-over-IPv4 隧道的配置

IPv6-over-IPv4 隧道配置拓扑如图 12-11 所示，下面在 12.5.2 小节“华为设备 OSPFv3 的配置”案例的基础上，继续完成华为设备 IPv6-over-IPv4 隧道的配置。

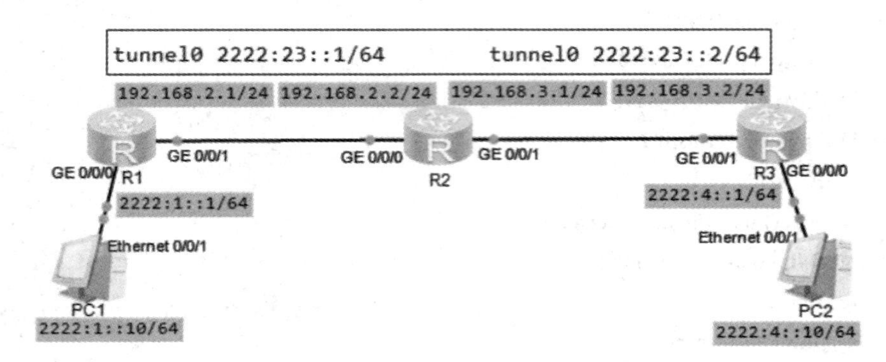

图 12-11 华为设备 IPv6-over-IPv4 隧道配置的拓扑

(1) 取消各路由器上原来的 OSPFv3 配置，命令如下：

[R1]**undo ospfv3 1** //R1 的配置

Warning: The OSPFv3 process will be deleted. Continue?[Y/N]**y**

[R2]**undo ospfv3 1** //R2 的配置

Warning: The OSPFv3 process will be deleted. Continue?[Y/N]**y**

[R3]**undo ospfv3 1** //R3 的配置

Warning: The OSPFv3 process will be deleted. Continue?[Y/N]**y**

(2) 按新案例的规划，更改各路由器原 IPv6 地址为新的 IPv4 地址，命令如下：

[R1]**interface GigabitEthernet 0/0/1** //R1 的配置

[R1-GigabitEthernet0/0/1]**undo ipv6 enable**

[R1-GigabitEthernet0/0/1]**ip address 192.168.2.1 24**

[R2]**interface GigabitEthernet 0/0/0** //R2 的配置

[R2-GigabitEthernet0/0/0]**undo ipv6 enable**

[R2-GigabitEthernet0/0/0]**ip address 192.168.2.2 24**

[R2-GigabitEthernet0/0/0]**quit**

[R2]**interface GigabitEthernet 0/0/1**

[R2-GigabitEthernet0/0/1]**undo ipv6 enable**

[R2-GigabitEthernet0/0/1]**ip address 192.168.3.1 24**

[R3]**interface GigabitEthernet 0/0/1** //R3 的配置

[R3-GigabitEthernet0/0/1]**undo ipv6 enable**

[R3-GigabitEthernet0/0/1]**ip address 192.168.3.2 24**

(3) 配置 IPv4 路由，命令如下：

[R1]**ospf 1 router-id 1.1.1.1** //R1 的配置

[R1-ospf-1]**area 0**

[R1-ospf-1-area-0.0.0.0]**network 192.168.2.0 0.0.0.255**

```
[R2]ospf 1 router-id 2.2.2.2    //R2 的配置
[R2-ospf-1]area 0
[R2-ospf-1-area-0.0.0.0]network 192.168.2.0 0.0.0.255
[R2-ospf-1-area-0.0.0.0]network 192.168.3.0 0.0.0.255
[R3]ospf 1 router-id 3.3.3.3    //R3 的配置
[R3-ospf-1]area 0
[R3-ospf-1-area-0.0.0.0]network 192.168.3.0 0.0.0.255
```

(4) 配置 IPv6-over-IPv4 隧道，命令如下：

```
[R1]interface Tunnel 0/0/0    //R1 的配置
[R1-Tunnel0/0/0]tunnel-protocol ipv6-ipv4
[R1-Tunnel0/0/0]ipv6 enable
[R1-Tunnel0/0/0]ipv6 address 2222:23::1/64
[R1-Tunnel0/0/0]source 192.168.2.1
[R1-Tunnel0/0/0]destination 192.168.3.2
[R3]interface Tunnel 0/0/0    //R3 的配置
[R3-Tunnel0/0/0]tunnel-protocol ipv6-ipv4
[R3-Tunnel0/0/0]ipv6 enable
[R3-Tunnel0/0/0]ipv6 address 2222:23::2/64
[R3-Tunnel0/0/0]source 192.168.3.2
[R3-Tunnel0/0/0]destination 192.168.2.1
```

(5) 配置 IPv6 路由，命令如下：

```
[R1]ipv6 route-static 2222:4:: 64 Tunnel 0/0/0    //R1 的配置
[R3]ipv6 route-static 2222:1:: 64 Tunnel 0/0/0    //R3 的配置
```

(6) 查看 R1 的 Tunnel0 接口状态，命令如下：

```
[R1]display ipv6 interface
Tunnel0/0/0 current state : UP
IPv6 protocol current state : UP
IPv6 is enabled, link-local address is FE80::C0A8:201
  Global unicast address(es):
    2222:23::1, subnet is 2222:23::/64
```

可以看到 Tunnel0 接口处于 UP 状态。

(7) 进行 PC1 ping PC2 测试，命令如下：

```
PC>ping 2222:4::10
Ping 2222:4::10: 32 data bytes, Press Ctrl_C to break
From 2222:4::10: bytes=32 seq=1 hop limit=253 time=62 ms    //可以 ping 通
```

12.6.3 华三设备 IPv6-over-IPv4 隧道的配置

IPv6-over-IPv4 隧道配置的拓扑如图 12-12 所示。下面我们在 12.5.3 小节“华三设备

OSPFv3 的配置”案例的基础上继续完成华三设备 IPv6-over-IPv4 隧道的配置。

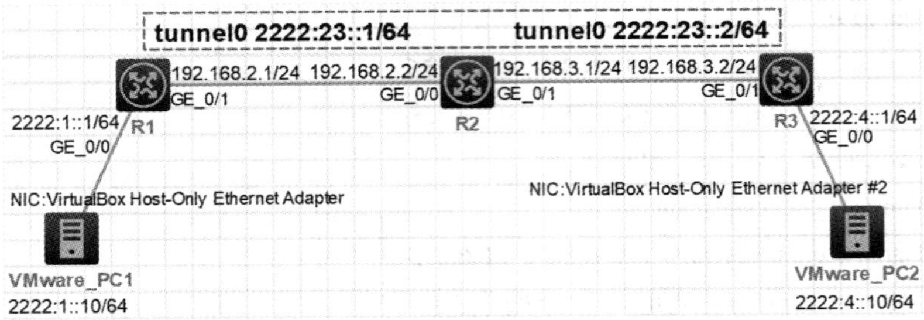

图 12-12　华三设备 IPv6-over-IPv4 隧道配置的拓扑

(1) 取消各路由器原来的 OSPFv3 配置，命令如下：

[R1]**undo ospfv3 1**　　//R1 的配置

Undo OSPFv3 process? [Y/N]:**y**

[R2]**undo ospfv3 1**　　//R2 的配置

Undo OSPFv3 process? [Y/N]:**y**

[R3]**undo ospfv3 1**　　//R3 的配置

Undo OSPFv3 process? [Y/N]:**y**

(2) 按新案例的规划，更改各路由器原 IPv6 地址为新的 IPv4 地址，命令如下：

[R1]**interface GigabitEthernet 0/1**　　//R1 的配置

[R1-GigabitEthernet0/1]**undo ipv6 address**

[R1-GigabitEthernet0/1]**ipv6 nd ra halt**

[R1-GigabitEthernet0/1]**ip address 192.168.2.1 24**

[R2]**interface GigabitEthernet 0/0**　　//R2 的配置

[R2-GigabitEthernet0/0]**undo ipv6 address**

[R2-GigabitEthernet0/0]**ipv6 nd ra halt**

[R2-GigabitEthernet0/0]**ip address 192.168.2.2 24**

[R2-GigabitEthernet0/0]**quit**

[R2]**interface GigabitEthernet 0/1**

[R2-GigabitEthernet0/1]**undo ipv6 address**

[R2-GigabitEthernet0/1]**ipv6 nd ra halt**

[R2-GigabitEthernet0/1]**ip address 192.168.3.1 24**

[R3]**interface GigabitEthernet 0/1**　　//R3 的配置

[R3-GigabitEthernet0/1]**undo ipv6 address**

[R3-GigabitEthernet0/1]**ipv6 nd ra halt**

[R3-GigabitEthernet0/1]**ip address 192.168.3.2 24**

(3) 在各路由器上配置 IPv4 路由，命令如下：

[R1]**ospf 1 router-id 1.1.1.1**　　//R1 的配置

[R1-ospf-1]**area 0**

[R1-ospf-1-area-0.0.0.0]**network 192.168.2.0 0.0.0.255**

[R2]**ospf 1 router-id 2.2.2.2**　　//R2 的配置

[R2-ospf-1]**area 0**
[R2-ospf-1-area-0.0.0.0]**network 192.168.2.0 0.0.0.255**
[R2-ospf-1-area-0.0.0.0]**network 192.168.3.0 0.0.0.255**
[R3]**ospf 1 router-id 3.3.3.3**　　//R3 的配置
[R3-ospf-1]**area 0**
[R3-ospf-1-area-0.0.0.0]**network 192.168.3.0 0.0.0.255**

(4) 在 R1 和 R3 上配置 IPv6-over-IPv4 隧道，命令如下：

[R1]**interface Tunnel 0 mode ipv6-ipv4**　　//R1 的配置
[R1-Tunnel0]**ipv6 address 2222:23::1/64**
[R1-Tunnel0]**source GigabitEthernet 0/1**
[R1-Tunnel0]**destination 192.168.3.2**
[R3]**interface Tunnel 0 mode ipv6-ipv4**　　//R3 的配置
[R3-Tunnel0]**ipv6 address 2222::23:2/64**
[R3-Tunnel0]**source GigabitEthernet 0/1**
[R3-Tunnel0]**destination 192.168.2.1**

(5) 在 R1 和 R3 上配置 IPv6 路由，命令如下：

[R1]**ipv6 route-static 2222:4:: 64 Tunnel 0**　　//R1 的配置
[R3]**ipv6 route-static 2222:1:: 64 Tunnel 0**　　//R3 的配置

(6) 查看 R1 的 Tunnel0 接口状态，命令如下：

[R1]**display ipv6 interface**
Tunnel0 current state: UP
Line protocol current state: UP
IPv6 is enabled, link-local address is FE80::C0A8:201
  Global unicast address(es):
    2222:23::1, subnet is 2222:23::/64

可以看到 Tunnel0 接口处于 up 状态。

(7) 进行 PC1 ping PC2 测试，命令如下：

C:\Documents and Settings\Administrator>**ping 2222:4::10**
Pinging 2222:4::10 from 2222:1::10 with 32 bytes of data:
Reply from 2222:4::10: time=3ms　//可以 ping 通

练习与思考

1. 2000:1::2:3:4 是一个经过压缩表示的 IPv6 地址，请把它还原成压缩前的完整 IPv6 地址。

2. 某主机接入 IPv6 网络，不用配置地址就能上网，这是什么原因？有哪几种方式可以实现？

3. 将一台电脑连接到路由器上，为路由器规划和配置一个 IPv6 地址，让电脑自动获取

IPv6 地址，查看电脑获取的 IPv6 地址，通过 ping 测试电脑与路由器之间是否能互通。

4. 请搭建一个由四台路由器和一些电脑组成的网络，为它们规划 IPv6 地址，通过配置 IPv6 静态路由使全网互通。

5. 请搭建一个由四台路由器和一些电脑组成的网络，为它们规划 IPv6 地址，通过配置 RIPng 使全网互通。

6. 请搭建一个由四台路由器和一些电脑组成的网络，为它们规划 IPv6 地址，通过配置 OSPPFv3 使全网互通。

7. 请搭建一个由四台路由器和一些电脑组成的网络，为网络两端规划 IPv6 地址，为网络中间部分规划 IPv4 地址，通过配置 IPv6-over-IPv4 隧道使网络两端互通。

附录　锐捷与思科常见命令的区别

大部分锐捷命令与思科命令相同，有区别的一些常见命令比较如下：

命令功能说明	思科命令	锐捷命令
删除配置	erase startup-config	delete config.text
查看 MAC 地址表	show mac address-table	show mac
开启 STP	默认开启(思科采用私有协议 PVST，可为不同 VLAN 开启不同 STP)	spanning-tree
设置 STP 模式为快速生成树	spanning-tree mode rapid-pvst	spanning-tree mode rstp
配置 STP 优先级为 4096	spanning-tree vlan 2 priority 4096(针对单个 VLAN 配置 STP 优先级，这里针对 VLAN 2)	spanning-tree priorit 4096(针对所有 VLAN 配置 STP 优先级)
创建以太通道(端口聚合组)	interface port-channel 1	int aggregateport 1
将接口指定到以太通道(静态聚合)	在接口模式下配置 channel-group 1 mode on	在接口模式下配置 port-group 1
将接口指定到以太通道并指定为 active 模式(动态聚合)	在接口模式下配置 channel-protocol lacp channel-group 1 mode active	在接口模式下配置 port-group 1 mode active
查看以太通道(端口聚合组)	show etherchannel summary	show aggregatePort summary
查看 MAC 表	show mac address-table	show mac

参 考 文 献

[1] 北京阿博泰克北大青鸟信息技术有限公司. BENET 网络工程师认证课程教学指导：组建与维护企业网络[M]. 北京：科学技术文献出版社，2009.

[2] 北京阿博泰克北大青鸟信息技术有限公司. BENET 网络工程师认证课程教学指导：构建大型企业网络[M]. 北京：科学技术文献出版社，2009.

[3] 梁广民，王隆杰，徐磊. 思科网络实验室 CCNA 实验指南[M]. 北京：电子工业出版社，2010.

[4] 梁广民，王隆杰. 思科网络实验室路由、交换实验指南[M]. 北京：电子工业出版社，2008.

[5] 王达. 华为交换机学习指南[M]. 2 版. 北京：人民邮电出版社，2019.

[6] 王达. 华为路由器学习指南[M]. 2 版. 北京：人民邮电出版社，2020.

[7] 华为技术有限公司. 网络系统建设与运维：初级[M]. 北京：人民邮电出版社，2020.

[8] 华为技术有限公司. 网络系统建设与运维：中级[M]. 北京：人民邮电出版社，2020.

[9] 华为技术有限公司. 网络系统建设与运维：高级[M]. 北京：人民邮电出版社，2020.

[10] 新华三大学. 路由交换技术详解与实践第 1 卷(上册)[M]. 北京：清华大学出版社，2017.

[11] 新华三大学. 路由交换技术详解与实践第 1 卷(下册)[M]. 北京：清华大学出版社，2017.

[12] 新华三大学. 路由交换技术详解与实践第 2 卷[M]. 北京：清华大学出版社，2018.

[13] 新华三大学. 路由交换技术详解与实践第 3 卷[M]. 北京：清华大学出版社，2018.

[14] 新华三大学. 路由交换技术详解与实践第 4 卷[M]. 北京：清华大学出版社，2018.

[15] 张运嵩，蒋建峰. 无线局域网技术与应用项目教程[M]. 北京：人民邮电出版社，2022.